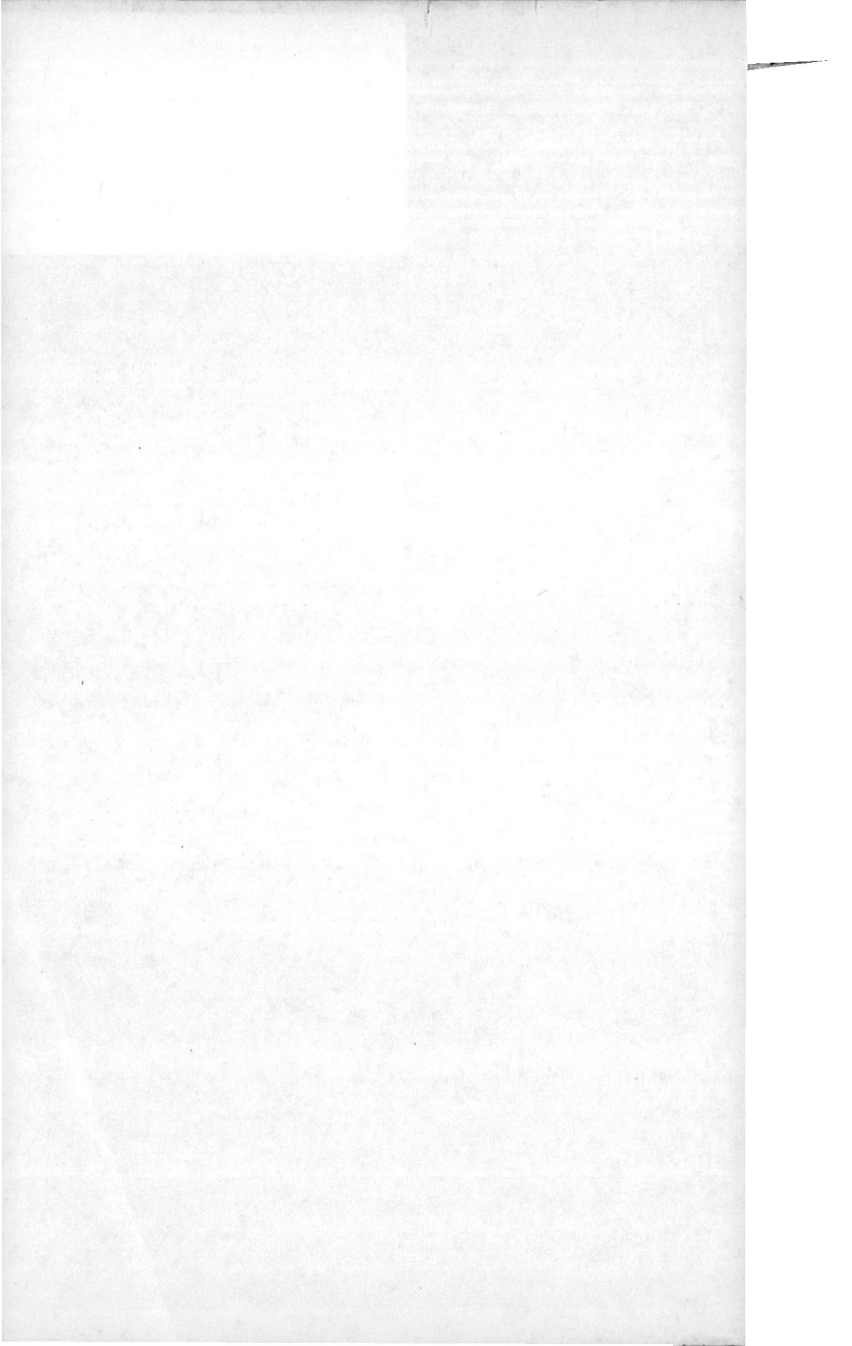

Roger Dupuy

La Garde nationale
1789-1872

Gallimard

Cet ouvrage inédit est publié sous la direction
de Martine Allaire.

Roger Dupuy est professeur émérite d'histoire à l'université de Rennes 2.

Introduction

LA GARDE NATIONALE
OU PARIS ET LES FUSILS
DE LA RÉVOLUTION

Le présent ouvrage est né avant tout du contraste saisissant entre l'importance de ce qui a été plus qu'une institution majeure de notre pays pendant près d'un siècle, la Garde nationale, intimement mêlée à la plupart des événements qui ont constitué notre histoire de l'aurore révolutionnaire de juillet 1789 à l'embrasement apocalyptique de la Commune de Paris, en mai 1871, et le relatif silence historiographique qui l'a entourée, en particulier pour la période révolutionnaire. Si l'on excepte les quelques chroniques de contemporains érudits, eux-mêmes membres effectifs de la Garde et qui en ont célébré les hauts faits, à Paris ou dans quelques-unes des principales agglomérations du pays[1], si l'on met de côté les quelques monographies concernant des bataillons de volontaires formés en 1791 ou 1792 et les quelques pages que Jacques Godechot lui avait consacrées dans la somme érudite qu'il avait publiée sur les institutions de la Révolution et de l'Empire, on ne compte que deux ouvrages universitaires relativement récents et de langue française la concernant. Tout d'abord l'ouvrage pénétrant et subtil d'un spécialiste éminent de notre XIXᵉ siècle, Louis Girard, datant de 1964 et consacré uniquement à cette période qui était la sienne, ne faisant que quelques allusions à un amont révolutionnaire et impérial dont il estimait qu'il ne faisait qu'annoncer les enjeux et conflits ultérieurs[2]. L'ouvrage plus récent de Georges Carrot[3] était celui que l'on attendait, recouvrant la totalité de l'histoire de l'institution, tant dans l'espace parisien que dans ses manifestations dans les départements, faisant un point précieux sur toutes les monographies locales existant et les complétant par les propres recherches de l'auteur concernant les débats législatifs sur le plan national mais aussi les enjeux et péripéties de l'institution dans l'arrondissement de Grasse, plus spécialement étudiés dans une thèse soutenue à l'université de Nice, en 1975[4].

On peut donc s'interroger sur ce long silence, sur le fait qu'aucun des grands historiens de la Révolution française, d'Aulard à Mathiez, Georges Lefebvre et Albert Soboul, n'ont cru devoir consacrer un ouvrage à une institution difficile à cerner et dont les manifestations apparaissaient de façon sporadique et contradictoire au fil des décennies, plus ou moins bien contrôlée par un pouvoir central, passant par des phases quasi léthargiques pour s'imposer à nouveau tant restait forte l'image mythique du citoyen soldat, à la fois incarnation et garant efficace de la souveraineté nationale. Une explication possible à une aussi longue absence d'intérêt des spécialistes, c'est que la Garde nationale était si intimement imbriquée dans l'histoire même de la Révolution qu'il ne paraissait pas nécessaire d'en faire une histoire particulière qui ne ferait que répéter ce que l'on savait déjà. Mais d'autres considérations ont dû entrer en ligne de compte. En s'identifiant, dès ses premiers moments, à la personnalité emblématique de La Fayette, l'image de la Garde nationale n'a pu que pâtir du jugement de la plupart des historiens, qui ont considéré ce qui lui advint après l'apogée de la fête de la Fédération, le 14 juillet 1790, comme l'échec politique d'un personnage sans envergure véritable si l'on en croit les jugements condescendants d'un Mirabeau, d'un Talleyrand, sans oublier Governeur Morris, cet Américain qui se prétendait son ami. Ils nous ont dépeint un homme à la remorque d'événements qui le dépassaient et qui n'avait su que dilapider un immense capital de popularité justement lié à l'institution à laquelle il s'était identifié durant plus de deux ans.

Pour ce qui regarde les historiens du XXᵉ siècle, on peut estimer que la Garde nationale a dû également souffrir du discrédit qui frappa l'histoire militaire traditionnelle, à partir des années 1930, à la suite de la victoire épistémologique de l'école des *Annales*. L'emprise marxisante des années 1950 ne lui fut guère favorable non plus, en mettant l'accent sur le problème de la transition entre l'économie d'Ancien Régime et les conséquences sociales et politiques du triomphe progressif du capitalisme entraînant la prise de conscience de la bourgeoisie alors que les couches populaires ne pouvaient encore revendiquer la leur. La Garde nationale devenait alors une simple manifestation de l'hégémonie bourgeoise et donc la dynamique unanimiste de la souveraineté nationale qui semblait l'animer une simple ruse de cette même bourgeoisie pour consolider son hégémonie.

À cela s'ajoutait que la Garde nationale, dans son fonctionnement même, fut en concurrence avec d'autres institutions qu'elle éclipsa momentanément — l'armée, la gendarmerie, les forces de police urbaines et celles plus spécialement vouées à la défense du régime et cantonnées dans Paris — qui prirent ensuite leur revanche et ne purent que dénigrer leur rivale d'un moment. Enfin, le pouvoir central lui-même et ses ramifications préfectorales à partir du Consulat, les municipalités des grandes villes, à un moment ou à un autre, eurent à se plaindre des débordements de la Garde nationale et multiplièrent les critiques à l'encontre d'une institution ambiguë, tenant du civil et du militaire, née de l'enthousiasme mais ne pouvant exister que par lui et donc condamnée à dépérir dès qu'il déclinait. De toutes ces influences juxtaposées résultait une sorte de patchwork historique d'images positives ou négatives de la Garde nationale en fonction des épisodes de l'histoire nationale concernés, de sorte qu'il semblait que la Garde nationale, sans doute du fait de l'inconsistance politique de son commandant en chef, fût, elle aussi, à la remorque des événements. Il en résultait une histoire intermittente, commencée avec la désignation de son commandant qui lui donna aussitôt sa dimension véritable d'armée nouvelle, celle de la Nation, épisode plein de promesses suivi de celui, moins glorieux, de la marche sur Versailles à la remorque d'une expédition populaire pour arracher le roi à l'influence des aristocrates et l'obliger aussi à se préoccuper de nourrir son peuple. Mais cet épisode, apparemment peu glorieux pour La Fayette, n'empêcha pas l'apothéose de la fête de la Fédération, qui fit du même La Fayette, sur son cheval blanc, une sorte de connétable tout-puissant. Toute-puissance mise en cause spectaculairement par la fuite de Louis XVI, en juin 1791, et qui provoqua les sarcasmes de la gauche démocratique suivis de son indignation après ce qui fut appelé le massacre du Champ-de-Mars. Autre image du patchwork par-delà celles, sanglantes, du 10 août : les 80 000 gardes nationaux massés autour de la Convention le 2 juin 1793 qui inaugurent le règne de la sans-culotterie, image complétée apparemment par celle du siège de Lyon en novembre de la même année, alors que cet épisode annonce, en fait, la fin de la démocratie directe et le primat à venir de l'armée sur la Garde nationale. Ce que corrobore, deux ans plus tard, le désarmement du faubourg Saint-Antoine en prairial an III (mai 1795), par les Thermidoriens, achevant ce qu'avaient entrepris Robespierre et le Comité de Salut public. Puis, les images s'espacent et il faut attendre les « Trois Glorieuses » de juillet 1830, suivies du « massacre » de la rue Transnonain et enfin, dans un crescendo terrifiant, les tueries successives de juin 1848 et de la Commune de Paris ! Autrement dit, la bourgeoisie se débarrasse des « classes dangereuses », et la Garde nationale, paradoxalement, est, elle aussi, victime de cette liquidation ! Reste à savoir si, en rapprochant toutes ces images successives, on peut donner un sens à l'histoire de la Garde nationale.

C'est ce qu'ont fait, chacun à leur manière, Louis Girard et Georges Carrot, car la tentation avait prévalu avant eux — et continue de perdurer ! — d'affiner l'analyse de ces images successives, de ces fragments emblématiques par le biais de thématiques indéniablement pertinentes, que ce soit l'analyse des célébrations festives de l'époque révolutionnaire ou celle de l'opposition du pouvoir sans-culottes, ou encore l'étude de la composition socioprofessionnelle des bataillons de volontaires en l'an II ou enfin celle des étapes du triomphe bourgeois post-thermidorien, sans oublier l'histoire de l'émergence d'une conscience militante de la classe ouvrière au XIXᵉ siècle, etc. Mais une telle démarche contribuait à masquer la nature profonde de la Garde nationale, à savoir un phénomène social massif, contagieux, unanimiste, qu'il faut étudier dans sa continuité, dans l'espace et dans le temps, étroitement lié aux conditions de la prépondérance politique de Paris depuis octobre 1789. Phénomène qui perdura près d'un siècle malgré les efforts de régimes successifs, parfois opposés, qui s'efforcèrent, en vain, de le contrôler mais n'aboutissaient qu'à renouer, au nom du droit à l'insurrection et de l'unité du tiers état, héritage sacré de 1789, l'alliance, toujours fatale au pouvoir en place, des classes « dangereuses » et de la Garde nationale. Autrement dit, à l'évidence, l'étude de la composition et du fonctionnement de la Garde nationale devrait permettre de compléter nos connaissances sur l'alchimie sociale de l'insurrection révolutionnaire dans la mesure où — il est bon de le rappeler! — elle fut, chaque fois, que ce soit en 1789, 1792, 1830, 1848 et 1871, partie prenante et déterminante de l'événement révolutionnaire.

Les dimensions du présent ouvrage n'ont pas permis une étude exhaustive de l'évolution de la Garde nationale dans les départements, nous en sommes restés à quelques temps forts: affrontements religieux du Midi languedocien de 1790 à 1793, crise fédéraliste de 1793, Terreurs «blanche» ou «bleue» de la Première Restauration, révoltes des canuts lyonnais sous la Monarchie de Juillet, et enfin tentatives de soulèvement en faveur de la Commune de Paris en 1871. Nous avons donc focalisé l'essentiel de notre commentaire sur l'espace politique parisien dans la mesure où le poids politique prépondérant de Paris de juillet 1789 à mai 1871 nous paraît la modalité fondamentale du débat politique français pendant toute cette période, c'est-à-dire tant que la Garde nationale a existé.

De la même façon, tout en nous efforçant de tirer profit des travaux récents concernant les modalités concrètes de l'insurrection, notamment sous la Monarchie de Juillet, que ce soient les actes du colloque qu'André Corbin a consacré à la barricade[5] ou les articles et l'ouvrage que Louis Hincker[6] a écrits sur les «citoyens combattants» de 1848 à 1851, nous n'avons pas mené une réflexion méthodique sur l'approche anthropologique de la Garde nationale et en sommes restés à des considérations comparatives concernant la réitération ou l'absence momentanée de certains types de comportements, notamment ceux qui menaient à l'insurrection et ceux qui la jalonnaient. Donc, plutôt une histoire politique classique préoccupée surtout de se demander si focaliser l'attention sur le rôle joué par la Garde nationale modifie ou non la connaissance que nous avons des épisodes majeurs de cette période particulièrement drama-tique de notre histoire.

De ces considérations liminaires et notamment de l'impact déterminant des événements parisiens sur la conjoncture politique nationale, nous pouvons tirer trois séries de réflexions : elles vont orienter le rappel chronologique et son questionnement qui constituent l'essentiel de la trame du présent ouvrage.

En premier lieu, la longévité institutionnelle de la garde nationale parisienne tendrait à prouver qu'elle était avant tout un moyen particulièrement efficace d'assurer l'hégémonie de la bourgeoisie parisienne en lui permettant d'imposer son autorité mais aussi de façon plus subtile d'associer, quand la nécessité s'en faisait sentir, les couches popu-laires à l'exercice de cette autorité. Autrement dit, une telle longévité est la conséquence logique de la nécessité pour les classes moyennes, non seule-ment de préserver leurs biens mais surtout de contrôler la rue devenue, dans le contexte politique parisien, le théâtre majeur de l'expression poli-tique de l'opinion.

Dès 1789, la Révolution se faisait donc dans la rue, la rue parisienne surtout, tout autant qu'à la tribune des Assemblées constituantes ou législa-tives, tout autant que dans les comités du pouvoir exécutif ou encore dans les salons de l'élite du talent et de l'argent. Cette influence de la rue, les historiens l'ont abordée par le biais des assemblées sectionnaires de 1792 et 1793, à travers le comportement des sans-culottes étudié notamment par Albert Soboul, Raymonde Monnier, Maurice Genty et Haim Burstin[7], ou encore en analysant les débats des clubs, celui des Jacobins et surtout celui des Cordeliers. Il faudrait y ajouter, comme l'a déjà fait Haim Burstin dans sa thèse, l'étude du comportement des compagnies et bataillons de la Garde nationale permettant de cerner au plus près le passage à l'acte insurrectionnel mais aussi la façon dont se conjuguaient les exigences des milieux populaires et les intérêts des classes moyennes qui se côtoyaient quotidiennement dans leur quartier, sur leur lieu de travail, enfin dans les rangs de la Garde nationale et ne pouvaient le faire que par un jeu permanent de concessions implicites et réciproques. Une des conséquences les plus visibles de cette « politique de la rue », c'est qu'elle suscitait, pour des raisons variées – stature physique et puissance vocale, allure et panache, générosité et humanité — l'émergence de meneurs, d'hommes d'influence, de porte-parole qui fédéraient les initiatives, séduisaient ou subjuguaient les assemblées de quartier, créant de la cohésion et donc de l'efficacité. Ils pouvaient être d'origines sociales très variées et certains ont déjà été magnifiés ou abhorrés par l'Histoire : Santerre, Rossignol, Lazowski et naturellement La Fayette. Ils ont eu des itinéraires différents, des réussites d'une ampleur variable mais obéissaient à des critères de réputation et de compétences supposées, toutes celles que réclamait la conduite des foules. Du coup, par exemple, l'amour immodéré de la popularité que ses censeurs reprochèrent si amèrement à La Fayette pourrait être reconsidéré à la lumière des nécessités tactiques que lui imposaient son personnage et ses objectifs.

Enfin, troisième et dernière conséquence, à terme, de l'hégémonie politique que la population parisienne prétendait devoir exercer sur le pays tout entier, au nom d'une sorte de droit d'aînesse révolutionnaire : elle a fini par exaspérer le reste de la Nation et provoquer, par deux fois, une véritable guerre contre Paris. Une première fois lors de l'épisode fédéraliste de l'été 1793 et surtout à partir du moment où, cinquante-cinq ans plus tard, une part importante de la Garde nationale a basculé du côté de la revendication sociale et même socialiste, en juin 1848, pour récidiver, en mars 1871, quand patriotisme exaspéré et contestation sociale ont fait ressurgir le mythe de la levée en masse et celui de la Commune, seule interprète authentique de la volonté du peuple. La bourgeoisie avait besoin des classes populaires, que la faim et le chômage rendaient « dangereuses », pour imposer son hégémonie, quitte à ce que cette alliance se retourne parfois contre elle sous l'influence d'un contexte de crise économique aggravée poussant les plus malheureux à exiger, comme priorité absolue, la création des conditions de leur propre survie. Une telle exigence, les strates les plus modestes de la bourgeoisie pouvaient l'entendre et faciliter le basculement des sociétés populaires, de certains clubs et finalement de bataillons entiers de la Garde nationale vers davantage d'égalité et de fraternité. Mais, du coup, le reste de la Nation pouvait estimer que périodiquement le peuple de la capitale lui imposait, le fusil à la main, d'assurer sa survie sous la forme d'indemnités, de soldes ou d'ateliers nationaux. Et donc la Garde nationale était bien au centre de ces rapports de forces permanents, à l'intérieur même de Paris et entre Paris et les autres départements.

Chapitre premier

L'INCARNATION DU MYTHE UNITAIRE DE L'INSURRECTION VICTORIEUSE

Le printemps de 1789 a été vécu de façon fantasmatique par la majeure partie des sujets de Louis XVI. Pour les couches les plus misérables de la population, tous ces pauvres qui vivent au jour le jour, et dépendent de ceux qui veulent bien les employer ou leur faire l'aumône, soit près de 25 % de la population globale du royaume, le fait majeur du moment, c'est une misère toujours plus intolérable car brutalement accrue par un froid polaire et la flambée du prix du pain. Le peuple des manouvriers, des journaliers, des gagne-petit, grossi de la masse innombrable des chômeurs, notamment dans les régions d'industrie textile, accuse les accapareurs de spéculer sur le prix des grains pour s'enrichir sur le dos du pauvre monde. On affirme qu'intendants et grands seigneurs sont partie prenante pour affamer le peuple et le rendre plus docile dans ces temps de doléances générales et de promesses de réforme. Du coup les émeutes se multiplient pour empêcher négociants ou gros décimateurs de vendre au loin, et au prix fort, les grains qu'ils ont amassés dans leurs greniers.

Les classes aisées, noblesse, clergé, bourgeoisie, sont avant tout préoccupées par les enjeux de la convocation des états généraux, notamment par les conflits suscités par la représentation du tiers état dans la future assemblée et par la façon dont serait recueillie l'opinion des élus lors des débats à venir : expression collective de la volonté de chaque ordre ou vote individuel de chaque député ? Ces deux questions ne faisant que traduire l'émergence impérieuse et exaltante de la souveraineté nationale. Le roi et Necker parlaient au nom de la Nation, les parlements l'avaient évoquée dans leur lutte contre le despotisme ministériel, la noblesse estimait qu'elle en était l'émanation naturelle, quant à la bourgeoisie, elle affirmait que la Nation s'identifiait tout simplement aux intérêts d'un tiers état constituant 90 % de la population du royaume et que donc on ne saurait plus tolérer le privilège, sinon quand il était la récompense du mérite et répondait au vœu même de la Nation.

Indéniablement la référence au primat de la Nation avantageait les revendications politiques de la bourgeoisie, encore fallait-il que le tiers état soit unanime ou du moins le paraisse ; or, rien n'était moins sûr. Depuis la sécheresse de l'été 1788 et le froid glacial de l'hiver qui avait suivi, les émeutes frumentaires avaient multiplié les affrontements entre manifestants et forces de l'ordre, essentiellement des détachements militaires. Le petit peuple des villes reprochait aux municipalités urbaines de ne pas approvisionner les marchés et de favoriser ainsi la hausse permanente des prix. S'y ajoutait, surtout à Paris, la qualité détestable de certaines farines distribuées aux boulangers pour calmer les colères populaires, mais elles contribuaient plutôt à persuader la population qu'on voulait l'empoisonner.

La rédaction des cahiers de doléances prouva que le peuple n'était pas dupe de la sympathie condescendante des bourgeois. Dans les villes, il fut évident que les cahiers répondaient avant tout aux préoccupations des notables en place. Hommes de loi et marchands, avec des dosages subtils, en monopolisaient la rédaction, et la désignation des électeurs, sur des critères censitaires, ne concerna que les habitants les plus fortunés. On écartait du scrutin ceux qui souffraient le plus et méritaient que l'on améliorât leur sort. Du coup, on publia les doléances du «quatrième ordre» et surgirent plusieurs pamphlets violents qui dénoncèrent le mépris des «électeurs», notamment à Paris, pour les angoisses quotidiennes du peuple. On condamna l'égoïsme viscéral et la hauteur impatiente des riches, d'autant plus intolérables que tous ces bourgeois avaient encore besoin des bras et des poitrines populaires pour imposer, s'il le fallait, les revendications du tiers état. Visiblement l'opinion populaire avait son propre système d'évaluation pour juger de l'opportunité et de la hiérarchie de ses engagements, tenant compte à la fois de ses besoins immédiats, mais aussi des urgences de l'actualité[1].

Les propos tenus par un riche fabricant de papier peint, le sieur Réveillon, un «self-made-man» qui avait pourtant la réputation de bien payer ses ouvriers, cristallisèrent la colère populaire. Le

23 avril 1789, il demanda à l'assemblée des électeurs de son district, dans le faubourg Saint-Antoine,
de se prononcer en faveur de la suppression des
octrois. C'était ce que réclamait le bon peuple,
mais il s'agissait pour lui de pouvoir diminuer les
salaires et donc d'abaisser le prix de revient des
objets manufacturés et concurrencer ainsi les
produits étrangers dont l'arrivée massive avait été
facilitée par le traité de libre-échange conclu avec
les Anglais en 1786. La population du faubourg ne
retint de la proposition de Réveillon que la nécessité de réduire les salaires et l'on vit des cortèges
de protestation se former le soir même pour conspuer le fabricant. Le 24 et le 25, la fermentation
sembla retomber mais pour redoubler le dimanche
26 avril, notamment de l'autre côté de la Seine,
dans le faubourg Saint-Marcel où le chômage
frappait durement les tanneurs des bords de la
Bièvre. Le lundi 27, vers trois heures de l'après-
midi, une colonne de manifestants traversa la
Seine vers le faubourg Saint-Antoine et l'Hôtel de
Ville aux cris de « Mort aux riches ! Mort aux aristocrates ! Mort aux accapareurs ! Le pain à deux
sous ! À bas la calotte ! À l'eau les foutus prêtres ! ».
On brandissait une potence avec deux mannequins
représentant Réveillon et Henriot, un brasseur,
voisin de notre fabricant et qui avait soutenu sa
suggestion. On alla brûler les deux effigies en
place de Grève et comme l'hôtel de Réveillon était
protégé par un détachement de cinquante gardes-
françaises, on se vengea sur celui d'Henriot qui
fut mis à sac. Pour prévenir d'autres violences, le
lieutenant général de police dépêcha un peloton

de cavalerie de la garde de Paris pour détourner la circulation à l'entrée du faubourg Saint-Antoine.

Le lendemain, 28 avril, il fallut encore envoyer 350 gardes-françaises supplémentaires car des milliers de manifestants issus du faubourg Saint-Marcel avaient grossi, à nouveau, les attroupements qui cernaient, à distance, l'hôtel et la manufacture de Réveillon. L'après-midi, la situation évolua du fait du duc d'Orléans qui se rendait aux courses à Vincennes. Proclamé « seul véritable ami du peuple », il fut acclamé au point qu'il arrêta sa voiture pour haranguer la foule, lui assurant « qu'on allait toucher au bonheur ». On lui répondit que cela faisait trop longtemps qu'on attendait, qu'on crevait toujours de faim tandis que des j...-f... de patrons trouvaient que les ouvriers gagnaient trop ! Le duc distribua le contenu de sa bourse en laissant entendre qu'il comprenait la colère populaire. Le retour des courses relança les désordres car la duchesse d'Orléans voulut passer par la rue de Montreuil qui longeait l'hôtel de Réveillon. Les gardes-françaises finirent par la laisser passer mais la foule en profita pour bousculer le service d'ordre et s'engouffra dans l'habitation de Réveillon pour tout y dévaster, des caves aux greniers. Elle bombarda les gardes-françaises avec les tuiles des toitures et une partie du mobilier. Pour les dégager, le lieutenant général de police envoya tous les renforts disponibles : gardes-françaises, gardes suisses et cavaliers du Royal-Cravate. Ce sont ces détachements qui, arrivés sur les lieux après le saccage de la manufacture, voulurent disperser manifestants et badauds, mais la masse même des manifestants et l'étroitesse des rues bloquèrent les fugitifs qui durent se réfugier jusque sur les toits des maisons voisines et recommencèrent à accabler les forces de l'ordre de projectiles divers. Excédés, exaspérés, les soldats répliquèrent en tirant à balles réelles, tuant plusieurs centaines de personnes, entre 300 et 900 selon les auteurs, l'armée comptant, de son côté, 12 tués et 80 blessés[2].

Ce fut donc, à la veille de la réunion des états généraux, l'équivalent des plus sanglantes journées révolutionnaires. Dans l'immédiat, ce massacre confirmait, dans les couches populaires mais aussi dans l'opinion bourgeoise, la possibilité et donc la hantise d'une nouvelle Saint-Barthélemy. Ce qu'on venait de perpétrer contre le peuple pouvait l'être contre les «patriotes» du tiers état par des états-majors d'aristocrates décidés à maintenir à tout prix leurs privilèges et l'absolutisme ministériel.

Il s'agissait, pour empêcher un nouveau carnage, de rallier les gardes-françaises à la cause du peuple, ce qui était déjà amorcé. En effet, les gardes-françaises, dont la majorité des hommes vivait en ville, au milieu de la population parisienne, partageaient les revendications et les espérances du tiers état et, au lendemain de l'affaire Réveillon, déplorèrent d'en être arrivés à ce paroxysme répressif, d'autant qu'au même moment leur colonel, le duc de Châtelet, tentait d'endiguer le «patriotisme» affiché de certains d'entre eux en jetant en prison pour indiscipline ceux que leurs officiers, tous nobles, lui signalaient comme de fortes têtes.

À l'opposé, dans les cafés du Palais-Royal, quartier général des patriotes, on ne cessa de fêter les gardes-françaises considérés, depuis l'ouverture des états généraux, au début mai, comme des militaires citoyens, protecteurs désignés des députés du tiers état. Mission protectrice rendue plus pressante encore par la décision de ces mêmes députés, le 17 juin, après deux mois de vaines négociations avec les représentants du clergé et de la noblesse, de rejeter définitivement la division par ordres et donc la notion même d'ordre privilégié et de se proclamer Assemblée nationale. La cour en fut indignée ainsi que la plupart des aristocrates.

Le résultat de cette évolution fut, six jours plus tard, après la séance royale où Louis XVI tenta d'imposer le maintien des trois ordres, le refus des gardes-françaises mais aussi d'une partie des gardes suisses d'évacuer, par la force, la foule rassemblée devant les grilles du château et *a fortiori* d'obliger les députés du tiers à évacuer la salle du manège comme l'avait ordonné le souverain par la bouche de son maître des cérémonies. Acte d'insubordination inquiétant pour le monarque et les partisans d'un coup de force militaire, les incitant à ne tabler désormais que sur les régiments étrangers de l'armée royale et après avoir vérifié leur obéissance effective.

La fameuse réplique attribuée à Mirabeau supposait donc que les députés patriotes savaient ce qu'il en était de l'état d'esprit des gardes-françaises. Mais surtout la monarchie était amenée à dissocier symboliquement son destin de l'entité nationale que les députés du tiers état venaient de magnifier pour le remettre entre les mains de ces régiments allemands qui parlaient la même langue que Marie-Antoinette.

Depuis l'affaire Réveillon, dont — il faut le souligner ! — les électeurs n'avaient pas tenté d'atténuer la répression, les bourgeois s'inquiétaient d'une nouvelle explosion populaire, surtout de la part de ces quelque 10 000 chômeurs, venus des abords de Paris et que l'on occupait dans des ateliers de charité, notamment sur les hauteurs de Montmartre.

Pendant tout le mois de mai, le prix du pain augmenta et le populaire attribuait la hausse aux agissements des ministres et des aristocrates qui voulaient l'affamer pour le punir de soutenir la députation du tiers dans son combat aux états généraux. Fin juin, l'afflux massif des régiments étrangers autour de Versailles et Paris confirmait et renforçait la certitude du complot aristocratique. On assurait que Necker allait être chassé, les états généraux dissous et les patriotes assassinés. La peur du complot était générale et obsessionnelle, il fallait s'armer pour se protéger.

En définitive, trois peurs coexistaient et affectaient contradictoirement les deux strates majeures du tiers état. Peur de la famine et du complot aristocratique dans les couches populaires. Peur du déchaînement de la violence populaire et du complot aristocratique chez les bourgeois dont beaucoup estimaient que les deux menaces étaient intimement mêlées. Leurs effets contradictoires paralysaient les électeurs qui subissaient les conséquences d'une conjoncture économique et politique qu'ils ne pouvaient maîtriser. Mais la séance royale du 23 juin imposa une urgence : s'opposer au coup de force militaire devenu évident. L'appui des gardes-françaises ne suffirait plus, il fallait armer le tiers état, notamment à Paris, et, avant tout, les bourgeois.

L'assemblée des électeurs du tiers état de Paris s'en préoccupa le 26 juin et dès le lendemain, à Versailles, les ministres furent avisés par un informateur que «les bourgeois veulent former une troupe et se garder eux-mêmes», en exigeant le départ des régiments «étrangers». Deux jours plus tard, le même informateur ajoutait que cette troupe bourgeoise pourrait contenir la populace et permettrait de supprimer le lieutenant général de police, c'est-à-dire le tout-puissant représentant du roi et seul responsable de l'ordre dans Paris.

Le 30 juin, on apprenait au Café de Foy, quartier général des patriotes du Palais-Royal, que 11 gardes-françaises avaient été enfermés à l'Abbaye pour avoir refusé de disperser la députation du tiers à l'issue de la fameuse séance royale. Aussitôt, la foule, indignée, marcha sur la prison, en brisa les portes et libéra les militaires, tandis qu'une délégation des électeurs des districts allait à Versailles solliciter la grâce du roi pour les prisonniers injustement sanctionnés. On parlait également de mettre le duc d'Orléans à la tête de l'armée et certains voulaient déjà s'emparer des canons de la Bastille. Mais rien ne pouvait se décider entre Versailles et Paris, aucun pouvoir ne parvenant à imposer sa volonté en faveur des patriotes tandis

que la cour misait sur le pourrissement de la
situation.

Le 1er juillet, dans les assemblées d'électeurs, on
se contenta d'inviter le roi à retirer les troupes
massées dans les quartiers de l'ouest de Paris et
de rétablir la garde bourgeoise pour empêcher les
désordres qui s'amplifiaient. Le roi se contenta de
promettre l'amnistie des gardes-françaises si les
prisonniers réintégraient l'Abbaye et y restaient
vingt-quatre heures, ce qui eut lieu le 4 juillet ; les
gardes furent libérés le 6, rayés des contrôles de
leur régiment mais accueillis en héros par le
Palais-Royal. C'est le lendemain que des régiments,
étrangers pour la plupart, commencèrent à arriver
aux abords immédiats de Paris. L'opinion s'en
inquiéta, d'autant que la morgue de certains aristocrates laissait présager le pire. Le 8 juillet,
Mirabeau tonna contre ces concentrations de
troupe et l'Assemblée demanda respectueusement
à Louis XVI de les éloigner de Paris. Ce même
jour, un mouchard de la police qui voulait faire
arrêter un repris de justice fut battu à mort dans
les allées du Palais-Royal. Le lendemain, des incidents éclatèrent entre des chômeurs d'un atelier
de charité du faubourg Montmartre et un peloton
de hussards. Malgré l'escorte qui les conduisait en
prison, la foule libéra les quelques manifestants
que l'on venait d'arrêter pour avoir insulté un des
officiers du peloton. Le 10 juillet, un électeur
proposa, à nouveau, pour en imposer au peuple et
calmer les désordres, la création urgente d'une
garde bourgeoise parisienne quelle que fût la
réponse du roi ou de ses ministres. Une atmo-

sphère obsidionale avait fini par s'imposer et tout incident se muait en preuve du complot aristo-cratique.

Enfin, le dimanche 12 juillet, vers quatre heures de l'après-midi, on apprit la nouvelle du renvoi de Necker et la formation d'un ministère de combat, composé d'adversaires déclarés de la politique qui venait de conduire à la transformation des états généraux en Assemblée nationale. Un vent de panique se propagea parmi les promeneurs qui flânaient sur les Champs-Élysées et dans le jardin des Tuileries : la cour préparait bien la fameuse Saint-Barthélemy des patriotes, il fallait donc s'armer et s'apprêter à résister. On dévalisa les armureries et, pour s'opposer à l'arrivée des soldats, on éleva des barricades, en commençant à dépaver les rues du centre de la ville, de part et d'autre de la Seine.

L'historien Jacques Godechot a souligné comment le renvoi de Necker abolissait momentanément le clivage entre riches et pauvres qui, jusque-là, minait la solidarité du tiers état :

> « Les privilégiés mis à part, c'était donc la quasi-totalité des Français qui étaient concernés par le renvoi de Necker. Tous ceux qui espéraient des réformes et qui voyaient leur espérance s'évanouir, tous ceux qui redoutaient la famine et qui voyaient leur peur se réaliser, tous ceux qui craignaient la ruine et qui la voyaient menaçante[3]. »

On craignait la dissolution immédiate de l'Assemblée nationale, la famine et la banqueroute, car n'oublions pas que les états généraux avaient été convoqués pour rétablir les finances de la monarchie et échapper à un déficit croissant. Au Palais-Royal, des orateurs poussaient à la résistance armée mais on n'avait pas de fusils ! On commença donc, en signe de deuil, par imposer la fermeture des salles de spectacle sur les boulevards et quelques artères proches du Palais-Royal. Pour cela un cortège de plus de 6 000 personnes se constitua derrière les bustes de Necker et du duc d'Orléans prêtés par le propriétaire d'un musée de figures en cire. Le cortège se heurta, place Vendôme, à un escadron de dragons et tenta de le désarmer. Le prince de Lambesc, commandant du Royal-Allemand, régiment de cavalerie massé sur la place Louis XV, l'actuelle place de la Concorde, donna l'ordre de dégager les dragons. La foule courut se réfugier dans le jardin des Tuileries tout en lançant des pierres sur les cavaliers. Aussitôt la rumeur se répandit dans Paris que le Royal-Allemand avait massacré de paisibles promeneurs aux Tuileries. Malgré leurs officiers nobles, les gardes-françaises quittèrent leurs casernes pour embrasser la cause du tiers état. Certains allèrent vers les Tuileries et tirèrent sur les cavaliers du Royal-Allemand, d'autres allèrent à l'Hôtel de Ville se mettre à la disposition des électeurs. De leur côté, les manifestants cherchaient à se procurer des armes en dévalisant les armuriers ou en s'adressant à des particuliers susceptibles d'en posséder.

Le baron de Besenval, commandant les troupes rameutées aux abords de Paris, envoya des renforts pour soutenir le prince de Lambesc, mais les deux régiments concernés mirent deux heures pour

traverser la Seine, en respectant scrupuleusement
le règlement du déplacement des troupes en campagne. Quand ces renforts arrivèrent à proximité
du jardin des Tuileries, allées et rues adjacentes
étaient noires de monde. Devant la densité des
manifestants qui affluaient du côté de la place
Louis XV et des Champs-Élysées, Besenval décida
de décréter une retraite générale des troupes royales
sur le Champ-de-Mars et en direction de Saint-
Cloud. Le comportement des gardes-françaises se
révélait contagieux tandis que se manifestait une
forte animosité entre régiments français et régiments étrangers.

Vers onze heures du soir, un grand nombre
d'électeurs se retrouvèrent à l'Hôtel de Ville et
décidèrent de constituer des patrouilles de gens
honorablement connus, dans chaque district, pour
éviter les pillages des boulangeries ou de toute
autre boutique mais aussi parce que des centaines
de manifestants, après minuit, profitant du repli
des troupes royales vers les Invalides et le Champ-
de-Mars et semblant obéir à un mot d'ordre,
incendièrent une quarantaine de bureaux d'octroi
sur les 54 qui jalonnaient le mur des fermiers
généraux, édifié en 1785 pour taxer les marchandises entrant dans la ville. L'incendie des octrois
dura toute la journée du 13, et les gardes françaises dépêchées sur les lieux se disposèrent entre
les incendiaires et le public sans empêcher quoi
que ce fût, ce qui confirmait la thèse d'un mot
d'ordre donné au Palais-Royal. Ajoutons qu'ils
devaient penser, comme la plupart des manifestants, que la destruction de ces barrières allait

provoquer une baisse des prix des denrées et des boissons dont ils pourraient également profiter. D'autres bandes armées s'en prirent à des couvents, persuadées qu'on y dissimulait les grains récoltés sur les propriétés des religieux ou ceux que dîmes et droits seigneuriaux leur procuraient. On pilla ainsi le couvent de Saint-Lazare qui servait aussi de prison. On vida une partie des caves bien garnies de vin de Bourgogne et du Roussillon, on s'empara de bonbonnes d'huile et de tonneaux de beurre fondu et 53 charrettes furent chargées de blé puis amenées aux Halles pour y être vendues. Enfin, on libéra les prisonniers, surtout des jeunes gens incarcérés pour leurs mœurs jugées dissolues et les scandales qu'ils avaient pu provoquer. Pouvait-on libérer les uns sans se préoccuper des autres ? Un jour avant la prise de la Bastille, on marcha donc sur les autres prisons de Paris, pour en forcer les portes, alors qu'au Châtelet, les prisonniers s'étant mutinés, une patrouille bourgeoise intervint, tua deux mutins, en blessa une vingtaine d'autres et ramena les prisonniers dans leur geôle.

La ville semblait sombrer dans l'anarchie, d'autant qu'à la fumée des incendies s'ajoutaient les notes lancinantes du tocsin et les sourdes décharges du canon d'alarme que certains districts avaient pris la décision d'utiliser pour mobiliser les citoyens dans les meilleurs délais. L'armée royale n'intervenant pas, il fallait lui substituer une force susceptible de pouvoir s'imposer à la multitude, ce ne pouvait être fait qu'au nom du tiers état. Dès le début de la matinée de ce même lundi, une partie des électeurs du second degré, réunis à l'Hôtel de Ville, prit dans l'urgence deux décisions majeures : la formation d'un comité permanent présidé par Flesselles, prévôt des marchands de Paris, en fait le maire de la ville sous l'Ancien Régime, et la constitution immédiate d'une milice bourgeoise, amplifiant la mobilisation de la veille. On fixa son effectif à 12 000 hommes, porté dans l'après-midi à 48 000, soit 800 hommes pour chacun des 60 districts électoraux qui se partageaient la ville. On précisa encore que ce devait être des « hommes connus », autrement dit des électeurs, mais, dans l'atmosphère dramatique qui prévalait, on accepta d'y intégrer tous les volontaires qui se présentèrent. Les électeurs en confièrent le commandement au marquis de La Salle, favorable aux réformes en faveur du tiers état, après le refus du duc d'Aumont, d'abord sollicité parce que proche du duc d'Orléans. À défaut d'uniforme, pour se reconnaître, on adopta une cocarde, verte comme la livrée de Necker, puis bleu et rouge, les couleurs de Paris, quand on s'aperçut que le vert était également la couleur de la livrée du comte d'Artois, le frère du roi, particulièrement hostile aux revendications du tiers état. On s'occupa de trouver des armes, et Flesselles chercha à gagner du temps en affirmant ne pas savoir où en trouver pour finir par indiquer qu'il y avait des fusils aux Invalides. Sollicité, le gouverneur des Invalides, Sombreuil, fit savoir qu'il devait prendre les ordres du roi et qu'il ne répondrait à la demande des Parisiens que le lendemain matin. En attendant, comme elle avait trouvé une cargaison de poudre dans un bateau, la nouvelle milice commença immédiatement ses patrouilles avec ceux qui possédaient des armes et elles furent particulièrement utiles. Des voleurs pris sur le fait furent pendus pour l'exemple, on obligea les propriétaires à illuminer leurs fenêtres et la nuit passa, beaucoup moins agitée que la précédente.

On connaît la suite : le matin du 14 juillet, dès six heures, plusieurs milliers de Parisiens, toujours en quête de fusils, retournèrent devant les Invalides. Sombreuil ouvrit les grilles pour parlementer, mais la foule s'engouffra dans son dos et les Invalides, qui avaient reçu l'ordre de démonter les batteries des fusils pour en neutraliser le plus possible durant la nuit, n'en avaient démonté que quelques dizaines et ne s'opposèrent pas à l'irruption massive des insurgés. Ce sont plus de 30 000 fusils qui furent distribués à tous ceux qui en voulaient. Il ne restait plus qu'à se procurer de la poudre et des munitions, les Invalides indiquèrent qu'on en avait transporté une forte quantité à la Bastille.

Les régiments étrangers rassemblés sur le Champ-de-Mars n'ayant pas bougé, la milice bourgeoise, pas encore suffisamment nombreuse, ne pouvait s'opposer, seule, aux initiatives de la foule. Des dizaines de milliers de Parisiens étaient désormais armés, malgré les réticences d'une partie des électeurs, du comité permanent et de son président, le prévôt des marchands. Le roi paraissant renoncer à imposer sa volonté aux Parisiens insurgés, qui désormais pouvait prétendre contrôler la ville ?

La prise de la Bastille ne fut que la confirmation

du nouveau rapport des forces qui avait permis la victoire populaire : l'armement de la foule et sa volonté de prendre la Bastille d'une part, mais aussi l'encadrement des insurgés par les gardes-françaises et les quelques transfuges d'autres régiments de ligne. Ajoutons l'impuissance de l'armée royale, incapable d'envoyer des renforts à la garnison assiégée, enfin le rôle déterminant du canon comme instrument permettant l'anéantissement de l'adversaire, au point qu'on pouvait hésiter à s'en servir. Canons de la Bastille que son gouverneur n'osa pas utiliser mais qui restaient une terrible menace pour le faubourg Saint-Antoine et, en face, canons des gardes-françaises qui, efficacement utilisés, entraînèrent la capitulation de la forteresse[4].

La victoire populaire avait été remportée presque en dépit des nouvelles autorités bourgeoises : l'Assemblée nationale n'en fut avisée qu'en fin de journée et, à Paris même, le comité permanent, tout au long de cette journée mémorable, n'avait pas réussi à imposer une stratégie efficace au point que, par la suite, il fut obligé de reconnaître l'existence d'une unité particulière, rattachée à la Garde nationale, mais qui voulait en rester distincte : les « vainqueurs de la Bastille », soit quelque 900 citoyens du tiers état qui se considéraient comme l'incarnation héroïque de la vocation insurrectionnelle des couches populaires. Ajoutons que la mise à mort de Flesselles avait également une signification politique particulière : désormais les électeurs et autres notables bourgeois ne devaient plus s'opposer à la volonté populaire, et

encore moins pactiser avec le complot aristocratique.

En reprenant le dossier historiographique de
ces «vainqueurs de la Bastille», Georges Rudé
a pu constater que la liste la plus riche en informations les concernant et qui en recensait 662,
spécifiait que neuf dixièmes d'entre eux apparte-
naient aux compagnies de gardes bourgeoises
créées deux jours plus tôt[5]. Autrement dit, ce sont
bien les gardes-françaises et une partie de la garde
bourgeoise tout juste créée et première mouture
de la Garde nationale, qui ont pris la Bastille !
Pour autant, on l'a vu, les quelques compagnies de
la garde bourgeoise n'ont pu utiliser les 30 000 fusils
que l'on avait distribués aux Invalides. La prise de
la Bastille ne représentait qu'une partie — certes
la plus spectaculaire ! — de l'activité des Parisiens,
ce 14 juillet. De plus, l'insurrection armée de Paris
n'avait fait preuve de son efficacité militaire
effective qu'avec la prise de la Bastille qui anéan-
tissait définitivement tout projet de reconquête de
la ville par l'armée royale. Le renvoi de Necker
avait redonné à l'angoisse politique la première
place parmi les trois peurs contradictoires inven-
toriées par Jacques Godechot et avait cimenté à
nouveau la solidarité du tiers état face au coup de
force militaire de l'aristocratie.

L'Assemblée nationale était la bénéficiaire prin-
cipale de l'insurrection populaire mais elle ne
l'avait pas directement orchestrée ; à Paris même,
le comité permanent n'avait pas vraiment pu
imposer son autorité lors des différents moments
de la journée du 14 juillet. Née dans les jardins du

Palais-Royal en reprenant des scénarios ressassés depuis deux mois, la protestation populaire fut d'autant plus immédiate et massive que le renvoi de Necker correspondait exactement à ce que craignait la foule depuis des semaines. On n'avait donc pas besoin d'un chef d'orchestre plus ou moins clandestin pour s'opposer au coup de force tenté par la cour, tout le monde s'y attendait. Et ce que l'on sait de la composition sociale des vainqueurs de la Bastille confirme le caractère populaire de la mobilisation. Sur les 662 déjà mentionnés, très peu de bourgeois proprement dits, une vingtaine environ dont le brasseur Santerre, trois autres manufacturiers, quatre marchands et quatre bourgeois présentés comme tels. Les autres, outre 76 militaires, sont des maîtres artisans d'une trentaine de métiers, surtout des menuisiers, ébénistes, cordonniers, ciseleurs, joailliers, brasiers, avec leurs compagnons et d'autres gagne-petit, portefaix et travailleurs des bords de Seine. Enfin les vainqueurs de la Bastille ne constituaient qu'une minorité particulièrement militante d'une mobilisation beaucoup plus vaste affectant tous les quartiers de la ville et qui frappa par son ampleur les voyageurs étrangers qui en furent les témoins. Reste donc à savoir si la Garde nationale allait pouvoir s'identifier avec l'ensemble du mouvement insurrectionnel.

La création de ce qui allait devenir la Garde nationale fut ressentie par la majorité des députés de l'Assemblée nationale, dès le 15 juillet, comme une urgence majeure si l'on voulait contrôler le plus rapidement possible la situation nouvelle créée par l'ampleur d'une insurrection parisienne qui semblait ne pas vouloir faiblir.

À Paris, le 14 au soir, on redoutait encore de possibles représailles de la part des militaires, les exécutions qui avaient suivi l'affaire Réveillon étaient encore dans toutes les mémoires. On restait donc vigilant.

À Versailles, les événements de la journée, dont la prise de la Bastille, ne furent connus qu'en début de soirée. Aussitôt, l'Assemblée nationale s'empressa d'adopter une déclaration solennelle : elle se refusait à modifier les arrêtés qu'elle avait proclamés jusque-là, notamment concernant l'inviolabilité des députés, sa propre unité et son serment de ne point se séparer avant que la Constitution ne soit achevée. Devant la gravité extrême de la situation, elle décida de siéger en permanence et, pour soulager son président, désigna, par acclamation, un vice-président : ce fut La Fayette. Propulsé sur le devant de la scène politique grâce à son aura américaine, il n'allait plus la quitter pendant plus de trois ans, jusqu'en novembre 1791.

Le 15 juillet au matin, après une nuit blanche, l'Assemblée décida d'envoyer à Paris une délégation de 88 députés, conduite par son nouveau vice-président. Or avant qu'elle ne parte, le roi arriva, escorté par les princes du sang, pour annoncer l'éloignement des troupes et appeler l'Assemblée à l'aider à rétablir la paix publique. La Fayette partit donc pour annoncer à l'Hôtel de Ville de Paris la visite du roi, le retrait des troupes et pour féliciter les Parisiens de leur héroïsme et de tout ce qu'ils venaient de faire pour la liberté publique. La nouvelle de la visite du roi et le contenu de ses propos furent accueillis par des applaudissements et des cris de joie. L'assemblée des électeurs de Paris et la foule présente proclamèrent aussitôt La Fayette commandant général de la garde bourgeoise et de tous les citoyens qui avaient pris les armes les jours précédents. Puis ce fut l'astronome Bailly qui fut proclamé prévôt des marchands, en remplacement de Flesselles mis à mort la veille au soir, appellation que l'on changea presque aussitôt pour celle de maire de Paris. Le lendemain, 16 juillet, La Fayette proposa d'appeler cette nouvelle force armée Garde nationale; puis, avec son état-major provisoire et le comité militaire constitué par 60 délégués des 60 districts de Paris, il s'occupa de l'organiser, après avoir fait confirmer sa nomination par les représentants de ces mêmes districts.

D'emblée, la Garde nationale apparaissait comme le résultat de l'armement et de la victoire de toutes les composantes du tiers état auxquels s'ajoutait la compétence militaire de la noblesse réformiste. Elle devenait le symbole de la force physique invincible du tiers état quand il pouvait ajouter au nombre des citoyens les fusils et les canons nécessaires pour résister aux mercenaires du despotisme. Elle apparaissait donc comme la garante de la mutation institutionnelle amorcée un mois plus tôt et que l'insurrection venait d'imposer définitivement. Il fallait consolider et pérenniser la victoire de la Nation et c'est à la Garde nationale que revenait cette mission sacrée. C'est dire que le destin de la Révolution ne se jouait pas seulement sur les bancs de l'Assemblée nationale ni sous les frondaisons du Palais-Royal, mais dans Paris tout entier devenu en deux jours l'acteur majeur, à la fois énorme, massif, multiforme et donc inquiétant, de la confrontation politique[6].

Chapitre II

LA GARDE NATIONALE DE PARIS

(juillet 1789 - octobre 1790)

Désormais La Fayette et Bailly formèrent une sorte de duumvirat en charge de la gestion quotidienne de la ville de Paris et, notamment, des problèmes du maintien de l'ordre et des subsistances, intimement liés, cela jusqu'à la fin de la Constituante. L'un et l'autre considérèrent que l'achèvement de la Constitution et sa proclamation devaient marquer le terme du mandat que leur avaient confié les patriotes parisiens, ce 15 juillet 1789, et que, s'ils en étaient toujours dépositaires à ce moment-là, ils démissionneraient, leur mission étant accomplie.

Fin juillet 1789, pour La Fayette, la situation parisienne était extrêmement délicate à contrôler[1]. Chaque district s'estimait propriétaire légitime de sa Garde nationale qui ne devait relever d'aucune autre autorité, étant lui-même l'incarnation du peuple souverain. À cela s'ajoutait le sort des gardes-françaises et des autres soldats de l'infanterie de ligne, sans oublier les Suisses, qui avaient abandonné leurs régiments pour se mettre au service des patriotes parisiens et qui s'interrogeaient sur

leur avenir, redoutant les sanctions prévisibles de
la part de certains de leurs officiers, «aristocrates»
forcenés. De plus l'actualité politique quotidienne
sollicitait en permanence La Fayette, l'obligeant à
déléguer à ses collaborateurs le détail d'une organisation dont dépendait pourtant la sécurité de
l'Assemblée nationale et la sérénité du débat
constituant.

Ainsi, le 17 juillet, Louis XVI vint à Paris
confirmer les initiatives prises depuis une semaine
par les électeurs parisiens. Bailly et La Fayette
accueillirent le roi, et le discours de La Fayette en
disait long sur ce que signifiait, pour son commandant en chef, la nouvelle institution militaire :

> «Je vous apporte une cocarde qui fera le tour du
> monde et une institution à la fois civique et militaire
> qui doit triompher des vieilles tactiques de l'Europe et
> qui réduira les gouvernements arbitraires à l'alternative
> d'être battus s'ils ne l'imitent et renversés, s'ils osent
> l'imiter[2]. »

Curieusement La Fayette ne mettait pas l'accent
sur le maintien de l'ordre mais bien sur la dimension militaire de cette milice citoyenne. À ses yeux,
il ne s'agissait pas seulement d'une simple force
de police pour rétablir l'ordre dans Paris mais,
avant tout, d'une nouvelle organisation militaire
promettant à Louis XVI l'hégémonie sur l'Europe.
Le message était explicite : la souveraineté nationale
était une chance pour la monarchie qui devait la
saisir et en mesurer toutes les opportunités exceptionnelles. Ce que le roi ne fit pas, et la réalité politique parisienne obligea le nouveau commandant

général à borner ses ambitions et à se limiter, dans un premier temps, au contrôle d'une ville dont la population venait de triompher du plus puissant souverain de l'Europe !

D'emblée, La Fayette fut farouchement contesté dans certains districts qui refusaient d'abandonner le contrôle effectif de leur garde nationale et voulaient pérenniser la forme de démocratie directe mise en place spontanément depuis la fin juin : dans le jardin du Palais-Royal, une vaste assemblée populaire délibérait souverainement sur tout et, au fil des heures et des événements, les districts décidaient de se rallier ou non aux motions qu'on adoptait dans cette *ecclesia* d'un nouveau genre. Parfois, on continuait de pendre, au coin des rues, ceux que la foule condamnait et La Fayette, s'il en avait la possibilité, devait intervenir en personne, pour argumenter et parvenir à arracher sa victime à des juges autoproclamés apparemment plus sensibles à son prestige d'aristocrate « patriote » qu'à ses arguments juridiques. Fin juillet, dans un entretien avec son ami Governeur Morris, consul officieux des États-Unis, il constatait l'ampleur spectaculaire de sa popularité : il était le chef absolu de 100 000 hommes et à deux reprises au moins, il prétendait avoir tenu le roi en son pouvoir, mais il ajoutait ne nourrir aucune ambition personnelle, ne souhaitant que permettre à la Constituante d'accomplir son œuvre pour retrouver ensuite les joies simples de la vie domestique dans son château auvergnat[3]. Et, surtout, il mesura très vite les limites de sa prétendue puissance : il n'avait pu empêcher, le 22 juillet, d'abord la mise à mort par la foule, dans des conditions particulièrement cruelles, de l'ex-ministre de Louis XVI, Foullon, arrêté dans la maison d'un ami, dans la banlieue, où il s'était réfugié après avoir fait courir le bruit de son décès. On le ramena à pied jusqu'à Paris, avec une botte de foin sur le dos, lui dont on disait qu'il aurait conseillé au peuple d'en manger quand il manquait de pain. Bailly et La Fayette tentèrent de le faire emprisonner à l'Abbaye ; la foule impatiente l'arracha à ses gardes et le pendit à une lanterne voisine. On lui trancha la tête qu'on promena dans les rues, fichée sur une pique, et qu'on présenta, du foin dans la bouche, à son gendre, l'intendant de Paris, Berthier de Sauvigny, arrêté pour avoir préparé l'arrivée des régiments étrangers rassemblés autour de Paris, dix jours plus tôt. Puis l'on fit justice au gendre en le pendant et en le décapitant à son tour[4].

Outré par ce double échec, La Fayette présenta sa démission à la municipalité provisoire, mais celle-ci le supplia de revenir sur sa décision et le lendemain, 23 juillet, il céda à ses supplications et à la promesse des électeurs d'engager leurs gardes nationaux à lui obéir désormais en tous lieux et à tous moments. Ce même jour, Mathieu Dumas, son principal collaborateur, réunit le comité militaire des districts et quelques Constituants ayant les compétences requises (Duport, Lameth, Barnave) pour leur soumettre un projet d'organisation de la Garde nationale[5].

Le 31 juillet suivant, le comité faisait adopter par l'assemblée générale des représentants de la Commune le principe d'une Garde nationale composée à la fois de bourgeois volontaires, s'équipant à leurs frais, et de soldats de métier lui apportant leur compétence militaire et l'expérience du maintien de l'ordre. Paris allait fournir un bataillon de 4 compagnies de 100 hommes par district, soit un total de 24 000 hommes pour les 60 districts de l'agglomération. Dix districts formaient une division, les six chefs de division et tous les officiers étaient désignés par les districts, c'est dire leur volonté de contrôler étroitement leur contingent respectif. L'ensemble obéissait à un commandant général, à savoir La Fayette, élu, tout comme le maire de Paris, par l'assemblée générale des représentants des districts qui faisait toujours fonction de municipalité provisoire.

Une disposition particulièrement novatrice concernait le sort des gardes-françaises et des autres soldats qui avaient abandonné leur régiment pour rejoindre les patriotes parisiens depuis la fin juin. Louis XVI avait, par une lettre, autorisé La Fayette à les conserver sous ses ordres et à les intégrer dans la milice bourgeoise dont il avait entériné la création en espérant, mais en vain, en contrôler l'état-major. On créa ainsi une garde soldée de 6 000 hommes, soit une compagnie de 100 hommes par district, appelée « compagnie du centre », dont les officiers, lieutenants et sous-lieutenants, étaient nommés par les comités de district mais choisis pour la plupart parmi les anciens sous-officiers des gardes françaises. La Fayette et son état-major purent ainsi disposer, en regroupant ces compagnies, d'une force permanente susceptible d'agir efficacement à tout moment et dans les

meilleurs délais. Certes, il fallut, dans les premières
semaines, négocier le nouveau statut de ces prétoriens patriotes, mais en leur attribuant une solde
égale à une fois et demie celle de l'infanterie de
ligne, en leur accordant des possibilités immédiates d'avancement, La Fayette sut les rallier et
en faire l'outil majeur d'un retour progressif à
l'ordre dans les rues de Paris.

Ajoutons que, pour faciliter cette reprise en main
globale, deux banquiers, Jauge et Cottin, prêtèrent,
sur la parole du général, 1,2 million de livres pour
constituer dans l'immédiat les masses assurant la
solde et l'entretien des compagnies du centre[6].

On accusa La Fayette d'imposer à ses officiers
un serment d'allégeance personnelle qui les
invitait à tout faire pour obtenir de leurs hommes
«un service exact et assidu» et surtout à sélec-
tionner, parmi les gardes nationaux non soldés,
un certain nombre de compagnies dont ils pourraient assurer la disponibilité et l'obéissance. Et
l'on constatait que certains bataillons, comme
celui de Saint-Roch, avaient fait serment «de se
soumettre aux ordres de son général et de ne
mettre bas les armes que lorsqu'il l'aurait assuré
que la Constitution serait établie[7]». Visiblement,
La Fayette, à ce moment-là — octobre 1789 —, est
persuadé que la Constitution pourra être achevée
en quelques mois et qu'il s'agit d'œuvrer dans le
provisoire, avec le maximum d'efficacité, l'organisation définitive de la Garde nationale ne pouvant
survenir qu'ultérieurement. Mais les mois passant,
se posa implicitement, face à la légitimité démocratique des districts, le problème de la pérenni-

sation de l'autorité du général. Aussi, six mois
plus tard, à l'occasion d'une revue sur le Champ-
de-Mars, le 30 mai 1790, une députation de gardes
nationaux lui remit une adresse en forme de
serment dont le contenu définissait clairement la
ligne politique souhaitée par le général. La Garde
nationale de Paris :

> « (...) regardant M. le marquis de La Fayette
> comme le plus solide appui de la Constitution naissante,
> convaincue de la pureté de ses sentiments ; (...)
> persuadée enfin, qu'il était le plus digne de commander
> les soldats de la liberté, elle lui renouvelait, avec une
> confiance que l'expérience n'avait fait qu'affermir, un
> serment de fidélité et d'amour, et la résolution unanime
> de tous ses compagnons d'armes, de sacrifier sous ses
> ordres et à son exemple, leurs fortunes et leurs vies
> pour l'établissement de la constitution française ».

Maurice Genty ajoute que l'adresse était accompagnée d'une note précisant que le serment avait
été prêté individuellement par chaque garde
national et que l'on avait « chargé des députations
de faire agréer la réunion de tous ces vœux à
M. de La Fayette, et M. de La Fayette avait, pour
ainsi dire, entendu de la bouche et lu dans le cœur
de ses trente-huit mille compagnons d'armes ce
serment de fidélité[8] ».

Donc, à partir d'un noyau de gardes soldés, s'est
constitué un deuxième cercle de compagnies d'élite
recrutées avec soin par les officiers de la plupart
des bataillons et, à partir de ce socle de fidélité, on
s'efforçait d'obtenir le ralliement enthousiaste de
la totalité de la Garde que l'on magnifiait lors de

revues où elle pouvait faire admirer au reste de la
population ses uniformes, sa capacité à manœuvrer
et à manier les armes dont elle disposait. C'était,
en partie, reprendre les vieilles recettes de l'esprit
de corps visant à séparer le soldat du reste de la
population et c'était ce que dénonçaient certains
districts très réticents devant la création des compagnies d'élite et la multiplication des serments et
des bénédictions de drapeaux aboutissant toujours
à l'exaltation du commandant général. La Fayette
ne put ainsi trouver une majorité pour faire accepter
son projet de six parcs d'artillerie dans Paris qui
furent considérés comme autant de Bastille pouvant
tomber aux mains des ennemis de la Révolution.
On en resta à deux pièces de huit par bataillon,
soit 120 canons au total avec une compagnie de
canonniers par bataillon chargée de la manœuvre
et de l'entretien de ces pièces[9]. On sait par la suite
que ces canonniers furent célébrés par les sans-
culottes pour leur engagement démocratique, dans
la mesure sans doute où la disposition des pièces,
la précision du tir demandait la maîtrise de certaines notions sur les trajectoires, le choix des
cibles, et que ces canonniers étaient soit des transfuges de l'artillerie royale ou de la marine, soit des
«intellectuels» ambitieux, capables de maîtriser
ces notions et qui pouvaient ainsi acquérir une
certaine notoriété dans leur district pour y disputer
les grades aux notables du patriotisme.

De fait, les gardes non soldés étaient des volontaires dont l'enthousiasme patriotique s'émoussa
au fil des mois et qui trouvaient le service trop
lourd — soit, selon le règlement provisoire, une

fois tous les quarante-huit jours, mais que l'absentéisme croissant des volontaires ramenait en gros à un jour par mois auquel s'ajoutaient les parades, revues et défilés imposés par le général en chef. C'est cette lourdeur relative du service qui explique, malgré les réticences des districts, que La Fayette ait pu imposer l'existence des compagnies soldées. En assurant un service permanent, elles avaient l'avantage de soulager les gardes nationaux non professionnels tenus seulement à ne fournir que des effectifs de complément et dont le nombre d'heures de service se trouvait ainsi allégé. Politiquement, la présence des compagnies du centre contribuait à faire prévaloir, dans beaucoup de bataillons, une ligne modérée, tout en provoquant parfois, notamment dans les quartiers populeux du centre de Paris et dans les faubourgs Saint-Antoine et Saint-Marcel, des tensions permanentes que des libelles dénonçaient dès l'automne 1789. La Fayette s'efforça de les atténuer en imposant, à la tête des bataillons, des hommes qui lui étaient attachés, anciens compagnons de l'aventure américaine ou bourgeois aisés acquis, comme lui, à une monarchie constitutionnelle, plus proche du modèle américain que du britannique.

L'uniforme fut précisé, il s'imposa bientôt à la France entière pour devenir progressivement le symbole de la Nation, témoignage évident de la dimension mythique de la nouvelle institution. En associant les trois couleurs de la cocarde nationale, il pérennisait l'élan initial qui avait consolidé la Nation et assuré la victoire définitive du tiers état. L'habit de couleur bleu ciel avait un passepoil et un collet écarlates, les parements, revers, gilet et culotte étaient blancs. Le chapeau à deux cornes de feutre noir était orné de la cocarde tricolore. L'ensemble coûtait cher, près de 100 livres ! Restant à la charge du citoyen soldat, l'uniforme devint un des éléments majeurs de la stratégie visant à écarter les couches populaires de la Garde nationale, il suffisait d'en exiger le port effectif pour effectuer son service. Le 9 août, à l'occasion de la bénédiction du drapeau d'un bataillon, à Saint-Nicolas-des-Champs, La Fayette parut, pour la première fois, dans son nouvel uniforme de garde national. Le 12 août, il constituait définitivement son état-major dans lequel on retrouvait deux compagnons de l'épopée américaine, Jean-Baptiste de Gouvion et Louis de La Colombe, collaborateurs d'autant plus influents que le général, souvent en représentation ou en mission de conciliation, déléguait beaucoup, notamment en matière d'organisation et de gestion matérielle.

Pour en revenir à l'armement du garde national, il était constitué, pour les simples fusiliers, d'un sabre avec son baudrier, d'un fusil de munition avec sa baïonnette, et d'une giberne dont la plaque était ornée des armes de la Ville de Paris surmontées de trois fleurs de lys. Le 23 août, La Fayette, obtint que l'Assemblée des représentants des districts, faisant toujours office d'assemblée municipale, voulût bien prendre en charge l'armement et l'équipement de la Garde. C'était une preuve tangible de la volonté du maire de Paris, Bailly, de consolider sa collaboration avec La Fayette pour obtenir, ensemble et dans les meilleurs délais, le retour d'un quotidien plus paisible.

Dès le 1er septembre, exaspérée par les exigences des délégations à répétition du Palais-Royal et des menaces qu'elles proféraient à son encontre, l'assemblée des représentants de la Commune prit un arrêté significatif qui chargeait le commandant général « de déployer toutes les forces de la Commune contre les perturbateurs du repos public ; de les arrêter et constituer dans les prisons, pour leur procès être instruit selon la nature des délits[10]... ». Le soir même, le Café de Foy, rempli de gens qui protestaient contre le veto, fut fermé par la Garde nationale, et des patrouilles permanentes, les jours suivants, empêchèrent tout rassemblement subversif d'autant que les districts étaient surtout préoccupés par l'organisation de la nouvelle municipalité parisienne. Mais la question des subsistances demeurait : les farines arrivaient de façon sporadique et en quantité insuffisante pour rassurer le populaire. On accusait Bailly d'incapacité, l'Assemblée constituante de négligence, et l'on soupçonnait encore la cour de nourrir de perfides desseins à l'encontre des patriotes parisiens. À plusieurs reprises, La Fayette dut intervenir pour empêcher, par la persuasion de son éloquence ou par la pression d'un appareil militaire menaçant, le départ pour Versailles de bandes de manifestants exaspérés et décidés à faire, une fois de plus, justice eux-mêmes ou du moins à impressionner l'Assemblée et le roi. Ainsi, le 30 août, une motion votée au Café de Foy, qui avait rouvert ses portes, adjurait les patriotes présents de marcher

sur Versailles et parlait d'une députation de
1 500 volontaires annonçant à la Constituante l'arrivée de plus de 15 000 patriotes prêts à incendier
les habitations de tous les complices des aristocrates. La Fayette doubla les sentinelles aux portes
de la ville, les ponts furent gardés avec du canon
et aucune délégation ne parvint à Versailles[11].

Néanmoins, pour protéger le roi et l'Assemblée
nationale d'un possible coup de force de la plèbe
parisienne, la municipalité de Versailles obtint le
renforcement de ses moyens militaires par l'arrivée, le 23 septembre, du régiment de Flandre.

Les rumeurs les plus contradictoires couraient
sur la suite possible des événements. On disait la
populace de Paris, encouragée par les agents du
duc d'Orléans et de Mirabeau associés dans le
projet de mise à l'écart de Louis XVI, prête à
marcher sur l'Assemblée constituante pour l'obliger
à proclamer la lieutenance générale du duc avec
Mirabeau comme premier ministre ou comme
maire de Paris. D'autres parlaient d'un complot
contre-révolutionnaire imminent : le départ de
Louis XVI pour Metz d'où le roi s'élancerait à la
reconquête militaire de son royaume. Les scènes
d'hystérie que connut, dans la soirée du 1er octobre,
le banquet offert par les gardes du corps de
Louis XVI aux officiers du régiment de Flandre,
semblèrent le prologue prometteur de cette reconquête. Les cocardes tricolores avaient été arra-
chées des coiffures, piétinées et remplacées par
des cocardes noires en l'honneur de Marie-Antoinette qui fut acclamée frénétiquement ainsi que le
dauphin. Tous ces détails furent connus à Paris

dès le samedi 3 octobre, et donc la riposte put se préparer tout au long du dimanche. Les districts, indignés par le comportement des officiers du régiment de Flandre, se réunirent et décidèrent de mettre en alerte la Garde nationale, celui des Cordeliers exigea d'enjoindre au commandant général de se rendre à Versailles, dès le lendemain, pour obtenir le renvoi immédiat de ce régiment qui venait d'insulter la Nation[12]. Au Palais-Royal, des groupes de femmes très animées exigeaient, elles aussi, une marche sur Versailles.

Il est donc faux de prétendre que La Fayette, dans la matinée du lundi 5 octobre, aurait été surpris par la succession des événements qu'il lui fallut affronter. Très tôt, un rassemblement de femmes venues de la Halle et d'autres quartiers du centre-ville, se forma devant l'Hôtel de Ville dont les portes furent forcées : avant tout, elles réclamaient du pain. En fin de matinée, des hommes les rejoignirent et commencèrent à tout saccager. La place de Grève était noire de monde, surtout des femmes. Des vainqueurs de la Bastille prirent la parole dont le fameux Maillard qui reprit l'idée de la marche sur Versailles que la foule adopta avec enthousiasme. Entre onze heures et midi, la place se vida pour se remplir à nouveau avec les bataillons de gardes nationaux convoqués dans l'urgence par la plupart des districts et auxquels, bientôt, se mêlèrent de nouveaux manifestants. La Fayette, qui délibérait sur la situation avec Bailly, persuadé que l'émeute était fomentée par des meneurs stipendiés par le duc d'Orléans, sortit sur la place pour haranguer les gardes nationaux et leur demander de ne pas bouger tandis que le maire écrivait au roi pour l'avertir de l'arrivée possible d'un autre flot de manifestants. Malgré les menaces de la foule qui l'accusait d'être un complice de la cour et réclamait sa mise à mort immédiate, malgré la colère de certains gardes nationaux qui prirent la bride de son cheval pour l'obliger à partir, La Fayette tint bon jusqu'à cinq heures du soir mais dut finalement se résigner à partir pour Versailles après en avoir reçu l'ordre de Bailly. Visiblement le général croyait qu'à Versailles les autorités avaient fait le nécessaire pour arrêter ces cortèges composés essentiellement de femmes et qu'une poignée de gardes nationaux aurait dû suffire à disperser. Il s'attendait à les voir refluer vers Paris. Rien ne survenant, il devenait préférable de se rendre à Versailles pour limiter des désordres prévisibles.

Il y avait donc sur la place de Grève, à Paris, en début d'après-midi et sous une pluie battante, plusieurs milliers de manifestants et, surtout, la quasi-totalité des 25 000 gardes nationaux de Paris, dont la moitié étaient décidés à marcher sur Versailles. Pour ces citoyens aisés, il s'agissait surtout d'obliger le roi à accepter la Déclaration des droits de l'homme et à sanctionner les décrets de la nuit du 4 août et, par la même occasion, de le soustraire à l'influence contre-révolutionnaire de la cour. Néanmoins, certains bataillons, ceux des districts des Minimes, des Blancs-Manteaux, des Filles-Saint-Thomas, de Saint-Roch et des Capucins, répugnaient à suivre les manifestants et partageaient plutôt l'attentisme de leur général.

C'était également une question de principe : qui devait donner l'ordre de marcher à la Garde nationale ? Les districts imposaient à nouveau leur volonté à Bailly et à La Fayette, c'est dire la fragilité d'une autorité qui devait à tout moment négocier avec les pulsions de la foule et s'adapter à l'évolution apparente d'un rapport de forces difficile à mesurer.

Comme au moment du 14 juillet, les différentes strates du tiers état en vinrent à vouloir agir ensemble contre la menace contre-révolutionnaire, unanimité apparente mais qui ne répondait pas aux mêmes urgences : pour les femmes, c'était encore la faim et le prix du pain qui les exaspéraient, pour les hommes, et notamment les gardes nationaux, il s'agissait surtout de venger l'insulte faite aux couleurs nationales et de soustraire le roi à l'influence pernicieuse de son entourage. Il revenait à la Garde nationale, par sa participation à l'événement, de lui donner une sorte de sanction patriotique tout en évitant les excès de la violence populaire[13].

La Fayette envoya deux aides de camp avertir Mounier, président de l'Assemblée nationale, ainsi que le roi, de son arrivée prochaine. Entre-temps, les premiers cortèges de manifestants envahissaient Versailles depuis le début de l'après-midi. Ils avaient occupé l'Assemblée nationale et tenté de forcer les grilles du château, tuant deux gardes du corps, dont on exhibait les têtes selon le rituel désormais adopté. Le roi écrivit à La Fayette pour se féliciter de son arrivée et lui annoncer qu'il acceptait la Déclaration de droits de l'homme. De son côté, vers minuit, le commandant général fit arrêter ses troupes avant d'arriver à Versailles et leur fit renouveler leur serment d'obéissance à la Nation, à la Loi et au roi. Enfin arrivé, il se rendit à l'Assemblée puis au château où il rassura tout le monde et surtout s'interposa entre le peuple et les gardes du corps à cheval qui avaient déjà provoqué plusieurs incidents. Il s'occupa, avec la municipalité de Versailles, d'héberger et de restaurer tant bien que mal la foule des Parisiens et ses gardes nationaux qui furent chargés de monter la garde à l'extérieur, devant les grilles du château. Vers deux heures du matin, exténué, il alla dormir à l'hôtel de Noailles.

Quatre heures plus tard, des manifestants qui en voulaient à la reine ou plus crapuleusement aux splendeurs du château, escaladèrent les grilles et pénétrèrent dans les appartements royaux. Deux autres gardes du corps furent tués, d'autres se barricadèrent dans l'Œil-de-bœuf pour empêcher la progression des pillards. Les panneaux des portes éclataient sous la violence des coups, quand soudain les hurlements des assiégeants s'arrêtèrent et des voix rassurèrent les gardes du corps, c'étaient les anciens gardes-françaises devenus gardes nationaux qui s'interposaient pour éviter un massacre. La Fayette, réveillé, venait d'arriver au château pour reprendre la situation en main. Les gardes nationaux parisiens évacuèrent la foule des appartements royaux et leur général incita Marie-Antoinette à se montrer sur un balcon, ses enfants à la main, à la foule attendrie qui l'acclama. Puis il embrassa un garde du corps arborant la cocarde tricolore. Enfin Louis XVI fit savoir qu'il acceptait de résider à Paris et, sur le chemin du retour, La Fayette, caracolant à la portière du carrosse royal, apparut comme le véritable bénéficiaire d'un enchaînement de circonstances qui démontrait que la Garde nationale parisienne était la seule force organisée capable d'en imposer à l'émeute. À l'opposé, le comportement des officiers du régiment de Flandre et des gardes du corps prouvait à l'opinion patriote que l'armée royale semblait être restée l'espoir de la contre-révolution tandis que la Garde nationale, sous le commandement de La Fayette, apparaissait comme l'incarnation des intérêts fondamentaux de la Nation. Elle avait jugulé les entreprises des contre-révolutionnaires et les rendait désormais impossibles en obligeant le roi et la Constituante à s'installer à Paris où elle semblait, désormais, seule capable d'endiguer la violence populaire.

Les jours suivants confirmèrent la toute-puissance de la Garde nationale et de son général [14]. Le 13 octobre, La Fayette, arguant de l'arrivée dans la capitale du roi et de l'Assemblée nationale, fit accepter par la Commune un renforcement de ses moyens militaires. Six nouvelles compagnies soldées furent créées, de façon à dégager une réserve permanente de grenadiers aux ordres des chefs de division. Le guet et la garde de Paris, c'est-à-dire 600 fusiliers et 800 dragons, furent rattachés à la Garde nationale à laquelle on ajouta encore 600 « chasseurs des barrières » et 300 « gardes de l'Hôtel de Ville ». En tenant compte des quelque 100 officiers et aides de camp de l'état-major, c'est

sur une force permanente et homogène, bien payée
et bien équipée, d'environ 10000 hommes que La
Fayette pouvait désormais compter pour maintenir l'ordre dans la capitale. On pouvait encore
lui ajouter les bataillons modérés de la garde
citoyenne non soldée. Et l'on officialisa, au sein
de chaque bataillon, la création, déjà évoquée, de
deux compagnies d'élite de grenadiers et de chasseurs, bien équipés et qui pouvaient fournir un
renfort de 6000 jeunes bourgeois en cas d'émeute
populaire.

Dans sa correspondance, le commandant général
pouvait constater que depuis son installation à
Paris, le roi n'avait pas éprouvé «le plus léger
manque de respect mais qu'il recevait journelle-
ment, dans les rues, des acclamations et des marques
de la tendresse populaire[15]». Cette lettre fut écrite
quarante-huit heures après la mise à mort d'un
boulanger nommé François, accusé d'être un
accapareur, de confectionner des petits pains pour
les députés alors que le peuple criait famine. La
Garde nationale, arrivée trop tard, n'avait rien pu
empêcher. La Fayette affirma que «sans une loi
martiale, il ne répondait pas de la tranquillité de
Paris». Elle fut votée par l'Assemblée nationale
dès le 21 octobre, et précisa les modalités de l'utilisation de la force publique contre les désordres
de la rue. Les officiers municipaux, en arborant un
drapeau rouge, devaient avertir la population que
les forces de l'ordre, après sommations préalables,
pouvaient ouvrir le feu pour disperser les fauteurs
du désordre.

Avec la Garde nationale telle qu'il venait de la

renforcer, La Fayette avait organisé, à partir de novembre 1790, un instrument efficace du maintien de l'ordre qui en faisait le protecteur du nouveau régime. En accord avec Bailly, il garantissait à la Constituante la possibilité de délibérer librement et permettait au roi de tenter une expérience de monarchie constitutionnelle appuyée sur le dévouement et le loyalisme de la Garde nationale, associant l'exaltation de la Nation et la dévotion traditionnelle à la personne du roi. La plupart des historiens de la Révolution distinguent alors une pause, François Furet et Denis Richet parlent même d'une «année heureuse» dont l'apothéose serait la fête de la Fédération et qui s'achèverait avec la fuite du roi et sa capture à Varennes. Michel Vovelle préfère mettre l'accent sur la popularité de La Fayette, rappelant que Mathiez, dans sa *Révolution française*, a donné pour titre au chapitre qu'il consacre à cet épisode : «La Fayette maire du palais», et que Georges Lefebvre parle, pour 1790, de «l'année La Fayette». Mais cette popularité, Michel Vovelle, pas plus que ceux qui l'ont précédé, ne l'explique vraiment, suggérant par son commentaire que le général serait le sabre de la bourgeoisie, tout en mettant l'accent sur la duplicité du roi feignant d'écouter ses conseils, comme ceux de Mirabeau et des frères Lameth, pour gagner du temps et créer des circonstances plus favorables à la restauration de son entière autorité. Cela ne va guère dans le sens de la toute-puissance d'un maire du palais ni, *a fortiori*, d'une «tentation du césarisme», formule empruntée à Mathiez. Finalement, Michel Vovelle laisserait plutôt entendre que le général aurait été dupe du double jeu de la cour. S'il concède qu'il ne serait peut-être pas «la nullité prétentieuse qu'on a dit», il se refuse à le considérer comme l'incarnation d'un compromis possible entre régime monarchique et souveraineté nationale et ne voit dans sa politique que des compromissions en faveur de la cour, allant jusqu'à prétendre qu'il collabore avec Mirabeau au service du roi, pour concéder néanmoins, en fin de chapitre, que son «autorité reste grande», qu'il dispose de «moyens réels d'influence», notamment sa «mainmise» sur la Garde nationale de Paris et qu'il en a fait «un instrument maniable pour le nouvel ordre dont il rêve» — ajoutons : rêve que partageait une large partie de l'opinion et des Constituants.

Si La Fayette n'est certes pas le tribun, l'animal politique capable de subjuguer l'Assemblée nationale, il a su créer les conditions d'un *modus vivendi* qui va durer plus de deux ans, ce qui reste une performance dans le contexte troublé du moment, permettant à la Constituante de mener à bien son extraordinaire chantier, et c'est volontairement qu'il abandonnera ses fonctions en octobre 1791, considérant qu'avec l'adoption de la Constitution son mandat était terminé ! Autrement dit, il a fait preuve d'une longévité politique rendue possible parce qu'il incarnait la voie médiane souhaitée par une large partie d'une opinion persuadée, tout comme lui, que l'achèvement de la Constitution, son adoption par le roi, signifieraient la résorption quasi miraculeuse de toutes les difficultés politiques. On peut même aller jusqu'à dire que l'indé-

niable popularité dont il bénéficia jusqu'au fond
des provinces prouve, *a fortiori* si on lui dénie tout
génie politique, que cette voie médiane était largement dominante dans l'opinion au point d'en faire
le personnage le plus adulé du royaume jusqu'à la
fuite de la famille royale, en juin 1791. Ajoutons
que ce monarchisme constitutionnel a pu nourrir
également les espérances des aristocrates abso-
lutistes, ils y voyaient la preuve que le royalisme
n'était pas mort dans les profondeurs de la population sans comprendre que c'était l'alliance de la
Nation et du roi qui avait suscité la grande espérance de 1789 et qu'elle allait mourir, pour beaucoup, après Varennes.

Il ne s'agit pas de tenter une réhabilitation du
personnage de La Fayette mais plutôt de réévaluer
son rôle politique, à la tête de la Garde nationale
parisienne, à un moment crucial, quand l'absolutisme, après avoir raté son coup d'autorité à la
mi-juillet 1789, espère encore pouvoir ressaisir les
rênes du pouvoir, notamment grâce à l'armée dont
certaines unités seraient toujours fidèles à leurs
officiers et à la personne du roi. Également parce
que la cour restait persuadée du royalisme latent
d'une population momentanément manipulée par
une minorité de bourgeois exaltés et de démagogues
forcenés, vomis par la Babylone parisienne. Or,
malgré des échecs répétés, comme la nuit du 5 au
6 octobre 1789 à Versailles, la mort du boulanger
François, en novembre, l'impossible arrestation de
Marat en mars 1790, La Fayette avait su conserver
sa popularité, retourner les situations et en définitive raffermir sa position dans Paris.

Réévaluation aussi du rôle de Bailly dont La Fayette avait besoin pour financer sa Garde nationale et réaffirmer la subordination de son commandement militaire à l'autorité civile, fondement majeur de tout régime constitutionnel. Subordination symbolique et paradoxale, car l'aura de La Fayette éclipsait l'estime que l'on avait pour l'égalité d'humeur, la dignité et la modération du maire de Paris qui accepta d'apparaître comme le second du «héros des deux mondes» dont la prestance aristocratique, la destinée héroïque et la générosité native en imposaient aux bourgeois qui l'avaient choisi pour chef et lui restèrent fidèles jusqu'au bout de son mandat.

Il s'agit donc de restituer la part qui revient à ces deux hommes dans l'instauration de ce moment d'apaisement apparent qui nous semble indéniablement lié à l'efficacité de la prévention de l'agitation populaire mais également à la réussite de la mobilisation parisienne et nationale aboutissant à l'apothéose patriotique, donc anti-aristocratique, du 14 juillet 1790, illustration spectaculaire du «nouvel ordre» dont rêvait le «héros des deux mondes».

La correspondance de La Fayette avec Washington, ses rapports avec Governeur Morris, prouvent abondamment qu'il se réclamait des idéaux de la Révolution américaine et non des ambitions que pouvait susciter l'analogie de l'écroulement de l'Ancien Régime avec l'agonie de la République romaine. Le taxer de césarisme c'est se refuser à voir la volonté de novation institutionnelle qui l'habitait. Il voulait être le héros désintéressé du nouveau monde politique en train de surgir et ne désespérait pas de finir par convaincre Louis XVI de rejeter les vieux habits de l'absolutisme pour jouer le jeu de la raison et de l'unanimité nationale à laquelle il lui fallait désormais s'identifier s'il voulait encore régner. Enfin, c'est confondre un peu trop facilement les sentiments de Bouillé avec les convictions de La Fayette que de prendre à son compte le jugement de Marat contre le général au lendemain du sinistre affrontement de Nancy : «Peut-on douter encore que le grand général, le héros des deux mondes, l'immortel restaurateur de la liberté ne soit le chef des contre-révolutionnaires, l'âme de toutes les conspirations contre la patrie[16] ? »

Cela incite à se demander si la popularité du général n'était pas que parisienne et pose la question de l'ampleur, en province, de l'adhésion au phénomène de la Garde nationale et du même coup celle des rapports de la nouvelle milice avec l'armée royale, qui, jusque-là, incarnait l'instrument ultime et déterminant de l'autorité du souverain et garantissait l'unité du royaume par l'obéissance des sujets.

Chapitre III

LA GARDE NATIONALE
EN PROVINCE
(juillet 1789 - juin 1790)

Dans les jours qui suivirent le 14 juillet, l'Assemblée nationale se divisa sur la nécessité ou non de généraliser à la totalité du territoire national la mobilisation armée des patriotes. Le 18 juillet, elle s'interrogea et quelques nobles libéraux se déclarèrent partisans d'un appel solennel à l'armement généralisé des patriotes, mais les partisans du maintien des prérogatives royales s'y opposèrent. Finalement, Mirabeau et Barnave firent prévaloir la nécessité de s'occuper d'abord d'organiser les municipalités. Le 23 juillet, l'Assemblée se borna donc à inviter les Français au maintien de l'ordre et de la tranquillité publique, au respect pour les lois, mais sans rien dire des moyens pour y parvenir. Implicitement, c'était aux autorités militaires de continuer d'y pourvoir.

Mais, malgré ce silence prudent des Constituants, des milices ont surgi spontanément, notamment autour de Paris, dans une sorte de contagion concentrique, accompagnée souvent, dans les petites villes de la périphérie parisienne, de conflits suscités par des patriotes déterminés à profiter d'une effervescence généralisée pour modifier la composition de leur municipalité. Ils attaquaient le monopole d'une oligarchie étroite de petits robins, imbus de leurs privilèges. Des phénomènes identiques, mais à une autre échelle, perturbèrent la plupart des principales agglomérations du royaume, juxtaposant la remise en cause de «corps de ville» jugés trop conservateurs et la mobilisation des patriotes contre une hiérarchie militaire accusée d'être violemment opposée au cours nouveau des événements. L'apparition des gardes nationales a donc été liée à ce que les historiens ont appelé la «révolution municipale», dans la seconde quinzaine du mois de juillet.

La création de milices patriotes suivit le plus souvent la nouvelle de ce qui s'était passé à Paris le 14 juillet. À Rennes, ce fut la nouvelle du renvoi de Necker, connue le 15 juillet, qui mit en branle le processus de la mobilisation de la jeunesse patriote. Les étudiants s'assemblèrent à l'école de droit pour prendre des mesures en vue «d'arrêter les progrès de la cabale anti-citoyenne». D'autres citoyens les rejoignirent ainsi que des soldats du régiment d'Artois. On apprit ainsi que la compagnie de grenadiers de ce régiment avait été consignée et que des sous-officiers de ce même régiment avaient reçu l'ordre de fabriquer des balles. Le lendemain matin, des jeunes gens parcoururent les cantonnements des militaires pour les adjurer d'être de bons citoyens et non les «satellites» des aristocrates. Vers quatorze heures, le comte de Langeron, commandant en second de la garnison, donna l'ordre de réoccuper l'armurerie de la milice

qui venait d'être pillée par les «jeunes gens» et de
récupérer les fusils dérobés. Beaucoup de soldats
refusèrent d'obéir et rejoignirent les jeunes citoyens.
Dans la soirée, Langeron regroupa ses troupes
dans la cour de l'hôtel de Blossac et fit charger à
mitraille deux de ses canons qu'il fit placer derrière
le portail d'entrée de l'hôtel. Les soldats s'indignèrent de cet ordre et la plupart des grenadiers
d'Artois et d'Île-de-France rejoignirent les jeunes
gens, avec qui, symboliquement, ils échangèrent
uniformes et vêtements puis revinrent avec eux
s'emparer des canons pour les emmener à l'école
de droit, malgré les officiers qui tentèrent de s'y
opposer, le pistolet à la main. Le 17 juillet, soldats
et jeunes gens parcoururent ensemble les rues de
la ville pour en rassurer les habitants et, le 18, ils
décidèrent de créer une «Armée nationale» dont
les formations mixtes effectuèrent des patrouilles
et des perquisitions dans les environs de Rennes
pour découvrir de prétendus accaparements de
grains. Les soldats en profitèrent également pour
dénoncer les duretés inutiles de la discipline :
multiplicité des appels, retard dans les congés en
fin d'engagement, retenues sur les soldes, et surtout
la détestable punition des coups de plat de sabre.
La municipalité avertie de ces plaintes demanda
au comte de Langeron un adoucissement de toutes
ces sanctions et obtint une réduction des appels et
la suppression provisoire des coups de plat de
sabre. Le 19 juillet, les courriers de Paris apprirent
le rappel de Necker et la formation d'un corps de
milice nationale commandé par La Fayette. Le
20 juillet, le comte de Langeron exprima le vœu

d'arborer la cocarde nationale mais tous les patriotes de l'école de droit, indignés, s'y opposèrent et accusèrent le commandant de crime de «lèse-Nation», allant jusqu'à réclamer sa condamnation à mort. La municipalité finit par faire prévaloir une issue moins expéditive : le départ immédiat du commandant hors des limites de la ville qui s'effectua le soir même sous le contrôle d'une escorte de la nouvelle «Armée nationale».

Les événements de Rennes révèlent les dimensions politiques multiples de l'armement spontané de certaines composantes, particulièrement militantes, du tiers état, saisi à l'état natif, quand rien n'est encore figé et que presque tout semble possible. Les initiatives rennaises ne sont pas la modeste réplique de ce qui se passe à Paris mais témoignent d'une conscience aiguë du rapport des forces en présence. C'est une «Armée nationale» que l'on crée et non une milice bourgeoise. Le terme de milice n'a pu prévaloir, sans doute parce que trop évocateur d'une réalité passée qu'on voulait précisément abolir, car, si le militaire s'affirme citoyen, la réciproque n'en est pas moins vraie. Il ne saurait plus y avoir deux forces armées distinctes mais une seule qui ne peut que s'identifier à la Nation, c'est-à-dire au tiers état. L'échange vestimentaire, signalé dès le 16 juillet, signifie bien l'annexion symbolique de l'armée par la Nation. Par leur comportement, les jeunes gens de Rennes réagissaient contre l'évolution qui, depuis une vingtaine d'années, tendait à refermer la société militaire sur elle-même. En hâtant le progrès du casernement et de la discipline, en améliorant les

conditions matérielles du soldat, on tendait à
l'éloigner du civil et à le soumettre à la seule autorité de son encadrement aristocratique. Du coup,
les jeunes gens adoptent d'emblée une propagande
égalitaire dirigée, en priorité, vers les «bas officiers» avides de promotion mais prenant également
en compte, au nom de la solidarité du tiers, les
revendications d'ordre disciplinaire ou matériel
des simples soldats.

Ce qui manque à l'exemple rennais, c'est le
saccage des bureaux d'octroi, cause majeure des
désordres populaires dans les villes, comme nous
l'avons vu pour Paris la veille du 14 juillet, et
pouvant donc entraîner la réactivation des milices
bourgeoises. Ainsi à Lyon, le 29 juin, un courrier
extraordinaire apportait aux bourgeois patriotes
du Cercle des Terreaux la nouvelle de la réunion
des trois ordres à l'Assemblée nationale. Aussitôt
des jeunes gens parcoururent la ville en acclamant
Necker, contraignirent les chanoines à faire sonner
le bourdon de la cathédrale, invitèrent les Lyonnais
à illuminer leur demeure. Toute cette effervescence commençait à inquiéter les notables d'autant
que la nouvelle courait en ville que le roi aurait
accordé trois jours de franchise d'octroi pour fêter
la réunion des trois ordres mais que le consulat,
c'est-à-dire la municipalité, se refusait à donner
suite à la faveur royale. La protestation populaire
s'amplifiait alors que les paysans envahissaient la
ville pour y vendre leur bétail, leur vin ou leurs
volailles et finissaient par brûler un bureau d'octroi
et par saccager les autres. Du coup, les Lyonnais
se crurent victimes d'une invasion de brigands et,

le 3 juillet, selon le témoignage d'une correspon-
dante du libraire Hardy, 3 000 jeunes gens prirent
les armes pour repousser les brigands. On décompta
300 tués et blessés, « dont fort peu de Lyon même ;
c'étaient presque tous des brigands reconnus pour
avoir été fouettés et marqués ». L'arrivée d'un
bataillon du régiment suisse de Sonnenberg permit
au consulat une répression brutale qui condamna,
entre autres, un émeutier à la pendaison et un
autre aux galères. Les jeunes bourgeois mobilisés
lors de ces affrontements se transformèrent en
milice nationale à la fin du mois de juillet et prirent
même leur Bastille en s'emparant de la forteresse
qui domine le défilé de Pierre-Scize — à vrai dire,
le gouverneur leur en remit les clés sans esquisser
la moindre résistance.

Rennes et Lyon, deux scénarios qui résument
les schémas classiques de l'armement des villes
dans la seconde quinzaine de juillet 1789. Ils vont
concerner la totalité du royaume, avec des variantes
liées au conservatisme plus ou moins crispé des
corps de ville en place, au degré d'exaltation patriotique des jeunes gens, à l'intensité des revendications frumentaires des milieux populaires et à
la capacité des autorités militaires de s'adapter
aux nouveaux rapports de force locaux en n'accordant, par exemple, qu'une partie des fusils
qu'on leur réclamait à cor et à cri. Disons néanmoins que, la plupart du temps, c'est un désir de
retour au calme qui présida à la création par les
autorités locales d'une Garde nationale. Elle devait
en imposer au peuple, dissuader les militaires de
s'en prendre aux patriotes, mais des effectifs

relativement étoffés devaient également permettre de noyauter et neutraliser les éléments qui par leur jeunesse ou leur origine sociale pouvaient constituer un danger de radicalisation immédiate et excessive. Vocation conservatrice que renforcèrent encore, dans certaines provinces (Dauphiné, Franche-Comté, Mâconnais, Limousin), des épisodes passablement violents de ce que les historiens ont pris l'habitude d'appeler la Grande Peur qui secoua la majeure partie du royaume, du 20 juillet aux premiers jours du mois d'août.

Après les villes, ce sont les campagnes qui prennent les armes et, en une quinzaine de jours, les deux tiers du royaume qui sont concernés, car si l'on excepte le vide relatif des Landes, les provinces du nord et du nord-est protégées par les nombreuses garnisons des places couvrant la frontière, la Bretagne enfin où les jeunes gens multiplièrent patrouilles et contrôles pour rassurer les populations, partout ailleurs des rumeurs récurrentes annoncèrent l'arrivée de brigands ou de la soldatesque des pays voisins. On parlait surtout d'incendies, la hantise majeure des paysans lorsque les grains à peine mûrs n'ont pu être encore moissonnés. Pour prévenir la catastrophe, on s'arma comme on pouvait et l'on alla guetter sur les chemins l'arrivée des hordes redoutées. Georges Lefebvre, dans le livre magistral et pionnier qu'il a consacré à cette psychose collective, a bien montré les itinéraires de la peur sans trop pouvoir se prononcer sur ses origines, sinon pour y voir, plutôt qu'un complot comme l'imaginaient les contemporains, une inquiétude latente et habituelle quant au sort des moissons sur laquelle se greffait une autre actualité inquiétante liée à la circulation des troupes vers Paris, aux bandes de chômeurs et de mendiants que beaucoup de villes avaient chassées hors de leurs murs et aux incidents comme ceux de Lyon qui, amplifiés, confortaient les craintes des citadins face aux campagnes. Les paysans rassemblés, plus ou moins bien armés, ne voyant rien venir, se retournèrent contre leurs seigneurs car on disait les brigands stipendiés par les aristocrates pour punir le tiers état de s'en prendre aux privilégiés, que c'était obéir au roi que de faire le bonheur de ses sujets. Quand les contentieux étaient particulièrement lourds comme dans le Mâconnais, la Franche-Comté, le Dauphiné, des dizaines de châteaux furent saccagés, on exigea les titres seigneuriaux pour les brûler et parfois, l'alcool et la colère aidant, c'est le château que l'on incendia.

Le tableau que dresse Louis Trénard des jacqueries aux abords de Lyon n'est pas sans évoquer la peinture apocalyptique que Taine a faite des désordres révolutionnaires en 1789. Mais il est évident que, dans une partie du royaume, la haine anti-seigneuriale était profonde, liée à la volonté de la noblesse, depuis des décennies, de rentabiliser tous les revenus de ses domaines, notamment tous les droits seigneuriaux, dont la perception avait parfois été négligée et dont elle exigeait brutalement les arriérés tout en mettant la main sur une partie des communaux pourtant indispensables à la survie des paysans les plus pauvres.

Haine exacerbée par le contraste entre les riches demeures des aristocrates et les misérables tanières de ces mêmes déshérités, et qui explique l'acharnement de certaines mises à sac en cette fin de juillet 1789; les rumeurs de violences étaient loin d'être totalement imaginaires.

On connaît la suite, l'afflux des plaintes d'une noblesse dénonçant les violences intolérables qu'elle subissait, l'incapacité des autorités locales à les empêcher, mais aussi le refus de l'Assemblée nationale de confier au roi et à son armée le rétablissement de l'ordre. Le tout produisit la fameuse nuit du 4 août durant laquelle les députés des ordres privilégiés, dans un contexte exalté de surenchère patriotique, renoncèrent aux avantages héréditaires de leur statut personnel devenus incongrus dans une Nation de citoyens désormais juridiquement égaux, et acceptèrent le rachat des droits seigneuriaux constitutifs de leur patrimoine.

La Grande Peur aura également pour conséquence d'accélérer l'organisation des gardes nationales urbaines mais toujours dans une relative anarchie, l'Assemblée nationale se refusant à légiférer dans ce domaine avant d'en avoir fini avec l'organisation administrative nouvelle du royaume auquel elle donnait la priorité. Le 5 août 1789, les débats sur les désordres du royaume avaient abouti à une motion affirmant qu'il était « du devoir des municipalités et des milices bourgeoises » de protéger les propriétés et les personnes et d'assurer la libre circulation des « bleds et des farines ». Le 10 août, à la demande instante du garde des sceaux, Mounier, président de l'Assemblée, faisait adopter un décret confiant le maintien de l'ordre aux seules municipalités : « Que toutes les municipalités du royaume, tant dans les villes que dans les campagnes, veilleront au maintien de la tranquillité publique, et que sur leur simple réquisition, les milices nationales, ainsi que les maréchaussées, seront assistées des troupes, à l'effet de poursuivre et d'arrêter les perturbateurs du repos public, de quelque état qu'ils puissent être… » Pour éviter tout désordre inutile, les milices nationales devaient surveiller tout spécialement les gens sans aveu et sans profession. Enfin, tous les miliciens devaient prêter serment entre les mains de leur commandant, jurant de « bien et fidèlement servir pour le maintien de la paix, pour la défense des citoyens et contre les perturbateurs du repos public ».

Le décret du 10 août 1789 confirmait officiellement l'existence des « milices nationales », leur reconnaissant désormais la première place dans la hiérarchie des forces à qui était confié l'ordre intérieur du royaume. Les « maréchaussées » apparaissent désormais comme des forces d'appoint, quant à l'armée et à la hiérarchie militaire, elles devaient obéir aux ordres du seul pouvoir municipal, ce qui paraissait peu crédible en ce qui regardait les paroisses rurales. Mais il s'agissait de principes généraux devant exorciser les craintes que continuait de provoquer, chez les patriotes, le recours aux régiments du roi, craintes confirmées quelques semaines plus tard par le comportement des officiers du régiment de Flandre à Versailles.

Quant à la Garde nationale, elle était obnubilée

par son armement et ses uniformes. Ces derniers surtout lui permettaient une sorte de revanche sociale d'autant que nos jeunes bourgeois multipliaient les corps particuliers, grenadiers, chasseurs, dragons qui lui permettaient de parader chaque dimanche, mais qui faisaient ricaner les officiers nobles de l'armée régulière excédés par la multiplication soudaine de ces colonels et lieutenants arborant des épaulettes dues plus à des générosités de comptoir, prétendaient-ils, qu'à une compétence militaire véritable. C'étaient autant d'occasions de querelles qui pouvaient finir par des duels que les nobles recherchaient, sûrs de l'emporter, mais que prolongeaient parfois une émeute et la mise à mort du bretteur aristocrate et bravache par une foule exaspérée par des provocations sciemment meurtrières.

Mais, par-delà les problèmes d'épiderme et d'affirmation virile, la Garde nationale avait une signification politique immédiate et profonde, liée aux péripéties locales de son émergence mais aussi à l'exemplarité symbolique des événements parisiens autour du 14 juillet 1789. La prise de la Bastille et le soulèvement de Paris signifiaient l'affirmation victorieuse de la souveraineté nationale imposant à la volonté du souverain absolu la fin de la société d'ordres, confirmée par la surenchère patriotique de la nuit du 4 août. L'armement du tiers état avait permis ce recul du privilège et la Garde nationale incarnait les nouveaux principes d'organisation de la société française: l'autorité ne pouvait émaner que de l'élection, et l'obéissance supposait la liberté et l'égalité entre les citoyens soldats. Il en résultait la nécessité de l'élection des sous-officiers et des officiers avec retour à la condition de simple fusilier entre deux grades successifs. Cela signifiait également que la Garde nationale, notamment à Paris, avait comme mission prioritaire et symbolique d'assurer la sécurité de l'Assemblée nationale pour lui permettre l'élaboration de la Constitution en empêchant notamment toute nouvelle tentative de remise en cause des acquis obtenus par le tiers état depuis la mi-juin précédente.

Autant de considérations qui se répercutaient sur la composition des différentes gardes nationales et, en particulier, sur la nature de leur commandement. Là où prévalait la crainte des débordements populaires, il avait souvent été confié, dans les capitales provinciales, à des officiers généraux ou supérieurs, en disponibilité ou même en activité, comme le maréchal duc de Duras à Bordeaux, le prince de Poix puis le comte d'Estaing à Versailles et il en fut de même, nous précise Georges Carrot, à Marseille, Angers, Le Mans et Cherbourg, mais ces commandants, le plus souvent peu favorables aux patriotes, passèrent rapidement la main. Là où c'était plutôt les rapports avec l'aristocratie locale ou les états-majors des garnisons qui suscitaient des inquiétudes, on désigna soit des bourgeois, notables municipaux patriotes, soit des nobles que l'on savait favorables à la mutation politique en cours. Se renforçait ainsi une rivalité entre les deux noblesses : d'une part, celle convaincue de la nécessité de maintenir l'Ancien Régime dans son intégralité et donc d'assurer au roi la fidélité de

ses régiments, et d'autre part une noblesse « constitutionnelle » que l'on retrouvait à la fois dans
l'armée de ligne mais surtout à la tête de beaucoup
des bataillons de la Garde nationale et à laquelle
les nobles réactionnaires réservaient un mépris
haineux.

Ainsi, en Bretagne, les nobles furent évincés de
tout commandement pour avoir prêté serment,
en janvier 1789, de s'opposer totalement à toute
réforme des institutions coutumières de la province
et pour avoir refusé de députer aux états généraux.
Quelques-uns firent amende honorable mais ne
furent pas pour autant élus comme officiers dans
les gardes nationales : au contraire, des détachements de jeunes gens sortis de Rennes, de Saint-
Malo ou de Quimper, continuaient, de leur propre
autorité, de visiter châteaux et manoirs pour découvrir les dépôts d'armes et les rassemblements de
nobles mal intentionnés qu'on leur dénonçait
régulièrement. Tout cela agaçait les municipalités
récemment confortées dans leurs pouvoirs par
l'Assemblée nationale et d'autant plus jalouses
de leur toute nouvelle autorité qu'elles venaient de
se voir confier le maintien de l'ordre sur toute
l'étendue du territoire au détriment des autorités
militaires.

L'Assemblée nationale, après avoir confirmé la
subordination des gardes nationales au pouvoir
municipal, s'efforça, en novembre 1789, d'en limiter
la prolifération. On prétexta qu'il fallait désormais
attendre le décret réglementant définitivement son
organisation pour envisager de créer de nouvelles
unités. Le 8 décembre 1789, l'incompatibilité des

fonctions municipales avec celles de l'encadrement des gardes nationaux fut décrétée et, le 8 janvier 1790, un autre décret stipula que désormais le serment d'obéissance à la Constitution serait prêté entre les mains du maire et de ses officiers municipaux. C'était réaffirmer la suprématie du pouvoir civil sur le pouvoir militaire et refuser à la Garde nationale le pouvoir de délibérer politiquement sous les armes.

Au même moment, on constatait un raidissement de la résistance des privilégiés : les parlements refusaient de voir leurs vacances estivales de l'été 1789 transformées en cessation définitive d'activité moyennant le remboursement des charges de leurs magistrats. C'était attenter à la fois à l'immunité des juges et aux libertés des provinces que l'on n'avait pas consultées à cet effet. Aux protestations des conseillers des différents parlements s'ajoutaient, dans les villes concernées, celles de l'artisanat de luxe et des commerçants les mieux achalandés dont l'aristocratie restait le client majeur et qui se désolaient du sort qu'on semblait lui réserver. À la fin du printemps 1790, la vente de certains biens religieux, ceux des ordres monastiques notamment, entraîna des protestations populaires et l'intervention de la Garde nationale dans des contextes plus ou moins tendus.

Dans le Midi, à Montauban et à Nîmes, la formation de gardes nationales avait fait rejouer les anciens affrontements religieux entre catholiques et protestants. Dans ces deux villes, la population était majoritairement catholique, mais la bourgeoisie aisée était protestante, enrichie dans la fabrication et le commerce du drap ou de la soie ; elle avait pris la tête de la protestation antinobi- liaire et monopolisait l'encadrement de la Garde nationale. Les élections municipales de février 1790 changèrent la donne, la bourgeoisie des hommes de loi et quelques nobles hostiles à la Nation retour- nèrent la situation avec l'appui du petit peuple catholique : les municipalités furent conquises et les vainqueurs créèrent de nouvelles compagnies de gardes nationaux. À Nîmes, la victoire catho- lique fut orchestrée par Froment, un avocat lié au clergé et qui s'était rendu à Turin pour proposer au comte d'Artois de soulever les catholiques du Midi en faveur d'une restauration de l'autorité royale. L'Assemblée nationale refusa de reconnaître les nouvelles gardes catholiques, mais les munici- palités conservatrices n'en tinrent pas compte, créant un climat de tension croissante et, à terme, des affrontements sanglants.

À Montauban, le 10 mai, la foule s'opposa aux inventaires préludant à la vente de certains édifices religieux. Les dragons de la Garde nationale ouvrirent le feu pour tenter de se frayer un passage, ils furent repoussés puis assiégés dans leur caser- nement : 5 furent tués et 55 autres faits prison- niers. La garde nationale de Montauban appela à l'aide les gardes de Bordeaux, de Toulouse et de Cahors avec lesquelles elle s'était fédérée quelques semaines plus tôt. Aussitôt 1 500 gardes nationaux de Bordeaux se mirent en route, tandis que ceux de Toulouse se préparèrent à faire de même, ce qui incita les « aristocrates » de Montauban à relâcher leurs prisonniers et à protester de leur patriotisme.

À Nîmes, ce fut encore plus grave. Depuis mars, du fait des incitations de Froment, des incidents fréquents opposaient la garde nationale protestante aux nouvelles compagnies des « cébets » ou mangeurs d'oignons, comme les appelaient, de façon méprisante, leurs adversaires. Pour en finir, la minorité protestante fit appel à ses coreligionnaires de la montagne cévenole qui envahirent la ville du 13 au 16 juin. Les affrontements firent 300 victimes du côté des catholiques et 90 parmi les gardes nationaux protestants. La tuerie ne prit fin qu'avec l'arrivée de la garde nationale de Montpellier qui s'interposa entre les groupes antagonistes. Les compagnies catholiques furent dissoutes, les protestants maintenaient leur hégémonie, mais le fossé entre les deux communautés n'avait fait que se creuser encore plus.

Dans les deux cas, les affrontements ne prirent fin qu'avec l'intervention, non pas du pouvoir central ou de Paris, mais des gardes nationales des grandes villes les plus proches des lieux d'affrontement. L'armée n'était pas intervenue, notamment à Nîmes où le régiment de Guyenne ne fit que se ranger en bataille devant sa caserne tandis que les gardes nationaux protestants, après avoir enfoncé les portes de l'arsenal de la garnison, prélevaient de force les canons utilisés contre les retranchements des « cébets ». La Garde nationale restait au centre de l'événement, fournissant à la fois les protagonistes du déclenchement des conflits et les acteurs de la phase d'un apaisement final, plus ou moins sincère, après avoir instauré un rapport de forces plus large, géographiquement, que celui de l'affrontement initial. Répression ou apaisement contribuaient à légitimer de fait une dynamique fédérative associant les gardes nationales des villes importantes relativement proches des lieux du conflit.

Au même moment, dès la fin janvier 1790 et dans les semaines qui suivirent, les gardes nationales urbaines durent également intervenir dans les campagnes du centre et de l'ouest du royaume, notamment en Limousin ou en Haute-Bretagne. Les paysans y refusaient de racheter les droits féodaux et la menace, parfois suivie d'effets, des propriétaires nobles de traîner les récalcitrants devant leurs juges seigneuriaux accrut la colère des ruraux. Les châteaux recommencèrent à flamber et les gardes nationales urbaines durent intervenir, parfois en renâclant, pour protéger des demeures aristocratiques et tirer sur des paysans que les patriotes avaient courtisés, quelques mois plus tôt, lors des élections aux états généraux.

Devant la multiplication de ces troubles, les gardes nationaux éprouvèrent le besoin d'affirmer leur solidarité mutuelle : les intérêts provinciaux qui pouvaient les diviser n'existaient plus depuis la nuit du 4 août. Il fallait en profiter pour faire front commun contre les facteurs de division et réaffirmer, symboliquement, la dynamique conquérante du sentiment national et de l'unité politique du tiers état. Logiquement, la nécessité de s'armer pour résister à une menace diffuse et globale incitait ceux qui s'estimaient menacés à mobiliser le

plus largement possible leurs partisans. Se vérifiait ainsi que la dynamique fédérative participait
intimement à la nature même de la prise d'armes,
si du moins une mobilisation élargie se révélait
possible.

Déjà, dès le 26 janvier 1789, les jeunes gens des
différentes villes de Bretagne avaient volé au secours
de la jeunesse patriote de Rennes violemment
agressée dans les rues de la ville par les domes-
tiques de la noblesse et les gagne-petit exaspérés
par le prix du pain, lors de la «journée des
bricoles[1]». La noblesse bretonne, dans le contexte
de la tenue des états de la province, tentait ainsi
de reconquérir la rue où s'affichaient les jeunes
bourgeois, surtout les étudiants en droit, partisans
des revendications du tiers état breton concernant
la composition et le fonctionnement de cette assemblée, ce qui apparaissait au reste du royaume
comme un prologue aux enjeux des états généraux… Au lendemain de cette première escar-
mouche, les nobles s'en prirent encore aux jeunes
gens, accusés de les assiéger dans la salle des
états provinciaux qu'ils occupaient pour protester
contre la procédure choisie par Necker pour la
désignation des députés de la province aux états
généraux. Ce soir-là, deux jeunes aristocrates
furent tués aux abords de la place du Parlement et
la noblesse se retira dans ses châteaux en jurant
de les venger avec l'aide de ses paysans. Menace
qui provoqua la mobilisation de tous les jeunes
patriotes de la province et même de l'Anjou et
du Poitou qui envoyèrent des détachements et des
députations à Rennes où se tint, courant février

1789, une véritable «diète» de la jeunesse bourgeoise. On y prit l'engagement de se prêter une assistance mutuelle immédiate contre toutes les tentatives de vengeance de la noblesse et l'on constitua une ligue dont les associés arboraient «un ruban où l'on voit un emblème du Tiers, et pour devise "vaincre ou mourir"[2]». La première prise d'armes des jeunes patriotes bretons contre la menace aristocratique s'accompagnait ainsi de l'organisation d'une ligue débordant largement les frontières de la province avec une devise préfigurant la détermination farouche des volontaires de 1792 et 1793 : «La liberté ou la mort!»

Il n'est donc pas étonnant que l'on retrouve la même démarche, dès le 21 juillet 1789, quand la garde nationale de Montpellier, à peine créée, se prononce en faveur d'un pacte de solidarité[3] avec Sète, Nîmes et Aigues-Mortes, démarche que Pierre Arches considère comme la première manifestation du processus fédératif de l'été 1789. Elle fut suivie de beaucoup d'autres dans les semaines qui suivirent, notamment pour regrouper les milices du Cotentin, à l'initiative de la milice de Cherbourg, ou encore entre Millau, Rodez et Villefranche-de-Rouergue[4]. À Angers, on vit encore plus grand : dès le 18 août 1789, le comité militaire local, issu de la Garde nationale, envoya une lettre à toutes les gardes du royaume déjà constituées pour les inciter à constituer un réseau de correspondances suivies entre milices locales et chef-lieu provincial et entre ces derniers et la Garde nationale de Paris, La Fayette devenant ainsi le commandant général des milices de tout le royaume[5]. Mais cette pre-

mière tentative d'organisation nationale n'eut guère
d'écho immédiat et ne correspondait apparemment
pas au souhait du commandant de la garde parisienne préoccupé d'écarter tout soupçon de césarisme latent.

La constitution de fédérations régionales se géné-
ralisa dès la fin septembre 1789 pour s'amplifier
courant octobre (vallées pyrénéennes, Cévennes
protestantes, Beaujolais et Forez, Franche-Comté,
Bourgogne) pour aboutir, le 29 novembre 1789,
au rassemblement de Bourg-l'Étoile, près de
Valence, où se retrouvèrent des délégations du
Vivarais et du Languedoc. Il s'agissait de répondre
surtout à l'initiative de Mounier, l'ancien président
de l'Assemblée nationale qui avait déserté l'Assemblée constituante après les journées d'octobre
et venait de proposer de réunir à nouveau les états
du Dauphiné afin de protester contre ce qui lui
semblait être les errements de l'Assemblée nationale
et la pression populaire parisienne. On y applaudit
une phrase qui résumait l'essentiel de ce que
ressentaient les 900 représentants des 12 600 gardes
nationaux des deux provinces concernées : « Nous
ne sommes plus Dauphinois. Vous n'êtes plus
Languedociens. Nous sommes des Français. » Deux
autres fédérations dans la même région, le 13 décembre à Montélimar, le 31 janvier à Valence,
consolidèrent une alliance de fait qu'il fallait réaffirmer dans la mesure où deux autres rassemblements, à Pont-Saint-Esprit, le 3 janvier 1790 et à
Romans à la mi-février, révélaient une inspiration
plus proche de Mounier : les délégués y étaient prêts
à sacrifier « leurs biens et leurs vies pour la gloire

de leurs souverains ». Bien mieux, Lyon ne fut pas
représentée dans ces rassemblements successifs,
en fait la ville ne participait pas des ensembles
provinciaux concernés mais cela traduisait sans
doute le rejet d'un voisinage trop hégémonique.
Quant à Grenoble, également absente, l'influence
de Mounier y était encore forte et ses représentants se retrouveront plutôt à Pont-Saint-Esprit et
à Romans[6]. Néanmoins la conciliation patriotique
finit par prévaloir et Lyon, le 30 mai, accueillit
plus de 50 000 hommes dans la plaine des Brot-
teaux. Madame Roland, dans sa correspondance,
pouvait se réjouir d'une cérémonie qui exprimait
la régénération patriotique de la grande ville et
le désir de tous les Français d'exprimer ensemble
l'amour de ce qu'ils avaient désormais conquis :
leur patrie commune[7].

En Bretagne, le patriotisme l'emportait de façon
plus évidente, dans la mesure où l'influence des
jeunes gens était encore palpable et où la fédération organisée à Pontivy, le 15 janvier 1790, à
l'initiative du corps municipal de Quimper apparut
comme la commémoration de la diète de février
1789. Plus précisément l'initiative des Quimpérois
survenait au lendemain d'un conflit qui avait failli
opposer les patriotes de Brest à ceux de Lannion
à propos d'un convoi de grain destiné au grand
port et retenu à Lannion par une foule hostile à
l'achat massif des grains par des négociants venus
d'ailleurs. La garde nationale de Brest avait marché
sur Lannion pour récupérer son convoi et on avait
failli en venir aux mains. Plusieurs municipalités,
dont Quimper, et plusieurs gardes nationales s'en-

tremirent pour éviter l'affrontement et y parvinrent. C'était pour diffuser les résolutions prises à Lannion que les municipaux de Quimper envoyèrent une lettre circulaire pour organiser une fédération et on y invita également Angers et Poitiers. À Pontivy, les 150 délégués des gardes nationales bretonnes renouvelèrent les engagements pris à Lannion et l'on expédia des adresses à l'Assemblée nationale, au roi, à Necker, à la Commune de Paris, à La Fayette, à la ville de Montélimar, mais aussi à une foule de paroisses rurales, même modestes, pour faire partager l'enthousiasme des participants. Le dernier jour du rassemblement, un serment solennel fut prononcé par Moreau, le déjà célèbre prévôt des étudiants en droit de Rennes, futur rival de Bonaparte, et qui se terminait par l'engagement sacré « de soutenir la nouvelle constitution du royaume et de prendre au premier signal de danger pour cri de ralliement de nos phalanges armées : "vive libre ou mourir!" ». C'était bien le prolongement du serment de Rennes, un an plus tôt. Le 15 février suivant, une seconde fédération, toujours à Pontivy, rassembla 129 municipalités et généraux de paroisse qui n'avaient pu venir la fois précédente et qui répondaient ainsi à l'invitation qu'on venait de leur faire. Le serment final mérite d'être cité car il fait écho à celui prononcé à Bourg-l'Étoile deux mois et demi plus tôt :

> « Nous déclarons solennellement que n'étant ni Bretons, ni Angevins, mais Français et citoyens du même empire, nous renonçons à tous nos privilèges locaux et particuliers et que nous les abjurons comme anticonstitutionnels[8]. »

D'avril à la veille de l'apothéose parisienne, les fédérations provinciales se multiplièrent : citons, parmi les plus notables, celles de Montpellier (30 mai), Lille (6 juin), Strasbourg (14 juin), Nantes (24 juin) et Toulouse (4 juillet). La totalité du territoire communia dans une ferveur contagieuse mais qui se superposait à une multiplicité de conflits dont on peut se demander s'ils avaient disparu pour autant. L'exemple du Midi languedocien prouve le contraire, et il est d'autant plus intéressant qu'il a donné naissance à une fédération contre-révolutionnaire et met un bémol à la tentation de considérer l'élan de ces fédérations comme un phénomène typiquement révolutionnaire ; mieux vaudrait-il y voir comme une réaction identitaire collective faisant jouer, dans le cas étudié, des solidarités locales fortement enracinées dans un passé de violences réitérées pendant près de deux siècles et demi et que des maladresses répétées pourraient facilement ranimer. C'est ce qu'espéraient les conspirateurs royalistes que nous savons en action à Nîmes, Montauban, sans parler de ceux qui agissaient ouvertement dans le Comtat Venaissin, plus discrètement dans la grande ville de Lyon. À la Saint-Barthélemy des patriotes redoutée, nous l'avons dit, par les gardes nationaux protestants, correspondait la peur d'une revanche des parpaillots sur le petit peuple des « cébets » menacé, croyait-il, par la mainmise des huguenots sur une garde nationale réservée aux seuls citoyens actifs. La répétition des incidents interconfessionnels dans les villes du Midi languedocien, mais aussi ce qui se passait à l'Assemblée nationale au même moment — le refus de reconnaître le catholicisme comme religion d'État et l'élection d'un pasteur comme président de la Constituante — firent surgir, dans le prolongement des fédérations patriotes évoquées précédemment, une série de fédérations rurales successivement convoquées dans un même lieu, la petite plaine de Jalès, dans les hautes terres du sud-ouest de l'Ardèche, à proximité du Gard et de la Lozère, et qui devint ainsi le premier haut lieu symbolique d'une anti-révolution largement paysanne. Anti-révolution pour reprendre la notion développée depuis le colloque organisé par Jean Nicolas, à Paris, en 1984, intitulé « Mouvements populaires et conscience sociale » et reprise, l'année suivante, lors du colloque que j'avais organisé avec François Lebrun et qui portait sur les résistances à la Révolution[9]. Il s'agissait de faire un distinguo entre des formes de résistance proprement contre-révolutionnaires, ourdies par les ci-devant privilégiés de l'Ancien Régime et celles exprimant « spontanément » le mécontentement d'autres couches sociales, souvent populaires, provoquées par les dommages colla-téraux du traumatisme révolutionnaire ou par les impatiences des nouvelles autorités devant l'inertie ou la mauvaise volonté des communautés rurales. Naturellement, la réaction aristocratique s'est toujours efforcée d'exploiter ces protestations anti-révolutionnaires à des fins proprement contre-révolutionnaires.

La première de ces fédérations protestataires fut organisée, pour le 18 août 1790, par Louis de

Malbosc, ancien avocat et maire de Berrias, petite commune à proximité du lieu de rassemblement[10]. Dans un climat de mobilisation exaspérée des deux camps, attisée par les agissements de François Froment et les affrontements sanglants de Nîmes, le prétexte en fut le renouvellement solennel et collectif du serment civique prêté dans chaque commune lors du 14 juillet précédent. Plus de 180 délégations étaient attendues, majoritairement catholiques mais des gardes nationales protestantes ont été également sollicitées pour ne pas éveiller de soupçon et le texte de l'invitation, suffisamment vague et ampoulé, ne pouvait que provoquer un consensus patriotique de bon aloi. Néanmoins les autorités du département s'inquiétèrent de la réputation du maire de Berrias et de son entourage, elles finirent par interdire, mais trop tardivement, le rassemblement et ce sont plus de 20 000 gardes nationaux qui s'y retrouvèrent au matin du jour dit. Le serment prêté, beaucoup de délégations repartirent aussitôt car la moisson n'attendait pas et celles qui s'attardèrent, toutes catholiques, en profitèrent pour adopter une série de proclamations et d'initiatives ouvertement hostiles aux protestants de Nîmes et plus généralement à certaines décisions récentes de l'Assemblée nationale. Il fallait porter secours aux catholiques de Nîmes et leur rendre leurs armes, il fallait exiger le départ du régiment de Guyenne ! Le comité organisateur se déclara « militaire et permanent », il publia deux mois plus tard un véritable appel à une mobilisation générale de tous ceux prêts à s'opposer à l'orientation prise par le nouveau régime et l'intitulèrent: *Manifeste de plus de 50 000 Français armés pour la cause de la religion et de la royauté.* Averti de la tournure des événements, le département de l'Ardèche arrêta, dès le 26 août, de casser le comité de Berrias et d'interdire tout rassemblement de gardes nationaux sans autorisation préalable. Le comité des recherches de l'Assemblée nationale rédigea un rapport après enquête. Publié le 5 septembre, il dénonçait une tentative des ennemis de la Révolution de rallumer «une croisade nouvelle dans un pays de croisade», et accusait les «émigrants» rassemblés à Turin d'utiliser le patriotisme des gardes nationaux du Languedoc pour les égarer «et les plonger dans les plus fatales erreurs». *Le Courrier d'Avignon*, journal jouissant d'une audience importante et porte-parole des patriotes pro-français affirmait que Malbosc diffusait des mots d'ordre contre-révolutionnaires — ce dernier tint à affirmer, dans une lettre, que la fédération de Jalès n'avait «aucune intention de contre-révolution».

L'obligation du serment à la Constitution imposée aux prêtres et les troubles qu'elle provoqua incitèrent Malbosc à récidiver. Le 1er février 1791, il lança une nouvelle convocation aux chefs de légion catholiques pour se retrouver, le 13 février, à Berrias. Ce même 13 février, des incidents se produisaient à Uzès: on y avait insulté la Nation, le lendemain on avait tiré sur les dragons qui y tenaient garnison et passaient pour patriotes; le district y dénonçait la municipalité jugée trop faible à l'encontre des aristocrates. Du coup, les gardes nationaux patriotes des agglomérations voisines affluèrent à Uzès, provoquant la fuite des catholiques qui coururent la campagne pour dénoncer les sacrilèges et les atrocités dont on les aurait accablés. La garde nationale d'Aubenas, exaspérée par les prétendues exactions des protestants à Uzès, décida d'aller à Jalès, mais, en cours de route, un courrier du département de l'Ardèche lui rapporta ce qui s'était exactement passé à Uzès et qu'un arrêté interdisait de se rendre au rassemblement de Jalès : le détachement fit demi-tour. En revanche, pour en finir avec le camp, trois colonnes de patriotes issus du Gard et de la Lozère marchèrent sur Berrias, ils dispersèrent les quelques ruraux qui s'y étaient maintenus et firent prisonniers les membres du Comité organisateur dont Malbosc. Ce dernier s'évada quelques jours après et fut retrouvé, assassiné, au bord du Rhône.

Violences encore, un an plus tard et toujours au même endroit. Tout commença à Mende, du 25 au 27 février 1792. La municipalité catholique, donc « aristocrate », chassa sa garnison jugée trop patriote, ferma son club affilié aux Jacobins et en jeta en prison les membres les plus influents ainsi que l'évêque constitutionnel. Devant la mobilisation des gardes nationaux patriotes du Gard et de l'Ardèche, la municipalité fit prudemment amende honorable et relâcha tous ses prisonniers. Cinq mois plus tard, le 12 juillet 1792, on apprenait que le ci-devant comte de Saillans, pourtant décrété d'arrestation, venait, à la tête d'une bande armée, de s'emparer du château de Banne, surplombant la plaine de Jalès, et tenu par un détachement de ligne. Là encore, on se mobilisa contre les insurgés et la répression fut terrible : villages incendiés, insurgés fusillés, au point que le département de l'Ardèche écrivait : « Saillans et 200 complices ont péri (...), la fureur des gardes nationales est telle que je doute qu'il nous reste quelqu'un pour la Haute Cour nationale... » Quelques mois plus tard on parlera du prêtre Allier, membre du comité de Berrias, exécuté à Mende, dont on disait qu'il était le chef de la contre-révolution projetée au camp de Jalès et qu'il avait avoué un plan « sur le point de faire éclater une seconde Vendée » ! 1793 : la contre-révolution avait changé de symbole insurrectionnel, mais Jalès l'avait incarné pendant plus de deux ans au travers des rassemblements répétés de gardes nationaux « catholiques » que la répression ne parvenait pas à décourager sinon en les exterminant purement et simplement.

Violence que l'on retrouve au même moment de l'autre côté du Rhône, notamment dans le Comtat où s'affrontent partisans et adversaires du rattachement au royaume de France. Il en résulta une véritable guerre opposant Avignon et le bas Comtat, favorables à la réunion, aux villes et communautés du haut Comtat qui n'en voulaient pas et qui s'étaient regroupées autour de Carpentras et l'Union de Sainte-Cécile. Les gardes nationales des deux camps s'affrontèrent et la militarisation des populations a indéniablement facilité, comme à Nîmes et dans le Vivarais, la montée des peurs et des haines aboutissant à la prise et la mise à sac de Cavaillon (10 janvier 1791) par les Avignonnais, suivies de la bataille de Sarrians (19 avril) et du siège de

Carpentras (23 avril-14 juin 1791) heureusement
interrompu par une médiation française. L'armée
des Avignonnais s'était radicalisée sous le commandement du trop fameux Jourdan «Coupe-
Têtes», surnom dont il s'était lui-même affublé en
prétendant avoir décapité le gouverneur de la
Bastille, le soir du 14 juillet, et qu'il justifia rapidement en provoquant le massacre de la Glacière
(17 octobre 1791) du nom d'une des tours du
château des papes où furent entassés les cadavres
de 60 aristocrates, ou supposés tels, qu'on venait
d'arrêter. Des hommes de Jourdan les avaient
assommés et égorgés sans aucun jugement préalable après le meurtre, dans une église, d'un des
patriotes notoires de la ville, accusé par des fidèles
en furie d'avoir fait pleurer, lui et ses congénères
jacobins, la statue de la Vierge qu'on y vénérait.
Au fanatisme religieux des uns répondait la colère
des patriotes extrêmes exaspérés par la résistance
des «papalins», au cœur même de la citadelle du
patriotisme. Un an avant les massacres parisiens de
septembre 1792, un crime de même nature venait
exhiber la face sanguinaire d'une forme de justice
se prétendant populaire: des gardes nationaux en
étaient les bourreaux volontaires, transformant
des lieux de détention en de sinistres et injusti-
fiables abattoirs[11].

Si l'on ajoute aux affrontements religieux du
Languedoc les combats suscités par le rattachement du Comtat à la France mais aussi les troubles
moins violents survenus par la volonté des gardes
nationaux de prendre le contrôle des forts encore
tenus par l'armée de ligne tant à Marseille qu'à

Toulon et Montpellier, si l'on y ajoute encore les
raids des Marseillais contre les « aristocrates »
arlésiens, mais aussi contre ceux de Sisteron, si
l'on prend en compte les troubles anti-féodaux de
Haute-Bretagne, du Limousin et du Quercy, sans
oublier l'affaire de Nancy, la fuite du roi et le
« massacre » du Champ-de-Mars que nous allons
évoquer plus loin, enfin si l'on tient compte des
multiples incidents que provoque sur toute l'étendue
du royaume, mais tout particulièrement dans les
campagnes de l'Ouest, le comportement des prêtres
réfractaires, on est assez loin, pour 1790 et 1791,
d'une quelconque année « heureuse » précédant le
« dérapage » ou la « seconde révolution » de 1792[12].
Ce qui frappe plutôt c'est, à la fois, l'omniprésence
de la garde nationale devenue l'acteur principal et
quasiment unique de tous ces affrontements et les
antagonismes violents qui la divisent au moment
même où le mouvement des fédérations prétendait
prouver l'unanimité patriotique du pays tout entier.
De sorte qu'il paraît évident que l'intensité même
de l'élan des fédérations est à la mesure des conflits
déclarés ou latents qui divisent le royaume et dont
l'armement des populations accentue la gravité
potentielle ou effective.

Ce qui conduit à s'interroger sur la portée politique exacte de la fameuse fête du Champ-de-Mars,
le 14 juillet 1790. Elle nous paraît confirmer que
l'apaisement supposé d'une prétendue année heureuse concernerait essentiellement la région parisienne au sens large du terme et serait donc liée à
l'action préventive et efficace du « duumvirat », et
tout particulièrement de La Fayette et de son état-

major. En célébrant la gloire de la Garde nationale, incarnation d'une Révolution à la fois triomphante, sûre d'elle-même et apaisée, elle exaltait l'image du régime que souhaitait voir s'établir celui qui apparaissait, malgré ses dénégations, comme son commandant en chef pour tout le royaume.

Chapitre IV

DE LA FÊTE DE LA FÉDÉRATION
À LA PROCLAMATION
DE LA CONSTITUTION

(14 juillet 1790 - septembre 1791)

Une délégation bretonne de la fédération de Pontivy fut accueillie avec transport par la Constituante, le 20 mars 1790, et le club des Jacobins, ce même jour, se prononça en faveur d'une fédération nationale de toutes les gardes nationales qui permettrait d'organiser une surveillance générale des aristocrates et de tous les mauvais citoyens afin de réduire à néant tous leurs projets liberticides. Mais il fallut attendre le 15 mai pour que la municipalité de Paris invitât solennellement toutes les gardes nationales et tous les régiments de ligne à envoyer à Paris des délégations pour y célébrer, le 14 juillet, le premier anniversaire de la prise de la Bastille. C'est dire que la proposition ne souleva pas chez ces notables un enthousiasme immédiat. Qu'allait produire un tel déferlement de provinciaux ? N'allait-on pas provoquer de désordres alors que l'on venait seulement d'apaiser les remous parisiens liés aux journées d'octobre ? Les aristocrates n'allaient-ils pas profiter de la circonstance pour multiplier attentats et complots ? La proposition ne fut discutée à l'Assemblée nationale que

le 5 juin mais ne rencontra alors que peu d'opposition, les dés étaient jetés. La Fayette, pour
désarmer toute prévention à son encontre, avait
fait adopter un décret, le 8 juin, qui défendait à
tout commandant de la garde nationale d'un
département d'accepter le commandement d'un
autre département. Enfin, un autre décret, du
12 juin, spécifiait qu'à partir du 1er juillet suivant,
les gardes nationales ne seraient plus ouvertes
qu'aux seuls citoyens actifs et à leurs fils. C'était
mettre fin à la tolérance qui, à Paris, avait permis
à beaucoup de districts de conserver dans les rangs
de leurs bataillons de gardes nationaux des citoyens
passifs qui avaient fait le coup de feu en juillet 1789.
La Fayette continuait de se donner les moyens
d'homogénéiser la composition sociale de sa garde
nationale pour en faire l'exécutrice fidèle d'une
politique à laquelle elle ne pouvait qu'adhérer[1].

On avait pris du retard à attendre la décision de
l'Assemblée nationale, il restait un peu moins d'un
mois pour niveler l'immense espace du Champ-
de-Mars, entre l'École militaire et la Seine, que
l'on voulait border de vastes terre-pleins pour y
aménager des gradins afin de permettre à la population de la capitale d'assister massivement à cette
communion patriotique. Des dizaines de milliers
de Parisiens, des deux sexes et toutes classes
sociales confondues, travaillèrent jour et nuit en
chantant «Ça ira!», devenu l'hymne chaleureux
de toute une population convaincue de son inéluctable victoire politique dont la fédération parisienne allait être le symbole grandiose[2]. Quant à
La Fayette, caracolant sur son cheval blanc, pro-

nonçant, pour tous, la formule du serment, il apparut comme le roi, quasi populiste, d'une fête qui porta à son zénith une popularité sur laquelle les historiens de tout bord, pressés d'arriver à la sanglante dramaturgie de la Convention, ne se sont guère attardés. Et pourtant, le personnage a incarné un moment de la Révolution que ces mêmes historiens considèrent comme une pause avant la seconde révolution intronisée par le 10 août 1792. Reste à se prononcer sur la nature ou l'existence même de cette pause.

Au début de l'année 1790, la popularité de La Fayette était intacte, grandie peut-être, aux yeux des amis de l'ordre, par le coup d'arrêt qu'il avait imposé à l'effervescence spontanéiste du Palais-Royal et à ses prolongements pamphlétaires, comme en témoigne l'affrontement public qui l'avait opposé à la fois à Marat et à Danton.

Marat, en décembre 1789, pour se protéger des poursuites engagées par l'instance policière et judiciaire du Châtelet à la suite de ses attaques violentes contre Necker, s'était rapproché de Danton, président du district des Cordeliers. Il s'était installé à proximité immédiate du corps de garde des Cordeliers et imprimait ses libelles et son journal sous la protection permanente de ses nouveaux amis. Or, le 9 janvier 1790, vers onze heures du soir, trois commissaires du Châtelet, escortés d'une quarantaine de gardes nationaux, vinrent lui signifier un décret de prise de corps. Averti à temps, il avait pu se réfugier chez des voisins et les huissiers, après avoir fouillé en vain son atelier, se retirèrent. Ce premier incident fut suivi d'une série de protesta-

tions de plus en plus véhémentes de Marat dénonçant pêle-mêle Necker, Bailly et La Fayette, reprochant même à l'Assemblée nationale de ne pas les
destituer. Mais, de leur côté, les autorités judiciaires n'étaient pas demeurées inactives : du 11
au 22 janvier, dans un crescendo d'assignations
et de condamnations par défaut, elles finirent par
exiger, à nouveau, l'arrestation immédiate du journaliste. Pendant tout ce délai, Danton, qui s'attendait à un coup d'autorité, s'était donné des
moyens de résister à la justice, quitte à opposer les
gardes nationaux du district à ceux envoyés pour
arrêter Marat. Le 22 janvier, le face-à-face dura
plusieurs heures : gardes nationaux du district,
femmes du voisinage, consommateurs du café Pro-
cope et Danton en personne s'opposèrent à l'entrée
des commissaires dans l'atelier de Marat. Danton
avança les décisions des magistrats de son district
contre les ordres des commissaires. On finit par
envoyer chercher La Fayette en personne qui ne
daigna pas se déplacer mais envoya des aides de
camp exiger l'arrestation immédiate de Marat.
Finalement Danton laissa faire. Marat avait disparu
de son imprimerie et les libelles incriminés aussi.
On se consola en saisissant le dernier numéro de
L'Ami du peuple, encore sous presse[3]. Dans les
jours qui suivirent, Marat se réfugia en Angleterre
pour échapper à la police.

L'affaire est connue, mais révèle les résultats de
la politique du duumvirat et les réalités du fonctionnement de la garde parisienne au quotidien.
Si Marat est venu se mettre sous la protection de
Danton, c'est que La Fayette avait décidé de

purger la ville de tous les folliculaires créateurs de désordre, désormais étroitement surveillés ; on les empêchait de publier en détruisant un maximum d'exemplaires de leurs ouvrages et en les privant de l'appui d'un commanditaire ou d'un protecteur. C'est parce que l'administration du district des Carmes ne l'avait pas défendu contre les poursuites des suppôts du Châtelet que Marat était venu s'établir à proximité de celle des Cordeliers. C'est dire la réputation de ce district et celle de Danton auprès de ceux qui, jusque-là, estimaient que le Palais-Royal était le meilleur asile pour protéger les vrais patriotes contre le « despotisme ministériel » de Necker ou contre les abus des nouveaux dictateurs, à savoir Bailly et La Fayette. Les accusations, même excessives, de Marat révélaient l'efficacité de la police de La Fayette, à savoir les réseaux d'informateurs dont avait disposé, sous l'Ancien Régime, Antoine Talon, le lieutenant civil du Châtelet, désormais passé au service du commandant général. L'inquiétante réputation de ce dispositif policier et le prestige de La Fayette n'empêchèrent pas, pour autant, le district des Cordeliers de s'opposer au Châtelet, à l'Assemblée nationale et à La Fayette, jusqu'à dresser des gardes nationaux contre d'autres gardes nationaux. On n'en était pas venu aux mains, mais il s'en était fallu de peu ! Apparemment La Fayette ne s'émut pas outre mesure des menaces de Danton et finalement force resta à la loi, du moins en apparence, par la fuite de Marat outre-Manche. C'est sans doute la raison fondamentale de l'acharnement ultérieur de *L'Ami du peuple* contre celui qu'il n'appela plus que le « divin Motier ». Rappelons que le général se nommait Marie-Joseph, Yves, Roch, Gilbert du Motier, marquis de La Fayette, et Marat, depuis le décret du 19 juin 1790 supprimant les titres de noblesse, affectait de n'utiliser que le nom patronymique du général, Motier, visiblement peu apprécié par son détenteur qui continuait de se faire appeler La Fayette.

L'acharnement de Marat tendait à confirmer l'efficacité du système mis au point par La Fayette, dès la fin de 1789, pour contrecarrer toute opposition trop véhémente et dont la pièce maîtresse était les fameuses compagnies du centre propres à chaque bataillon de la Garde nationale. Et bien qu'il s'opposât à tout accroissement césarien de ses prérogatives, l'élan de fédérations apparut au général commandant et à son état-major comme une opportunité éminemment favorable, contrebalançant largement les résistances et critiques qu'ils pouvaient rencontrer venant d'une partie de l'opinion parisienne.

Certes Talleyrand et Mirabeau surtout, qui le traita de « Gilles César », ont rivalisé de sarcasmes à l'encontre du général commandant, mais c'est surtout le dépit qui les a fait dénigrer systématiquement le personnage, car, d'une part, il n'a jamais accepté d'entrer dans leurs combinaisons tortueuses pour devenir ministres, et de l'autre, malgré les calomnies et les ricanements que révèle leur correspondance respective et ce qu'en dirent les mémoires de leurs contemporains, il a conservé son commandement et son aura pendant toute la durée de la Constituante, soit plus de deux ans et

demi, ce qui n'est pas rien compte tenu de la longévité politique de la plupart des leaders révolutionnaires.

De façon très réaliste, il a su mettre en place,
avec ses collaborateurs, un système complexe de
renseignement et d'intervention lui permettant
d'agir à la fois sur l'opinion, sur les députés et de
contrôler ce qui se passait dans les rues de la
capitale.

Pour l'opinion, plusieurs journaux, *Le Moniteur*,
Le Patriote français de Brissot, *La Chronique de
Paris* de Condorcet, lui étaient favorables ; *La
Société de 89*, créée avec la complicité de Sieyès,
lui permettait d'influencer députés et nouvellistes
qui s'y retrouvaient en compagnie d'hommes d'affaires, de banquiers et de nobles libéraux ; plus
prosaïquement, il entretenait une claque pour intervenir lors de certains débats de l'Assemblée nationale[4]. Ce qui fait beaucoup pour un idéaliste naïf !

Pour ce qui était du contrôle de la rue, il était
assuré par l'omniprésence des compagnies du
centre complétées, dans la plupart des districts,
par des compagnies d'élite, grenadiers ou chasseurs, formées de jeunes bourgeois qui lui étaient
particulièrement dévoués — leur loyalisme était
garanti par le choix attentif de la plupart des chefs
de bataillon. Un réseau serré d'informateurs
chargés de prévenir les émotions populaires lui
permettait de les empêcher ou de les disperser
avant qu'elles ne dégénèrent. Enfin ses démissions
réitérées, qu'il finissait toujours par reprendre et
que beaucoup lui ont reprochées, peuvent apparaître comme un moyen de le pérenniser dans sa

fonction en faisant jouer le sens des responsabilités de ses 60 chefs de bataillon en dehors d'un contexte émotionnel passager qui avait pu en pousser certains à le désavouer momentanément. La démission devenait donc une sorte de recours plébiscitaire lui permettant de restaurer une légitimité, non pas imposée mais inévitablement renouvelée sous la pression d'officiers que nous savons majoritairement «fayettistes».

Légitimité fragile, pouvant être constamment remise en cause, l'affaire Marat nous l'a prouvé. Au début de 1790, l'opposition à La Fayette n'était pas encore développée dans les bataillons de la Garde nationale toujours en voie de constitution avec des effectifs souvent insuffisants. Elle provenait plutôt des instances civiles des districts, jalouses de maintenir leur autonomie, inquiètes de la politique centralisatrice de La Fayette et de la mise en place de ces compagnies du centre dépendant directement de l'état-major central plus que des comités militaires des districts[5]. L'attitude contestataire de Danton, lors de l'affaire Marat, s'inscrit dans un tel contexte. L'Hôtel de Ville et la Constituante en prirent conscience et, le 21 mai 1790, après un débat de plusieurs jours sur la nécessité de réformer l'organisation administrative de Paris, un décret supprima les 60 districts hérités de l'élection des états généraux et les remplaça par 48 sections avec de nouvelles limites topographiques. Mais on décida que la Garde nationale conserverait ses 60 bataillons avec leur aire de recrutement antérieure. Visiblement, il s'agissait de dissocier les instances politico-administratives des structures militarisées de la Garde nationale pour éviter que des citoyens en armes puissent délibérer sur les enjeux politiques du moment et imposent leurs points de vue à coups de fusil. Il semble indéniable qu'il y ait eu, à ce moment-là, un comportement global des élites politiques pour se protéger des inconvénients de la démocratie directe permanente et armée, non seulement en réservant l'accès de la Garde nationale aux seuls citoyens actifs, mais également, de façon plus large, en développant des lieux de discussion et de participation politique distincts des structures militarisées de cette même Garde nationale. La prolifération des clubs à partir de 1790, c'est aussi une façon de réserver la décision politique et les modalités de son application locale aux élites en place, tout en leur assurant le soutien le plus large possible de l'opinion.

C'est cette même politique de confiscation de la décision politique que La Fayette a mise en place en s'appuyant sur la popularité que lui procurait son image de champion de la liberté et des droits de l'homme, héritée de son aventure américaine, et d'une compétence militaire acquise également aux États-Unis, mais en dehors de l'armée royale dont la plupart des chefs étaient suspects d'aristocratisme invétéré. Et donc, si certains de ses contemporains ont pu lui reprocher un amour excessif de la popularité, c'est qu'ils ne voulaient pas voir qu'elle le protégeait tout en étant l'assise majeure de son autorité. Et donc, tout ce qui pouvait l'accroître, comme l'afflux des gardes nationaux provinciaux à Paris, lui apparut comme un risque à

courir qui pouvait se révéler particulièrement
profitable.

Le 10 juillet, malgré lui, le général fut proclamé
président de l'assemblée des fédérés. Le 13, il vint
présenter à la Constituante une délégation de ces
mêmes fédérés et, parlant en leur nom, il en profita
pour la rassurer : la Garde nationale, c'était l'enthousiasme révolutionnaire dans le respect des
lois, désormais « l'étendard de la liberté ne deviendra
jamais celui de la licence ». Puis la délégation se
rendit aux Tuileries où le roi par quelques phrases
lui témoigna sa confiance et lui demanda de faire
connaître au fond des provinces l'affection qu'il
portait à tous ses sujets, surtout les plus humbles
et les plus infortunés[6].

Le 14 juillet, un défilé impressionnant s'ébranla,
dès sept heures du matin, depuis le faubourg Saint-
Antoine jusqu'à la place Louis XV, aujourd'hui
place de la Concorde. La Garde nationale parisienne ouvrait la marche avec ses cavaliers, sa
musique et ses tambours suivie de ses compagnies
de grenadiers, puis venaient la municipalité et les
présidents des districts précédés par un bataillon
d'enfants, des vieillards clôturaient ce prologue
parisien d'environ 8 000 individus. Lui succédaient
les 15 000 gardes venus des départements avec
leurs propres musiques, leurs propres drapeaux et
les bannières qu'on leur avait distribuées la veille.
La foule les acclama plus encore que les Parisiens,
et ovationna également les détachements de soldats
et de sous-officiers représentant l'armée du roi
tout en remarquant qu'il n'y avait aucun officier
dans ces délégations. Mais cela ne gâcha pas la

fête, pas plus que le temps car, ce jour-là « le ciel fut aristocrate ». Il pleuvait à seaux sur Paris, mais sans que la bonne humeur des quelque 500 000 spectateurs, dont 300 000 au Champ-de-Mars, en fût véritablement entamée. Quand quarante coups de canon se firent successivement entendre, on sut que le roi avait prêté serment à l'exemple de La Fayette et tous s'en réjouirent comme si la Révolution était arrivée à un ultime et fraternel accomplissement ! On s'embrassa beaucoup et l'on pleura abondamment[7].

Le 15 juillet, l'initiative d'un district nous confirme la réalité politique du duumvirat : on inaugura sur le pont Neuf, au pied de la statue d'Henri IV, un Autel de la Patrie, drapé de tricolore et encadré par deux arbres auxquels étaient suspendues les effigies de Bailly et de La Fayette ! L'hommage aux fédérés provinciaux se poursuivit, pendant plus d'une semaine, par des bals, des banquets, certains offerts par La Fayette à des délégations successives auxquelles il prodiguait son discours de respect des lois, de la propriété et des mœurs. Côté festivités, Bailly ne ménagea pas les deniers de la Commune : aux plaisirs de la table, à la danse, s'ajoutèrent des joutes sur la Seine, des représentations théâtrales, des illuminations et des feux d'artifice. Le roi et la reine accueillirent également des délégations aux Tuileries et les feuilles démocrates s'inquiétèrent des excès de certaines manifestations d'un loyalisme monar-chiste trop ostentatoire, certains croyaient revivre les excès provoqués par l'arrivée à Versailles du régiment de Flandre. Dans leurs journaux, Brissot et Marat se plaignaient : « l'ivresse ne convient pas à des hommes libres », écrivait le premier, « la fureur des spectacles et des nouveautés n'est pas un remède à la misère publique », déplorait le second. Ce qui n'empêcha pas notre général, le 20 juillet, dans une de ses dernières allocutions, de dresser un bilan lyrique d'une manifestation immense qui avait fait de la Garde nationale un modèle pour tout un peuple qui devait apprendre à vivre selon la loi :

> « Nous avons écarté jusqu'au moindre soupçon d'une influence de la force armée sur la volonté publique. Nous avons juré à l'Assemblée nationale ce respect pour ses décrets sans lequel l'*État* serait perdu ; nous avons présenté de purs hommages au meilleur des rois, nous nous sommes montrés vraiment libres dans ces jours où des multitudes assemblées ont conservé cette modération que donne au peuple la conscience de sa dignité[8]. »

En se séparant, les fédérés adoptèrent une déclaration par laquelle ils regrettaient que La Fayette n'eût pas été nommé leur chef suprême. Mais, le 24 juillet, des gardes nationaux demeurés dans la capitale fondèrent une Société des gardes nationaux des départements de France destinée à établir une correspondance continue entre les gardes des principales villes du royaume, et La Fayette en fut déclaré le président d'honneur. Georges Carrot y voit le prologue d'un conflit latent entre une Garde nationale favorisant des rapports centrifuges avec l'appareil d'État et le club des Jacobins qui se faisait, au même moment, l'apologiste du centralisme idéologique de la maison mère insufflant aux sociétés affiliées son énergie et ses mots d'ordre[9]. C'est peut-être succomber à une vision trop téléologique d'un conflit qui n'existait pas encore vraiment, mais il est indéniable qu'il s'agissait bien pour La Fayette de trouver un contrepoids aux pressions démocratiques qu'il subissait à Paris et qui additionnaient presse, libelles, délibérations des sections et adresses de certains bataillons foncièrement hostiles aux compagnies du centre, aux compagnies d'élite sans oublier l'arrogance de certains aides de camp du général.

Or les attaques de ce bloc démocratique commencèrent dès la fin juillet par des articles de Loustalot surtout, dans *Les Révolutions de Paris*, puis Brissot s'y mit également et Camille Desmoulins avoua qu'il s'était trompé en soutenant La Fayette et rejoignit les contempteurs du général. On lui reprocha d'avoir confisqué la commémoration, de ne pas avoir accordé aux «vainqueurs de la Bastille» la place qui leur revenait dans le défilé initial du 14 juillet et de s'être laissé adorer comme une idole par des provinciaux abusés. Au point qu'un tel acharnement provoqua la protestation d'esprits plus modérés comme André Chénier qui, fin août, constatait :

> «Dès qu'on le voit se porter de côté et d'autre en un instant et ramener la tranquillité, veiller à tout ce qui intéresse la ville au-dedans et au-dehors, contenir chacun dans ses limites, en un mot faire son devoir, les voilà tous déchaînés contre M. de La Fayette : c'est un traître, un homme vendu, un ennemi de la liberté[10].»

Plaidoyer qui a l'intérêt de nous restituer l'image positive du commandant de la Garde nationale de Paris et de sa politique magnifiée par ses partisans au travers des mots clés qui la définissaient : « tranquillité », « veiller », « contenir » « devoir ». La Révolution devait s'achever paisiblement, il ne s'agissait plus que de la traduire par des lois et c'en était donc fini de la phase insurrectionnelle initiale.

Au mois d'août 1790, La Fayette avait le sentiment d'avoir renforcé, grâce au rassemblement réussi de la Fédération nationale des gardes nationaux, son emprise sur le pays ; il pouvait donc poursuivre son action pour mener à bien l'élaboration de cette monarchie constitutionnelle, seul avenir viable pour le royaume. Dans une lettre à Washington, le 28 août 1790, il confiait à son mentor sa satisfaction lucide d'être en train de gagner, du moins le croyait-il, un pari difficile : convaincre un million de citoyens d'accepter une discipline et des principes communs :

> « Nous sommes dans ce moment troublés par la révolte de plusieurs régiments, et comme je suis constamment attaqué par les aristocrates et les factieux, je ne puis dire auquel des deux partis nous devons attribuer ces insurrections. Nous avons plus d'un million de citoyens armés remplis de patriotisme. Mon influence sur eux est aussi grande que si j'avais accepté le commandement en chef. Je m'attache à établir une subordination légale, ce qui déplaît aux frénétiques partisans de la licence et m'a fait dernièrement perdre de ma faveur auprès de la populace, mais la majorité de la nation m'en sait beaucoup gré. »

La lettre se terminait par l'affirmation renouvelée de ne pas être, comme beaucoup le prétendaient, un César avide d'imposer son pouvoir personnel mais de devenir plutôt un autre Cincinnatus, retournant dans ses terres une fois Rome sauvée :

> « J'espère que nos travaux finiront avec l'année, alors votre ami, cet ambitieux dictateur, si noirci, jouira avec délices du bonheur d'abandonner tout pouvoir, tout soin politique et de devenir le simple citoyen d'une monarchie libre[11]. »

Mais la révolte des régiments, à laquelle il fait allusion, allait lui coûter cher, non pas dans l'immédiat, mais à la longue, contribuant fortement à accentuer ce qu'il redoutait particulièrement : la division politique de la Garde nationale.

Les délégués des régiments revenus de Paris en avaient rapporté le sentiment qu'il leur fallait faire triompher les bons principes dans une armée clivée verticalement. Il fallait donc pousser les officiers les plus réactionnaires à démissionner et, dans ce bras de fer, ils savaient pouvoir compter sur la plupart des gardes nationaux et sur les Jacobins de leur ville de garnison. La Constituante venait d'augmenter légèrement la solde des troupes mais les simples soldats n'avaient rien vu venir et, au retour de Paris, des comités se constituèrent pour exiger des officiers les comptes précis des masses régimentaires. Certains chefs de corps s'exécutèrent, mais la plupart furent offusqués de ces exigences et se plaignirent auprès de leur ministre d'un regain d'indiscipline dû aux mauvaises influences subies à Paris, aux incitations démagogiques des clubistes locaux et au mauvais exemple des gardes nationaux. Un conflit de cette nature s'amplifia à Nancy, et La Fayette, fort de son apothéose parisienne, crut pouvoir en faire un exemple. Il fallait limiter une contagion créatrice de désordre et faire de la Garde nationale l'instrument de la pacification souhaitée. Il pensa même aller, lui-même, à Nancy s'en occuper, mais le roi s'y opposa pour le priver d'un surcroît de popularité mais aussi parce qu'il empiétait sur les attributions du ministre de la Guerre, et il lui rappela qu'il était indispensable à Paris. Le général se borna donc à écrire à son cousin, le marquis de Bouillé, commandant militaire en Lorraine, en lui demandant de frapper un grand coup et d'associer la Garde nationale à cette reprise en main.

Le 11 août 1790, les Suisses du régiment de Châteauvieux, avaient réclamé à leurs officiers les comptes de leur unité. Comme réponse, leurs officiers firent fouetter les deux solliciteurs chargés de cette requête. Les soldats des deux autres régiments français de la garnison, qui avaient obtenu satisfaction sur leurs comptes, prirent fait et cause pour leurs camarades et contraignirent les officiers suisses à indemniser ceux qu'ils venaient de punir. On dépensa l'argent obtenu dans les auberges, la garnison y trinqua à la Nation et on servit à boire aux indigents de Nancy.

La Fayette, à l'Assemblée nationale, demanda qu'on nommât des inspecteurs pour juger de la situation et écrivit aux gardes nationaux de Nancy de soutenir l'action de Bouillé ; en fait, il s'agissait surtout, à ses yeux, d'une action symbolique destinée à décourager l'insurrection. Mais la situation se dégrada tragiquement. L'inspecteur, un certain Malseigne, qui devait être un arbitre, se révéla être un véritable boute-feu qui provoquait en duel les soldats qu'il devait écouter au point que ceux-ci finirent par le prendre en otage et le mettre sous clé. Enfin, les Suisses refusèrent de sortir de Nancy comme l'exigeait Bouillé. Ce dernier eut l'air de temporiser en demandant à l'Assemblée nationale de lui envoyer deux députés pour juger de la situation mais s'empressa d'en finir avant leur arrivée. Il avait obtenu le ralliement de 700 gardes nationaux issus de Metz et Lunéville, mais 2 000 autres s'enfermèrent dans Nancy au côté des Suisses. Le 31 août, Bouillé passa à l'action, à la tête de 3 000 fantassins et 1 500 cavaliers. Il refusa de parlementer et imposa ses conditions. Rendre l'otage puis désigner quatre coupables par régiment envoyés à l'Assemblée nationale qui se prononcerait sur l'affaire. Les deux régiments français se soumirent ainsi que la majorité des gardes nationaux, seuls restèrent les deux bataillons de Châteauvieux et quelques gardes nationaux qui refusèrent de les abandonner. Ils se retranchèrent dans une des portes fortifiées de la ville. Les assiégés voulurent tirer au canon sur les assaillants ; un jeune lieutenant breton, Desilles, essaya de les en empêcher en se couchant sur la pièce, on dut le tuer pour pouvoir faire feu. Les gardes nationaux et une partie de la population tirèrent des maisons voisines pour protéger les Suisses dont la moitié furent tués et les autres faits prisonniers pour être punis selon leur loi martiale. On en pendit 21 et le dernier fut roué. Cinquante autres furent condamnés aux galères et conduits à Brest. Ceux qui avaient refusé de tirer sur le peuple, le 14 juillet, sur le Champ-de-Mars, lui permettant de prendre les armes stockées aux Invalides, traversèrent la France pour se rendre au bagne de Brest, le boulet aux pieds[12].

Si l'Assemblée nationale félicita Bouillé tout en célébrant le martyre de Desilles, si La Fayette félicita également son cousin pour son efficacité, dès le 2 septembre au soir, plusieurs milliers de personnes se rassemblèrent aux abords des Tuileries pour protester contre le sort réservé aux Suisses de Nancy et exiger le renvoi des ministres. Cette agitation ne pouvait que confirmer La Fayette dans son diagnostic : toute cette affaire n'était qu'un complot des démagogues parisiens et de leurs complices, visant à empêcher l'Assemblée nationale de mener à bien l'achèvement de la Constitution. L'importance du service d'ordre mis en place par Bailly et La Fayette empêcha les manifestants de marcher sur Saint-Cloud où se trouvait le roi et prouva que le duumvirat avait encore la situation bien en main[13].

Le 12 septembre, 600 délégués de la milice parisienne, soit 10 par bataillon, votèrent une adresse de remerciement aux gardes nationaux qui avaient contribué à rétablir l'ordre à Nancy. Dans les semaines qui suivirent, d'autres adresses du même ordre affluèrent. Visiblement la Société des gardes nationaux des départements contribuait activement à l'affirmation d'un bloc consensuel derrière La

Fayette qui, de son côté, le 8 novembre 1790, intervint à l'Assemblée constituante pour qu'elle adoptât dans les meilleurs délais une loi globale, organisant définitivement la Garde nationale. Il s'agissait surtout de préciser enfin la nature de ses missions, car, depuis un an et demi, on vivait avec des mesures partielles et provisoires qui pouvaient favoriser les initiatives les plus hasardeuses et facilitaient surtout la contestation permanente d'un commandement lui aussi partiel et provisoire.

En octobre et novembre, Louis XVI se décida à changer les ministres de la Marine et de la Guerre et l'opinion jugea que les deux promus, Fleurieu et Duportail, étaient de « concordance avec La Fayette », comme disait Mirabeau. Cela accrédita un rapprochement entre le commandant général et la cour. On prétendit que La Fayette était devenu l'amant de la reine et un torrent de libelles, plus ou moins pornographiques, donna sur cette prétendue liaison tous les détails souhaitables[14]. Le 15 novembre, le saccage de l'hôtel de Castries, à la suite d'un duel entre Charles de Lameth et le jeune duc, la foule prenant le parti de Lameth, suscita les critiques acerbes des modérés dénonçant, une fois de plus, l'arrivée tardive de la Garde nationale. Le 19 novembre, c'étaient le Palais-Bourbon et la maison de Beaumarchais qui étaient menacés de pillage, il fallut doubler les patrouilles et renforcer les postes fixes.

De leur côté, les Cordeliers et la gauche jacobine entreprirent une double offensive contre deux éléments essentiels du système La Fayette, les compagnies du centre et la Société des gardes

nationaux de France. On fit courir le bruit que le
roi allait bénéficier d'une garde constitutionnelle
et que les gardes-françaises qui avaient rejoint la
Garde nationale n'en feraient pas partie, on ajoutait
qu'on voulait réduire les compagnies du centre à
la condition du guet sous l'Ancien Régime. C'est
dans ce contexte qu'il faut également situer la
demande pressante que fit La Fayette à l'Assemblée
nationale, le 10 novembre 1790, d'un statut officiel
et définitif de la Garde nationale. Quant à la Société
des gardes nationaux de France, La Fayette voulait
l'associer étroitement à la milice parisienne et
demanda à l'Assemblée nationale d'inviter tous les
mois au moins deux gardes nationaux des départements pour monter la garde devant l'Assemblée
nationale et devant les Tuileries. Ce projet se heurta
à l'opposition des Jacobins et à celle du côté gauche
de la Constituante qui y voyaient une sorte de
défiance à l'encontre de la Garde nationale parisienne ; quant à la présence à Paris de gardes
venus des départements, on affirma aux Jacobins
comme à la tribune de l'Assemblée nationale que
les gardes nationaux n'avaient aucun droit particulier à représenter les départements, que les
députés de l'Assemblée nationale étaient là pour
cela (30 novembre). Les fédérés n'insistèrent pas
et la Société se transforma peu après en un simple
« bureau de correspondance des gardes nationales [15] ».

La Fayette limita sa stratégie à l'espace parisien
pour y réaffirmer son autorité et ses principes.
Ainsi, le 24 février 1791, un attroupement important se forma de nouveau aux abords des Tuileries

pour protester contre le départ des deux tantes du roi pour Rome où elles souhaitaient se rendre pour y accomplir leurs dévotions avec des prêtres non constitutionnels. La Fayette fit ranger en bataille plusieurs compagnies de gardes nationaux et mettre en batterie six canons. Quand on commanda la mise à feu des pièces, la foule se dispersa aussitôt et les tantes purent s'en aller. Donc, six mois après l'affaire de Nancy, La Fayette avait conservé la confiance d'une majorité de Parisiens malgré l'accusation de corruption qu'on reprenait sans cesse et malgré le départ pour Rome de Mmes Marie-Adélaïde et Louise-Victoire, les deux filles de Louis XV, ce qui pouvait renforcer l'accusation d'être vendu à la cour comme le ressassaient sans discontinuer les articles de *L'Ami du peuple*.

Une autre affaire ou plutôt deux autres affaires vinrent, peu après, rétablir l'ascendant du général auprès de ses partisans. Le 28 février, une rumeur enflamma le faubourg Saint-Antoine : les travaux entrepris par la Commune de Paris au château de Vincennes dissimuleraient un complot pour faire évader le roi. Un tunnel joignait Vincennes aux Tuileries, des armes y auraient été dissimulées, des nobles s'y seraient rassemblés. Près de 4 000 manifestants, la plupart armés, décidèrent de détruire cette nouvelle Bastille. Santerre, commandant du district des Enfants-Trouvés, dans le faubourg Saint-Antoine, les suivit avec son bataillon pour essayer d'empêcher le pire : c'était une sorte de réédition d'octobre 1789, lorsque le général commandant était parti pour Versailles avec ses gardes nationaux. Santerre ne put convaincre ses conci-

toyens de renoncer à leur entreprise et lorsque La
Fayette arriva sur les lieux avec ses compagnies
du centre et du canon, ils avaient commencé à
détruire le donjon. Le général parvint à rallier la
majeure partie des hommes de Santerre et somma
les faubouriens d'arrêter la démolition. Sur leur
refus, il ouvrit le feu après les sommations d'usage.
Il y eut des morts du côté des démolisseurs et
64 arrestations. Rentrant à Paris, La Fayette trouva
les portes du faubourg Saint-Antoine fermées, on
voulait la libération des prisonniers, on en vint à
échanger des coups de fusil et il dut menacer de
se servir à nouveau de ses canons pour obtenir le
passage sans avoir à relâcher ses prisonniers[16].

En arrivant à l'Hôtel de Ville, La Fayette
apprit que les Tuileries avaient été envahies par
300 nobles armés, disaient les uns, par 600 individus, affirmaient d'autres. Le général s'y rendit
aussitôt avec plusieurs bataillons et fit arrêter
certains des nobles qui n'avaient pas pu ou pas
voulu s'esquiver. Il s'en prit surtout à la domes-
ticité du roi qui avait toléré la présence de ces
intrus dont on ne savait pas quelles étaient les
exactes intentions. Le roi prétendit ne pas savoir
ce qu'ils faisaient dans ses appartements. Et naturellement on parla de complot : l'effervescence
autour du donjon de Vincennes avait-elle servi à
éloigner le général des Tuileries ? S'agissait-il de
faire sortir de Paris la famille royale ? On ne sait
toujours pas aujourd'hui de quoi il retournait,
mais finalement cette étrange journée renforça
la popularité de La Fayette en lui permettant de
frapper successivement l'extrême gauche pari-

sienne et les aristocrates, après avoir expulsé du château ces « chevaliers du poignard » qu'on relâcha assez rapidement tout en laissant entendre qu'il pouvait y avoir des accointances entre les deux extrémités du spectre politique.

Et de fait *L'Ami du peuple* avait été très violent depuis quelques jours à l'encontre du général et de ses complices, poussant ses lecteurs à épurer l'Assemblée nationale de tous ces royalistes qui permettaient aux tantes du roi d'émigrer en emportant des millions pour préparer la fuite prochaine de leur neveu. Marat y prêchait assidûment le massacre des gardes nationales soldées, nous dit Michelet, et il ajoute : « il recommandait aux femmes : La Fayette lui-même : faites-en un Abailard[17] ».

L'affaire de Vincennes prouvait que La Fayette savait imposer son autorité, quitte à faire parler les armes s'il le fallait, mais révélait également que certains bataillons, particulièrement radicaux, continuaient de penser que l'autorité suprême restait le peuple et que la Garde nationale ne devait pas s'opposer aux manifestations légitimes de la démocratie insurrectionnelle. La Fayette savait que dans certaines circonstances sa seule marge de manœuvre était de pouvoir contester cette légitimité en lui opposant l'urgence et la priorité absolue de l'achèvement de la Constitution, tout en sachant que l'argument s'émoussait au fil des semaines et des mois et qu'il était temps que l'Assemblée en finisse avec ses interminables débats.

D'autant que la Constitution civile du clergé, adoptée six mois plus tôt, le 12 juillet 1790, et sanctionnée par le roi dès le 22 juillet, occasionnait un nombre croissant d'incidents qui impliquaient inévitablement la Garde nationale. Une forte minorité de prêtres dénonçaient ladite Constitution civile, n'y voyant qu'un abus de pouvoir de l'Assemblée nationale et parlant de schisme. L'Assemblée, irritée par ces tergiversations de ci-devant privilégiés, voulut leur forcer la main en leur imposant, comme à tous les fonctionnaires publics, de prêter serment à la Constitution en devenir, ce qui impliquait l'acceptation de la réforme imposée (26 décembre 1790)[18]. Environ 40 % des prêtres concernés refusèrent de prêter serment ou le firent avec des restrictions, ce que le gouvernement refusa. On les appela prêtres « réfractaires », et ils étaient assez nombreux à Paris. La Fayette, homme tolérant, se référant à la société nord-américaine et à la Déclaration des droits de l'homme, ne comprenait pas l'obligation du serment et sur son ordre les gardes nationaux protégèrent des églises où l'Assemblée constituante avait autorisé les « réfractaires » à dire la messe. Ce qui exaspérait les Jacobins qui voyaient dans les prêtres réfractaires des contre-révolutionnaires s'efforçant, par leurs propos « incendiaires », de dresser le petit peuple des villes et des campagnes contre les patriotes et l'Assemblée constituante.

Ce contexte conflictuel avait déjà entraîné l'affaire provoquée par le départ de Mmes les tantes du roi. Deux mois plus tard, un incident du même ordre surgit à nouveau : la veille de Pâques, le 18 avril 1790, alors que Louis XVI se préparait à partir à Saint-Cloud pour y faire ses dévotions sous la direction d'un « réfractaire », un attroupement important bloqua la voiture royale, s'opposant au départ du souverain et de sa famille en les accusant de complot et de vouloir partir rejoindre Bouillé. Avertis, Bailly et La Fayette se rendirent sur les lieux et haranguèrent les manifestants parmi lesquels se trouvaient des gardes nationaux conduits par Danton qui ne voulurent écouter ni maire ni général : « Nous ne voulons pas qu'il parte, il ne partira pas ! » Fallait-il utiliser la force, en présence de la famille royale ? Louis XVI laissa La Fayette juge de la situation et celui-ci décida d'en référer à l'Assemblée nationale, mais le roi préféra regagner ses appartements, satisfait de prouver publiquement qu'il était bien le prisonnier qu'il prétendait être[19].

Le général commandant, mortifié par cet échec, présenta sa démission à Bailly le 21 avril, mais aussitôt ses partisans l'assiégèrent dans son hôtel particulier pour qu'il revienne sur sa décision. Les jours suivants, de toute la France, des suppliques affluèrent pour déplorer la décision de La Fayette. À Paris même, 57 bataillons sur 60 l'adjurèrent de ne pas démissionner, ce n'était plus l'unanimité de l'été précédent, et les journaux démocratiques affirmèrent que seuls quelques officiers s'étaient exprimés mais que les simples fusiliers ne pensaient pas comme eux. Néanmoins, La Fayette, réconforté par ces témoignages de fidélité, reprit sa démission le 27 avril 1790[20].

Deux mois plus tard, la fuite de la famille royale portait un coup fatal au prestige et à la politique de La Fayette, non pas que le général veuille pour autant renoncer à cette politique, mais l'opinion pouvait désormais s'interroger sur son utilité dans la mesure où le roi semblait ne plus vouloir la cautionner.

Le départ du roi et de sa famille, dans la nuit du 20 au 21 juin, fut découvert peu après cinq heures du matin. Les officiers de service avertirent immédiatement La Fayette qui retrouva, aux Tuileries, Bailly et le président de l'Assemblée nationale, le général de Beauharnais. Il leur demanda si l'arrestation du roi était nécessaire au salut public du royaume. Sur leur réponse affirmative, il rédigea aussitôt un courrier à tous les bataillons de la Garde nationale expliquant que le roi et sa famille venaient d'être enlevés par les ennemis de la patrie et qu'il était ordonné à tous les gardes nationaux et à tous les citoyens de les arrêter. C'était d'emblée adopter la thèse de l'enlèvement qui permettait de gagner du temps et ne remettait pas en cause, dans l'immédiat, les institutions ni, à terme, la politique du duumvirat, à savoir l'achèvement de la Constitution[21].

Le 21 juin au soir, aux Jacobins, ce fut la curée. Danton résuma la situation par une alternative assassine : ou La Fayette était complice car il ne pouvait pas ne pas savoir, ou il était stupide et, dans ce deuxième cas, plus favorable quant à l'honneur du ci-devant général, il ne méritait plus de commander la Garde nationale. Marat réclama la tête d'un général traître qui préparait l'invasion du royaume et la Saint-Barthélemy des patriotes. Le lendemain soir, on apprit l'arrestation de la famille royale à Varennes. C'étaient les gardes nationaux locaux convoqués et rassemblés par le maire qui avaient retenu le roi et découragé toute intervention de Bouillé. Trois députés furent envoyés par l'Assemblée nationale pour escorter la famille royale et lui éviter d'être à nouveau l'objet d'un attentat des ennemis de la patrie. On lut à l'Assemblée la lettre laissée par le roi que La Fayette trouva pitoyable et dictée par ces mêmes ennemis de la patrie qui environnaient le souverain. Le 25, le roi et la reine rentraient dans Paris par la porte de Pantin où les attendaient La Fayette et son état-major qui durent intervenir pour protéger les gardes du corps menacés par la foule. Une double haie de gardes nationaux, jusqu'aux Tuileries, contenait un public hostile mais silencieux : « Une foule immense, écrivit La Fayette, couvrait les deux côtés du chemin, sans cris, sans violences, regardant passer le cortège d'un air mécontent mais dans un ordre parfait. » Tout se passa ainsi jusqu'aux Tuileries, mais, au moment où les voitures s'arrêtaient et qu'on s'apprêtait à en descendre, les insultes fusèrent, surtout à destination de la reine, la haie des gardes nationaux et des Suisses fut bousculée, des furieux voulurent ouvrir les voitures et l'escorte en vint aux mains avec les agresseurs qui furent repoussés non sans mal. Grâce à elle, La Fayette fit avec ses cavaliers un écran protecteur qui permit à la famille royale de s'engouffrer dans le château, derrière des grilles vite refermées[22].

Convenait-il de garder Louis XVI sur le trône ou fallait-il y appeler le duc d'Orléans, ou le jeune dauphin, ou encore un prince étranger ? La culpabilité du roi fut atténuée par une lettre que Bouillé, qui avait émigré après l'échec de l'équipée royale, publia depuis le Luxembourg. Il y assumait l'entière responsabilité de l'enlèvement : c'est lui qui avait tout organisé et qui avait dû faire pression sur le roi pour le convaincre de partir. La lettre de Bouillé et la thèse de l'irresponsabilité du roi proclamée par la Constituante dès 1789 permirent aux députés modérés, dont La Fayette, de rendre au roi les prérogatives que la Constitution allait lui reconnaître. L'Assemblée nationale se prononça, le 15 juillet, après un discours convaincant de Barnave centré sur l'irresponsabilité institutionnelle du roi : il fallait se prononcer selon la loi et ne pas céder aux sentiments de l'instant amplifiés par des folliculaires frénétiques. Mais il ne suffisait pas de rallier des députés déboussolés, ne sachant trop à quel saint se vouer, il fallait l'appui retrouvé d'une opinion désemparée, irritée par la déclaration écrite du roi, reniant tous les décrets qu'il avait dû sanctionner depuis 1789, ce qui en faisait un parjure[23]. Dans ses *Mémoires*, La Fayette analyse très lucidement les conséquences politiques de cette défiance inévitable de l'opinion : « Ce départ pour Varennes enleva pour toujours au roi la confiance et la bienveillance des citoyens[24]. »

Face à l'agitation de la majeure partie de la population parisienne scandalisée par les votes des 15 et 16 juillet, les modérés voulaient mobiliser l'opinion des départements qu'ils jugeaient plus favorable au roi. Condorcet, dans ses *Mémoires*, nous apprend qu'à la veille du deuxième anniversaire de la prise de la Bastille, les officiers de l'état-major parisien de la Garde nationale se préoccupaient de renouer les liens avec les gardes des principales villes du royaume pour donner au général «toute l'autorité de dictateur sous le nom de commandant général des Gardes nationales de toute la France[25]». Cela supposait que ces officiers continuaient de faire confiance à leur général, d'autant plus qu'il était évident qu'il fallait exercer sur le roi et son entourage une surveillance accrue pour décourager d'autres projets d'évasion et le convaincre enfin d'accepter la règle constitution-nelle. Cette fois encore, La Fayette rejeta la perspective d'une dictature, même transitoire. L'achèvement très prochain de la Constitution s'imposant après le vote du 15 juillet, il ne pouvait que refuser ce qui lui apparaissait toujours comme une usurpation du pouvoir contraire aux prin-cipes du nouvel ordre politique qu'il voulait voir instaurer.

Quinze jours plus tard, un événement particu-lièrement sanglant permettait au duumvirat de porter un coup d'arrêt à l'agitation parisienne suscitée par les partisans de la déchéance immé-diate de Louis XVI et de la proclamation d'une République sur les décombres de la monarchie et les trahisons du monarque. Si les beaux quartiers de la rive droite marquèrent leur approbation au vote du 15 juillet, autour des Cordeliers et dans les faubourgs Saint-Antoine et Saint-Marcel, il n'en était pas de même. Le Palais-Royal redevint le lieu où se rassemblaient les Parisiens pour remettre en cause un vote jugé scandaleux. Du Palais-Royal, on allait soulager sa bile aux abords des Tuileries. Des manifestants se postaient à la sortie de la salle du Manège pour insulter quotidiennement les députés, les accusant de trahison, les menaçant d'un prochain règlement de comptes. À la tribune, des députés reprochèrent au maire et à La Fayette de ne plus assurer la sécurité de l'Assemblée. Par deux fois, fin juin et début juillet, les députés se plaignirent de l'apathie de la municipalité, exigeant qu'elle utilise tous les moyens que la Constitution prévoyait pour réprimer les désordres, « pour en connaître et faire punir les auteurs, et pour mettre la tranquillité des citoyens à l'abri de toute atteinte[26] ».

Le 15 juillet au soir, devant l'indignation que provoquait le vote de l'Assemblée, le club des Cordeliers et plusieurs sociétés fraternelles décidèrent d'organiser une protestation massive pour obliger l'Assemblée à revenir sur son vote. Une première pétition ne parvint même pas au bureau du président de la Constituante car les votes étaient acquis. Les Cordeliers se rendirent alors à la société des Jacobins pour leur demander de protester avec eux. L'arrivée de quelque 300 militants cordeliers particulièrement exaltés perturba la réunion et provoqua le départ massif des Jacobins modérés jugeant intolérable la pression qu'on leur faisait subir. Le 16 juillet, Bailly fut convoqué par la Constituante et y fut admonesté pour avoir toléré des désordres répétés. Le 17 au matin, les Cordeliers voulurent organiser un défilé de la Bastille au Champ-de-Mars. La manifestation se voulait pacifique et sans armes, mais beaucoup s'emplirent les poches de cailloux pour en découdre avec les gardes nationaux qu'ils abominaient. Le défilé ne put avoir lieu. La Fayette, averti depuis la veille du projet cordelier, avait multiplié les patrouilles qui dispersèrent les militants à peine rassemblés ; les ponts étaient gardés, on ne pouvait pas passer. Les militants renoncèrent à défiler et se rendirent au Champ-de-Mars par petits groupes. Le défilé se transformait en promenade dominicale, d'autant que le soleil était au rendez-vous, et les signataires de pétition côtoyaient de simples badauds attirés par la curiosité. Quant à la pétition, les Jacobins ayant retiré la leur, compte tenu du vote de l'Assemblée innocentant le roi, un nouveau texte fut rédigé sur place et proposé à la signature des citoyens.

Mais la matinée fut brutalement entachée d'un premier incident à la fois grotesque et sanglant. Deux gais lurons voulant se donner du bon temps avaient décidé, la veille, de s'installer sous l'estrade de l'Autel de la Patrie pour admirer les dessous des citoyennes signataires de la pétition. Ils y étaient venus avec des provisions et un vilebrequin pour varier les angles de vue. Ils firent du bruit, on les débusqua de leur cachette et on les prit pour des contre-révolutionnaires plaçant une mine pour assassiner les patriotes. Conduits à la section du Gros-Caillou, ils furent interrogés et l'on décida de les envoyer à l'Hôtel de Ville, mais la foule s'empara d'eux, on les pendit à une lanterne voisine et on les décapita sans autre forme de procès. Leurs deux têtes furent promenées dans les rues jusqu'aux abords du Palais-Royal. Des témoins avertirent la municipalité et la Constituante que des atrocités se commettaient au Champ-de-Mars,

qu'on y promenait des têtes sur les piques. Bailly
envoya trois commissaires et un détachement de
gardes nationaux commandé par La Fayette qui
vint grossir le nombre des gardes nationaux déjà
présents. Ils furent accueillis à coups de pierre à
une des entrées de l'esplanade tandis qu'autour de
l'Autel de la Patrie des files de citoyens se pressaient
pour signer la pétition et parmi eux beaucoup de
gardes nationaux. On tira même un coup de
pistolet sur La Fayette. L'auteur du coup de feu
fut arrêté mais le général le fit relâcher et se borna
à déployer ses unités dont le nombre fut suffisamment dissuasif pour calmer momentanément
ceux des manifestants qui voulaient en découdre.
Les commissaires et La Fayette voulurent inter-
rompre la signature, la foule s'y opposa et l'on
finit par décider l'envoi à l'Hôtel de Ville d'une
délégation pour informer la municipalité et la
rassurer sur les intentions des pétitionnaires.

L'impression qui se dégage des différents comptes
rendus publiés dans le recueil de Buchez et Roux
est celle de l'impossibilité de savoir exactement ce
qui se passait sur la vaste esplanade du Champ-
de-Mars mais qu'en début d'après-midi le calme
avait fini par prévaloir tandis qu'une agitation sporadique continuait sur la rive droite de la Seine,
liée à la promenade macabre des têtes coupées.
Les nouvelles les plus contradictoires parvenant
tant à l'Assemblée nationale qu'à l'Hôtel de Ville,
les députés, en début d'après-midi, s'indignèrent
de ce que rien n'était fait pour arrêter les désordres.
En réponse à l'impatience indignée des parlementaires, Bailly, vers dix-sept heures, se décida à

proclamer la loi martiale en prétendant que des brigands, à la solde d'agitateurs étrangers, semaient le trouble et la désolation dans Paris et, en particulier, sur le Champ de la Fédération. La décision provoqua les acclamations enthousiastes des gardes nationaux massés, depuis plusieurs heures, sur la place de Grève. Le fameux drapeau rouge fut arboré à l'une des fenêtres de l'Hôtel de Ville, incitant la députation des pétitionnaires à faire demi-tour pour prévenir un affrontement tragique. De leur côté, décidés à en finir, les gardes nationaux, avec plusieurs canons et précédés de leur cavalerie se dirigèrent vers le Champ-de-Mars, applaudis dans certaines rues, hués dans d'autres. Près de l'Autel de la Patrie, on vit arriver les fusiliers dans un nuage de poussière qui empêcha une partie de ceux qui continuaient d'émarger de discerner le drapeau rouge de la loi martiale. Les premiers détachements furent accueillis par des insultes, on leur jeta à nouveau des pierres. On entendit des coups de feu, on aurait tiré sur Bailly! Les pierres tombaient dru, des grenadiers furent touchés et, sans qu'aucune sommation fût commandée, les premiers rangs tirèrent en l'air sans pour autant faire cesser les jets de cailloux. Alors les gardes nationaux exaspérés, sans attendre aucun commandement, se mirent à tirer sur les manifestants groupés autour de l'Autel. Une autre colonne prit les citoyens à revers, des cavaliers poursuivirent les fuyards et les sabrèrent. Des dizaines de corps gisaient à terre quand les gardes se retirèrent[27]. D'autres gardes nationaux, arrivés par l'École militaire, s'interposèrent et s'efforcèrent de limiter l'affrontement, les officiers canonniers empêchèrent leurs hommes d'utiliser leurs pièces. Le lendemain, Bailly affirma que 12 manifestants et 2 gardes avaient été tués. La presse démocratique parla de massacre, plus de 2 000 morts pouvait-on lire. Pour Marcel Dorigny, Timothy Tackett et Mona Ozouf qui ont écrit sur le sujet[28], ils s'en tiennent plutôt à une cinquantaine de tués et des centaines de blessés.

Le 18 juillet encore, l'Assemblée nationale votait des félicitations pour la Garde nationale de Paris et un décret, prévoyant tout un arsenal de peines alourdies contre tous les incitateurs de désordres, permit une nouvelle vague répressive à l'encontre du mouvement démocratique. Le club des Cordeliers fut fermé et 200 personnes arrêtées. Camille Desmoulins s'était caché en banlieue dès la matinée du 17 ; Marat reprit sa vie errante et interrompit pendant quelques jours la publication de son journal ; Danton trouva plus prudent d'aller chez son beau-père et finit par traverser la Manche pour se mettre à l'abri quelque temps à Londres ; quant à Fréron, reconnu sur le pont Neuf, il fut malmené par des passants mais tiré d'affaire par des gardes nationaux de sa section.

L'affaire du Champ-de-Mars, dans l'immédiat, aboutissait à museler la presse démocratique, ce qui allait permettre, estimait la majorité modérée de l'opinion, de voir se terminer au plus vite la Constitution alors que l'option républicaine, de toute évidence, aurait anéanti les résultats de deux années de délibération pour précipiter la Nation dans une sorte d'état de nature aboutissant au règne d'une violence sans frein dont on avait pu voir, dans Paris même ou lors des massacres du Midi, des exemples répétés. Une fois encore, on proclama que la Garde nationale avait brisé l'émeute et son cortège d'atrocités mais trop de témoins avaient pu voir que les désordres prétendus ne méritaient pas l'étalage d'une force aussi considérable ni son usage brutal et aveugle. On se retrouvait dans une situation identique à celle qui avait prévalu au lendemain de l'affaire Réveillon et, les mêmes causes produisant des effets quasi identiques, l'excès de la répression entraîna une sorte de remords collectif parmi les compagnies du centre comme celui qui avait poussé la majeure partie des gardes françaises à rejoindre progressivement le camp des patriotes de la mi-juin à la mi-juillet 1789. Apparemment beaucoup de bataillons furent gagnés par une sorte de démoralisation encore accentuée par la réorganisation qu'on leur imposa en juillet et août 1791 et par l'abandon, pourtant prévu, de son commandement par La Fayette.

Depuis plus de deux ans, la Garde nationale vivait toujours avec une organisation provisoire modifiée par des décrets successifs dictés par les urgences de la conjoncture politique, mais il était évident que l'achèvement de la Constitution allait entraîner l'élaboration de son statut définitif et les anciennes gardes françaises s'inquiétaient du sort qu'on allait leur réserver. Seraient-ils incorporés dans la garde constitutionnelle du roi ? Allait-on recréer des unités militaires spéciales pour le maintien de l'ordre dans Paris ? Dans l'affirmative, comment les articuler avec la Garde nationale non soldée dont l'efficacité semblait de plus en plus problématique ? N'étaient-ce pas certains de ses bataillons qui venaient de tirer à balles réelles sur le Champ-de-Mars, manifestant davantage leur exaspération partisane que le sang-froid des gardiens de l'ordre constitutionnel ?

La Fayette participa lui-même au démantèlement de son système de prévention-répression ! Était-ce parce qu'il était persuadé que ce système n'avait plus de raison d'être, étant donné la qualité du travail des «Constituants», ou bien, dans son désir de conserver sa popularité une fois la Constitution achevée, a-t-il cédé à la pression des Jacobins et de leurs alliés obstinés dans leur accusation de césarisme latent ? Pression à laquelle s'ajoutait celle des ex-gardes françaises, chevilles ouvrières de son système des compagnies du centre et qui souhaitaient ressusciter le corps d'élite qu'ils constituaient sous l'Ancien Régime ? Ou encore était-ce une façon de préserver l'avenir et de préparer son retour que de rendre le présent ingouvernable et de prouver l'inéluctable faillite d'une Garde nationale minée par ses divisions et qui pouvait passer désormais, dans certains quartiers de la capitale, au service des émeutiers ?

Toujours est-il qu'une série de décrets des 3, 4 et 5 août 1791 ont dissous les compagnies du centre : elles furent remplacées par une division de gendarmerie à cheval de 904 hommes, et une division de gendarmes à pied de 1 808 hommes auxquelles s'ajoutaient trois régiments d'infanterie de ligne (5 562 hommes) et deux bataillons d'infanterie légère (1 860 hommes), c'est-à-dire les quelque 10 000 hommes soldés dont disposait La Fayette. La promotion des sous-officiers fut accélérée et les soldes restèrent supérieures à celles de la gendarmerie et de l'armée de ligne : on récompensait ainsi ceux qui avaient contribué de façon déterminante à créer les conditions d'un apaisement politique indispensable au travail constitutionnel ! Désormais, ils représentaient une force d'intervention permanente apparemment plus disponible que lorsque ces professionnels se trouvaient répartis dans les compagnies du centre mais ce que l'on gagnait comme potentiel d'intervention immédiate, on le perdait politiquement en influence modératrice exercée dans les 60 anciens districts de l'agglomération par ces mêmes compagnies immergées dans leur quartier respectif et profondément acquises au credo constitutionnaliste de La Fayette.

La Constitution terminée et le roi ayant fait savoir, par une lettre, dès le 12 septembre, qu'il allait l'accepter tout en émettant le vœu qu'à cette occasion une amnistie générale soit décrétée, le général commandant fit voter par l'Assemblée un décret en ce sens. Cela impliquait la cessation de toute poursuite et de toute procédure « relative aux événements de la Révolution ». Le libellé en était révélateur et signifiait qu'à ses yeux la Révolution était désormais bel et bien terminée. Même s'il s'interrogeait sur la sincérité du couple royal, La Fayette, fidèle à ses engagements, abandonna ses fonctions et décida de se retirer de la vie publique. Il n'en resta pas moins que pour l'opinion,

comme en témoigne une lettre expédiée à Rome
en date du 19 septembre 1791 par l'abbé de
Salamon, chargé d'affaires du Saint-Siège pour
suivre l'affaire d'Avignon, c'était bien La Fayette
qui avait obtenu de Louis XVI un ralliement, sans
doute forcé, au projet constitutionnel :

> « On est assuré, autant qu'il est possible de l'être
> quand on n'est pas du conseil du Roi, que son
> acceptation ainsi conçue a été forcée. On lui a fait voir
> les plus grands malheurs s'il n'acceptait pas ainsi, à
> cause des menaces de guerre dont on nous épouvantait.
> La Fayette, à son ordinaire, a dit au Roi qu'il ne pouvait
> répondre de la *Garde nationale*, et qu'il fallait se hâter
> de recevoir la Constitution. Il a dit : "Les Jacobins sont
> venus à bout de m'en ôter le commandement ; doré-
> navant je ne pourrai plus rien pour la sûreté de votre
> Majesté. La Reine et la famille royale peuvent d'un
> jour à l'autre être exposées aux plus grands dangers.
> La fermentation du peuple augmente journellement de
> voir retarder l'acceptation de la Constitution. Pour le
> tranquilliser, il faut l'accepter[29]..." »

Texte révélateur à la fois de la part déterminante
attribuée à La Fayette dans la phase finale de
l'adoption par le roi du projet de Constitution, et du
rôle fondamental joué, tout au long du processus,
par la Garde nationale, mais qui, visiblement, à la
fin du printemps de 1791, s'essouffle, de l'aveu
même du principal intéressé, car les Jacobins,
ainsi que la plupart des bataillons, partagent désormais l'impatience populaire face à la lenteur dudit
processus.

Le 8 octobre 1791, La Fayette fit ses adieux à
la Garde nationale de Paris, non pas à l'occasion

d'une de ces revues qu'il avait tant affectionnées mais lors d'une visite à la municipalité de Paris où il prononça un discours en présence des édiles parisiens et de plusieurs officiers de la Garde nationale. Cette façon de se retirer confirmait le contenu de la lettre de l'abbé de Salamon et prouvait que La Fayette n'espérait plus provoquer les manifestations d'enthousiasme de l'été précédent. Il se borna ensuite à envoyer une lettre à tous les bataillons parisiens qu'il remerciait pour leur fidélité et leur détermination à faire respecter la loi malgré les pressions multiples subies « au milieu des orages de vingt-sept mois de révolution ». Il les exhortait à rester vigilants en évitant de croire que « tous les germes de despotisme soient détruits », car la liberté était fragile, son règne supposait que tous les Français veuillent bien respecter les lois, sans que, notamment, « l'usage sacré de la liberté de presse » serve de « prétexte à des violences ».

Le 10 octobre 1791, toutes les compagnies de l'armée parisienne députèrent un membre à l'Hôtel de Ville, pour s'y occuper des moyens de témoigner à La Fayette la reconnaissance de la Garde nationale. Il fut décidé « *qu'en reconnaissance de son bon et loyal commandement depuis la révolution, on lui ferait présent d'une épée à garde d'or, sur laquelle serait gravée cette inscription : "À La Fayette l'Armée parisienne reconnaissante, L'An IVe de la Liberté"* ». Le 14 octobre, *Les Annales patriotiques* rapportaient qu'il avait refusé « le commandement militaire des départements de Meurthe et de Moselle » et qu'il se retirait en Auvergne dans sa terre, pour y vivre en simple citoyen « jusqu'à ce que les dangers

de la patrie le rappellent à la tête de la Garde
nationale». Pour ses partisans, ce départ ne pouvait
être qu'une simple parenthèse tant sa présence
semblait indispensable. Au contraire, la presse de
la gauche radicale se gaussa de ce départ en
catimini, de l'absence de revue et de tout ce faste
dont il s'entourait quelques mois plus tôt. Elle
assura «que c'est en lisant les journaux que la
Garde Nationale parisienne s'est instruite qu'elle
avait arrêté, pour ses députés, de faire une réponse
à M. de La Fayette, de lui offrir une épée à garde
d'or, etc. etc.». Quant à Marat, obligé, nous l'avons
dit, d'espacer les parutions de *L'Ami du peuple*, il
prophétisait le pire comme à l'accoutumée : que «*le
sieur Mottié*» ne va pas tarder de rejoindre ses amis
Bouillé et Condé pour leur ouvrir les frontières de
la Patrie et «pour triompher de leurs efforts, il
faudra tout l'enthousiasme de la liberté, encore la
victoire coûtera-t-elle des torrents de sang[30]».

La Fayette avait quitté Paris le 9 octobre ; le 16,
son voyage fut marqué par la destitution du
commandant de la garde nationale de Saint-
Pourçain qui n'avait pas voulu prendre les armes
pour célébrer le passage du général. Ce témoignage symbolique de l'hostilité que pouvait provoquer, jusqu'au fond des provinces, la personnalité
de La Fayette, prouvait également que le point
final mis à la Constitution et l'amnistie qui l'avait
suivie n'avaient pas engendré le consensus qu'il
avait espéré ; tout restait comme en suspens et
visiblement une partie de l'opinion ne souhaitait
pas accorder son quitus à l'ancien commandant
de la garde parisienne.

Chapitre V

LA GARDE NATIONALE
ET LA CONSTITUTION DE 1791

(octobre 1791 - 10 août 1792)

En définitive, dans les derniers mois de 1791, pour ce qui regardait l'évolution de la Garde nationale dans le contexte parisien, trois réalités majeures s'imposaient, fortement imbriquées et se conditionnant mutuellement. Tout d'abord, une sorte de lassitude des modérés à l'encontre d'une institution quasiment désavouée par les Constituants et par son ancien commandant en chef visiblement affecté par les conséquences politiques de la fusillade du Champ-de-Mars. Lassitude qui obligeait les modérés constitutionnalistes à s'interroger sur la ligne politique défendue jusque-là par La Fayette et que l'usage réitéré de son droit de veto par Louis XVI remettait en cause, surtout lorsque l'opinion s'aperçut que la déclaration de guerre ne changeait pas le comportement du roi, au contraire! Quant à La Fayette, il semblait vouloir désormais, pour faire triompher son option, coupler le recours à la Garde nationale avec celui à l'armée proprement dite, dont l'intervention était, dramatiquement, plus spectaculaire car dictée par le patriotisme de ceux qui versaient leur sang pour la patrie. C'était naturellement prêter le flanc à l'accusation de césarisme, d'où la nécessité d'un dosage subtil entre armée et Garde nationale mais qui amorçait une évolution apparemment difficile à éviter, compte tenu d'une autre évolution, également liée au recul du fayettisme et plus précisément à la suppression d'un commandant en chef permanent. Désormais les sections s'efforçaient de contrôler étroitement le bataillon de la Garde nationale qui leur était affecté ; on assistait à l'émergence d'une structure confédérale qui officialisait, en quelque sorte, les clivages sociopolitiques des différents quartiers de Paris et pérennisait les divisions contre lesquelles avait lutté l'ancien commandant en chef.

Revenons d'abord sur la désaffection des Constituants à l'encontre de la Garde nationale non soldée, la preuve en est la date, on ne peut plus tardive, de leur organisation définitive établie par les décrets des 28 juillet et 29 septembre 1791. Ce dernier, adopté la veille de la séparation définitive de la Constituante, mettait un point final à une longue série de décrets provisoires, de débats annoncés et remis, à peine amorcés, pour, en définitive, s'achever par une discussion quasiment bâclée en deux jours et s'en tenant à des principes généraux définissant l'architecture globale de ce qui n'était pas même considéré comme une institution. C'est dire les contradictions auxquelles se heurtaient les députés, véritables apprentis sorciers, incapables d'organiser une milice qui les inquiétait mais qu'ils ne pouvaient désavouer sans pour autant savoir comment neutraliser le potentiel contesta-

taire que constituait le principe de résistance à
l'oppression qu'on ne pouvait plus renier dans la
mesure où il s'identifiait à celui de la souveraineté
nationale qui, lui-même, n'avait pu s'imposer que
grâce à l'insurrection populaire. Or les décrets
concernant la Garde nationale depuis 1789 définissaient plus la façon dont la Garde nationale
devait s'opposer aux émeutes populaires que les
conditions justifiant son recours pour résister à
une intolérable manifestation d'oppression. Il
fallait donc à la fois proclamer ce droit à l'insurrection qui impliquait que tous les citoyens actifs
et passifs pouvaient s'en réclamer et s'empresser,
d'autre part, d'en limiter l'application tout en ayant
conscience, comme le démontraient les troubles
graves affectant la France méridionale mais aussi
l'agitation en faveur des prêtres réfractaires, que
la contre-révolution n'avait toujours pas désarmé
ni idéologiquement ni militairement. L'appel à
l'insurrection populaire devait donc rester possible,
comme ultime recours, pour préserver les acquis
révolutionnaires.

Tout avait commencé plus d'une année aupa-
ravant. Un premier débat sur l'organisation de la
Garde nationale avait été prévu pour le 29 avril
1790, mais le rapporteur annonça que les textes
n'étaient pas prêts et la discussion fut ajournée
sine die. On précisa que les textes provisoires en
vigueur jusque-là étaient conservés mais on défendit
à toutes les instances du pouvoir local de les modifier en quoi que ce fût.

Le 12 juin 1790 on proclama la dissolution définitive de toutes les formations militaires, milices

corporatives ou sociétés de tir héritées de l'Ancien Régime et on rappela que le service de la Garde nationale était obligatoire pour tous les citoyens actifs ou fils de citoyens actifs de 18 à 60 ans. Façon de rappeler qu'il ne s'agissait pas vraiment d'un volontariat mais aussi de réaffirmer, indirectement, que la totalité des citoyens passifs en était exclue. Le côté gauche de la Constituante continuait de ne pas accepter ce rejet des citoyens les plus modestes : Jean-Jacques Rousseau aurait été exclu de la garde citoyenne ! Le débat recommença le 6 décembre 1790 et il fut décidé de maintenir sur les rôles de la Garde les citoyens passifs qui avaient participé aux affrontements de juillet 1789. Et le côté droit d'ajouter que ce monopole accordé aux citoyens les plus aisés était une façon stimulante de créer de l'émulation sociale en incitant les citoyens passifs à devenir actifs.

Le débat reprit le 20 avril 1791 et se prolongea du 27 au 29 avril suivant, toujours à propos de l'exclusion des citoyens passifs remis en cause par de nombreux députés du côté gauche, mais la majorité se méfiait trop des débordements populaires et craignait, en cas d'émeute frumentaire, de voir passer les gardes «passifs» du côté des émeutiers. Ajoutons que le rapporteur du comité militaire chargé d'élaborer les textes définitifs organisant la Garde nationale n'était autre que Rabaut Saint-Étienne, député de Nîmes et pasteur ! C'est dire ce que devaient penser de cette organisation les participants au camp de Jalès et les catholiques d'Uzès ou de Montauban ! Quant au côté droit, il persistait à affirmer qu'à vouloir armer tout le monde, on finissait par n'armer plus personne. Comme la majorité modérée de la Constituante s'inquiétait d'un excès d'armement aboutissant à une surenchère de violence, on en resta encore aux textes provisoires des années précédentes.

La fuite du roi provoqua, le 21 juin 1791, dans l'urgence, le vote d'un texte prévoyant la levée de «volontaires nationaux» destinés à renforcer l'armée de ligne aux frontières : c'était poser indirectement le problème majeur de l'articulation entre Garde nationale et armée de ligne quand une menace extérieure imposait la nécessité urgente d'accroître les effectifs de cette dernière. Quel encadrement pour ces bataillons de volontaires ? Leur organisation et leur mode de fonctionnement seraient-ils calqués sur ceux de l'armée de ligne ou sur ceux de la Garde nationale ? Il fut évident que, pour faciliter leur recrutement, il fallait s'en tenir aux avantages du statut des gardes nationaux : solde plus élevée, élection des officiers et sous-officiers, discipline plus souple. Là encore, on improvisait, rien n'avait été prévu dans les débats antérieurs de la Constituante.

Les 26 et 27 juillet 1791, dans la phase finale de la rédaction de la Constitution, on aborda les problèmes liés à l'utilisation des forces armées. On se préoccupa d'abord de la question de l'emboîtement des types de forces consacrées au maintien de l'ordre public et de leurs missions respectives. La gendarmerie devait être prioritairement chargée de la répression des émeutes ; quand l'importance des attroupements remettait en cause le recours à la seule gendarmerie, on ferait appel à la garde nationale soldée en milieu urbain, à la garde nationale du canton concerné s'il s'agissait de communes rurales. Si gendarmerie et gardes nationales locales se révélaient impuissantes à rétablir l'ordre public, le procureur syndic du district ou du département était en droit de requérir les troupes de ligne et subsidiairement les citoyens des gardes nationales disponibles même hors du ou des départements troublés. La loi martiale était conservée et sa proclamation transformait en manifestation séditieuse tout rassemblement supérieur à 15 adultes masculins.

En deux jours, le reste du projet du comité militaire, présenté et défendu par Rabaut Saint-Étienne, fut examiné et adopté sans modification majeure, c'est qu'il fallait en finir au plus vite pour terminer la Constitution mais aussi parce que le projet correspondait à l'attente de la majorité des députés. La preuve en est fournie par la version ultime du titre IV de la Constitution, intitulé « De la force publique » qui, après deux mois de débats consacrés à une relecture critique de l'ensemble du projet constitutionnel, reproduit exactement le texte initial adopté deux mois plus tôt. On se borna à lui ajouter un article XIII portant sur la discipline des gardes nationaux en opération et la nature des peines encourues en matière de délits proprement militaires[1].

Moins d'un an plus tard, la Constitution était réduite à néant par les émeutiers du 10 août 1792, essentiellement des gardes nationaux parisiens épaulés par des volontaires nationaux, notamment finistériens et marseillais, et donc le contraste est saisissant entre la conjoncture politique d'août 1792, dominée par les choix et les engagements des gardes nationaux qu'ils soient de Paris, de Marseille ou de Brest, et la façon dont les textes constitutionnels adoptés moins d'un an plus tôt considéraient et déterminaient l'organisation et les attributions de la Garde nationale. Par ailleurs ces textes, parfois contradictoires, prouvaient qu'à la veille de la séparation de la Constituante, on ne savait toujours pas comment maîtriser l'énorme et protéiforme potentiel militaire constitué par l'armement de tous les adultes mâles du royaume payant 3 livres et plus d'imposition directe, soit environ 1 500 000 individus. De plus, une fois la Constitution achevée et proclamée, à quoi pouvait servir cette force prodigieuse ? Qui la commanderait ? Comment pouvait-elle cohabiter avec l'armée régulière héritée de l'Ancien Régime ? Autant de questions qui ne recevaient encore que des réponses ambiguës pour ne pas dire contradictoires.

Les six premiers des treize articles concernant, dans la Constitution, le statut de la force publique s'évertuaient, de façon évidente, à limiter le poids de la Garde nationale dans la vie politique de la Nation, notamment pour ce qui était du maintien de l'ordre. Après un premier article qui définissait les missions fondamentales de la force publique — défendre les frontières et assurer l'ordre intérieur et l'exécution des lois —, l'article II était particulièrement démonstratif de cette volonté de minorer le rôle de la Garde nationale. Avec un laconisme à l'antique et un adverbe qui, à lui seul, traduisait l'obsession de tourner la page des fédérations et donc de La Fayette, mais aussi celle des affrontements à répétition qui secouaient la France méridionale, le texte adopté n'accordait effectivement qu'une place accessoire à la Garde nationale :

> « Article II. Elle (la force publique) est composée :
> De l'armée de terre et de mer ;
> De la troupe spécialement destinée au service intérieur ;
> Et subsidiairement des citoyens actifs, et de leurs enfants (*sic*) en état de porter les armes, inscrits sur rôle de la Garde nationale. »

L'article suivant, avec la même brièveté péremptoire, confirmait apparemment le côté « subsidiaire » de la Garde nationale tout en concédant, *in extremis* et de façon contradictoire, que la Garde nationale n'était pas autre chose que la Nation en armes et donc l'ultime recours du nouveau régime pour faire face à un danger extrême, qu'il soit à l'intérieur ou aux frontières du royaume. Le mythe des citoyens-soldats ne pouvait totalement disparaître et la Garde nationale était bel et bien consubstantielle au nouveau régime :

> « Article III. Les gardes nationales ne forment ni un corps militaire, ni une institution dans l'État ; ce sont les citoyens eux-mêmes appelés au service de la force publique. »

Les trois articles suivants précisaient que la Garde nationale ne pouvait elle-même décider de ses interventions, puis on reprenait ce qui faisait l'originalité profonde de l'institution : l'élection de son encadrement. On exerçait les fonctions de son grade pour un temps donné et l'on ne pouvait être réélu à un grade égal ou supérieur qu'après être redevenu simple fusilier, et enfin nul ne pouvait commander «la Garde nationale de plus d'un district[2]».

Autant de stipulations reprenant les règlements provisoires antérieurs mais la suppression des officiers généraux et de leurs états-majors entraînait une subordination accrue au pouvoir civil ainsi qu'aux états-majors et officiers supérieurs et généraux de l'armée de ligne.

Restait donc à préciser la façon dont on pourrait l'utiliser si les circonstances lui faisaient perdre son caractère «subsidiaire».

En cas d'agression aux frontières, la réponse était simple : le roi avait vocation de commander «toutes les parties de la force publique». La question était réglée par un seul article de notre texte, mais il en fallut quatre pour tenter de définir les modalités de son utilisation à l'intérieur du royaume. En substance, c'étaient les «officiers civils» qui prenaient l'initiative de recourir à la force publique. Si l'ampleur du désordre dépassait les limites d'un département, le roi pouvait prendre les décisions nécessaires mais à charge d'en informer le corps législatif jusqu'à le «convoquer s'il est en vacances». Système inefficace et lourd de conflits quant à l'appréciation de la gravité des situations. Autrement dit, l'existence même de la Garde nationale, par la complexité des procédures qu'elle imposait, pouvait se révéler comme antinomique du principe monarchique et, *a fortiori*, d'une interprétation nostalgique et donc autoritaire de son exercice.

Constatons incidemment qu'un historien, s'interrogeant sur l'efficacité de la Garde nationale au début de la Législative en s'en tenant au texte constitutionnel, ne pourrait que rester dubitatif sur l'efficacité de cet immense organisme composé de cellules juxtaposées, sans unité de commandement, condamné à n'intervenir que très localement et en dernier ressort, pour maintenir l'ordre à l'intérieur du royaume. Ce même historien ne peut donc que s'étonner des affrontements du 10 août 1792 provoquant, une dizaine de mois plus tard, la liquidation du régime politique en place par des éléments de cette même Garde nationale jugée si peu efficace jusque-là. D'où la nécessité d'avancer, pour expliquer une telle mutation, un phénomène accéléré de «radicalisation», ce que François Furet et Denis Richet appelèrent le «dérapage» de 1792 et la doxa marxienne, reformulée par Michel Vovelle, une «seconde révolution[3]».

Il nous semble plus pertinent, en ce qui regarde la Garde nationale, de distinguer le cas de Paris de celui de l'ensemble des autres départements. Le texte constitutionnel de juillet 1791 concerne plutôt la situation des départements plutôt que la situation complexe héritée, dans la capitale, de trois années de confrontation, plus ou moins intenses entre pouvoir royal, insurrection populaire, instances élues des pouvoirs locaux et Assemblée nationale. Une telle distinction s'impose notamment dans

l'analyse du processus supposé de radicalisation :
à quel niveau le situer ? Comment s'exprime-t-il,
notamment en ce qui regarde la Garde nationale ?

Dans les mois qui suivirent immédiatement la
mise en place de l'Assemblée législative, la Garde
nationale continua de subir une sorte de remise en
cause implicite qui confortait le jugement final,
plutôt négatif, des Constituants à son encontre. Les
circonstances du retrait volontaire de La Fayette
avaient amorcé cette sorte de reflux exploité par
Marat et le reste de la presse contestataire de
gauche. Refus encore accentué, à la fin d'octobre
1791, par les affaires d'Avignon et le massacre de
la Glacière qui renforcèrent la défiance d'une large
partie de l'opinion contre les excès de certaines
unités de la Garde nationale dans les départements
méridionaux, trop promptes à s'identifier à la
volonté punitive du peuple souverain et donc
convaincues d'avoir à écraser, dans le sang, tous
ceux qui lui faisaient la guerre. Autrement dit le
processus de radicalisation aurait déjà commencé
dans le Midi avant de toucher Paris !

En novembre, la défaite de La Fayette aux élections pour la mairie de Paris apparut comme la
conséquence logique de ces demi-échecs successifs
et serait une preuve supplémentaire de la radicalisation. Il s'y était présenté, convaincu d'avoir
toujours le soutien de la majorité des citoyens
aisés de la capitale et dans la mesure où c'était le
maire de Paris qui désormais avait la haute main
sur la Garde nationale de la capitale. Il était donc
convaincu que les autres candidats susceptibles
d'être élus, notamment Pétion, allaient remettre

en cause la politique qu'il avait élaborée avec l'appui de Bailly. D'autant que le «massacre» du Champ-de-Mars continuait à inciter les électeurs à s'interroger sur l'avenir de la politique de soutien à un monarque dont l'inertie partisane se manifestait à nouveau par une répugnance évidente à agir contre les émigrés et à condamner les prêtres réfractaires. L'adoption de la Constitution n'avait provoqué aucun changement dans la politique du roi, il continuait d'utiliser son droit de veto contre des décrets que la nouvelle assemblée jugeait nécessaires au salut de la Nation. L'option politique incarnée par La Fayette, à savoir laisser au roi le droit d'utiliser les prérogatives que lui reconnaissait la Constitution, ne pouvait que condamner la Garde nationale à d'autres affrontements avec une opinion populaire, stimulée par les «demi-bourgeois» comme les appelait l'abbé de Salamon, exaspérés par le «comité autrichien» censé conseiller la reine, et donc elle ne pouvait que déboucher sur d'autres «massacres» du Champ-de-Mars[4].

À l'impasse que représentait la ligne politique jusque-là défendue par La Fayette, s'ajoutaient les critiques suscitées par le comportement même du général : on lui reprochait son goût du faste et une certaine nonchalance naturelle qui le poussait à trop déléguer ses pouvoirs et donc à dépendre excessivement de ses collaborateurs. Au contraire, son principal rival, Pétion, avait la réputation d'être un grand travailleur, plusieurs discours devant les Constituants ou les Jacobins avaient établi sa réputation et prouvé un indéniable talent oratoire qui manquait à La Fayette. De plus, au retour de

Varennes, Pétion s'était prononcé pour la mise en jugement du roi et avait soutenu le mouvement des pétitions républicaines de juillet 1791, ce qui lui valut une immense popularité dans la capitale. Enfin et surtout les monarchistes firent campagne une fois de plus contre La Fayette et donc Pétion fut élu par la coalition des extrêmes et le ralliement de ceux qui ne croyaient plus au fayettisme. L'élection eut lieu le 13 novembre 1791 et Pétion l'emporta par 6 728 voix contre 3 126 en faveur de La Fayette. Moins de 10 000 citoyens actifs s'étaient exprimés sur 80 000 ! La radicalisation se manifestait surtout par l'abstention des actifs plus que par leur adhésion massive au credo cordelier ou jacobin. Le 21 novembre, à titre de consolation, les bataillons de la quatrième légion choisirent pour chef leur ancien commandant général, il les remercia pour leur fidélité mais repartit pour son château de Chavagnac.

Avec l'année 1792, les conséquences du démantèlement de la Garde nationale fayettiste s'accentuèrent : alors que l'option constitutionnelle avait toujours fini par l'emporter deux années durant, c'étaient désormais les choix politiques de chaque section qui infléchissaient les comportements des bataillons de gardes nationaux. Autrement dit, la radicalisation constatée et commentée habituellement par les historiens était certes due à l'aggravation des menaces ressenties par les différentes strates de la population, notamment à Paris — pénuries alimentaires variées, raréfaction de la circulation monétaire, menaces de guerre puis guerre effective, manifestes imprécatoires de l'Europe aristocratique solidaire de Louis XVI — mais elle était due également, pour une bonne part, à l'affaiblissement interne de l'institution qui, jusque-là, avait permis et garanti l'ordre constitutionnel.

Autrement dit encore, il ne nous semble pas qu'il y ait eu, en ce début d'année 1792, une radicalisation brutale de l'opinion publique, mais plutôt un désarroi croissant d'une partie des partisans du respect de l'ordre constitutionnel, dans la mesure où le roi et son entourage aristocratique l'utilisaient à leur avantage en bafouant ouvertement les intérêts de la Nation, et qu'il fallait peut-être envisager la manière forte pour contraindre Monsieur Veto à s'identifier à l'intérêt de la Nation et non plus seulement à celui de son omnipotence perdue. Et ce changement d'attitude d'une partie de l'opinion ne pouvait que modifier progressivement les comportements de la Garde nationale. Il est donc primordial de rappeler les étapes d'un glissement progressif qui alla du refus d'intervenir contre des initiatives populaires violentes mais explicables car liées aux conditions de vie des plus modestes, jusqu'au ralliement pur et simple à des initiatives toujours issues des mêmes milieux mais devenues plus politiques et qui finissaient par s'imposer aux modérés dans un contexte de sursaut national et patriotique. Cela ne signifie pas que ces mêmes modérés adhéraient soudainement au discours véhément de Marat et des Jacobins extrémistes, mais bien plutôt qu'ils refusaient de continuer à risquer leur vie et à verser le sang de leurs concitoyens pour défendre une conception périmée de la monarchie dont l'aboutissement apparaissait comme un retour pur et simple à l'Ancien Régime.

Les recherches minutieuses de Haim Burstin sur le comportement révolutionnaire du faubourg Saint-Marcel, jointes à la synthèse que nous avait offerte Marcel Reinhard dans son histoire de la journée du 10 août et sa *Nouvelle histoire de Paris*[5], nous aident à comprendre par quelles étapes s'est opéré ce qui nous apparaît comme une généralisation croissante du laisser-faire et de l'abstention des bataillons modérés de la Garde nationale face à un activisme des meneurs populaires encouragé et enhardi par cette même abstention.

La toile de fond des premiers mois de 1792 fut la question de la guerre. Elle couvait depuis les rassemblements d'émigrés dans les principautés rhénanes ; à la mi-juin 1791, la Constituante avait voté le principe de la levée d'environ 110 000 volontaires, soit 5 % de l'effectif global des gardes nationaux du royaume. La fuite de la famille royale, le 21 juin, entraîna la mobilisation des citoyens actifs de la France entière et prioritairement des départements du Nord et de l'Est, avec la constitution immédiate de bataillons de volontaires dont la solde serait le double de celle des régiments de ligne et dont, naturellement, les officiers et sous-officiers seraient élus par leurs hommes. Fin juillet, 97 000 gardes nationaux furent levés et rejoignirent progressivement leurs garnisons pour combattre au côté de la ligne. Un décret du 4 août 1791 précisait leur organisation. Les bataillons conservaient le nom de leur département d'origine qui en avait assumé l'équipement, leur lieutenant-

colonel élu étant aux ordres du général commandant l'armée à laquelle ils étaient affectés et ils
étaient désormais soumis à la discipline et aux
règlements des armées en campagne. Ces premiers
bataillons de volontaires furent le plus souvent
composés de jeunes citadins, très politisés, issus
de la petite-bourgeoisie de la boutique, de l'atelier
mais aussi des collèges où l'on faisait assaut de
patriotisme et encadrés par les fils de milieux plus
aisés mais que tentait l'opportunité d'une promotion militaire désormais ouverte à leurs impatiences
et à leurs talents. Surtout il semblait évident que
la relative densité de la population par rapport au
reste de l'Europe jointe aux sacrifices matériels
consentis par la classe moyenne permettaient à la
France d'augmenter rapidement ses effectifs militaires. L'enthousiasme des premiers volontaires
nationaux n'a donc pu que favoriser, dans l'opinion et parmi les élus, un bellicisme croissant
que les politiques de tous les camps voudront
exploiter à des fins particulières et contradictoires.

En novembre 1791, les électeurs allemands et
les émigrés français ne semblant tenir aucun
compte des injonctions de Louis XVI, ce dernier
avait décidé la réunion de trois armées, dans les
Flandres, en Lorraine et en Alsace, de 50 000 hommes chacune, et dont les commandements furent
confiés, le 14 décembre, à Luckner, Rochambeau
et La Fayette. Au roi, plus que réticent à nommer
un commandant en chef de 34 ans qu'il considérait
comme le responsable majeur de ses déchéances
successives, Narbonne, ministre de la Guerre du

6 décembre 1791 au 10 mars 1792, aurait rétorqué :
« Si Votre Majesté ne le nomme pas aujourd'hui,
le vœu national vous y obligera demain[6]. » C'est
dire que la popularité de l'ex-commandant en chef
était encore effective et que le roi avait cru devoir
paraître récompenser ce défenseur zélé de ses
droits constitutionnels tout en travaillant, en fait,
à amoindrir son prestige si la situation militaire se
dégradait — ce dont Louis XVI était persuadé...

Une guerre limitée que les patriotes imaginaient
victorieuse, que l'entourage royal estimait perdue
d'avance, mais qui permettrait au roi de jouer le
rôle de protecteur de ses sujets face aux envahis-
seurs, finit par s'imposer à tous, en particulier à
ces nouveaux députés venus notamment des grandes
villes commerçantes des façades maritimes du
royaume, qu'on se mettait, de ce fait, à appeler les
Girondins et qui contestaient, à l'intérieur de la
mouvance jacobine, la primauté révolutionnaire
de Paris. Pour eux, la priorité politique, c'était de
maintenir le règne des élites nouvelles, autrement
dit leur propre domination qu'ils sentaient remise
en cause par la démocratie radicale de la plèbe
parisienne et de ses meneurs cordeliers et maratistes.

La guerre, qui n'était d'abord qu'une fuite en
avant pour obliger le roi à renoncer au veto, devint
progressivement comme une épreuve de vérité
obligeant toutes les composantes de l'opinion à
choisir leur camp. Pour les nostalgiques du fayettisme, encore nombreux et influents, elle serait
susceptible de ressouder l'unanimité du 14 juillet
1790 et d'imposer au roi le respect de la Consti-

tution ; pour les Cordeliers et l'aile gauche des
Jacobins, elle allait permettre de découvrir les
trahisons latentes des généraux et les arrière-
pensées des modérés ; pour les tenants de l'Ancien
Régime, elle allait permettre de voir se manifester
le fidéisme royaliste sous-jacent des couches populaires. Même les plus réticents, comme Robespierre qui se méfiait d'une guerre souhaitée par
les royalistes, finirent par céder au flot général. Le
20 avril 1792, Louis XVI fit adopter par une
assemblée enthousiaste la déclaration de la guerre
au nouveau roi de Bohême et de Hongrie, François II, qui n'avait pas encore été proclamé empereur après le décès de son père Léopold.

Les débuts désastreux des opérations, à la frontière de la Belgique autrichienne, entraînèrent
une nouvelle fièvre patriotique. Le 4 juin 1792, le
ministre jacobin de la Guerre, le général Servan,
proposa la constitution d'un camp aux abords
immédiats de Paris, rassemblant 20 000 volontaires nationaux issus des départements pour
célébrer l'anniversaire du 14 juillet et défendre la
capitale. Il s'agissait par la même occasion de
peser sur les milieux politiques parisiens, prévenir
un coup de force royaliste et renforcer l'influence
du bellicisme girondin. La Garde nationale parisienne n'apprécia guère cette irruption suspi-
cieuse des provinciaux, une pétition circula dans
ses rangs et recueillit plus de 8 000 signatures.
Après des débats véhéments, la mesure fut adoptée
le 8 juin et le roi, à qui l'on venait de supprimer
sa garde constitutionnelle (29 mai), lui opposa son
veto ainsi qu'au décret prévoyant la déportation

de tout prêtre réfractaire à la demande d'au moins 20 citoyens actifs. Décidément l'exécutif continuait sa politique d'obstruction graduée qui finissait par exaspérer même le camp des modérés et des fayettistes[7].

L'inquiétude devant le double jeu de « Monsieur Veto » et de « l'Autrichienne », s'accompagnait d'une nouvelle crise de subsistances, touchant non plus à l'indispensable pain quotidien, mais bien aux denrées coloniales qui restaient encore un luxe pour les trois quarts du royaume mais qui étaient devenues de consommation courante dans les milieux ouvriers parisiens, à savoir le sucre et le café.

Le soir du 20 janvier 1792, la foule prit d'assaut plusieurs magasins et entrepôts de sucre dans le faubourg Saint-Marcel pour protester contre la hausse brutale de ce produit, liée, selon les négociants, aux troubles graves qui ensanglantaient l'île de Saint-Domingue depuis plusieurs mois. L'usage du café au lait s'était répandu, depuis bientôt trois décennies, jusque dans les milieux populaires, notamment dans le faubourg Saint-Marcel où on en servait des écuelles dans la matinée aux lavandières et repasseuses pour leur permettre d'attendre l'espèce de collation qui, vers cinq heures de l'après-midi, terminait leur journée. Or le sucre qui, en octobre 1791, valait encore entre 25 et 30 sous la livre, était passé à près de 60 sous au début du mois de janvier. Hausse vertigineuse qui exaspérait le petit peuple, surtout les femmes qui dénoncèrent la spéculation des négociants et revendeurs dont les magasins étaient pleins mais qui

écoulaient leur précieuse marchandise au compte-
gouttes. On ne pilla pas les boutiques et les entrepôts dont on avait forcé les portes, mais on revendit
l'indispensable denrée 25 sous la livre, son prix
des mois précédents. Les négociants protestèrent
auprès de la municipalité et Pétion dut intervenir
à plusieurs reprises pour éviter d'autres taxations
que les négociants dénonçaient en proclamant
que le sucre n'était pas une denrée de première
nécessité et que la populace ne pouvait par conséquence en imposer la taxation.

Dans la nuit du 13 au 14 février, toujours dans
le faubourg Saint-Marcel, un convoi qui trans-
férait du sucre depuis un entrepôt, tout juste loué
par deux entrepreneurs en bâtiment associés pour
acheter et revendre au prix fort la précieuse
denrée, fut stoppé par des manifestants et le sucre
une fois encore revendu au prix jugé acceptable
par les consommateurs protestataires. Alors que
Pétion exigeait la convocation des gardes nationaux
pour protéger les magasins des deux associés, la
plupart des compagnies du faubourg Saint-Marcel,
même soldées, refusèrent de marcher pour favoriser les malversations de deux spéculateurs.
Finalement un renfort envoyé par le commandant
en chef Aclocque dégagea les abords du magasin
et le sucre réintégra l'entrepôt du sieur Monnery.
Mais, le lendemain matin, l'agitation reprit avec
encore plus de vigueur. Des centaines de manifestants voulaient enfoncer les portes et l'on jeta des
pierres dans les fenêtres du premier étage ; des
femmes, depuis l'église Saint-Marcel, firent sonner
le tocsin et l'on érigea des barricades dans les rues

voisines pour empêcher l'arrivée des renforts. Finalement Pétion intervint, vers sept heures du soir, à la tête de 1 200 gardes nationaux levés dans d'autres quartiers de la capitale et l'on dispersa les manifestants après en avoir arrêté quelques dizaines. L'affaire fit grand bruit et, le soir même, l'Assemblée nationale lui consacra une séance extraordinaire. On parla de complot : on avait excité le peuple contre le citoyen Pétion, contre l'Assemblée nationale, contre les sociétés populaires. On laissa entendre que la cour aurait bien voulu que la loi martiale fût proclamée pour opposer les patriotes entre eux. Dans les semaines suivantes, les journaux démocrates intervinrent en faveur des émeutiers prisonniers : des agitateurs stipendiés les avaient abusés, il fallait les rendre à leur famille. Les sociétés populaires du faubourg sollicitèrent l'intervention des Jacobins. Autrement dit, l'opinion publique et même sa mouvance démocrate n'absolvaient pas d'emblée les « taxateurs » et continuaient de défendre le droit de propriété face aux exigences de la consommation populaire. La spéculation pouvait atténuer la responsabilité des émeutiers mais sans pouvoir véritablement justifier l'intrusion à main armée dans la propriété d'autrui. Apparemment, le fameux processus de radicalisation n'était pas encore véritablement amorcé[8].

Il n'en demeurait pas moins que la Garde nationale était particulièrement concernée par le problème de la qualification des agissements des manifestants car ses propres interventions pouvaient avoir une issue violente et posaient chaque fois la

question de leur limite et de leur légitimité. Or
chaque bataillon avait tendance à y répondre en
fonction de ce qui se passait dans son quartier.
Ainsi la question du sucre avait pour la population
ouvrière du faubourg Saint-Marcel une importance mal perçue par d'autres sections parisiennes
et, *a fortiori*, ailleurs dans le reste du royaume.
Peut-on pour autant parler d'une radicalisation de
la Garde nationale? Il semble que c'était pour
s'opposer à un abus de la liberté de commercer
que la garde nationale du faubourg Saint-Marcel
avait refusé de sévir contre les émeutiers sans
pour autant accepter la remise en cause du droit
de propriété. Elle avait laissé Pétion intervenir
contre l'émeute mais manifesta sa solidarité avec
les prévenus pour obtenir leur libération. Visiblement, elle s'efforçait de concilier l'obéissance
aux ordres de sa hiérarchie et la solidarité de
voisinage par des combinaisons subtiles d'arguments avec des dosages qui variaient d'une section
à l'autre. Politique du coup par coup, comme le
confirmèrent les remous provoqués par la fête
organisée par les Jacobins et la municipalité de
Paris en l'honneur des Suisses du régiment de
Châteauvieux, libérés du bagne de Brest à la faveur
de l'amnistie des délits politiques proclamée par
le roi, après son acceptation de la Constitution.

Les sociétés populaires qui s'étaient multipliées
à Paris depuis le début de l'année avaient décidé, à
la fin mars, d'organiser pour le 15 avril une fête en
l'honneur «des martyrs de la cause du peuple». Le
club des Jacobins commença donc à collecter des
fonds, via les sociétés populaires, mais les bataillons

de gardes nationaux furent généralement réticents, même dans le faubourg Saint-Marcel, à participer à une cérémonie qui leur apparaissait comme une apologie de la révolte et une condamnation de la Constitution et de l'Assemblée législative. Ainsi la section du Jardin des Plantes, dans le faubourg Saint-Marcel étudié par Haim Burstin, avait adhéré à une motion stipulant que le cortège en l'honneur des Suisses ne puisse avoir lieu sans l'autorisation explicite de l'Assemblée législative et, le jour même de la manifestation, le bataillon du Jardin des Plantes considéra, dans une adresse à l'Assemblée législative, que le fait de porter en triomphe des soldats « qui viennent d'être délivrés des galères par la miséricorde nationale » pouvait être considéré comme un attentat à la Constitution et le fruit de l'égarement du corps municipal de la ville de Paris. On y affirmait également que la Garde nationale, dans son ensemble, s'était abstenue d'y participer ainsi que les délégations des départements et des autres corps constitués. Seuls y avaient pris part « des groupes d'infortunés artisans, manœuvriers et gagne-deniers qui s'étaient laissé séduire des bustes, des drapeaux, d'une galère, des rames, des allégories injurieuses à la saine partie de la nation et de quelques autres imaginations dont on a prétendu orner la scène scandaleuse de cette fête [9] ».

Aclocque, commandant de la légion du faubourg, fayettiste patenté, avait interdit à ses bataillons de participer à la fête orchestrée par David, le peintre officiel des Jacobins, et l'inévitable Palloy, le démolisseur intéressé de la Bastille. Il alla même jusqu'à refuser l'utilisation de ses tambours lors du défilé des amnistiés, au point que ces refus réitérés lui valurent la reconnaissance de Louis XVI qui le chargea de féliciter la Garde pour le zèle qu'elle avait manifesté à cette occasion. Vouloir se dédouaner d'une appartenance partisane vous rejetait, malgré vous, dans le camp opposé, et la duplicité du roi s'efforçant de compromettre la Garde nationale a dû jouer dans le choix ultérieur d'une passivité respectant, par sa présence, la lettre de la Constitution mais affichant également, par sa passivité, son hostilité à la politique de provocation du monarque et de son entourage[10]. Était-ce là une manifestation probante de radicalisation ? Plutôt une réponse à la stratégie du refus délibérément affichée par le souverain de prendre le parti de la Nation en respectant le vœu de la majorité des députés.

L'apparente radicalisation nous apparaît plutôt comme le résultat d'un double phénomène : d'une part, l'indéniable dynamique contestataire des sociétés populaires que la loi Le Chapelier s'était efforcée de freiner en juin 1791, et qui connaissait une recrudescence au printemps 1792 ; d'autre part, une interrogation sur les intentions d'un roi qui cherchait à paralyser le régime issu de la Constitution et se moquait de la représentation nationale. Autrement dit, la radicalisation proprement dite affectait surtout les milieux populaires qu'une partie des Jacobins voulait transformer en citoyens conscients et organisés grâce aux sociétés populaires pour accentuer leur pression sur les Tuileries. Ces sociétés devaient y parvenir en approfondissant une pédagogie des droits de l'homme et du citoyen et de la façon dont ils étaient respectés par les décisions des pouvoirs législatif et exécutif, donc par une sorte de critique politique permanente, à l'image de ce que faisait le club des Jacobins mais en direction des plus modestes, la cotisation annuelle dans ces sociétés ne s'élevant qu'à 20 sous. On prétendait également y inculquer un savoir-vivre démocratique : elles étaient ouvertes aux femmes et on tentait d'y faire régner une certaine discipline. On y bannissait l'intempérance et la grossièreté des propos, les armes y étaient proscrites, mais plusieurs d'entre elles siégeaient dans des casernes de la Garde nationale, ce qui pouvait favoriser des assimilations exploitables par les militants de la cause démocratique laissant entendre que la Garde nationale cautionnait leur discours et leurs exigences. Car la Garde nationale, c'était encore et avant tout des fusils et des canons aux mains des citoyens actifs, et l'on avait beau fournir des piques à un nombre croissant de citoyens passifs, ils auraient eu du mal à l'emporter en cas d'affrontement avec les bataillons des districts. Donc il s'agissait, pour les meneurs du parti démocrate, de rallier un maximum de gardes nationaux à la cause du peuple pour obtenir l'appui de ces bataillons ou au moins leur neutralité.

Aclocque, qui avait empêché les bataillons du faubourg Saint-Marcel de participer à la fête en l'honneur des Suisses de Châteauvieux, voulut, au contraire, imposer leur présence lors de la fête organisée par le département pour exalter l'exemple de Simoneau, le maire d'Étampes, mis à mort par la foule en mars 1791 pour avoir refusé de taxer le pain sur les marchés de sa ville. Alexandre, le commandant du bataillon de Saint-Marcel, refusa d'obtempérer car ses hommes considéraient Simoneau comme un accapareur, un noble et donc un affameur du peuple, et Aclocque ne put les faire changer d'avis. C'est dans ce climat de contestation systématique que, le 28 mai, la section des Gobelins demanda à Alexandre de pouvoir se présenter le lendemain, en armes, à l'Assemblée nationale « pour y manifester de nouveau son inviolable attachement à la Constitution et son entier dévouement à leurs représentants ». Cette démarche était illégale et doublement condamnable dans la mesure où la Garde nationale n'avait pas à entrer en armes dans la salle de délibération de l'Assemblée législative, et que ce n'était pas seulement les gardes nationaux qui commettaient cette infraction mais également toute une masse d'individus armés de bric et de broc, à la suite des « habits bleus ». Ce sont environ 1 600 personnes qui défilèrent pendant près d'une heure devant la représentation nationale. *Les Révolutions de Paris* commentèrent en termes lyriques ce défilé hétéroclite :

> « Ah ! Combien les cœurs ont été satisfaits à la vue des habits bleus confondus avec les sans-culottes, des piques mêlées avec des fusils, des citoyens non actifs avec les citoyens actifs, à la vue de cette réunion de frères, qui nous assurera dans tous les temps le bonheur et la victoire ! Malheur au Français qui a vu avec dédain ou indifférence ce touchant et magnifique spectacle[11]. »

Exaltation à la mesure de l'unité mythique retrouvée et de la promesse des victoires à venir désormais assurées mais qui ne précise guère l'identité ni le nombre des gardes nationaux impliqués dans cette manifestation. Moins d'un mois plus tard, la «journée du 20 juin» venait confirmer l'alliance apparente des citoyens passifs et actifs et nous permettre d'en savoir un peu plus sur les modalités concrètes de la fameuse radicalisation.

C'est le 16 juin que, devant l'obstination du roi à maintenir son double veto concernant la concentration de 20 000 volontaires aux abords de Paris et la déportation des prêtres réfractaires, obstination aggravée par le renvoi du ministère girondin constitué autour de Roland, le 15 mars, et remercié le 12 juin, plusieurs sections avertissaient la municipalité de leur volonté d'aller manifester en armes devant les députés puis d'aller aux Tuileries sommer le roi de revenir sur ses veto successifs et de rappeler les ministres patriotes. Le Département répondit à cet impérieux souhait en invitant le maire et le commandant de la Garde nationale à prendre toutes les mesures pour empêcher cette initiative illégale d'aboutir mais, apparemment, les protestataires ne revinrent pas sur leur décision.

Dans la nuit du 19 au 20 juin, on dormit peu dans les sections des faubourgs et du centre de la capitale; on se concertait pour emporter les dernières réticences et préciser les itinéraires de la mobilisation[12]. De son côté, Pétion convoqua tous les chefs de bataillon pour faire le point sur la situation. Le président de la section des Gobelins, dans le faubourg Saint-Marcel, demanda à Alexandre, son chef de bataillon, de réunir ses hommes aux manifestants : « la présence d'un commandant comme vous, qui unit l'estime et la confiance générale est seule capable de maintenir l'ordre nécessaire à un grand rassemblement d'hommes armés ». Alexandre ne se prononça pas clairement mais laissa une partie de ses hommes rejoindre les manifestants qui se rassemblaient boulevard de l'Hôpital. Donc, ambiguïté de l'attitude de ce commandant qui avait l'oreille de Pétion et lui suggéra non pas d'empêcher une manifestation que le peuple paraissait exiger, mais de la suivre pour éviter tout incident majeur. Et Pétion, lors de l'enquête ultérieure sur les responsabilités dans l'enchaînement des événements, finira par dire que « Monsieur Santerre et Monsieur Alexandre » l'assurèrent « que rien dans le monde ne pourra empêcher les gardes nationales et les citoyens de toutes armes de marcher ; que toutes représentations étaient inutiles ». Ce qui ne fit que renforcer la détermination du département qui ne voulut rien entendre et maintint l'interdiction de la manifestation[13].

À cinq heures du matin, on battit la générale pour rassembler les citoyens et personne ne s'y opposa. La foule se rassembla progressivement et réclama la présence des gardes nationaux ; elle se mit à insulter les officiers qui évoquaient les ordres du département et de la commune ; elle arracha leurs deux pièces à la compagnie de canonniers qui hésitait à la rejoindre et ces derniers suivirent leurs canons en protestant qu'on leur forçait la main, et c'est ainsi qu'on rejoignit le faubourg

Saint-Antoine, malgré les objurgations des envoyés de l'Hôtel de Ville. Alexandre ne se résolvait toujours pas à commander de marcher sur l'Assemblée, mais un de ses subordonnés, Lazowski, qui commandait les canonniers des Gobelins, s'emporta contre ses tergiversations et l'obligea à prendre la tête du bataillon. La mobilisation restait partielle et hésitante.

Au faubourg Saint-Antoine, il n'y eut guère plus de 1 500 manifestants et gardes nationaux à prendre la direction de l'Assemblée législative, sous le commandement de Santerre et d'Alexandre, mais la foule qui les attendait tout au long de leur itinéraire grossissait rapidement et les rejoignit, de sorte qu'ils se retrouvèrent plus de 20 000 devant les grilles de l'Assemblée nationale. Pour endiguer ces milliers de manifestants en armes, le commandant général de la Garde nationale pour le mois de juin, Romainvillers, n'était parvenu à rassembler que 23 bataillons, sur les 60 que comptait la capitale, soit environ 13 000 hommes car les effectifs de ces bataillons n'étaient pas complets. Cela pouvait suffire car la seule force organisée des manifestants se réduisait aux 6 bataillons des deux faubourgs coalisés, soit environ 2 500 hommes, car, là aussi, environ un tiers des effectifs manquait à l'appel. Romainvillers, en fin de matinée, ordonna de répartir les forces dont il disposait entre le jardin et les terrasses des Tuileries (12 bataillons), la place du Carrousel (6 bataillons), la place Louis XV (4 bataillons) et 1 bataillon à l'intérieur du château. Mais il ne leur donna aucun ordre précis car il ne parvint à voir Pétion que vers onze heures et demie et ce dernier lui remit un arrêté de la municipalité lui enjoignant d'associer ses bataillons à la manifestation. C'était délibérément ignorer les instructions du département, mais Pétion avait gagné du temps pour pouvoir invoquer l'impossibilité de s'opposer désormais à la foule qui continuait de grossir devant l'Assemblée où les députés se demandaient s'il fallait ou non céder aux exigences des manifestants. Dans un premier temps, ils n'acceptèrent que de recevoir 20 pétitionnaires et sans armes !

La pétition, véritable réquisitoire, fut lue, sur un ton menaçant et emphatique, par Huguenin, un avocat : elle accusait le roi et demandait que l'Assemblée le contraignît ou le renvoyât ; des hommes libres étaient prêts à tremper leur main dans le sang des conspirateurs, ils n'attendaient qu'un signal car il ne leur restait que deux solutions, soit une loi sauvant la patrie, soit la résistance à l'oppression, c'est-à-dire l'insurrection que la Constitution autorisait ! Le président répondit que l'Assemblée et le peuple ne faisaient qu'un, qu'elle était prête à périr pour défendre la Constitution, la loi et les autorités constituées, et il termina en décrétant que les députés accordaient au peuple le droit de défiler dans l'Assemblée, en conservant ses armes. L'Assemblée avait cédé et le peuple l'emportait ! Pendant deux heures, au son du « Ça ira ! », près de 8 000 personnes défilèrent devant les députés en célébrant la volonté du peuple, en conspuant les aristocrates et Monsier Veto. Parmi elles, beaucoup de gardes nationaux, ceux des deux faubourgs mais aussi des centaines d'autres venus, à titre individuel, surtout des quartiers populaires du centre de la ville. On retrouvait la fameuse communion entre citoyens passifs et actifs qui avait enchanté la presse démocratique lors du défilé des gardes nationaux dans les travées de l'Assemblée nationale le 28 février précédent. L'unité du tiers état, qui avait été sa force au printemps de 1789, pouvait donc renaître !

Quand la foule eut quitté l'Assemblée, les différents commandants de bataillon espérèrent pouvoir ramener les gardes nationaux dans leurs sections respectives, mais les compagnies de canonniers regroupées sur la place du Carrousel exigèrent de pénétrer dans le château et, sous la direction enflammée de Lazowski, le commandant des canonniers des Gobelins, entraînèrent la foule et un bataillon de gardes nationaux qui forcèrent les grilles. Puis Santerre arriva et l'on s'en prit aux portes du château sans que les bataillons de Romainvillers, toujours laissés sans consigne précise, esquissent la moindre opposition. Lazowski fit même hisser un canon au premier étage et le braqua sur la salle des Cent-Suisses.

La suite ne concerne pas vraiment la Garde nationale, sinon que Louis XVI, dans son encoignure de fenêtre, fut physiquement protégé par quelques gardes nationaux en uniforme et par Aclocque, le commandant de la légion du faubourg Saint-Marcel, que nous savons être un fayettiste convaincu.

Ce qui nous semble résulter de cette rapide évocation, c'est que la journée du 20 juin fut due essentiellement aux initiatives successives de quelques individus déterminés qui imposèrent des comportements et des mots d'ordre inspirés de la radicalité populaire lors des moments d'hésitation et de retombée momentanée des ardeurs militantes. Ils purent faire prévaloir cette radicalité dans la mesure où le respect de la Constitution prôné par les plus modérés signifiait la proclamation de la loi martiale que la plupart de ces mêmes modérés repoussaient pour ne pas renouveler le massacre de l'affaire Réveillon et celui prétendument perpétré au Champ-de-Mars.

L'impatience et la colère populaire, en juin 1792, était de même nature que celles qui avaient entraîné la mise à mort de Foulon et de Berthier de Sauvigny le 22 juillet 1789. La question était de savoir si on tentait de les limiter en ne leur cédant que partiellement ou en s'y opposant plus fermement, selon les circonstances, comme l'avait fait La Fayette pendant près de trois ans, ou si on les laissait dicter et imposer des réactions brutales que l'on comprenait dans l'immédiat mais indéniablement dangereuses sur le long terme. Visiblement, certains commandants, comme Alexandre, se résolurent à suivre la foule pour tenter de la raisonner, mais, dans le feu de l'action, ils furent débordés par ce qu'on pourrait appeler des leaders émergeants, prenant en compte le discours populaire et qui s'imposaient en formulant, au moment opportun et avec l'énergie nécessaire, des revendications énoncées jusque-là de façon plus éruptive et en vrac. Ce qui était primordial, en effet, c'était de les proférer dans le prolongement idéologique d'une partie du credo politique des citoyens actifs, le plus souvent modérés, de façon à provoquer leur expectative, ce qui valait un ralliement au moment des affrontements décisifs. Or la Garde nationale était, de par les circonstances de son origine, la fraction de la bourgeoisie la plus sensible à l'évocation de l'été 1789 et de la prise d'armes qui avait manifesté la possibilité du tiers état d'imposer sa volonté politique identifiée désormais à la souveraineté nationale. Trois ans plus tard, elle restait un enjeu symbolique majeur dans la mesure où la radicalité populaire, pour s'imposer à son tour, avait besoin de la légitimation que représentait l'adhésion, même seulement apparente, des bataillons de la Garde nationale à une protestation présentée comme la nécessaire réaffirmation du droit fondamental de résistance à l'oppression, proclamé par les gardes nationaux de 1789.

Au lendemain du 20 juin, deux lignes politiques continuaient de diviser l'opinion et donc la Garde nationale : soit la défense pure et simple de la Constitution, soit la conviction que la Constitution n'était plus qu'un prétexte utilisé par le roi et ses partisans pour gagner du temps, empêcher la victoire de la Nation et permettre à la contre-révolution des tyrans coalisés de perpétrer la Saint-Barthélemy des vrais patriotes et par là de restaurer l'Ancien Régime. Cette seconde option était celle de la pétition menaçante du 26 février, lue par Huguenin. Quant à la première option, dans le prolongement de celle des Feuillants, elle était toujours incarnée et défendue principalement par La Fayette et les administrateurs du département convaincus, comme leurs adversaires, les démo-

crates ultra-patriotes, que la guerre devait d'abord
se gagner dans la capitale. Pour cela, La Fayette
s'efforçait d'utiliser simultanément les bataillons
modérés de la Garde parisienne et de plus en plus
les adresses menaçantes de l'armée qu'il commandait, pour obtenir de la Législative qu'elle interdise
les Jacobins et leur réseau de sociétés affiliées.

Dès le 16 juin 1792, il avait envoyé une lettre à
l'Assemblée nationale dans laquelle il dénonçait la
« faction jacobite » qui avait poussé à la guerre tout
en organisant l'indiscipline dans les armées, qui
paralysait les autorités et intimidait les députés,
substituant les exigences d'un parti à la volonté du
peuple. Il fallait briser les Jacobins, imposer le
respect de la Constitution et des lois, renforcer les
autorités, restaurer le pouvoir royal. C'est à l'Assemblée et à elle seule que revenait la tâche urgente
et salutaire de sauver la patrie. Beaucoup de députés
applaudirent après sa lecture mais Vergniaud
monta à la tribune pour dénoncer l'ultimatum
d'un général à la tête de son armée. Guadet le
suivit et renchérit sur l'accusation mais, en définitive, la riposte girondine se borna à réclamer
une enquête de la commission des douze, chargée
d'instruire tous les crimes de « lèse-Nation », pour
se prononcer sur l'authenticité de la missive et sur
les intentions du général. Le 26 juin, dans une
lettre à son armée, La Fayette la félicita de ses
adresses patriotiques contre le « crime du 20 juin »
tout en demandant à ses soldats de respecter la
Constitution et de ne pas se livrer à des démarches
collectives : c'était à la garde nationale parisienne
de triompher de tous les obstacles et d'imposer le

respect de la Constitution. Quant à lui, il allait agir, rapidement, en allant porter à l'Assemblée les vœux impératifs de ses soldats et de ceux des autres généraux et obtenir l'interdiction des Jacobins.

Le 28 juin, il était à Paris mais l'Assemblée, après l'avoir applaudi, ne prit aucune décision contre les Jacobins. Le lendemain, Pétion interdisait la revue qu'il comptait faire de la première division de la Garde nationale commandée par Aclocque. Le 29, il ne parvint à réunir chez lui qu'une poignée d'officiers et un rassemblement prévu, le soir même, sur les Champs-Élysées, ne réunit qu'une petite centaine de gardes nationaux. La Fayette quitta Paris le 1er juillet, en regrettant l'attitude de la Législative mais sans commenter la raison majeure de son échec, à savoir l'abstention des bataillons modérés de la Garde nationale qui ne voulaient plus se compromettre pour une cause désormais trop impopulaire, compte tenu de la mobilisation passionnée de l'opinion publique face à une situation militaire inquiétante et qui faisait douter du patriotisme des généraux.

Au début du mois de juillet, commencèrent à converger vers Paris les premiers contingents des 20 000 gardes nationaux, dits « fédérés » parce qu'ils devaient participer à la célébration du second anniversaire de la Fédération, à Paris, le 14 juillet 1792. La Législative en avait décrété la levée, le 8 juin, à l'initiative du nouveau ministre de la Guerre, Servan, un ami de Roland, inquiet de l'armement massif des sans-culottes parisiens et qui voulait mettre l'Assemblée et le roi sous la protection des départements. Dans tous les cantons de chaque département, cinq gardes nationaux seraient choisis pour se rendre à Paris, la force ainsi constituée se réunirait au Champ-de-Mars, pour assurer la sécurité de la Législative et de la famille royale. Les sections s'inquiétèrent de l'arrivée de ces provinciaux, créatures du ministre, les Feuillants les craignaient car trop patriotes à leurs yeux et les Fayettistes se méfiaient de cette armée improvisée et donc mal contrôlée. Le roi profita de l'émoi suscité par ce décret pour renvoyer Servan et les autres ministres girondins (12-13 juin). Il se débarrassait d'un ministère gênant dans la perspective d'une invasion victorieuse, et lui substituait des personnages sans envergure véritable, qui lui laisseraient toute liberté pour exploiter au mieux une conjoncture qui s'annonçait beaucoup plus favorable à sa personne depuis les protestations provoquées, dans les départements, par la «journée» du 20 juin.

En ce début d'été 1792, la Garde nationale parisienne semblait toujours aussi divisée politiquement, s'interrogeant de plus en plus sur le constitutionnalisme de La Fayette tout en ne ralliant que partiellement le sans-culottisme conquérant des ex-passifs qui l'envahissaient sans pour autant entraîner une réorganisation des bataillons existants : tout au plus devaient-ils constituer des compagnies de piquiers juxtaposées aux compagnies de grenadiers, simples fusiliers et canonniers. La grande question était de savoir quel serait le comportement des bataillons de volontaires et de fédérés convergeant vers Paris pour la célébration du 14 juillet. Clubistes et militants section-

naires s'activaient pour les convaincre de la
nécessité d'une nouvelle journée révolutionnaire
pour en finir avec le veto, avec les intrigues de la
cour et des bénéficiaires occultes de la liste civile,
sans parler des trahisons du « comité autrichien ».
Le 12 juillet, les fédérés présents à Paris exigèrent
de la Législative qu'elle provoquât la démission du
roi avant qu'ils ne repartent aux frontières. Le
lendemain, le roi demanda au département la
suspension de Pétion et de Manuel, le procureur
syndic de la municipalité, pour n'avoir pas empêché
la journée du 20 juin, mais l'Assemblée nationale
les rétablit aussitôt dans leurs fonctions, de sorte
que la commémoration des deux 14 juillet fut
d'abord le triomphe de Pétion. Gardes nationaux
et citoyens défilèrent de la place de la Bastille au
Champ-de-Mars, cinq heures durant. Le roi assista
à la cérémonie, le visage morne et résigné, une
attitude de victime, estimeront nombre d'observateurs, mais sans provoquer, dans la foule, aucune
manifestation marquante de sympathie.

Au lendemain de la commémoration, beaucoup
de volontaires et de fédérés regagnèrent le camp
de Soissons où ils se regroupaient. L'Assemblée
législative semblait ne guère tenir compte de leur
ultimatum d'autant que le roi, continuant son
double jeu, venait de sanctionner le décret du
11 juillet proclamant la patrie en danger, sanction
accompagnée d'un texte demandant aux Français
de combattre pour sauver leur Constitution et la
Liberté. Le 22 juillet, le décret fut solennellement
promulgué dans les rues de la capitale, au son du
tocsin et du canon d'alarme, provoquant une

intense émotion et l'engagement de 4 000 Parisiens en deux jours. On fabriquait des piques à tout-va, elles étaient devenues le symbole des sans-culottes, et Carnot en réclamait 300 000 à la tribune de la Législative, en les exaltant comme l'arme invincible de l'enthousiasme révolutionnaire !

Le 23, arrivèrent 300 fédérés brestois, bientôt suivis par les 500 marseillais accueillis par Santerre en personne accompagnés de 200 gardes nationaux du faubourg Saint-Antoine. Tout le monde se rendit sur l'emplacement de la Bastille où les attendaient un millier de Jacobins qui pleurèrent en les entendant chanter les strophes de ce qui allait devenir la « Marseillaise » et dont le refrain exaltait l'élan patriotique des bataillons de volontaires sans jamais mentionner les régiments de l'armée royale. Le soir même, une rixe violente opposa, dans les allées des Champs-Élysées, les Marseillais aux gardes nationaux ultra-modérés de la section des Filles-Saint-Thomas réunis pour un banquet, il y eut un tué et 14 blessés. L'Assemblée législative refusa d'envoyer les Marseillais à Soissons mais diligenta une enquête. Cet affrontement sanglant renforça la réputation de patriotes forcenés faite aux Marseillais et aggrava la tension extrême du climat politique parisien. C'est dans ce contexte de violence mal contenue qu'Autrichiens et émigrés publièrent le manifeste de Brunswick, en date du 25 juillet, et diffusé dans Paris le 3 août suivant.

On sait qu'il provoqua l'effet inverse de celui escompté par Marie-Antoinette : la colère populaire fut relancée, l'unanimité patriotique renforcée. Le manifeste exigeait la soumission de toutes les armées françaises et traitait les gardes nationaux comme des rebelles auxquels ne s'appliquaient pas les lois de la guerre et qui seraient châtiés comme tels s'ils étaient pris les armes à la main. Les sections de la capitale se déclarèrent en permanence et abolirent la distinction entre citoyens actifs et citoyens passifs. Les sans-culottes, en pratiquant la stratégie de la solidarité patriotique, c'est-à-dire en venant voter en masse dans les assemblées des sections réputées modérées, s'efforcèrent de contrôler la totalité de ces assemblées. Cela leur permit, le 6 août, au nom de 47 sections sur 48, d'exiger de la Législative la déchéance du roi et de sa dynastie. On exigeait également la levée immédiate d'un homme sur dix, la destitution des officiers généraux nommés par le roi, le licenciement des états-majors, l'interdiction aux nobles de commander en chef ; les administrations départementales seraient renouvelées, La Fayette devait être arrêté et jugé promptement. On ne faisait aucune mention des gardes ou volontaires nationaux, car, apparemment, aux yeux de ces patriotes radicaux, ils devaient se fondre désormais dans l'insurrection populaire imminente qui abolissait toutes les anciennes distinctions censitaires ou militaires qui avaient trop longtemps et scandaleusement prolongé les pratiques de l'Ancien Régime.

La permanence des sections, à l'initiative de la section des Quinze-Vingts, avait abouti à la création d'un comité insurrectionnel constitué essentiellement des commandants de bataillon les plus populaires des sections les plus virulentes, comme Santerre, Alexandre, Lazowski, Westermann, Fournier dit l'Américain qui vint y déposer un drapeau rouge, celui que devaient arborer les forces de l'ordre pour signifier la proclamation de la loi martiale mais sur lequel il avait fait broder l'inscription suivante : « La Loi Martiale du peuple souverain contre le pouvoir exécutif. » Formule qui retournait la légitimité du recours à la violence et voulait faire de la Garde nationale le fer de lance de la résistance à l'oppression, mais surtout première manifestation du drapeau rouge comme emblème de l'insurrection populaire.

Pendant ce temps, à l'Assemblée législative et aux Jacobins, les députés d'obédience girondine estimaient que les sections allaient trop loin et exigeaient seulement que le roi acceptât le retour de ministres « patriotes ». Le 8 août, l'Assemblée, qui cherchait à gagner du temps et ne s'était prononcée sur rien, finit par statuer sur les crimes reprochés à La Fayette : les députés l'acquittèrent de toutes les accusations par 406 voix contre 224 ! La prétendue radicalisation avait bien du mal à s'imposer !

Les affrontements du 10 août, eux-mêmes, tels que les rapporte, avec minutie, Marcel Reinhard, laissent l'impression d'une victoire remportée dans un contexte d'adhésion partielle, de demi-consentement, de ralliement prudent d'une partie des gardes nationaux parisiens épaulés par une partie seulement des fédérés provinciaux, ce qui oblige à s'interroger sur la nature et les limites d'une radicalisation qui ne semblait toujours pas aller de soi pour la plupart des bataillons parisiens le matin même de l'insurrection qui mit fin au règne de Louis XVI[14].

Chapitre VI

LE 10 AOÛT 1792
OU LA « RADICALISATION »
IMPOSÉE

Le directoire des fédérés avait décidé d'organiser une vaste manifestation populaire pour imposer ses exigences; le 5 août au matin, Pétion, qui pensait, comme beaucoup, que l'Assemblée finirait par imposer au roi de reculer sur le veto, obtint de remettre l'exécution de l'ultimatum imposé à l'Assemblée au 9 août, à minuit. Depuis le début du mois, tant aux Jacobins que dans beaucoup de sections, on parlait ouvertement de remplacer à la fois le pouvoir exécutif et le pouvoir législatif. La patrie étant en danger, le peuple, insulté par le manifeste de Brunswick, devait ressaisir son pouvoir souverain pour renverser l'exécutif et permettre l'élection, au suffrage universel, d'un nouveau pouvoir législatif constituant. À cet effet, le comité des Quinze-Vingts s'activait pour préparer l'assaut des Tuileries alors que le nouveau commandant en chef de la Garde nationale, Mandat, fayettiste et donc convaincu de la nécessité de respecter la Constitution — qui mettre à la place de Louis XVI ? —, s'employait, de son côté, à renforcer la défense du palais. Quant à Pétion, il reculait lui aussi devant la perspective d'un vide institutionnel : dans la nuit du 9 au 10 août, répondant au comité des Quinze-Vingts qui lui demandait ce qu'il ferait si les Tuileries étaient attaquées, il affirma qu'elles seraient défendues.

Les effectifs des gardes nationaux affectés à la défense du château furent effectivement triplés, passant d'un bataillon à trois, soit près de 2 000 hommes, dont on était presque sûr, et une dizaine de canons, disposés dans les cours, à l'extérieur de l'édifice. Il fallait leur ajouter 900 hommes de la gendarmerie et presque un millier de Suisses et enfin 200 ou 300 gentilshommes qui se relayèrent auprès du roi pour renforcer la sécurité intérieure du château au lendemain du 20 juin. Au total, entre 4 500 et 5 000 hommes, bien armés et entraînés mais dont on pouvait se demander, pour la moitié d'entre eux — les gardes nationaux avec leurs canons — s'ils allaient accepter d'ouvrir le feu sur d'autres gardes nationaux. Néanmoins, l'incident des Champs-Élysées, lors de l'arrivée des Marseillais à Paris, laissait présager que certaines compagnies étaient prêtes à en découdre. N'oublions pas enfin les bataillons qui gardaient les principaux ponts sur la Seine pour empêcher les faubourgs de se rejoindre et ceux qui avaient été laissés en réserve sur la place de Grève et qui pouvaient prendre les assaillants à revers, comme le prévoyait Mandat. *A priori*, la défense des Tuileries mobilisait deux fois plus de gardes nationaux que le camp des assaillants. Et s'y ajoutait encore, de façon plus secrète, à l'initiative de l'entourage royal et financés sur la liste civile, des sortes de commandos qui devaient intervenir dans Paris pour neutraliser des patriotes jugés dangereux et opérer des arrestations préventives en cas de coup de force royaliste ; ce sont ces groupes armés, sous la direction de Collenot d'Angremont, qui allaient alimenter une véritable psychose des sans-culottes parisiens au lendemain du 10 août et provoquer une vague de visites domiciliaires et l'arrestation massive de suspects.

En face, peut-être 2 000 fédérés, dont les Brestois et les Marseillais, auxquels allaient s'ajouter des bataillons venus d'une dizaine de sections, essentiellement localisées dans les deux faubourgs Saint-Antoine et Saint-Marcel, ainsi que dans les quartiers populeux du centre de la capitale. Donc, en tout, peut-être 5 000 hommes auxquels il fallait ajouter tous les citoyens qui pourraient rejoindre l'insurrection dont beaucoup armés seulement de la fameuse pique et dont l'appoint ne pourrait se révéler utile que dans l'hypothèse d'une débandade ou d'un ralliement partiel de la garnison du palais. Mais rien n'était évident dans le camp de l'insurrection, tout demeurait suspendu au degré de mobilisation des gardes nationaux de certains bataillons.

Les informateurs de Pétion, en ce début de soirée, l'avaient rassuré. La plupart des sections du centre de Paris, celles du Louvre, de l'Oratoire, de la place Vendôme, même celles de Montreuil et de Popincourt dans le faubourg Saint-Antoine, semblaient favorables au seul changement des ministres, se ralliant au programme minimum proposé par le maire. Seule la section des Quinze-Vingts paraissait déterminée à passer à l'acte. Son

assemblée était nombreuse, les motions les plus
exaltées s'y succédaient, elle envoyait des délégués
dans les sections voisines, notamment dans celle
de Mauconseil où se retrouvaient des représentants de la plupart des sections du faubourg Saint-
Marcel, en particulier des Gobelins et ceux des
quartiers populeux de Saint-Denis et Saint-Martin
(sections des Innocents, des Gravilliers et de Bonne-
Nouvelle).

Vers vingt-deux heures, la fermentation gagnait
du terrain, du côté du Théâtre-Français et les
commissaires des Quinze-Vingts assuraient partout
que près de 30 sections sur 48 promettaient de
marcher à minuit et commençaient à se rassembler.
C'est à ce moment que Mandat décida d'étoffer
la défense des Tuileries en faisant encore appel
aux bataillons des Filles-Saint-Thomas et de Saint-
André-des-Arts qui lui fournirent environ 550 hommes supplémentaires.

Vers vingt-trois heures, à la demande de la
section de Mauconseil, celle des Gobelins décida
de battre le rappel et de sonner le tocsin à minuit.
Marcel Reinhard précise qu'elle accepta l'appui
des citoyens passifs à condition qu'ils fussent
«connus» et, ajoute-t-il, le président fit prêter
serment de « ne pas employer les armes contre des
citoyens et de respecter les propriétés[1] ». C'est bien
contre les Tuileries que les notables de la section
acceptaient de se soulever mais en refusant d'emblée
toute dérive démagogique. Alexandre fut désigné
pour commander le bataillon et on réquisitionna
les Brestois par un ordre écrit, comme ils le souhaitaient.

Mandat, qui avait besoin de munitions, en demanda à Pétion et le fit venir aux Tuileries où le maire rencontra, outre Mandat, le roi et Roederer, le procureur syndic du département. Pétion resta dans le vague, assurant ses interlocuteurs de la modération de la revendication populaire et abrégea sa visite en se faisant convoquer par la Législative, à nouveau en séance depuis vingt-trois heures. Elle se félicita du rapport lénifiant de Pétion, s'abritant derrière l'optimisme de Mandat pour ce qui était de la protection des Tuileries. Mais, dans Paris, la rumeur courait de l'arrestation de Pétion à l'initiative de Mandat et de sa détention aux Tuileries, provoquant l'indignation de plusieurs sections.

À minuit, le tocsin se mit à sonner au faubourg Saint-Antoine et aux Cordeliers, sections et bataillons durent alors choisir leur camp. Une douzaine de bataillons répondirent positivement aux ordres de Mandat, d'autres se divisèrent, notamment celui des Postes et celui des Gravilliers, les grenadiers optant pour la défense des Tuileries, les autres compagnies pour l'insurrection. Selon l'influence des officiers, on se prononça dans un sens ou dans l'autre, même dans le faubourg Saint-Marcel où Aclocque, favorable au respect de la Constitution, conservait une indéniable influence.

En réalité, la maîtrise de la situation était en train d'échapper à Pétion. Les sections, à l'incitation de celle des Quinze-Vingts, se mirent à nommer chacune trois commissaires, parmi les patriotes les plus énergiques et décidés à passer à l'acte. Réunis à l'Hôtel de Ville, ils constituèrent, vers trois heures du matin, un comité insurrectionnel qui ne tarda pas à se substituer à la municipalité de Pétion, alors qu'il ne représentait, à ce moment-là, que 12 sections sur 48. Pour imposer leur volonté, lesdits commissaires convoquèrent les forces armées dont ils disposaient. Pour se rejoindre, les forces des faubourgs Saint-Antoine et Saint-Marcel devaient traverser la Seine : or Mandat en avait fait garder les ponts. À la demande instante de ces mêmes commissaires, la municipalité de Pétion usa de son autorité pour obliger le bataillon de la section Henri IV qui gardait le pont Neuf à retirer ses canons, le privant ainsi du seul moyen véritable de résister aux injonctions des insurgés.

Aux Tuileries, l'entourage du roi demandait que l'on proclamât la loi martiale, Roederer lui fit comprendre qu'étant donné la situation, ce n'était plus possible. On s'en remit donc à l'énergie de Mandat. Mais celui-ci venait d'être convoqué par la municipalité, en réalité par les commissaires du comité insurrectionnel. Comme il hésitait à obéir, Roederer lui fit remarquer qu'il dépendait du maire et ne pouvait agir que sur son ordre. Il consentit donc à se rendre à l'Hôtel de Ville. Pétion n'était pas là et le conseil général de la municipalité lui reprocha d'avoir outrepassé les consignes reçues, puis les commissaires des insurgés qui siégeaient dans une pièce attenante le firent comparaître et lui reprochèrent à leur tour ses mesures de défense, mais aussi d'avoir voulu enlever Pétion. Il y avait là des hommes déterminés dont Rossignol, ancien soldat redevenu compagnon orfèvre, François Robert, militant républicain de la première heure, Hébert Huguenin, le porte-parole menaçant du 20 juin. Pour tous, Mandat était un obstacle majeur. En toute illégalité, on le destitua et l'on nomma Santerre à sa place. Au même moment, on apprit les ordres donnés par Mandat aux bataillons massés devant l'Hôtel de Ville : ils devaient prendre les assaillants des Tuileries à revers. On cria à la trahison et le commandant général fut décrété d'arrestation. La municipalité protesta, elle aussi fut aussitôt destituée par les commissaires des sections insurgées et Mandat expédié à la prison de l'Abbaye. Mais à peine sorti de l'Hôtel de Ville, son escorte le laissa aux mains de la foule qui le massacra.

Le premier mort des affrontements du 10 août fut donc le commandant en chef de la Garde nationale, le successeur de La Fayette, exécuté par la colère du peuple. Sentence expéditive qui confirmait, de façon tragique, l'importance et l'efficacité des dispositions que Mandat avait prises, mais aussi la haine populaire à l'encontre de l'état-major fayettiste de la Garde nationale ainsi que la fragilité des options politiques des bataillons rassemblés devant l'Hôtel de Ville et leur désarroi devant la nouvelle légalité incarnée par Santerre. Il n'en resta pas moins que la victoire de l'insurrection passa par la mise à mort du commandant en chef de la Garde nationale de Paris. Elle privait les bataillons affectés à la défense des Tuileries d'ordres précis dans un moment particulièrement délicat, la plupart de ces gardes nationaux ne pouvant accepter d'obéir à des officiers des gardes suisses ni à des «chevaliers du poignard».

La preuve en fut donnée au même moment par l'échec de la revue tentée par le roi pour exalter le loyalisme des bataillons de gardes nationaux affectés à la protection du palais. Si le premier bataillon salué par le roi fit entendre quelques vivats, les autres se turent et ceux postés dans les jardins et les terrasses crièrent «Vive la Nation!» quand ce ne fut pas des injures contre le souverain et son entourage. Le roi décontenancé rentra dans son palais et se résigna à suivre le conseil de Roederer en se mettant sous la protection de l'Assemblée nationale. Ces acclamations firent croire à la première colonne des insurgés qui venait de prendre position sur la place du Carrousel avec, en tête, les volontaires brestois et marseillais, tous impressionnés par le nombre des bataillons et de canons rassemblés pour défendre le palais du roi, que le rapport des forces allait s'inverser.

Car tout avait l'air de se dérouler comme lors du 20 juin précédent. Ils avaient pu traverser le pont Saint-Michel malgré le bataillon posté par Mandat qui, devant leur détermination, venait de les laisser passer. Mais le nombre et le silence des bataillons massés devant eux changeaient la donne. Alors, après les exclamations provoquées par le passage du roi dans les rangs de ses défenseurs supposés, Brestois et Marseillais s'avancèrent pour obtenir le ralliement des défenseurs du château. Les gendarmes tournèrent effectivement casaque, mais d'autres unités hésitaient encore. Le départ du roi pour l'Assemblée créa une agitation mise à profit par les assaillants qui forcèrent les grilles bordant la place et coururent vers leurs vis-à-vis pour les embrasser. Ces scènes de fraternisation et d'embrassades à peine amorcées furent brutalement interrompues par des feux de file tirés des fenêtres des Tuileries. Les Suisses, après avoir déchargé leurs fusils, poursuivirent les fuyards la baïonnette dans les reins, s'emparèrent des canons pour foudroyer ceux qui tentaient de résister et repoussèrent les gardes nationaux du faubourg Saint-Antoine. L'affaire semblait bien compromise. Marseillais et Brestois se ressaisirent les premiers et stoppèrent la progression des Suisses qui, devant l'ardeur des nouveaux arrivants, durent se replier pour se mettre à l'abri derrière les murs du palais où la foule des assaillants, ivre de vengeance, les poursuivit pour les mettre à mort.

Le rappel de ces faits bien connus entraîne deux conclusions concernant le rôle joué par les gardes nationaux dans les affrontements du 10 août, l'une évidente, l'autre pas toujours prise en compte par les historiens. La première va de soi : les gardes nationaux ont été, avec les Suisses, les protagonistes majeurs des combats proprement dits. Du coup, la mise à mort des Suisses et des gens réfugiés dans le château apparaît comme un deuxième moment de la victoire des assaillants durant lequel les protagonistes initiaux sont rejoints par une foule déchaînée et décidée à faire payer chèrement la traîtrise des mercenaires de la monarchie. L'acharnement mis à massacrer ces derniers a masqué la seconde conclusion, suggérée par le déroulement de cette affaire : à savoir qu'une partie des gardes nationaux affectés à la défense du château n'a pas bougé après la décharge des

Suisses, et le commandant des Brestois dans le
rapport fait aux administrateurs de son département prétend même que certains de ces gardes
tirèrent sur leurs concitoyens[2]. C'est d'ailleurs ce
que laisse entendre le baron de Frénilly dans ses
Mémoires où il nous donne la version «royaliste»
de l'affrontement auquel il participa avec le
bataillon des Filles-Saint-Thomas posté dans les
jardins, à proximité immédiate du château[3].

Certes, l'essentiel du combat s'est déroulé sur
l'esplanade du Carrousel, les autres épisodes ont
été connexes et demeurent mal connus, mais ils
confirment que la Garde nationale était toujours
loin d'être unanime sur l'attitude à adopter face
à l'insurrection de certains de ses éléments — et
donc, pour en revenir à la fameuse radicalisation,
il semblerait que cette dernière se situe plutôt en
aval du 10 août qu'en amont. En effet, la partie se
jouait à deux contre un : d'un côté, le camp des
partisans de la résistance à l'oppression et de l'insurrection nécessaire ; de l'autre, protégeant les
Tuileries, les constitutionnalistes et les royalistes,
la question étant de savoir si les constitutionnalistes étaient prêts à tirer sur le peuple insurgé, ou
plutôt si la Garde nationale allait se ranger majoritairement dans le camp du *statu quo* constitutionnel ou dans celui de la souveraineté nationale
incarnée par le «peuple» insurgé. Le feu des Suisses
précipita les choses et entraîna le ralliement de la
majeure partie des constitutionnels au camp de la
résistance à l'oppression et de la légitimité révolutionnaire réaffirmée. Mais ce tir n'avait-il pas
été lui-même provoqué par le refus des gardes

nationaux modérés d'acclamer Louis XVI, ce qui avait dû exaspérer l'état-major des aristocrates ? Autrement dit, la situation a basculé non pas de façon inopinée mais par une suite d'initiatives des deux camps extrêmes, Suisses et fédérés, qui ont fini par jouer en faveur du camp des insurgés. Ces derniers ont bénéficié de l'emprise du mythe unitaire toujours présent car nourri du souvenir de la lutte victorieuse du tiers état en 1789 et encore incarné par la Garde nationale. La Fayette lui-même n'avait-il pas cédé devant les initiatives du peuple insurgé, en octobre 1789 ? De la même manière, en août 1792, les constitutionnels, pour sauver l'essentiel, la souveraineté nationale, et compte tenu de la guerre et de l'invasion, pouvaient se résoudre à accepter l'initiative populaire de l'élimination forcée du despote obstiné, d'autant que la refuser signifiait, apparemment, un affrontement sanglant, comme le prouvèrent les suites de la fusillade des Suisses.

Avant le 10 août, la radicalisation politique avait touché surtout les couches populaires de la sans-culotterie que Fréron, Carra, Marat et Hébert, dans leurs journaux, à longueur de pages, depuis des mois, exhortaient à se « lever » pour se débarrasser de tous les modérés, de tous les calotins, de tous les porteurs d'épaulettes, de tous les agioteurs, accapareurs et corrupteurs qui vivaient sur le dos du pauvre monde et l'empêchaient de toucher au bonheur qu'on lui promettait depuis quatre ans. Pour ce qui est de la classe moyenne, non pas radicalisation à proprement parler, mais conscience chez certains, notamment chez les

Jacobins, du fait de la guerre faite aux contre-révolutionnaires, de la nécessité de faire des concessions au peuple pour l'attacher solidement au
régime, concessions plus politiques que sociales
comme l'ouverture généralisée de la Garde nationale aux passifs puis disparition de la notion même
de citoyens passifs et donc suffrage universel généralisé pour tous les types d'élection. Concessions
jugées excessives pour la plupart des citoyens actifs
opposés à cet excès de sans-culottisation, du moins
jusqu'à la victoire «populaire» du 10 août.

Donc, en fait, les insurgés remportèrent, le
10 août, une double victoire: contre Louis XVI et
contre les modérés, en particulier contre l'Assemblée législative qui hésitait encore, la veille
même de l'insurrection, à sanctionner la ligne politique de La Fayette! La mise à mort de Mandat
avait précédé celle des Suisses et avait valeur
d'avertissement: le modérantisme ne pouvait plus
être toléré lorsqu'il faisait le lit du royalisme!

Néanmoins, ce ne fut pas un soulèvement massif
de toutes les strates du tiers état parisien qui
provoqua la chute de la monarchie, mais un coup
de force provoqué par une poignée de leaders
déterminés, persuadés de la justesse de leurs certitudes et de l'invincibilité du peuple rassemblé quand
l'heure de sa vengeance avait sonné. Le scénario
du 10 août s'agence comme celui du 20 juin: se
met en place un processus de sortie de crise par
l'intervention annoncée et solennelle du peuple
sous les armes pour imposer à l'Assemblée nationale les décisions que lui dictent les orateurs du
peuple censés rapporter le vœu unanime des

couches populaires. Dans ce processus, la Garde
nationale joue un rôle essentiel, du moins les unités
qui acceptent de soutenir ce type d'intrusion justifié par le droit imprescriptible de résistance à
l'oppression, dans la mesure aussi où la quasi-
totalité des nouveaux leaders a accédé à la notoriété politique par un commandement dans la
Garde nationale.

La guerre apparaît naturellement comme un
accélérateur de tension réactivant de façon dramatique la hantise du complot aristocratique, mais il
faut également tenir compte d'un frein majeur qui
paralyse l'adhésion des couches moyennes au radicalisme populaire, la peur du vide institutionnel :
par qui ou par quoi remplacer Louis XVI ? Alors
que pour la sans-culotterie la réponse va de soi,
elle a tendance à donner toute sa plénitude à l'expression « peuple souverain » cumulant, en période
de crise, pouvoir exécutif et constituant. Certes,
au lendemain du 10 août, les insurgés, dont les
plus actifs ont été en partie des provinciaux, ont
adopté le principe de l'élection au suffrage universel d'une Convention nationale, mais le peuple
de Paris ne renonçait pas pour autant au contrôle
vigilant du patriotisme de la nouvelle assemblée,
ses interventions successives depuis 1789 lui ayant
attribué, de fait, une fonction d'authentification
patriotique face à des assemblées qui, par deux
fois déjà, avaient failli politiquement.

Reste à tenter d'évaluer jusqu'où pouvait aller,
dans les classes moyennes jusque-là plutôt modérées,
la radicalisation forcée ou préventive du lendemain.
Ce que l'on peut savoir du comportement des

bataillons de la garde nationale parisienne, dans
les semaines qui suivirent l'insurrection, pourra
nous aider à entrevoir ce qu'il en a été.

Dès le 11 août, les commissaires des sections,
devenus le seul pouvoir effectif, supprimèrent
l'état-major de la Garde nationale plutôt favorable
à Mandat, puis décidèrent que les 60 bataillons
hérités des anciens districts seraient remplacés
par 48 sections armées et que toutes les distinctions
entre citoyens actifs et passifs étaient désormais
définitivement abolies. Cela signifiait un enracinement local renforcé de la Garde nationale dont
les unités allaient dépendre plus étroitement encore
des autorités sectionnaires. La notion même de
bataillon émanant d'une circonscription donnée
disparaissait, chaque section comprenant un nombre
de compagnies proportionnel à sa population
effective, et donc une section pouvait engendrer
l'équivalent de plusieurs bataillons et disposer de
plusieurs compagnies de canonniers, ce qui était
une façon habile de renforcer le poids militaire
des sections démocrates face à celles considérées
comme modérées sinon réactionnaires. Les sections
réunies nommaient le commandant général pour
trois mois avec possibilité de maintien en fonctions
pendant un an. La compagnie, d'un effectif théo-
rique de 129 hommes, émanant directement d'une
portion de quartier, accentuait la mainmise quasi
policière d'une formation paramilitaire quadrillant
étroitement la population et surveillant la qualité
de son civisme. D'autant que la Garde nationale
héritait des pratiques de solidarité militante des
sections et les compagnies les plus «révolution-

naires» pouvaient se voir mobilisées par les nouvelles instances communales pour intervenir dans une section jugée trop modérée. Intervention qui ne pouvait que stimuler la radicalisation prudente et préventive désormais de mise.

Le baron de Frénilly, aristocrate invétéré qui vomissait les sans-culottes et dont le témoignage est donc pour le moins suspect, peut cependant être entendu pour rendre compte du changement d'atmosphère survenu dans Paris au lendemain du 10 août :

> «En vingt-quatre heures Paris avait changé de face ; on n'y rencontrait plus une voiture ; si un bruit de roue se faisait de loin entendre, c'était un fiacre ; personne n'osait plus être vu, être riche, être supérieur de personne. Les portes de la ville étaient fermées. Les sections, le bonnet rouge en tête, faisaient la nuit des visites domiciliaires, non pas là ou là, mais partout, pour découvrir un émigré, un défenseur du roi, un des Suisses échappés. Car leur massacre continuait partout où ils étaient reconnus ; c'était jusque dans les plus honnêtes artisans une frénésie incompréhensible[4] !»

Haim Burstin confirme, pour le faubourg Saint-Marcel, cette frénésie policière sinon meurtrière, durant tout le mois d'août 1792, et qui s'achève par les trop fameux massacres des prisonniers durant la première semaine de septembre[5].

Les sections se dotèrent de comités de surveillance pour retrouver les rescapés des Tuileries, tous les complices de Capet et de la traîtrise des Suisses et surtout les hommes de main recrutés par Collenot d'Angremont et qui devaient assassiner dans Paris les meilleurs des patriotes, sorte de « cinquième colonne » que l'on imaginait ramifiée à l'extrême et dans laquelle un propos ambigu, l'accusation d'un domestique ou d'un fournisseur pouvait vous valoir une détention qui deviendrait mortelle quelques jours plus tard.

Atmosphère globale de suspicion généralisée et d'exaltation patriotique mêlées car le recrutement des patriotes continuait pour les bataillons de volontaires. Dès qu'ils étaient équipés, tous se succédaient à la Législative, devant les députés, pour exiger, avant leur propre départ, le châtiment immédiat de tous les coupables. On parlait, comme toujours, de complots dans les prisons, de caches d'armes qu'on y aurait aménagées et d'or distribué aux concierges et gardiens. Les fouilles des établissements religieux de la capitale et de ses abords se multiplièrent pour traquer les prêtres réfractaires et leurs fidèles que l'on prétendait en étroit rapport avec les détenus.

Ainsi, le 15 août, un détachement de gardes nationaux du faubourg Saint-Marcel et de fédérés brestois et marseillais, sous le commandement du fameux Lazowski, devenu l'idole du faubourg Saint-Marcel, firent irruption à Issy, au sud de Paris où se trouvait une succursale du séminaire de Saint-Sulpice. On y arrêta une trentaine de séminaristes que le « Foudroyant », comme il se dénommait lui-même, avec sa voix de stentor et ses cinq pieds et huit pouces de hauteur, accusa d'avoir distribué de l'or aux Suisses des Tuileries puis de les avoir exhortés à massacrer les patriotes, tandis que toute sa troupe exigeait, en hurlant, une vengeance immédiate. On se borna à conduire les coupables à Paris où on les fit enfermer aux Carmes, d'où ils purent sortir juste avant les massacres ! Frénésie de suspicion qui atteignit son paroxysme dans la nuit du 29 au 30 août, quand Alexandre invita la ci-devant section du Jardin des Plantes — qui venait de se rebaptiser, pour faire oublier sa tiédeur des mois précédents, section des Sans-Culottes — à fournir 600 hommes pour participer à une recherche générale, dans toutes les maisons de Paris, des suspects et armes cachés et faire l'inventaire de tous les chevaux disponibles.

Reste à se poser la question de la participation de la Garde nationale aux massacres qui ensanglantèrent les prisons de Paris du 2 au 5 septembre sans que les autorités, Assemblée législative — toujours en place jusqu'à l'élection d'une Convention constituante prévue à la fin du mois de septembre —, ministres, Commune de Paris, sections, se soient opposées aux violences de cette justice pour le moins expéditive. Apparemment la Garde nationale ne s'associa pas, en tant que telle, aux massacreurs, mais elle ne fit rien, du moins pendant trois jours, pour s'opposer à cette violence punitive. Danton, ministre de la Justice, laissa faire ; Roland, ministre de l'Intérieur, également ; Robespierre ne se fit pas entendre aux Jacobins pas plus que Marat. Le 5 septembre seulement, la section des Gobelins, devenue section du Finistère pour remercier les Bretons de leur participation à l'insurrection salvatrice, donna l'ordre à son bataillon de s'opposer au retour des massacreurs au château de Bicêtre où 170 détenus avaient été exterminés la veille! Le lendemain, cette même section accusa les massacreurs de faire le jeu des contre-révolutionnaires. Elle affirmait que désormais le peuple était vengé et qu'elle livrait «au glève (*sic*) des lois ce qui pourrait avoir échappé de conspirateurs à sa juste vengeance». Donc pas de désaveu de ce qui venait de se passer: il ne s'agissait que d'une explosion de vengeance légitime du peuple souverain mais qui ne saurait s'éterniser et la Garde nationale était chargée d'y mettre fin[6].

Néanmoins si, à titre institutionnel, la Garde nationale n'avait pas commis d'exécutions sommaires, elle les avait laissé commettre. Ainsi, l'épisode tragique du transfert des détenus jugés par la Haute Cour d'Orléans, elle-même accusée de lenteur et de laxisme, et qu'on ramenait à Paris pour être traduits devant le tribunal d'exception institué pour juger les crimes du 10 août. Ils furent massacrés à Versailles, par la foule et les volontaires rassemblés pour rejoindre l'armée de Dumouriez, sous les yeux de leur escorte commandée par Lazowsky et Fournier dit l'Américain.

Ce même Fournier se vantait, par ailleurs, d'avoir exécuté plusieurs détenus; en revanche, la participation d'Hanriot, le futur général sansculotte, n'est pas totalement prouvée, compte tenu des homonymies possibles d'un nom assez commun. Quant à Alexandre, devenu chef de la première légion, en remplacement de Santerre promu commandant en chef, il s'agitait beaucoup mais n'empêcha rien ou arrivait toujours trop tard! Le 7 septembre, il finit par intervenir, lui aussi, à Bicêtre, avec plusieurs compagnies et deux canons.

À la Salpêtrière, l'hôpital-prison des femmes, dès le 3 septembre, des bandes d'exécuteurs commencèrent à vouloir lyncher les prisonnières. Devant la violence des assaillants, la section demanda au commandant en chef d'intervenir : il fit la sourde oreille, les massacres commencèrent dès le lendemain.

En définitive, de la mi-août au mois de septembre 1792, on assiste paradoxalement à une sorte d'éclipse non pas de l'activité de la Garde nationale, dans la mesure où les visites domiciliaires se sont multipliées, mais de son image et de la charge symbolique attachée à ses interventions. Quelques sections, au lendemain de l'affaire du Champ-de-Mars, avaient demandé sa liquidation pure et simple, un plus grand nombre exigeait la suppression de l'état-major et l'épuration des commandants de la plupart des bataillons. La capacité de résistance du fayettisme, le fait que, dans la soirée du 9 août, Mandat rassembla plus de bataillons pour défendre les Tuileries que les assaillants pour les attaquer ont fait prévaloir le sentiment, dans les couches populaires et même dans la bourgeoisie jacobine, que la plupart des bataillons restaient attachés aux types de rapports sociaux établis par la Constituante et notamment au clivage fondamental entre citoyens actifs et citoyens passifs. Autrement dit, la Révolution véritable signifiant l'abolition de la monarchie et celle des anciennes distinctions sociales paraissait indéniablement liée au triomphe des couches populaires. Donc pour les «demi-bourgeois», en reprenant l'expression de l'abbé de Salamon, qui constituaient le gros des

Jacobins, l'alliance populaire pour imposer la victoire définitive de la Révolution était une nécessité vitale et imposait la sans-culottisation des modérés, notamment par le biais de l'épuration des cadres de la Garde nationale et l'amalgame des citoyens anciennement actifs et passifs.

La victoire du 10 août, en installant le pouvoir de la Commune de Paris, émanation directe des 48 assemblées de section de la capitale, confirmait ce que signifiait la souveraineté populaire aux yeux des militants sans-culottes et comment la Garde nationale pouvait contribuer efficacement à ce qui apparaissait comme sa nouvelle mission : la sans-culottisation de la Nation, notamment à Paris. L'apologie des porteurs de piques se prolongeait par la nécessité d'ôter leurs fusils aux mauvais citoyens au bénéfice des seuls sans-culottes, condition *sine qua non* de la victoire révolutionnaire ; l'affrontement du 10 août et ses résultats politiques en apportaient la preuve irréfutable. La Garde nationale, placée sous le contrôle des assemblées de section, devait donc se débarrasser des aristocrates, mais surtout des tièdes et des hypocrites que les sans-culottes véritables devaient apprendre à détecter avant qu'ils ne se coalisent avec les royalistes déclarés pour imposer le retour à l'Ancien Régime comme ils venaient de le faire à Verdun après avoir assassiné les patriotes qui voulaient résister aux hordes de Brunswick et aux émigrés impatients de les châtier. L'image du sans-culotte se substituait à celle du garde national, brouillée par les rémanences du fayettisme, pour symboliser le patriotisme authentique, sans pour

autant l'effacer totalement. Il s'agissait de souligner
une continuité plutôt que d'accentuer une rupture
avec les affrontements et les victoires de juillet et
d'octobre 1789, le sans-culotte incarnant la version
populaire et donc plus authentiquement révolutionnaire du garde national, et les autres composantes du tiers état devaient consentir à lui
ressembler pour retrouver l'unité victorieuse de
l'été 89.

S'il n'y a pas rupture, l'éradication du modérantisme, qui sera un des leitmotive de la période de
la Terreur, incite à souligner la part de la Garde
nationale dans la genèse du phénomène terroriste
en tant que systématisation d'un procédé d'élimination radicale des oppositions politiques.

Tout d'abord, la nature ambiguë de la Garde
nationale, tenant à la fois du civil et du militaire,
introduisait d'emblée dans les confrontations politiques une tonalité de violence — « La Liberté
ou la mort ! », proclamaient ses drapeaux —, à
l'unisson des colères populaires.

D'autre part, il est évident que l'implication
systématique de ses bataillons dans les affrontements politiques depuis l'été 1789, en faisait un
indicateur de la géographie des options politiques
dans la capitale et, nous l'avons vu, l'efficacité du
système mis en place par La Fayette avait polarisé
la colère du courant démocratique qui s'était
acharné à le démolir pour lui substituer une autre
organisation et en finir avec la loi martiale. Le
drapeau rouge de Fournier symbolisait cette substitution qui donnait aux sans-culottes la légitimité
et les moyens d'imposer à leurs adversaires la

volonté populaire : la mise à mort de Mandat, le massacre des Suisses et celui des prisons de septembre témoignèrent suffisamment de cette première vague terroriste destinée à se débarrasser des partisans les plus compromis de l'Ancien Régime et par ailleurs à intimider toute cette majorité attentiste, constitutionnaliste, timorée qu'il fallait neutraliser à défaut de la convaincre.

Pour tenter néanmoins de la convaincre, on devait lui prouver qu'une fois encore le peuple avait eu raison pour la Nation tout entière, en août 1792 tout comme en juillet et octobre 1789, que la victoire militaire contre l'envahisseur viendrait couronner l'ardeur des patriotes et que la Garde nationale ne pouvait qu'être l'acteur majeur de ce sursaut victorieux. La preuve en était l'alliance fraternelle entre sans-culottes et fédérés donnant l'assaut aux Tuileries. Le mythe porteur, enthousiasmant, de l'union du tiers état se réincarnait dans les sans-culottes dont le patriotisme spontané, le sens inné de la justice et la générosité naturelle, affirmaient leurs partisans, s'étaient épanouis à fréquenter clubs et sociétés populaires. Devenus des citoyens au sens plein du terme, leur civisme était plus pur que celui des ex-citoyens actifs car la modestie de leurs ressources ne pouvait que les inciter à identifier leur intérêt particulier à l'intérêt général, et donc leur attribuer les fusils confisqués à de mauvais citoyens parachevait logiquement et symboliquement cette maturation politique.

Chapitre VII

LE DIVORCE ENTRE PARIS
ET LES DÉPARTEMENTS

(printemps-automne 1793)

La «journée révolutionnaire», considérée par les historiens comme la manifestation à la fois extrême et démonstrative du militantisme et de l'idéologie des sans-culottes, imposait à ceux qui l'organisaient la nécessité d'en préparer minutieusement le scénario pour en garantir le succès. Cela confirme à nos yeux que la partie n'était pas gagnée d'avance mais que les modérés pouvaient à tout moment inverser la tendance et, sinon faire gagner leur camp, du moins freiner une adhésion immédiate aux objectifs de la contestation populaire, faire prévaloir un attentisme précautionneux, quitte ensuite à en rajouter en matière de phraséologie sans-culotte pour applaudir à la victoire populaire.

Albert Soboul, le spécialiste reconnu des sans-culottes, dans la thèse qu'il leur a consacrée[1], parle assez peu du fonctionnement de la Garde nationale et, pour analyser le militantisme populaire de 1792 à 1794, a surtout utilisé les assemblées de section et les différents comités qu'elles engendrèrent à partir de l'automne 1792, ce qui lui permet, tout comme les sans-culottes eux-mêmes, d'opposer en permanence bourgeoisie et sans-culottes. En même temps, il constate, avec une réelle honnêteté intellectuelle, que la sans-culotterie tient à la fois du peuple et de la bourgeoisie, mais sans vraiment poser la question des rapports de cette bourgeoisie sans-culotte avec la bourgeoisie proprement dite. Autrement dit : existe-t-il une frontière clairement établie entre la bourgeoisie sans-culottisée et la bourgeoisie proprement dite ? On voit bien que par ce biais l'on retrouve le problème, déjà évoqué, du discours militant et de la radicalisation et donc le poids déterminant de la conjoncture globale, à la fois économique, politique et militaire, sans parler de considérations plus étroitement locales (voisinage, influence de certaines personnalités, etc.) dont la somme détermine l'emplacement du curseur idéologique qui définit momentanément l'appartenance politique d'une section. Il semble suggérer, néanmoins, que cette bourgeoisie « de gauche » pourrait s'identifier aux « Montagnards », compte tenu de leur écrasante victoire à Paris lors de l'élection de la Convention (26 août 1792), soit 23 députés sur 24 ! Mais, doit constater Albert Soboul, cette bourgeoisie, proche du peuple, en partageait souvent les obsessions et notamment l'attachement à la toute-puissance de la souveraineté populaire telle qu'elle se manifestait, à l'état natif, dans les assemblées de section, elle s'opposait donc à la centralité gouvernementale soutenue par les Montagnards, d'où les rapports de plus en plus conflictuels entre ces assemblées et la plupart des comités de la Convention et la difficulté de définir idéologiquement cette bourgeoisie «populaire».

À lire Albert Soboul, la bourgeoisie sans-culotte n'aurait d'autre option politique qu'une radicalité populaire, celle des Marat, Hébert, Jacques Roux ou le ralliement pur et simple au credo dirigiste des Montagnards, alors qu'il nous semble que les options plus modérées, anciennement fayettistes, étaient toujours sous-jacentes et continuaient de peser sur la politique des sections.

Pour étudier les rapports de forces entre bourgeois, sans-culottisés ou non, et milieux populaires, le comportement des bataillons de la Garde nationale nous paraît être un indicateur pertinent car, dans les compagnies des sections armées, cohabitaient les ex-citoyens actifs, parfois fayettistes et non pas toujours montagnards, et les ex-citoyens passifs que l'on imagine fournissant les gros bataillons des sections les plus influentes. Le problème, dans chaque section armée, c'est donc le rapport de force entre gardes nationaux se réclamant effectivement du peuple et ceux qui s'inquiétaient de possibles dérives radicales dans le sillage de Marat, d'Hébert ou de Jacques Roux, ou plus directement sous l'influence d'Alexandre, de Lazowski, de Fournier l'Américain ou d'autres officiers exerçant des commandements de bataillons ou de compagnies. Mais si l'abstention des modérés dans une assemblée de section permettait aux radicaux d'imposer leurs options, l'abstention de ces mêmes modérés, ou leurs réticences, sous des prétextes variés, dans une compagnie de la Garde nationale pouvaient entraîner l'annulation d'un ordre de départ ou un retard préjudiciable à la réussite d'une manœuvre visant à contrôler un monument public, un pont ou le bouclage de tout un quartier pour empêcher l'arrivée d'un renfort au parti que l'on voulait abattre. C'est dire l'importance majeure du contrôle politique des bataillons. Car, si l'on pouvait arrêter quelques officiers ou sous-officiers pour avoir proféré des opinions jugées « contre-révolutionnaires » ou signé des pétitions réactionnaires, si l'on pouvait désarmer quelques mauvais citoyens, l'épuration devenait délicate quand une part importante de l'effectif d'un « mauvais » bataillon partageait la totalité ou une partie des opinions prêtées aux « suspects ».

Le poids de la Garde nationale dans le contexte parisien est confirmé, nous l'avons vu, par le calendrier des arrêtés la concernant, dès les lendemains immédiats du 10 août. Ce jour-là, avaient été créés non pas un mais deux pouvoirs rivaux, face à une Assemblée législative discréditée par les veto obstinés de Louis XVI : la Commune insurrectionnelle de Paris, mais aussi les 48 sections dont elle émanait et par lesquelles le peuple insurgé avait manifesté son pouvoir constituant souverain. Si le conseil général de la Commune se considérait comme le nouvel exécutif révolutionnaire et se dotait, dès le 10 août, d'un bureau de correspondance pour obliger les sections à lui communiquer tous les trois jours les arrêtés pris par leurs différents comités et pour leur communiquer, en retour, ceux qu'il avait lui-même adoptés, il se préoccupa, dès le lendemain, d'opérer une réforme immédiate de la Garde nationale, sans consulter ni attendre l'autorisation de l'Assemblée législative. Le 13 août, il fixait le nombre des officiers dans chacune des sections armées qui remplaceraient les anciens bataillons. Le 15, il précisa que le nombre de ces sections serait évidemment de 48, permettant ainsi aux sections de contrôler plus étroitement leurs forces armées respectives[2]. L'Assemblée législative n'eut qu'à entériner ces décisions et chargea Santerre de lui communiquer dans les meilleurs délais un projet d'organisation des nouvelles sections armées. La réorganisation de la Garde nationale précédait, de fait, la transformation du cadre politique de la capitale, car c'est dans ses bataillons qu'on opéra le recensement de tous les citoyens, et l'élection des officiers et des sous-officiers permit aux patriotes d'imposer leur autorité sur le territoire d'une section en y opérant tous les contrôles, désarmements et arrestations nécessaires avec les limites que nous venons de signaler.

La mainmise du comité central sur les différents bataillons parisiens n'allait donc pas de soi, comme le prouvent notamment les travaux de Frédéric Braesch[3] qui ont conservé toute leur pertinence. Dans la somme imposante qu'il a consacrée, en 1911, à la commune du 10 août — soit 1 236 pages! —, cet historien a minutieusement recensé les adresses que chaque section a pu envoyer soit à l'Assemblée législative, soit aux Jacobins, soit à différents départements de la République, du 10 août 1792 à la fin du mois de septembre suivant, pour tenter d'évaluer la coloration et le degré d'intensité de leurs engagements politiques respectifs. Tout en constatant qu'elles pouvaient changer de

camp d'une motion à l'autre, et donc avec toute
la prudence nécessaire, il avance que 9 sections
apparaissaient franchement démocrates, 23 plutôt
démocrates, 7 foncièrement conservatrices et
9 plutôt conservatrices[4].

La disposition cartographique de cette répartition peut surprendre dans la mesure où elle ne
semble pas correspondre à ce qu'on attendrait
d'une géographie sociale convenue de la capitale :
les sections réactionnaires seraient concentrées
dans l'ouest de l'agglomération et les sections
sans-culottes occuperaient le centre de Paris et la
majeure partie des faubourgs, en particulier ceux
de Saint-Antoine et Saint-Marcel, de part et d'autre
de la Seine. En réalité, l'imbrication des antagonismes idéologiques semble beaucoup plus complexe
et si, effectivement, la section des Champs-Élysées
et celle des Invalides, dans l'ouest parisien, pouvaient être considérées comme des bastions du
conservatisme, les gros bataillons du modérantisme semblaient se situer plutôt à l'est de la ville
(sections de l'Arsenal, du Jardin des Plantes —
pourtant située dans le faubourg Saint-Marcel ! —, du Temple), mais également en plein
centre de la ville (sections du Pont-Neuf, Notre-
Dame, Île Saint-Louis, Hôtel de Ville et Roi-de-
Sicile, cette dernière rebaptisée des Droits de
l'homme à la fin de 1792). On comprend mieux, à
voir cet enchevêtrement, l'instabilité chronique de
l'engagement politique de la plupart des sections,
dans la mesure surtout où, malgré le rôle indéniable des journaux et des brochures, l'essentiel
de l'information ou de la désinformation tran-

sitait toujours par la voie orale, que les rapports de voisinage restaient déterminants pour statuer sur la véracité de la rumeur et demandaient à être constamment recoupés pour être crédibles.

On comprend mieux également, dans ce monde de l'à-peu-près, de l'engagement politique épidermique, de l'émotivité généralisée, l'atout que représentait la structure militarisée de la Garde nationale, reposant sur des consignes écrites ou des ordres dûment précisés par les officiers dont on exigeait, du moins jusqu'en 1793, qu'ils sachent écrire! L'efficacité de la Garde nationale ne résidait pas seulement dans son armement mais également dans sa capacité à être utilisée dans une stratégie d'ensemble supposant l'anticipation de l'événement, alors que la protestation populaire en restait tributaire avec tous ses possibles retournements successifs. D'où l'importance du contrôle politique de la chaîne de commandement qui devint la préoccupation initiale, déterminante, de toute journée révolutionnaire.

Au lendemain des massacres de septembre, la Garde nationale parisienne resta au centre du débat politique car l'activisme politique de certaines de ses unités, décidées à tirer tout le parti possible de la victoire du 10 août, incitait les députés girondins à exiger une garde issue des départements pour protéger l'Assemblée législative des menaces de la Commune et des injonctions sectionnaires, ou encore pour préserver le Garde-Meuble national du pillage systématique que permettait une surveillance pour le moins laxiste de ces mêmes sections parisiennes.

Comme des bataillons de fédérés continuaient d'affluer à Paris, les Girondins pensaient en faire l'avant-garde de leur force départementale. Santerre, commandant en chef de la Garde nationale depuis le 10 août, s'y opposait. Le 18 octobre 1792, la Convention, excédée par les plaintes sur l'indiscipline des fédérés cantonnés dans le camp organisé aux portes de Paris, décida de dissoudre ledit camp et d'envoyer tous les fédérés combattre aux frontières.

L'installation de la Convention, le 21 septembre 1793, ne fit qu'attiser le conflit, dans la mesure où les Montagnards constituaient la quasi-totalité des 24 députés de la capitale dont un seul se retrouva sur les bancs de la « Plaine ». Dès le 24 septembre, Kersaint, un des proches de Brissot, leader de la Gironde, exigea un décret contre les appels au meurtre, visant directement une partie de la presse démocrate et notamment Marat et Hébert. Il provoqua l'intervention indignée de plusieurs députés parisiens contre ce qui leur paraissait une remise en cause de l'insurrection du 10 août ! Lors de cette même séance, Buzot, une autre illustration de la mouvance girondine, reprit l'antienne de la création d'une « force publique » prise dans les 83 départements, pour assurer la sécurité de la Convention. La veille, Brissot, dans son journal *Le Patriote français*, constatait la présence, parmi les membres de la Convention, de deux partis, l'un désorganisateur et niveleur, l'autre réformateur et ami de la liberté considérée comme la condition préalable d'un ordre social viable. Enfin, le lendemain, le 25 septembre, Lasource, député du Tarn, reprit les accusations de Buzot et de Brissot contre le despotisme de Paris résumées dans une formule restée fameuse : « Je ne veux pas que Paris, dirigé par des intrigans (*sic*), devienne dans l'Empire français ce que fut Rome dans l'Empire romain. Il faut que Paris soit réduit à un quatre-vingt-troisième d'influence[5]... » De nombreux départements relayaient cette même dénonciation de l'hégémonisme parisien et, le 10 octobre, le Finistère lui-même se permettait de rappeler aux sections parisiennes le rôle joué, le 10 août, par les fédérés brestois :

> « Songez qu'une seule ville ne fait pas la loi à toute la République ; songez à qui appartient la gloire de la journée du 10 août. Croyez-vous que nous ayons brisé les fers du despotisme et de la royauté pour reprendre ceux de ces infâmes intrigans (*sic*) qui veulent la dictature ou le triumvirat ? Non ! Nous voulons la République ; nous la voulons tout entière. Défiez-vous donc des agitateurs qui vous trompent. Que la Convention nationale puisse travailler dans le calme à la Constitution qu'elle nous prépare. Si elle ne le trouve pas au milieu de vous, il est d'autres villes qui sauront le lui procurer[6]. »

On retrouvait le discours tenu par les fayettistes deux ans plus tôt. C'étaient désormais les Girondins qui le tenaient, avec plus de virulence encore que le « héros des deux mondes », mais les massacres de septembre avaient aggravé la donne et ce réquisitoire provoquait la même réaction populaire de rejet, amplifiée par la victoire du 10 août, cimentant le bloc hétérogène du sans-culottisme autour de l'exaltation du patrimoine révolutionnaire de la capitale, ville sainte du patriotisme, que les Montagnards célébraient tant à la tribune des Jacobins qu'à celle de la Convention, sous les applaudissements enthousiastes du public.

Les victoires de Valmy et de Jemmapes (septembre et novembre 1792) écartèrent momentanément la menace de l'invasion et atténuèrent l'appréhension populaire et donc la pression de la rue, incitant les députés Girondins à dénoncer les appels à la violence des journaux démocrates. Une tendance à la modération se fit jour, confortée par l'arrivée à Paris de nouveaux bataillons de fédérés plutôt hostiles aux prétentions hégémoniques de la Commune et de certaines sections. Elle aboutit, en octobre, à une nouvelle offensive des Girondins contre la Montagne et plus spécialement contre Robespierre accusé d'aspirer à la dictature (29 octobre). Une semaine plus tard, Robespierre, dans un long discours apologétique, présentait sa défense mais la Plaine refusait de prendre parti entre les deux camps et l'on passa à l'ordre du jour. De la mi-octobre à la mi-janvier suivante, le procès du roi par la Convention mobilisa l'opinion et permit au côté gauche d'accuser la Gironde de vouloir, par l'appel à la sanction populaire du verdict, sauver le roi au prix d'une guerre civile. Néanmoins la peine de mort, votée par une partie de la Gironde, aboutissait à une sorte d'unanimité momentanée, affichée par l'organisation du service d'ordre lors de l'exécution (21 janvier 1793).

La présence massive de la Garde nationale fut un succès pour Santerre.

La totalité de la Garde nationale fut mobilisée, toute absence étant considérée comme un acte contre-révolutionnaire. La charrette du condamné fut escortée par plus d'un millier d'hommes. Environ 10 000 autres, au coude-à-coude, jalonnaient l'itinéraire, de la prison du Temple à la place de la Révolution, celle de la Concorde aujourd'hui. La guillotine était entourée par plusieurs bataillons empêchant le public de s'en approcher. Les abords immédiats de la place étaient également occupés par une marée d'habits bleus, le tout donnant l'impression d'une adhésion générale au châtiment tant attendu du despote. Une fois encore le mythe de l'unanimité révolutionnaire passait par l'adhésion manifeste de la Garde nationale témoin et, d'une certaine façon, acteur, d'une exécution qui vengeait les morts du 10 août. Mais ce qui permettait cette unanimité d'un jour, c'est que l'exécution avait été voulue par la représentation nationale, par la Convention, et non plus exigée par la Commune et une poignée de sections.

L'unanimité apparente ne dura guère : la Montagne répétait que les «appelants», c'est-à-dire les partisans de l'appel au peuple pour sanctionner le verdict de la Convention, ne pouvaient être que des royalistes masqués. Cependant, les problèmes militaires imposèrent leurs urgences durant le mois de février : il fallait remplacer immédiatement les départs massifs des volontaires de 1792 qui n'avaient pris les armes que pour une campagne et rentraient chez eux, leur devoir accompli. Après un long débat sur un projet de refonte des institutions militaires, présenté par Dubois-Crancé, on décida, le 24 février, la levée immédiate de 300 000 hommes, célibataires ou veufs, entre 18 et 45 ans, non seulement volontaires mais tirés au sort si le volontariat n'y suffisait pas. Les effectifs exigés de chaque département variaient en fonction de sa population et en raison inverse du nombre des volontaires fournis jusque-là. Il s'agissait de faire face à l'effondrement des effectifs, d'autant plus inquiétant que l'exécution de Louis XVI avait entraîné l'indignation de l'Europe des monarques suivie de l'extension de leur coalition punitive et préventive. Début mars, la situation se dégrada rapidement : en Belgique, dont la Convention avait décrété l'annexion le 1er mars, les Autrichiens passèrent à l'offensive pour en chasser l'armée de Dumouriez et reprirent Liège révoltée contre son prince-évêque.

À Paris, on dénonça le martyre des patriotes liégeois et l'on protesta contre le prix du pain et du savon. La patrie était à nouveau en danger et, le 8 mars, la Commune réitéra la mise en scène dramatique du 31 août : tocsin du bourdon de Notre-Dame dont les tours étaient voilées de noir, canon d'alarme tirant depuis le pont Neuf pour inciter à des enrôlements immédiats et massifs. Le 9 mars, 18 000 volontaires se dirent prêts à partir, demandèrent les honneurs de la Convention, et leurs délégués exigèrent la création immédiate d'un Tribunal révolutionnaire avec une procédure expéditive ainsi qu'une taxe sur les « riches égoïstes » pour équiper ceux qui s'enrôlaient et pour assurer les besoins immédiats de leurs familles.

Depuis plusieurs jours, une sorte de comité insurrectionnel se réunissait dans une grande salle, dite de l'Évêché, dans le lacis des bâtiments accolés à la tour de Notre-Dame donnant sur l'Hôtel-Dieu. Il y avait là les principaux leaders de la protestation populaire : Desfieux, Lazowski, Fournier et Varlet qui était l'un des plus radicaux parmi les Cordeliers et s'était fait une réputation «d'apôtre de la Liberté» pour avoir harangué les Parisiens du haut de sa tribune ambulante dans les allées du Palais-Royal, dès 1791. Il avait connu plusieurs fois la prison, notamment en mai 1792, pour un libelle dénonçant La Fayette et son «armée privée». La rumeur disait qu'il se préparait quelque chose dans la nuit du 9 au 10 mars. Dans la soirée, une bande d'émeutiers avait brisé les presses de deux journaux girondins, ceux de Gorsas et de Fiévée, et, durant la nuit, Varlet, à la tête de quelques dizaines d'affidés, tenta de soulever trois sections du centre de Paris : il s'agissait de marcher sur la Convention pour en extirper ceux qui la paralysaient. Averti, Kervélégan, un député breton qui affichait ses convictions girondines, courut réveiller les fédérés brestois encasernés au faubourg Saint-Marcel pour leur demander, comme ils l'avaient déjà fait le 25 février, de protéger la Convention d'une irruption, peut-être violente, des manifestants mobilisés par Varlet. Du coup, ce dernier changea d'objectif et l'on se contenta d'aller, en fin de matinée, à l'Hôtel de Ville où un banquet patriotique était offert aux réfugiés liégeois qui venaient d'arriver ; on se congratula et on décida d'aller demander l'appui des Jacobins puis des Cordeliers avant d'interpeller la Convention. Les deux clubs encouragèrent les manifestants dans leur dénonciation de la Gironde mais ne parlèrent pas de se joindre à eux pour en imposer à la Convention où Danton, afin de désarmer la colère populaire, réclama des mesures énergiques. Cambacérès proposa la création d'un Tribunal révolutionnaire de neuf juges dont la sentence suivrait le réquisitoire de l'accusateur public sans procédure dilatoire ni avocat. Un long débat s'ensuivit que Danton prolongea en exigeant le renforcement des prérogatives du ministre de la Guerre et l'envoi de représentants aux armées pour les galvaniser, surveiller les généraux et veiller au bien-être des soldats.

Au sortir des Cordeliers, nos manifestants, derrière Varlet, décidèrent d'obtenir l'appui de la Commune, mais Hébert, le procureur syndic, appelé désormais agent national, tout en louant leur patriotisme et leur vigilance, compte tenu du peu de gardes nationaux rassemblés devant l'Hôtel de Ville, ne s'engagea pas, et la contestation en resta là, d'autant qu'il pleuvait abondamment, ce qui acheva de démobiliser les militants. Ce n'était que partie remise, notamment si la situation militaire et alimentaire ne s'améliorait pas, et la Gironde savait, désormais, que c'était elle que l'on voulait décapiter.

L'affaire du 10 mars fut donc une journée révolutionnaire avortée dans la mesure où son objectif majeur — imposer à la Convention la condamnation des Girondins les plus influents — ne fut pas atteint, car la création du Tribunal révolutionnaire était surtout destinée à prévenir une nouvelle vague d'exécutions sommaires. Mais cet échec, si on le compare aux journées des 31 mai et 2 juin suivants, nous démontre que la réussite des journées révolutionnaires dépendait surtout du degré de mobilisation et de détermination des bataillons de la Garde nationale.

En mars et avril, la situation militaire se dégrada brutalement en Belgique et Dumouriez, menacé par la contre-offensive autrichienne, dut partiellement l'évacuer avant d'être battu à Neerwinden le 18 mars. Il accusa la Convention et ses ministres de ne pas lui avoir fourni les moyens de la victoire et d'avoir contribué à dresser les Belges contre une armée qui venait les libérer. Au même moment, la levée des 300 000 hommes provoqua la révolte de dizaines de milliers de paysans, surtout dans les départements de l'Ouest. Ils refusèrent le tirage au sort si les notables patriotes et leurs enfants en étaient exonérés par leur fonction ou leur capacité à s'offrir des remplaçants. Montagnards et «Enragés» de l'extrême gauche dénoncèrent la trahison de la Gironde : elle avait soutenu Dumouriez, qui avait voulu sauver à tout prix Capet de la guillotine, et elle ne pouvait qu'être derrière le soulèvement de la Vendée. La Gironde répliqua en demandant la mise en accusation de Marat pour avilir systématiquement l'Assemblée nationale. Cette mise en accusation exaspéra la colère des militants populaires et, le 15 avril, une pétition fut présentée à la Convention au nom d'une trentaine de sections sur 48, grâce aux fameuses fraternisations qui permettaient aux sans-culottes des sections voisines de venir voter dans les sections réputées trop modérées. On y réclamait la mise en accusation de 22 députés du côté droit, responsables de la paralysie de l'Assemblée et de menées contre-révolutionnaires. Marat, absous par le Tribunal révolutionnaire, fut ramené en triomphe à la Convention pour y prédire que ses ennemis finiraient sur l'échafaud.

Les sections les plus « sans-culottisées » continuaient d'exiger une taxe sur les riches égoïstes et réclamèrent, en plus, des bataillons « révolutionnaires » pour traquer les royalistes et leurs complices : c'était avouer que l'on ne pouvait guère compter sur la Garde nationale pour opérer ces besognes d'épuration systématique. De son côté, la Convention, voulant se protéger des menaces réitérées d'un coup de force promis par le comité de l'Évêché à nouveau reconstitué, et pour ramener l'ordre dans ses propres tribunes, se dota, le 21 mai, d'une commission de douze membres, pris dans la mouvance girondine, qui commença par décider d'étoffer les effectifs de sa garde avec des contingents de gardes nationaux pris dans les 48 sections de la capitale, espérant ainsi neutraliser l'influence des unités dévouées à la Commune et à la Montagne. Puis, elle décida d'empêcher les fraternisations forcées dans les sections. Enfin, elle obtint l'arrestation de Varlet et surtout celle d'Hébert, leader des « Enragés », pour le dernier numéro du *Père Duchesne*, particulièrement violent contre ceux qu'il accusait d'allumer la guerre civile entre Paris et les départements.

Dès le lendemain, les délégations se succédèrent pour exiger de la Convention la libération des deux prévenus et la suppression de la commission des douze, instrument du « despotisme sénatorial ».

Exaspéré, Isnard, président en exercice de l'Assemblée, dénonça les pressions inqualifiables et permanentes qu'elle subissait et termina son réquisitoire en menaçant Paris d'anéantissement par les départements si la Commune et certaines des sections de la capitale ne modifiaient pas leur comportement. Propos pour le moins excessifs et maladroits, qui rappelaient étrangement le manifeste de Brunswick !

Hébert et Varlet n'ayant pas été relâchés, on s'attendait à une réaction brutale de certaines sections ; elle se produisit le 27 mai, le surlendemain, mais les manifestants se heurtèrent à trois bataillons des sections modérées du centre de Paris et seule une délégation des protestataires fut autorisée à se présenter devant les députés. Cela suffisait pour empêcher l'Assemblée de délibérer et, de guerre lasse, de nombreux députés girondins se retirèrent, permettant à la minorité montagnarde, devenue momentanément majoritaire, de voter la suppression de la commission des douze et la libération des deux martyrs du peuple. Dès le lendemain, les Girondins revenus en force revinrent sur les votes de la veille et, après un débat long et tumultueux, rétablirent la commission tout en maintenant l'élargissement des deux prévenus. Danton prit la parole pour dénoncer la stupidité de ceux qui s'en prenaient à Paris, terreur des ennemis de la Liberté, alors que le peuple unanime fera toujours disparaître « ces misérables Feuillants, ces lâches modérés » dont le triomphe ne pouvait être que momentané. Le 29 mai, le conflit s'aggrava quand Robespierre, aux Jacobins, incita la Commune à prendre la tête des sections pour résister à la tyrannie des douze et au triomphe des plus corrompus.

Dans la nuit du 30 au 31 mai, 33 sections envoyèrent un délégué auprès du comité de l'Évêché pour se concerter sur les moyens de sauver la République et, au petit matin, le comité se transporta à l'Hôtel de Ville, exhiba ses pouvoirs, cassa le conseil de la Commune pour le rétablir aussitôt, élargi aux nouveaux arrivants et rebaptisé Conseil général révolutionnaire.

La première mesure du Conseil général de l'insurrection fut de nommer Hanriot, le commandant de la section armée des Sans-Culottes, comme commandant en chef de la Garde nationale de Paris, en remplacement du commandant temporaire prévu par la loi. Il imposa aussitôt la fermeture des barrières de la capitale, fit sonner le tocsin dans toutes les églises, battre la générale et tonner le canon d'alarme du pont Neuf. Le maire et les Jacobins, voulant éviter une effusion de sang entre patriotes, négocièrent un nouveau compromis : la commission des douze fut supprimée et ses attributions dévolues au comité de Salut public. Quant à la mise en accusation des députés girondins, la décision fut renvoyée à ce même Comité avec obligation de se prononcer dans les trois jours ! La plupart des sections jugèrent qu'on les amusait et exigèrent l'arrestation immédiate des députés incriminés. N'obtenant aucune réponse précise, les sections décidèrent d'imposer leur volonté.

Le dimanche 2 juin, Hanriot entoura la Convention d'environ 80 000 hommes, soit la quasi-totalité des effectifs disponibles de la Garde nationale, mais seules les unités les plus sûres et des canonniers — dont le patriotisme avait été stimulé par des assignats de 5 livres, nous dit Michelet — furent massés à proximité immédiate de l'Assemblée pour lui imposer les arrestations demandées ; les autres croyaient la Convention menacée par des rassemblements royalistes signalés, une fois de plus, sur les Champs-Élysées, il fallait donc la protéger et le mot d'ordre choisi ne pouvait que renforcer cette idée.

Les députés prisonniers de la Garde nationale, malgré leur protestation indignée, furent invités, non sans ironie, par Robespierre et ses partisans, à sortir pour constater que le peuple veillait sur eux, mais quand ils voulurent franchir ce rempart protecteur, Hanriot commanda à ses hommes de se préparer à faire feu et les députés consternés, après s'être heurtés, plus loin, à d'autres baïonnettes, retournèrent sur leurs bancs pour voter l'arrestation, non plus de 22 mais de 29 députés et 2 ministres.

L'épisode mérite qu'on y revienne. Hanriot est le héros de la journée. Après le semi-échec du 31 mai, c'est lui qui a décidé la mobilisation massive, bon gré mal gré, de la quasi-totalité des gardes nationaux. Dans ses *Mémoires*, un député du côté droit a souligné l'habileté tactique et cynique du procédé faisant de son auteur le successeur idolâtré de Lazowski dont la mort brutale faisait croire qu'il avait été empoisonné :

« De ces quatre-vingt mille hommes, soixante-quinze mille ignoraient pourquoi on leur avait fait prendre les armes. Loin de nous attaquer, ils nous auraient défendus. Mais Hanriot les avait placés dans l'éloignement, hors de la portée de nous secourir. Ils nous avaient cernés immédiatement avec sa troupe d'élite, la seule qu'il eût introduite dans les dépendances du château. Il résultait de cette disposition deux effets immanquables : l'un de donner à l'entreprise de quatre à cinq mille bandits l'apparence d'un mouvement général du peuple ; l'autre, de neutraliser ce même peuple pour l'empêcher de croiser l'entreprise[7]. »

Se vérifiaient donc, une fois de plus, deux constats évidents : d'abord, le caractère incontestablement minoritaire des partisans du coup de force ; ensuite, conséquence logique de ce rapport de forces, la nécessité impérative de contrôler le commandement de la Garde nationale pour neutraliser les opposants et la masse des modérés et des indécis spontanément favorables au symbole de la souveraineté nationale incarnée par l'Assemblée élue au suffrage universel. Une troisième évidence en résultait : la confirmation de la double fonction conservée par la Garde nationale dans ces premiers mois de 1793. D'abord, elle pouvait permettre et cautionner à la fois le changement politique en faveur des intérêts populaires. Ensuite, elle était devenue irremplaçable dans la mesure où, lorsqu'elle n'intervenait pas les armes à la main, les débats de la Convention se diluaient dans les jeux dilatoires des amendements et du renvoi aux commissions et comités, au mépris permanent des impatiences populaires. Mais, si elle intervenait, il fallait qu'elle le fasse le plus massivement possible, pour apparaître comme l'instance d'une double légitimité, celle qui lui revenait pour avoir toujours défendu les intérêts véritables du tiers état, mais aussi celle que lui avait conférée, en juillet 1789, une sorte de droit d'aînesse en Révolution. Le cumul de ces deux légitimités lui était nécessaire pour parvenir à l'emporter sur le dogme de la représentation nationale incarnée par la Convention. Dogme fondateur mais dont la faillibilité révolutionnaire n'était plus à démontrer comme l'avaient prouvé, affirmaient Sans-Culottes et Enragés, les blocages réactionnaires de la Constituante, les impuissances de la Législative et comme le confirmaient dangereusement l'intolérable esprit de division et le royalisme latent de la Gironde.

L'auto-amputation forcée de la représentation nationale était une victoire de la Commune et des Robespierristes mais la Convention et ses comités n'acceptèrent que difficilement cette mutilation qui proclamait la supériorité de l'insurrection populaire sur les suffrages de la nation tout entière. L'Assemblée nationale, docile, élabora et vota la nouvelle Constitution en trois semaines, donnant ainsi raison au coup d'État populaire et robespierriste, mais les départements ne l'entendirent pas ainsi et leur protestation armée, que Montagnards et Jacobins traitèrent de Fédéralisme, suscita plusieurs foyers de ce qui devint une véritable guerre civile dans les trois mois qui suivirent — et dans toute cette affaire, une fois encore, la Garde nationale restait un des acteurs essentiels. Mais elle n'était plus le seul : l'armée commençait à jouer un rôle politique croissant pour imposer l'autorité des comités de la Convention.

Dès le 5 juin, 17 députés de sensibilité girondine protestèrent contre le coup de force populaire. Le 7 juin, ils furent 75 députés du côté droit à dénoncer l'attentat fomenté par la Commune, et plus particulièrement par certaines sections de la capitale, contre la souveraineté nationale, et donc à faire appel au soutien des départements. En écho, ce même jour, le département de la Gironde décidait de lever une force pour marcher sur Paris et délivrer la Convention. Les jours suivants, plusieurs députés assignés à résider à leur domicile s'en échappèrent pour rejoindre la petite armée que Bretons et Normands avaient constituée pour contribuer, eux aussi, à la protection de la Convention. À l'exemple de Bordeaux, le Midi provençal et languedocien se mobilisa derrière Montpellier, Nîmes et Marseille. À Lyon, ce fut encore plus grave : le 28 mai, deux jours avant qu'une partie des sectionnaires parisiens tentent d'obtenir, une première fois, l'arrestation des leaders girondins, les sections modérées se soulevèrent contre la municipalité montagnarde, pourtant soutenue par l'armée et deux représentants en mission, et, après un affrontement sanglant, jetèrent en prison les municipaux abhorrés et les «maratistes» qui les entouraient dont Châlier, président du tribunal de district et maître à penser des Jacobins lyonnais.

Partout la Garde nationale fut l'acteur principal de la confrontation, fournissant, comme à Paris, les protagonistes des deux camps. Tous nos constats concernant le caractère minoritaire de la radica-

lisation de l'opinion politique parisienne à la veille
du 10 août 1792 se retrouvent pour ce qui est des
grandes villes affectées par la protestation en
faveur de la Gironde. Il s'agit le plus souvent de
ports (Marseille, Bordeaux, Nantes, Rouen) ou de
villes industrieuses plus qu'industrielles (Lyon) où
le gros négoce et les notables locaux, anciens élus
de 1790, avaient conservé suffisamment d'influence et de clientèle pour pouvoir disputer les
sections aux clubistes montagnards. Dans les
villes plus modestes, le noyau des grands bourgeois, plus réduit, avait plus de mal à ébranler
l'hégémonie des clubs fidèles à l'affiliation parisienne. Partout le scénario avait été le même :
rivalité entre deux clubs, celui des modérés et
celui des Jacobins, ou bien antagonisme violent
entre ce même club des Jacobins et certaines
sections que les modérés s'efforçaient de contrôler
en s'appuyant sur plusieurs bataillons de la Garde
nationale.

C'est ce que résume très bien Bruno Ciotti dans
une communication récente concernant l'évolution
du comportement politique des bataillons de la
Garde nationale de Lyon et dont la conclusion
recoupe ce que nous avons constaté pour Paris :

> « Le constat aboutit à une autonomie croissante des
> bataillons. Ces derniers échappent de plus en plus au
> contrôle global de l'état-major et de la municipalité
> pour devenir l'organe armé, si nécessaire, des sections.
> Assurer le service devint un acte politique essentiel,
> car le contrôle d'un poste de garde (Hôtel "commun",
> Arsenal, etc.) peut s'avérer crucial. De même l'enga-
> gement des unités lors des journées révolutionnaires

devient primordial puisque le pouvoir local dépend désormais du rapport des forces militarisées. C'est ce que montre la crise de mai 1793, quand la majorité des sections de la ville proposent de mettre à la disposition de l'administration départementale leur bataillon de la Garde nationale pour s'opposer à la municipalité de Châlier et que le succès est obtenu après une véritable bataille de rue, au prix d'une quarantaine de morts et quelque 120 blessés[8]. »

Fin juin 1793, la situation était critique pour la Convention montagnarde : les partisans de la Gironde, accusés par les Montagnards, et donc par la Convention, du crime de « Fédéralisme » — c'est-à-dire de vouloir briser l'unité nationale et de diviser les patriotes face à l'assaut des despotes coalisés sur toutes les frontières de la République et face à la contre-révolution victorieuse dans son bastion de la Vendée — semblaient devoir l'emporter dans l'Ouest, le Sud-Ouest, le couloir rhodanien, le Midi languedocien et provençal. En fait, la situation était très confuse et, nous l'avons dit, le maillage des clubs jacobins résista dans les villes moyennes et les gros bourgs, notamment dans le Midi languedocien où la présence de Toulouse, citadelle montagnarde, contribua à empêcher la constitution d'un bloc girondin homogène recouvrant la quasi-totalité des départements méridionaux et aquitains.

La situation était d'autant plus confuse que l'existence même de la Garde nationale semblait menacée, dans la mesure où la nouvelle Constitution rédigée en trois semaines et adoptée par la Convention « épurée », le 24 juin 1793, ne mentionnaît pas même cette appellation. La loi martiale avait été supprimée la veille même de la promulgation de la Constitution qui réglait la question «Des forces de la République» en huit articles plutôt succincts évoquant l'existence de la Garde nationale sans jamais employer cette expression pour la désigner:

«Article 107. — La force générale de la République est composée du peuple entier.

Article 108. — La République entretient à sa solde, même en temps de Paix, une force armée de terre et de mer.

Article 109. — Tous les Français sont soldats; ils sont tous exercés au maniement des armes.

Article 110. — Il n'y a point de généralissime.

Article 111. — La différence des grades, leurs marques distinctives et la subordination ne subsistent que relativement au service et pendant sa durée.

Article 112. — La force publique employée pour maintenir l'ordre et la paix dans l'intérieur, n'agit que sur la réquisition, par écrit, des autorités constituées.

Article 113. — La force publique employée contre les ennemis du dehors, agit sous les ordres du Conseil exécutif.

Article 114. — Nul corps armé ne peut délibérer[9].»

On ne peut que s'interroger sur un silence aussi délibéré d'autant que la tonalité générale du texte annonce la levée en masse édictée deux mois plus tard (août 1793) pour faire face à la détérioration continue de la situation militaire. On peut donc y voir la volonté des Montagnards de faire apparemment ou provisoirement une concession de principe au courant hébertiste et cordelier, que nous savons prédominant au ministère de la Guerre depuis avril 1793 avec Bouchotte, Vincent, Ronsin et quelques autres, profondément hostiles à une institution jamais vraiment guérie du fayettisme, irrémédiablement gangrenée par le modérantisme. Il fallait donc la remplacer contre les ennemis de l'intérieur par des armées révolutionnaires constituées d'authentiques sans-culottes et, en cas d'attaques menaçantes aux frontières, par la levée massive de l'ensemble des citoyens. Mais l'efficacité d'un tel radicalisme militaire demandait à être vérifiée, c'est du moins ce qu'estimaient les experts du comité de Salut public, et puis on avait besoin de la Garde nationale pour former militairement les citoyens : autant faire confiance à Hanriot en n'utilisant pour combattre les ennemis de la Révolution, comme il l'avait fait le 30 mai et le 2 juin, que les quelques bataillons politiquement sûrs, les autres étant neutralisés de fait. La Garde nationale serait donc en sursis, d'autant qu'au même moment la crise «fédéraliste» ne pouvait que renforcer, tant aux Jacobins qu'à la Convention, l'audience du réquisitoire hébertiste et cordelier.

Fin juillet, début août, le département de Rhône-et-Loire et la commune de Lyon cherchaient à recruter des gardes nationaux dans les districts ruraux voisins de la grande ville. Chaque volontaire recevrait 3 livres par jour ; au même moment, les représentants en mission dépêchés par la Convention recrutaient également en Rhône-et-Loire mais aussi dans les départements voisins —, eux aussi offraient aux réquisitionnés ou à leur femme 3 livres par jour et une livre supplémentaire par enfant à charge, mais sans beaucoup de succès. Néanmoins Dubois-Crancé et Gauthier sommèrent les Lyonnais d'ouvrir leurs portes, de remettre toutes leurs armes et engins de guerre et de se soumettre aux deux décrets pris par la Convention le 12 juillet précédent. Le premier prévoyait la mise hors la loi et la confiscation des biens de tous ceux qui avaient participé aux délibérations et à l'exécution des décisions provoquant la rébellion de cette ville contre la République ; le second punissait de mort tous ceux qui auraient arrêté et retenu à Lyon des convois militaires destinés aux armées de la République.

Les Lyonnais contestaient l'accusation de royalisme : certes leurs forces armées étaient commandées par des aristocrates — Précy, leur commandant en chef, était un ancien lieutenant colonel de la garde constitutionnelle de Louis XVI ; Virieu, ancien Constituant, libéral, accepta de prêter serment à la République et obtint son certificat de civisme tout comme La Roche-Négly, les frères Julien, Grandval, l'ancien officier d'artillerie de Chênelette, etc. ; seuls les émigrés étaient refusés. Quelques-uns, parmi ces officiers, avaient fait la guerre d'Amérique : c'étaient d'anciens monarchistes constitutionnels plus que des royalistes purs et durs. Ils constituaient une sorte de résurgence du fayettisme et les choix tactiques de Précy le confirmaient. Il créa, parmi les gardes nationaux, des compagnies de grenadiers et de chasseurs et des compagnies de simples fusiliers : parmi les premières, il leva un corps de 7 200 hommes encasernés, donc disponibles en permanence pour les sorties, manœuvres de revers et autres contre-attaques ; quant aux simples fusiliers, ils assuraient le service quotidien de garde des bâtiments sensibles et les patrouilles de routine. On pouvait se croire revenu à la Garde nationale parisienne voulue par La Fayette.

C'est à l'armée de ligne que le comité avait donné mission d'en finir avec la rébellion lyonnaise, c'est-à-dire à Kellermann, le commandant en chef de l'armée des Alpes, assisté de ses adjoints Laporte et Doppet à la tête de 25 000 hommes prélevés sur son armée malgré l'offensive sarde qui avait commencé, le 14 août, en Maurienne et en Tarentaise avec Chambéry comme objectif. Dubois-Crancé, lui-même aristocrate et ancien militaire, exigea d'intensifier les bombardements de Lyon tandis que Kellermann, voulant éviter un affrontement sanglant avec les Lyonnais, estimait devoir d'abord repousser les Sardes. Plus au sud, le général Carteaux avait repris Marseille mais les flottes anglo-espagnoles tenaient Toulon, appelées par les fédéralistes locaux qui redoutaient la dureté de la répression montagnarde. Lyon prenait donc valeur de symbole, prouvant l'impuissance des comités de la Convention, incitant les Toulonnais à résister, de sorte que, le 10 septembre, le comité de Salut public destitua Kellermann accusé de double jeu et de n'avoir pas exécuté la mission qu'on lui avait confiée. Ce dernier, qui n'envisageait qu'à regret un assaut contre Lyon, laissa les opérations du siège à Doppet désigné comme son successeur par Bouchotte, le ministre de la Guerre, et comme personne, pas même Dubois-Crancé, ne se décidait à l'arrêter, il se consacra, avec succès,

à libérer le département du Mont-Blanc de la présence piémontaise. De leur côté, la demi-douzaine
de représentants expédiés successivement par le
comité de Salut public dans les départements
proches de Lyon levaient, non sans mal, des
contingents de gardes nationaux : Javogues dans
l'Ain, près de 10 000 hommes, Chateauneuf-Randon
12 000 depuis la Haute-Loire, mais c'est Couthon
qui portera l'estocade finale aux Lyonnais en provoquant une sorte de levée en masse dans les
départements de la Haute-Loire, du Puy-de-Dôme
et l'arrivée de contingents de la Lozère, de l'Ardèche et de l'Allier. C'est finalement plus de
35 000 gardes nationaux qui s'ajoutèrent aux
25 000 soldats de Kellermann et aux 5 000 hommes
prélevés sur la garnison de Valenciennes, qui furent
opposés aux 30 000 gardes nationaux de Lyon !

Il se confirmait que, dans les départements, la
Garde nationale était devenue une sorte de vaste
nébuleuse dont la cohésion et l'innervation politique variaient selon les lieux : relativement struc-
turée et active en milieu urbain, son existence
devenait aléatoire et purement symbolique au fond
des campagnes, mais une menace contre-révolutionnaire locale pouvait relancer la fièvre patriotique, même en milieu rural, et procurer les effectifs
requis par les représentants en mission. L'importance de la solde venant stimuler l'ardeur patriotique supposée. Le nombre y était, restait à prouver
l'efficacité militaire effective de ces contingents.
Néanmoins l'effet recherché paraissait en partie
atteint, les effectifs rassemblés prouvant la légi-

timité reconnue du pouvoir de la Convention et la permanence de l'enthousiasme révolutionnaire.

Le 9 octobre, les Lyonnais déposaient les armes ; le 19 décembre, le général Dugommier reprenait Toulon. C'en était fini de la rébellion girondine qui n'avait été possible que par l'existence de la Garde nationale et l'exaltation du devoir de résistance à l'oppression dont on s'était prévalu tant à Bordeaux, qu'à Marseille, Lyon ou même Toulon. Le mythe constitutif de la Garde nationale avait prouvé sa perversité quand il devenait facteur de division des patriotes alors que les troupes étrangères violaient les frontières de la République.

Chapitre VIII

GARDE NATIONALE
ET GOUVERNEMENT
RÉVOLUTIONNAIRE

(septembre 1793-juillet 1794)

Pour les comités de la Convention, la crise de l'été 1793 ne se limitait pas aux affrontements suscités par la protestation contre le coup de force du 2 juin. Depuis le mois de mars, la Vendée royaliste, née du refus de la levée des 300 000 hommes, résistait à tous les assauts républicains. De leur côté, les coalisés remportaient des victoires à Mayence, Valenciennes et Dunkerque, obligeant la Convention à proclamer la levée en masse de la Nation (23 août 1793). La Garde nationale qui, dans beaucoup de départements, penchait pour la Gironde, ne semblait plus la réponse adaptée à la menace d'invasion. Danton et Hébert faisaient prévaloir l'idée d'une levée en masse du peuple qui devait repousser l'invasion, comme la levée en masse des Parisiens avait, le 2 juin, mis fin à la paralysie de la Convention.

Une nouvelle poussée de fièvre enflamma les Parisiens qui, une fois encore, accusèrent ministres et comités d'être incapables d'assurer le salut de la République et pas même leur propre subsistance ; leurs meneurs estimèrent nécessaire d'ob-

tenir les mesures révolutionnaires qui s'imposaient
en envahissant successivement l'Hôtel de Ville et
la Convention (4 et 5 septembre 1793). Journées
révolutionnaires bien particulières, caractérisées
par l'absence d'Hanriot et de la Garde nationale
en tant que telle. Ce furent les assemblées de sections
qui se manifestèrent, poussées par une nouvelle
mouture de l'éternel comité de l'Évêché. Mais
cette fois-ci Robespierre, qui présidait à la fois les
Jacobins et la Convention, garda le silence ou
presque car lorsque la foule envahit l'Hôtel de Ville,
il estima que le maire et la commune n'étaient pas
assiégés par le peuple «mais par quelques intri-
gants». Ce n'étaient pas les gardes nationaux que
l'on avait mobilisés mais d'abord les femmes et les
enfants pour réclamer prioritairement du pain,
puis les hommes intervinrent pour que la Terreur
soit mise à l'ordre du jour et donc que les députés
girondins, arrêtés le 2 juin, soient jugés ainsi que
Marie-Antoinette et pour que soit créée, au plus
vite, une armée révolutionnaire qui terroriserait
tous les contre-révolutionnaires et faciliterait la
réquisition des grains et autres subsistances. «Révolutionnaire» était le mot magique qui permettait
de hisser les décisions politiques à la hauteur des
périls encourus et d'en venir à bout, de par la
seule volonté du peuple dont la masse ne pouvait
qu'imposer l'invincibilité de la Révolution.

Chaumette, procureur syndic de la commune
depuis décembre 1792, à l'unisson de ses admi-
nistrés, promit qu'on allait passer aux actes:
50 moulins sur la Seine allaient moudre du blé
jour et nuit, on allait créer l'armée révolution-

naire, la Convention y travaillait déjà. Hébert, le substitut de Chaumette, exhorta la foule à se rendre en masse, le lendemain, à la Convention pour l'obliger à obtempérer.

Le lendemain, on commença par se retrouver à la Commune pour rédiger la pétition résumant les exigences sectionnaires que Chaumette édicta devant une Assemblée envahie par des milliers de manifestants. La pression sur les députés redoubla quand une délégation des Jacobins, accompagnée des délégués des 48 sections, vint exiger, elle aussi, la condamnation de Marie-Antoinette et des Girondins, l'armée révolutionnaire et l'expulsion de tous les nobles encore dans l'armée ou occupant des fonctions publiques. La Convention s'empressa de voter tout ce que la Commune sollicitait : restructuration du Tribunal révolutionnaire divisé en quatre sections travaillant simultanément, armée révolutionnaire, obligation pour le comité de Sûreté générale d'en finir avec l'instruction du procès des Girondins ; elle décida, en outre, de rémunérer les citoyens assistant aux assemblées de section, soit 2 livres par séance, mais il n'y en aurait plus que deux par semaine ; c'en était fini de la permanence des sections si utile à la montée de la fièvre insurrectionnelle ! La Terreur était bien désormais à l'ordre du jour mais Billaud-Varenne, *in fine*, rappela que c'était à la Convention de gouverner : « C'est de la Convention que doivent partir les mouvements nationaux[1] » !

Le rappel de tous ces faits et l'objurgation finale de Billaud-Varenne permettent peut-être d'expliquer l'absence de la Garde nationale lors des phases successives de ces deux «journées» et la signification politique d'une telle absence, premier signe d'un retournement de conjoncture dans l'histoire de ce qui nous est apparu comme un mythe institutionnalisé.

Tout est évidemment lié à la politique de centralisation du pouvoir voulue par les Robespierristes et le comité de Salut public. Le contrôle de la députation de Paris à la Convention par les Robespierristes était la clef de voûte du système, complété par la mainmise sur le club des Jacobins. En revanche, les assemblées de sections et leurs comités de surveillance échappaient en grande partie à l'influence robespierriste, soit par modérantisme latent, soit, au contraire, parce qu'on se réclamait de la plénitude de la souveraineté du peuple et donc d'une sorte de spontanéisme populaire, et il en était de même pour les bataillons de la Garde nationale issus de ces sections.

En cet automne 1793, il n'était pas prudent de relancer, d'une façon ou d'une autre, le modérantisme parisien car des incidents majeurs pouvaient révéler l'importance de ce secteur de l'opinion au moment où le comité de Salut public s'efforçait d'en finir avec le Fédéralisme dans les départements, notamment le foyer majeur de Lyon avec toutes ses métastases alentour. Or, la manœuvre du 2 juin, qui avait permis à Hanriot de neutraliser les bataillons modérés des sections parisiennes tout en les utilisant, malgré eux, pour amplifier l'apparence de l'influence montagnarde sur ces mêmes sections, cette habileté pour le moins cynique n'était pas renouvelable, les sections y regardant à deux fois avant d'obtempérer aux ordres d'Hanriot, toujours commandant en chef. Quant aux sections indéniablement démocrates, elles étaient plutôt sous l'influence des Hébertistes ou des Cordeliers qui trouvaient Robespierre plus préoccupé de l'étendue de ses pouvoirs que des estomacs populaires et donc, pour l'«Incorruptible», autant se passer momentanément du support politique des activistes de la Garde nationale. Pour invoquer l'unanimité patriotique nécessaire à l'acceptation de la politique proposée via la Convention elle-même, c'était aux Jacobins que Robespierre faisait appel et à la classique délégation des 48 sections censée représenter cette unanimité en lieu et place des 80 000 baïonnettes du 2 juin.

Autrement dit, la Garde nationale n'était plus fiable dans le contexte politique du moment, à la fois trop modérée dans les quartiers à dominante bourgeoise ou trop attachée à l'autonomie politique des sections là où les «vrais» sans-culottes l'emportaient. La reprise en main des différents bataillons par le comité de Salut public fut facilitée par le décret du 10 octobre 1793, qui apparut comme le prolongement logique des journées des 4 et 5 septembre. Saint-Just, avec sa logique tranchante, démontra aux Conventionnels qu'on ne pouvait appliquer dans le contexte d'une guerre toujours plus implacable la Constitution proclamée le 10 août précédent et qui était faite pour les temps idylliques de la paix retrouvée, qu'il fallait donc en retarder provisoirement l'application et décréter que «le gouvernement serait révolutionnaire jusqu'à la paix». Le mot magique était repris et l'aile gauche de la Montagne ne pouvait qu'y applaudir. Mais cela signifiait seulement que tout désormais était subordonné à la victoire militaire. L'efficacité des forces armées devenait l'alpha et l'oméga de l'action gouvernementale et cet objectif n'était guère favorable à ce qu'était devenue, en cette fin d'année 1793, la Garde nationale, tant à Paris que dans la plupart des départements.

Le contrôle politique des différents bataillons de la Garde nationale supposait un patient travail de fond pour peser sur les élections de l'encadrement tout en modifiant également la composition des comités de surveillance des différentes sections. Travail patient fait de prospection d'hommes nouveaux et d'intimidation des personnalités en place lorsqu'elles s'opposaient à la ligne robespierriste, travail d'autant plus délicat qu'Hanriot n'avait pas le charisme aristocratique de La Fayette, ni même celui, plus bonhomme, de Santerre ; il apparaissait plutôt comme un exécutant consciencieux, capable, au fil des jours, d'éviter les conflits majeurs et de gérer avec une certaine habileté le fonctionnement quotidien de la Garde, flattant son amour-propre en l'associant aux fastes du régime (fête de l'Être suprême, du 8 juin 1794). Cette stratégie de noyautage et d'endormissement aboutissait de fait à une sorte de dépolitisation, car le système de la délation permanente que supposait la mise à l'ordre du jour de la Terreur ne pouvait que décupler la prudence des modérés et des pleutres, tandis que la liquidation des Hébertistes et des «Indulgents» (Danton) au printemps suivant (mars, avril 1794) ne pouvait que désemparer tous les courants de l'aile gauche du sans-culottisme.

Au total, Robespierre arriva indéniablement à ses fins comme le prouvèrent les événements du début du mois de mars 1794, à savoir l'impossibilité pour les leaders cordeliers de provoquer une «journée révolutionnaire»: au contraire! L'agitation populaire qu'ils comptaient exploiter se retourna contre eux et permit leur élimination.

Fin février, début mars 1794, les observateurs de police signalaient une intense activité sectionnaire: les assemblées faisaient salle pleine, les motions se multipliaient, liées à la question lancinante des subsistances et à la nécessité de châtier tous les coupables pour vider les prisons encombrées de suspects dont trop de modérés voulaient la libération. Un nouveau 31 mai s'imposait pour obtenir leur condamnation! Le 2 mars 1794, le comité de Sûreté générale fit arrêter le commandant en second de la Garde nationale de la section de l'Arsenal pour avoir proféré que les lanternes existaient toujours et qu'on y pendrait dans chaque quartier les «gouvernants et les modérés». On s'en prenait surtout au comité de Salut public accusé d'inertie face aux manifestations des «Indulgents». Le 4 mars, aux Cordeliers, on voila de noir le tableau de la Déclaration des droits de l'homme, nouvelle façon de manifester la colère du peuple face à ce qui lui paraissait une trahison évidente de la Révolution. Façon aussi de proclamer la continuité de la protestation populaire et sa légitimité de l'été 1789 au printemps 1794. Hébert prit la parole pour affirmer que, depuis deux mois,

Le Père Duchesne n'avait rien dit mais n'en pensait pas moins et la salle tout entière se récria et demanda qu'il parlât pour lui livrer la vérité. Hébert dénonça pêle-mêle la réintégration parmi les Jacobins de Camille Desmoulins, le chantre de l'indulgence — or l'on savait que c'était Robespierre qui l'avait sauvé —, l'incapacité de certains ministres, la tentative de remplacer son ami Bouchotte, au ministère de la Guerre, par le frère de Carnot, etc. Il y avait bien un complot que l'insurrection du peuple devait écraser. Mais on ne prit aucune mesure pour provoquer la mobilisation armée des sections.

Le lendemain, seule une section, celle de Marat, se prononça pour députer à la Commune et exiger des mesures d'exception garantissant l'approvisionnement de Paris à un prix acceptable. Le 6 mars, elle se présenta en masse devant le conseil général de la Commune mais fut fraîchement accueillie par Chaumette, le procureur syndic, qui déclara qu'il ne s'agissait pas de créer des troubles dans Paris au moment où les opérations militaires allaient reprendre. Il fallut donc se contenter d'exhorter les autorités à taxer les détaillants et à assurer l'approvisionnement des marchés.

Le soir même, une délégation des Jacobins allait aux Cordeliers pour obtenir qu'ils retirent le voile masquant la Déclaration des droits. Les Cordeliers y consentirent mais Ronsin, le général commandant l'armée révolutionnaire, termina la séance par un long discours dans lequel il attaqua, à mots couverts, Robespierre accusé d'avoir créé l'expression « ultra-révolutionnaire » pour permettre aux modérés d'opprimer à nouveau les patriotes les «plus ardents» et de désespérer le peuple «en émoussant les seuls outils de son salut : la guillotine et l'armée révolutionnaire[2]».

Les Cordeliers diffusèrent largement le discours de Ronsin, puis un nouveau journal, se réclamant de Marat, assassiné en juillet 1793, exigea l'éradication du modérantisme jusque dans la Convention elle-même. Mais la plupart des sections continuèrent de manifester leur loyalisme à son égard en lui présentant les cavaliers dont elles avaient financé l'équipement ou le salpêtre qu'elles avaient récolté les semaines précédentes. Aucune mobilisation d'ensemble ne se décida malgré la précarité des approvisionnements en farine. C'est que ni la Commune ni l'état-major de la Garde nationale n'avaient suivi les Cordeliers. Bien mieux, le 10 mars, Saint-Just fit un rapport sur les factions vendues aux étrangers, acharnées à diviser les patriotes, se comportant comme de nouveaux Fédéralistes, discours qu'il prononça ensuite à la Convention puis aux Jacobins (12 mars). Fouquier-Tinville fut convoqué en fin de soirée au comité de Salut public, et dans la nuit on arrêta Hébert, Ronsin, Vincent[3], Momoro[4] et Ducroquet[5].

L'arrestation des dirigeants hébertistes provoqua stupeur et incrédulité ; mais le sentiment qui finit par prévaloir, c'était que le comité de Salut public ne pouvait s'en prendre à des innocents tandis que les sections modérées s'empressaient de députer pour féliciter la Convention d'avoir déjoué un nouveau complot. Et il n'y eut pas de «journée révolutionnaire» pour obtenir la libération de ces

ténors de la protestation populaire. Aux Cordeliers, où l'on s'était déclaré en permanence pour
défendre «les frères détenus», la fréquentation
s'effilocha rapidement, personne n'osant prendre
une initiative qui pourrait se révéler dangereuse
par la suite : il fallait attendre l'acte d'accusation.

Le procès, commencé le 21 mars, ne dura que
quatre jours. Fouquier-Tinville pratiqua la tech-
nique éprouvée de l'amalgame, nos Hébertistes se
trouvèrent sur le banc des accusés en compagnie
d'un banquier hollandais qui invitait parfois Hébert
dans sa maison de Passy, d'un financier belge et
d'un baron prussien qui se proclamait citoyen du
monde et athée : il s'agissait de donner un semblant
de consistance à la thèse du complot de l'étranger.
Les dirigeants cordeliers furent accusés d'avoir
incité le peuple à l'émeute en l'inquiétant sur les
approvisionnements de la capitale, d'avoir ourdi
un massacre dans les prisons avec l'aide de l'armée
révolutionnaire, de créer le désordre pour prendre
le pouvoir et instaurer la dictature d'un grand juge !
La mise à mort des Hébertistes sans que certaines
sections esquissent même le début d'une protestation véritable, signifiait que la stratégie du
noyautage instaurée par Robespierre portait ses
fruits. Il était parvenu à contrôler une sans-culotterie que certains, entendons les Hébertistes,
avaient voulu convertir à la banalisation des
«journées révolutionnaires» comme mode d'expression politique, faisant croire au peuple souverain qu'il pouvait désormais tout exiger et ériger
ses craintes et ses fantasmes, tout comme ses besoins
matériels immédiats, en critères d'une dynamique

politique qui permettrait enfin l'aboutissement de la Révolution.

Robespierre peaufina son image d'arbitre « incorruptible » en s'en prenant aussitôt après aux « Indulgents » qui prônaient depuis des mois la fin du « terrorisme », il lui fallait donc abattre Danton. Il s'agissait de prévenir une montée en puissance des modérés en regroupant tout le côté gauche et la plus large partie possible de la Plaine sous la houlette des comités et des Jacobins, au nom de la continuité nécessaire de la politique de « Salut public ». C'était aussi pour l'Incorruptible l'occasion de se débarrasser du seul rival en notoriété révolutionnaire susceptible de faire jeu égal avec lui, en s'appuyant à la fois sur le côté droit de l'Assemblée et sur une partie des Cordeliers. Le scénario fut identique à celui utilisé contre les Hébertistes : on adjoignit aux « Indulgents » quelques manieurs d'argent étrangers et l'on parla de corruption, de complot des prisons et l'on y ajouta rapidement l'interdiction pour les accusés d'interpeller le jury, pourtant trié sur le volet, tant on craignait l'impact trop prévisible des envolées oratoires de Danton. Et cette fois encore, aucune section ne bougea, pas même celle du Théâtre-Français qui lui avait été si dévouée. Hanriot, lui, tenait bien ses bataillons et la rhétorique de Robespierre faisait le reste, imposant son image de prophète inspiré et lucide, seul capable de tenir la barre de la Révolution.

Apparemment la Garde nationale ne servait plus qu'à la routine quotidienne des gardes à monter, des escortes à fournir, de ce service jugé trop lourd par la plupart des intéressés, d'autant que les patriotes les plus motivés s'étaient portés volontaires lors des levées successives de l'année 1793, y compris la levée en masse du mois d'août, et que tous les canonniers avaient été envoyés aux armées sous prétexte de leur compétence et de leur ardeur militante. Quant à l'armée révolutionnaire de Ronsin, elle avait été dissoute trois jours après l'exécution d'Hébert et, là encore, personne ne protesta. Insidieusement, la priorité de la guerre aux frontières instaurait de fait une hiérarchie des urgences qui s'imposait aux gouvernants comme à tous les citoyens et qui subordonnait les états d'âme de la Garde nationale aux nécessités de la victoire, aux besoins des armées. L'intériorisation de cette hiérarchie par l'opinion, notamment à Paris, jouait naturellement en faveur de la consolidation du pouvoir des deux grands comités et de Robespierre, leur porte-parole.

Une fois encore, le silence des opposants ne signifiait pas leur adhésion enthousiaste aux infléchissements successifs de la politique des comités et de Robespierre, si tant est qu'elle fût un monolithe sans faille, surtout après la sorte d'apothéose, au sens plein du terme, que fut la fête de l'Être suprême, le 8 juin 1794, faisant de l'Incorruptible le nouveau messie d'un rousseauisme triomphant, alors que le sang de Danton était à peine refroidi. Messie et presque martyr, car, les 3 et 4 juin, Collot d'Herbois et Robespierre échappèrent successivement à des tentatives d'assassinat qui, apparemment, ne pouvaient vraiment aboutir mais qui justifièrent, deux jours après le « sacre » de Robespierre, l'adoption d'une loi qui simplifiait encore la procédure du Tribunal révolutionnaire, réduisant à néant les garanties de la défense, le verdict étant désormais suspendu à l'intime conviction des juges et des jurés (10 juin).

Cette loi paraissait de toute évidence permettre à Robespierre de se débarrasser encore plus facilement de ceux qui voudraient faire obstacle à une ascension que rien ne semblait devoir arrêter. On peut donc imaginer les frustrations successives ressenties par les partisans nostalgiques mais silencieux des Girondins, des Enragés, d'Hébert, de Danton et de Camille Desmoulins. D'autant qu'à la fin de ce mois de juin, on assistait dans plusieurs sections à une résurgence de l'Hébertisme. La section Marat relançait le culte de l'Ami du peuple, on s'interrogeait sur l'application de la Constitution de juin 1793, des banquets fraternels célébrant les victoires des armées républicaines se multipliaient et les sbires de Robespierre constataient qu'ils étaient organisés par des modérés ou des « énergumènes hébertistes ». Au même moment, la multiplication spectaculaire des exécutions par la loi du 10 juin, instaurant ce que les historiens ont pris l'habitude d'appeler la « Grande Terreur », avait provoqué une sorte de nausée collective : le public protestait sur le passage de la trentaine de condamnés dont les charrettes, tous les jours, arpentaient le même itinéraire, dénonçait l'accumulation du sang et des cadavres et l'indulgence ressurgissait par la même occasion.

Néanmoins, quand la victoire de Jourdan, à Fleurus, le 26 juin 1794, vint à nouveau ouvrir la Belgique aux troupes françaises et légitimer les pleins pouvoirs du Gouvernement révolutionnaire, Robespierre pouvait croire être définitivement maître du jeu, d'autant qu'il avait créé désormais sa propre police doublant celle du comité de Sûreté générale et que la Commune, gouvernée par Payan, un de ses obligés majeurs, pouvait à tout moment convoquer la Garde nationale sous le commandement d'Hanriot, qui avait su confirmer son choix, en temps voulu, entre Hébert et l'Incorruptible.

Ne restait plus qu'à éliminer, avec l'appui de Saint-Just et Couthon, ceux qui, dans les deux grands comités, supportaient de plus en plus mal un autoritarisme devenu quasiment de droit divin, mais aussi la vingtaine de représentants en mission rappelés pour malversations et abus d'autorité sans parler de l'athéisme affiché de certains d'entre eux et qui paraissait désormais insulter les convictions de Robespierre. Ces derniers surtout, moins puissants que les membres des comités, se savaient menacés, bien que Montagnards, par les prochaines fournées expéditives autorisées par la loi de « Grande Terreur » et surent fédérer leurs peurs avec les haines rentrées de beaucoup d'autres députés pour renverser le « tyran ».

Du coup, la Garde nationale redevint brutalement un enjeu majeur faisant rejouer, de façon dramatique, tous les comportements tactiques, toutes les manœuvres d'intimidation propres aux « journées révolutionnaires ». Autrement dit, la chute de Robespierre, qui, pour beaucoup d'historiens, de Michelet à François Furet, marque la fin de la Révolution comme espoir de créer effectivement de nouveaux rapports sociaux concernant l'ensemble de la population de la République, était-elle due à un mouvement de fond affectant l'ensemble de la société française, au bout de cinq ans de révolution ? Ou bien était-ce simplement l'équivalent d'une sorte de chute ministérielle ne remettant pas en cause, dans l'immédiat, l'essentiel des rapports sociaux et des institutions ? Certes ces interprétations ne sont pas le propos central de notre réflexion mais le rôle que va jouer, encore une fois, dans cette séquence particulièrement dramatique de notre histoire, la Garde nationale de Paris, doit nous aider à calibrer, en quelque sorte, l'importance historique de l'événement.

Deux constatations s'imposent d'emblée pour ce qui nous concerne plus particulièrement. D'abord la journée du 9 thermidor n'a pas été, du moins à ses débuts, une journée révolutionnaire, elle s'annonçait plutôt comme une réédition des réquisitoires convergents et successifs des procureurs robespierristes qui avaient permis l'élimination des Hébertistes et des Dantonistes avec, pour seul cadre, les tribunes et les assemblées de la Convention, des Jacobins et de la Commune de Paris. Elle s'annonça, la veille, par le long discours d'accusation que Robespierre prononça à la Convention après plusieurs semaines d'absence. C'est donc lui qui prit l'initiative de l'attaque qui ne fut accompagnée d'aucune mesure particulière hors de la Convention, à l'imitation de ce qui s'était passé précédemment pour l'élimination des Hébertistes et des Dantonistes. Robespierre comptait sur l'ascendant qu'il exerçait sur la Plaine pour imposer, une fois encore, sa ligne politique contre ses alliés de la veille. D'où sa colère lorsque la Convention refusa l'impression de son discours et par là même son envoi à l'ensemble des communes de la République. Il obtint, le soir même, sa revanche aux Jacobins qui l'applaudirent à tout rompre, tout en couvrant d'injures et en vouant à la guillotine, comme héritiers d'Hébert et de Danton, les deux membres du comité de Salut public, Collot d'Herbois et Billaud-Varenne, présents ce soir-là et qui voulurent répondre à Robespierre. Ils parvinrent difficilement à s'extirper d'une foule prête à les lyncher et coururent aux Tuileries prévenir leurs collègues de la tournure des événements tandis que le club des Jacobins se donnait comme ordre du jour : « guerre à mort contre les conspirateurs ».

Il était minuit, et le comité de Salut public se préparait à résister à la fois à l'offensive oratoire des Robespierristes mais aussi à la possibilité d'un nouveau 2 juin. Aussi la première décision prise fut de supprimer la fonction de commandant général de la Garde nationale : Hanriot était destitué et chaque chef de légion l'exercerait successivement pendant vingt-quatre heures, ce qui remettait de fait la conduite de possibles opérations militaires entre les mains du comité de Salut public. Durant la nuit, Barère rédigea un rapport, deux décrets et une proclamation de la Convention au Peuple français, destinée avant tout aux Parisiens pour les adjurer de se rallier à la représentation nationale.

À six heures du matin, le comité de Salut public convoqua Fleuriot-Lescot, le maire de Paris, et son délégué national (nouvelle appellation du

procureur syndic) Payan, deux fidèles de Robespierre, pour les retenir le plus longtemps possible
et les empêcher de se concerter avec leurs chefs
de file et les comités de section. On ne put les
retenir au-delà de neuf heures du matin et ils se
précipitèrent aussitôt chez Hanriot qui était bien
le personnage clé de la situation.

On connaît la suite des événements à la Convention, dont la séance reprenait à onze heures. Les
tribunes étaient pleines, un public fébrile attendait
le choc des discours, la mise à mort de ceux que
Robespierre allait définitivement démasquer. Saint-
Just voulut prendre la parole mais Tallien et
Billaud-Varenne l'en empêchèrent. Robespierre,
à son tour, voulut monter à la tribune mais Tallien,
président de séance, ne lui donna pas la parole
tandis que d'autres députés, du côté droit, le traitèrent de tyran et d'assassin. Tallien, dans le tumulte
général, parvint à faire voter l'arrestation immédiate d'Hanriot et de son état-major; Billaud-
Varenne lui succéda pour demander celle de Dumas,
le président du Tribunal révolutionnaire qui l'avait
menacé de mort, quelques heures plus tôt, aux
Jacobins. Robespierre ne parvenait toujours pas à
se faire entendre tandis que Barère lisait son rapport
et les projets d'arrêté rédigés la nuit précédente.
L'arrestation de Robespierre fut votée à une heure
moins le quart, immédiatement suivie de celle de
son frère Augustin, puis de celle de Couthon, de
Saint-Just et de Le Bas. Les tribunes se vidèrent
aussitôt de leurs spectateurs qui coururent avertir
leurs proches voisins et les autorités sectionnaires

de ce que l'impensable était advenu : l'arrestation de l'Incorruptible !

Vers trois heures de l'après-midi, à l'Hôtel de Ville, s'achevait une séance de routine de la Commune et, aussitôt, le maire et son agent national retournèrent rejoindre Hanriot dans son quartier général attenant à l'Hôtel de Ville. On y décida, dans la fièvre, d'inviter tous les membres de la Commune qui venaient d'assister à la séance de se rendre dans leur section respective pour y faire sonner le tocsin et battre la générale : le scénario des journées révolutionnaires était réactivé !

Les sections les plus proches répondirent aussitôt et leurs gardes nationaux se rassemblèrent, à savoir celles du Temple, des Arcis, des Lombards et de l'Homme armé. Puis Fleuriot, Payan et Hanriot expédièrent aux six chefs de légion l'ordre d'envoyer chacun 400 hommes sur la place de Grève, de fermer les barrières de Paris et de venir eux-mêmes à l'Hôtel de Ville pour y prendre les ordres de la Commune. Hanriot ordonna également à Fontaine, l'adjudant général des canonniers de se rendre sur la même place avec tous les canons disponibles. On y ajouta l'ordre aux deux escadrons de gendarmes à cheval de rejoindre les abords de la Maison commune. Puis Hanriot, dans un état de grande excitation — il aurait ingurgité quelques verres pour se donner du cœur au ventre —, monta à cheval avec trois de ses aides de camp pour rallier un maximum de sections.

Du côté de la Convention, outre Fauconnier et Julliot, chefs des première et seconde légions, présents ce jour-là pour raisons de service, deux autres chefs de légion, Mathis et Mulot d'Auger, à la tête de la troisième et de la cinquième légion, étaient venus à la barre de l'Assemblée vers trois heures et demie pour savoir de quoi il retournait exactement. Ils avaient assisté à l'arrestation de Robespierre et de ses proches et purent avertir le président Thuriot des injonctions envoyées par Hanriot aux chefs de légion, ce qui incita Barère à rédiger aussitôt l'ordre à tous les chefs de légion de ne plus obéir à Hanriot. Mais, de fait, seuls les chefs de la quatrième et de la sixième légion n'avaient pas encore rallié le camp de la Convention.

Avec l'ordre d'arrêter Hanriot, c'était Fauconnier qui devenait le commandant général provisoire de la Garde nationale, mais, au lieu de s'assurer aussitôt de la personne de l'ancien commandant en chef et de s'opposer à l'exécution des ordres de son prédécesseur, on le vit faire reconnaître ses pouvoirs à la section des Arcis, puis à celle du Muséum, au point d'oublier de contrôler le comportement de sa propre légion. Or son adjudant général, le citoyen Giot, ancien soldat de carrière, sans beaucoup de jugeote, avait fait recopier et transmettre les ordres d'Hanriot à ses huit chefs de section. Et donc, paradoxalement, la légion de celui que le comité de Salut public avait désigné pour protéger la Convention et faire exécuter ses ordres était passée sous le contrôle de la Commune ! C'est dire l'immense pagaille qui semblait prévaloir, aggravée par les méfaits d'une obéissance passive devenue la règle après plusieurs mois de gouvernement révolutionnaire et terroriste qui vous ensei-

gnait la prudence et l'art de prévenir toute
accusation ultérieure.

Vers cinq heures de l'après-midi, il était évident
que les 32 bataillons des quatre légions situées dans
une large moitié ouest de Paris n'obéissaient pas
aux ordres de la Commune, et que les deux tiers des
gardes nationaux de Paris étaient donc soustraits à
son autorité sans pour autant obtempérer immédiatement aux injonctions de la Convention.

Hanriot, que nous avons laissé, vers trois heures
quinze, alors qu'il montait à cheval avec trois
aides de camp pour rallier, dans un état second,
le maximum des sections situées à proximité de
l'Hôtel de Ville, voulait aussi délivrer Robespierre
et ses proches retenus par le Comité de Sûreté
générale. Des responsables de section, au courant
du décret d'arrestation qui le frappait, s'efforcèrent de le faire prisonnier alors qu'il haranguait
les passants. Il s'ensuivit une série de bagarres qui
exaspérèrent l'ex-commandant en chef, lequel
finit par s'engouffrer, au galop, dans l'hôtel de
Brionne, siège du Comité de Sûreté générale.
Mettant pied à terre avec son escorte, ils brisèrent,
à coups de botte, les portes de toutes les pièces,
exigeant, en hurlant, la libération immédiate de
Robespierre. Les gendarmes de garde, sidérés,
n'osaient réagir jusqu'au moment où surgit un
conventionnel, Rühl, attiré par tout ce tapage toni-
truant et qui leur commanda de s'emparer de ces
quatre forcenés, qu'il s'agissait d'Hanriot, condamné
par la Convention ; les gendarmes s'assurèrent,
non sans mal, de leurs personnes et les ligotèrent

étroitement. Il était un peu plus de cinq heures de l'après-midi.

Le conseil général de la Commune se réunissait au même moment alors que des délégués arrivaient de plusieurs sections, mais la plupart n'ayant qu'une simple mission d'observation. La nouvelle de l'arrestation d'Hanriot se répandit et, à six heures, le conseil général chargea Coffinhal et Louvet de se rendre au Comité de Sûreté générale pour libérer tous ceux qui s'y trouveraient retenus. Mais il fallut encore près d'une heure pour parvenir à convaincre environ un millier d'hommes de marcher, en armes, contre les Comités. Parmi eux, plusieurs compagnies de canonniers traînant à leur suite une douzaine de pièces de quatre.

Vers dix-huit heures trente, Fauconnier, l'inepte commandant en chef de la Garde nationale parisienne pour la Convention, sachant Hanriot arrêté, avait décidé de se rendre à l'Hôtel de Ville, sans doute pour éviter un affrontement sanglant entre les deux camps! Toujours est-il qu'au lieu de l'écouter, Fleuriot, le maire, et Payan, son agent national, s'empressèrent de le faire arrêter et de lui nommer aussitôt un remplaçant provisoire en attendant la libération d'Hanriot. Le conseil général choisit Giot, le propre adjudant général de Fauconnier, qu'il croyait effectivement rallié à la cause du peuple. C'était le troisième commandant en chef désigné par l'un ou l'autre camp depuis la fin de la matinée! C'est dire l'importance obsédante de la fonction pour s'assurer du contrôle politico-militaire de Paris.

Vers huit heures du soir, la colonne commandée

par Coffinhal et Louvet quitta enfin la place de
Grève pour marcher sur les Tuileries. En cours de
route, elle se grossit de 1 200 hommes de la section
du Panthéon qui rejoignaient l'Hôtel de Ville et
qui doublèrent son effectif. On n'avait pas pensé
à changer les mots de passe donnés par Hanriot
avant son arrestation et donc la colonne se fit
ouvrir les grilles donnant accès à la place du
Carrousel, et l'hôtel de Brionne fut à nouveau
envahi. On n'y trouva toujours pas Robespierre ni
ses amis expédiés dans plusieurs prisons parisiennes pour éviter qu'ils ne concertent leur évasion.
Mais on délivra Hanriot de ses liens et il se
précipita vers ses libérateurs comme si c'était la
Convention qui l'avait fait relâcher — et il clamait
qu'il était toujours le seul et véritable commandant
de la Garde nationale. La Convention crut qu'elle
allait revivre les affrontements humiliants du
2 juin de l'année précédente, d'autant qu'elle ne
bénéficiait encore d'aucune protection armée de
la part des légions modérées, sans doute préoccupées d'y voir plus clair dans le rapport des
forces en présence. Mais Hanriot n'osa pas profiter
de la situation et préféra retourner à l'Hôtel de
Ville pour se concerter avec le conseil général de
la Commune.

La Convention, de son côté, s'inquiétait des
conséquences de la libération d'Hanriot, d'autant
qu'au même moment on apprenait celle de Robespierre et des autres députés mis en état d'arrestation quelques heures plus tôt. Vers huit heures
et demie, la Commune semblait devoir l'emporter ;
alors la Convention joua sa dernière carte : la mise

hors la loi immédiate d'Hanriot, ce qui signifiait sa mise à mort après la simple reconnaissance de son identité. Puis on confia le commandement général de la Garde nationale au député Barras, un ancien militaire, assisté par douze autres députés. Enfin, tous ceux qui «donneraient des ordres pour faire avancer la force armée contre la Convention» furent également mis hors la loi ainsi que ceux mis en état d'arrestation ou d'accusation et qui refusaient de se soumettre à la loi.

À peine nommé, Barras transmit l'ordre à tous les commandants de section d'envoyer la moitié de leurs effectifs, accompagnés d'une pièce de canon, place du Carrousel; l'autre moitié restant dans les sections pour constituer une réserve. Vers neuf heures, les détachements commencèrent à affluer et Julliot, le chef de la deuxième légion, s'empressa de les disposer autour de la Convention.

Dans les sections se tenaient des assemblées pour déterminer à quelle instance, de la Convention ou de la Commune, on allait jurer fidélité. Elles furent envahies par les modérés qui mirent en minorité les Robespierristes patentés: 38 sections sur 48 se déclarèrent, parfois après des affrontements verbaux violents et quelque empoignades, en faveur de la Convention. Une seule, celle de l'Observatoire, se prononça clairement en faveur de la Commune et du peuple! Neuf préférèrent s'abstenir de toute réunion, du moins dans l'immédiat! Vers onze heures du soir, la plupart des sections avaient rallié la Convention et celles qui avaient envoyé des détachements devant l'Hôtel de Ville commencèrent à s'efforcer de les récu-

pérer et tout cela sans que l'on sache rien du
comportement de Robespierre et de ses coaccusés.
Ces derniers continuaient de délibérer dans un
salon particulier sur les conséquences de leur
mise hors la loi, tandis que le comité d'exécution,
créé par le conseil général de la Commune pour
impulser plus vivement la résistance au despotisme des Comités, multipliait proclamations et
injonctions que plus personne n'écoutait ni, *a
fortiori*, n'exécutait.

Vers une heure du matin, ne restaient plus, place
de Grève, que 500 ou 600 hommes, essentiellement
de la section du Finistère et les canonniers des
Lombards, de Popincourt et des Quinze-Vingts ; à
deux heures, tous étaient partis, croyant sans
doute que tout allait se dénouer le lendemain. Les
derniers à le faire furent les fusiliers de la section
du Finistère qu'un officier d'Hanriot chercha
désespérément à retenir en leur promettant de
l'argent. Rien n'y fit ! À l'intérieur de l'Hôtel de
Ville, les membres du comité d'exécution croyaient
eux aussi que tout allait se jouer dans la matinée
du 10 thermidor, d'autant qu'au même moment
une délégation des Jacobins venait d'arriver pour
entamer une action commune.

Un bref laps de temps après, deux coups de feu
claquèrent successivement à proximité de la salle
du conseil général et un homme, blessé au cou ou
à la mâchoire, apparut dans l'embrasure de la
porte : c'était Robespierre qui venait de tenter de
se suicider.

Au même moment arrivait, par les quais, une
colonne de gardes nationaux suivie de plusieurs

canons et de deux représentants empanachés criant « Vive la Convention ! ». La mise hors la loi signifiait la mort de ceux que les bataillons de gardes nationaux ne pouvaient plus ou ne voulaient plus protéger. La modération ne servait désormais plus à rien : vouloir éviter l'affrontement entre les partisans de la Convention et ceux de la Commune signifiait désormais la condamnation à mort de Robespierre et de tous ceux qui s'étaient compromis pour le délivrer.

Sortant du salon de l'Égalité, Coffinhal, furieux, se précipita dans l'escalier qui conduisait au bâtiment de l'état-major de la Garde nationale et, se jetant sur Hanriot, l'accabla d'injures et le précipita par la fenêtre, du haut du troisième étage, dans une petite cour où on le retrouvera, douze heures plus tard, à moitié mort, pour l'envoyer à la guillotine. Geste de folie criminelle mais qui voulait punir le responsable immédiat de la défaite du camp robespierriste. Ce qui avait tout perdu, ce n'était pas tant les hésitations de l'Incorruptible ou de Saint-Just que l'incapacité de ce soi-disant commandant en chef de saisir l'occasion qui s'était largement offerte, quelques heures plus tôt, pour forcer l'entrée de la Convention, la convaincre de l'unanimité du soulèvement populaire et réitérer ainsi la victoire du 2 juin 1793 !

Mais la responsabilité de l'échec venait tout autant du succès même du « Gouvernement révolutionnaire », de la réussite apparente de la politique de Robespierre qui avaient cassé, à juste titre, les mécanismes spontanés des journées révolutionnaires proprement dites, que les nouveaux gouvernants, croyant ne plus en avoir besoin, préféraient évidemment éviter. Pour éliminer Hébert et ses amis immédiats, on n'avait pas mobilisé la Garde nationale, c'était trop risqué, et on constata que personne n'avait osé organiser une quelconque protestation, d'autant plus que l'élimination de Danton et des Indulgents, quinze jours plus tard, avait prouvé qu'on pouvait faire de l'hébertisme sans Hébert et que l'ennemi véritable, estimaient les Robespierristes, demeurait le modérantisme, antichambre du royalisme, les affrontements de Lyon et de Toulon l'avait amplement prouvé!

Que ce soit à Lyon, Toulon ou Paris, un des résultats majeurs de la politique du Gouvernement révolutionnaire avait été de miser sur l'armée pour faire triompher la ligne du comité de Salut public. Cela venait d'être le cas lors de la crise «fédéraliste» et le 9 thermidor s'achevait par la substitution d'un militaire député, Barras, au commandant général prévu par la loi et choisi parmi les chefs de légion.

Quant à se prononcer sur la signification du 9 thermidor, mouvement de fond ou simple «crise ministérielle»? Le rôle que joue la Garde nationale dans cet événement nous incite à l'inscrire dans un rapport de force datant de ce que les historiens estiment être la radicalisation de 1791 (émigration, serment imposé aux prêtres puis guerre) qui nous a semblé très discutable au point que nous préférons lui substituer une tension croissante opposant un volontarisme révolutionnaire, surtout parisien, à un modérantisme généralisé, qui demeurait hostile aux aristocrates mais qui supportait mal les contraintes croissantes du régime et ses dérives terroristes et donc policières. Ce modérantisme associa progressivement, pour des raisons variées, tous les étages de la société : élites traditionnelles automatiquement suspectées de contre-révolution, catholiques exaspérés par la chasse aux prêtres réfractaires, paysans rejetant les réquisitions, sansculottes dubitatifs sur les vertus du « maximum », jeunes bourgeois préoccupés d'échapper aux réquisitions militaires. La Garde nationale servait à la fois à la minorité activiste à imposer sa ligne égalitariste et aux conservateurs à freiner une évolution que la déclaration de guerre avait accélérée en fournissant à la minorité l'argument majeur du « Salut public ». C'est le sentiment profond de ce rapport de force qui peut expliquer, chez beaucoup de Jacobins et en particulier chez Robespierre, la hantise du modérantisme et la volonté d'imposer, même par la Terreur, une ligne médiane éliminant les « ultras » de tout bord mais aussi quelques « tièdes » pour stimuler les autres. Dans cette politique, la Garde nationale tenait un rôle déterminant, permettant d'entretenir le mythe de l'unité des patriotes qui lui était consubstantiel, mais le 9 thermidor signifiait que cette politique était rejetée par une majorité de députés et la tentative de suicide de l'Incorruptible prenait acte de l'impossibilité de faire prévaloir sa politique volontariste et constatait le triomphe du vice et de la corruption. La stabilisation du régime ne pouvait se faire telle que l'imaginaient les Robespierristes : visiblement la majeure partie de la Garde nationale ne le voulait pas !

Pourtant le fait que la Commune ait failli gagner à un moment donné et que l'échec du 9 thermidor ne paraisse dû qu'à l'ineptie du seul Hanriot allait contribuer à relancer la permanence du mythe unitaire, permettant à la minorité volontariste des sans-culottes de croire qu'elle devait et pouvait encore imposer l'accomplissement de la Révolution, à moins que l'Armée ne devienne le nouveau creuset de l'unité des patriotes.

Chapitre IX

THERMIDOR
ET LA GARDE NATIONALE

(1795)

Ceux que les historiens vont appeler les «thermidoriens» formaient une coalition composite et contradictoire, associant une majorité de modérés — eux-mêmes très partagés entre toutes les nuances du royalisme constitutionnel et du républicanisme censitaire, mais excluant désormais tout recours au terrorisme d'État et à toutes les formes de justice populaire expéditive — à une minorité d'ex-représentants en mission, le plus souvent anciens Cordeliers, préoccupés de faire oublier leur Hébertisme de la veille. Tous eurent d'emblée, compte tenu de ce qu'ils avaient vécu le 9 thermidor, la préoccupation immédiate de prendre le contrôle de la Garde nationale parisienne pour en faire une force de protection efficace de la Convention. Les événements que nous avons retracés prouvaient qu'une bonne dizaine de sections, à proximité des Tuileries, préféraient l'autorité de la Commune à celle de la Convention et que l'affirmation de la souveraineté sectionnaire soulevait toujours un courant de sympathie agissante dans un nombre important de sections et dans des

milieux débordant souvent la simple sans-culotterie populaire. Il fallait donc se garder à gauche,
d'autant que la récolte de grains qui avait été
médiocre et un hiver particulièrement glacial
créaient, à nouveau, les conditions matérielles
classiques d'un mécontentement populaire endémique favorable aux émeutes frumentaires traditionnelles et à toutes leurs exploitations politiques.

Dès le 9 thermidor, un décret avait rétabli les
anciennes dénominations concernant les détachements de ce qui redevenait la Garde nationale :
légions et bataillons. Pour éviter un nouvel Hanriot,
il n'y aurait plus de commandant général ni de
chef de légion. Ils étaient remplacés par un état-
major de cinq commandants de section qui diri-
gerait pendant cinq jours la Garde nationale de la
capitale, sous l'autorité du plus âgé d'entre eux.
Ils dépendraient, non plus de la Commune de
Paris, qui n'existait plus, mais du comité militaire
de la Convention. Tous les sous-officiers et officiers furent remplacés, mais toujours élus, à partir
du mois de janvier 1795. Au printemps de la
nouvelle année, le Comité de Sûreté générale,
devenu le principal comité de la Convention, imposa
la formation de compagnies de grenadiers et de
chasseurs proscrites depuis septembre 1793, et
on leur ajouta 2 400 cavaliers devant s'équiper à
leurs frais. On en revenait presque à la Garde de
La Fayette, et tout cela exaspérait la plupart des
sans-culottes.

On avait interdit, le 16 octobre, aux sociétés
populaires des sections de s'affilier entre elles, de
correspondre et d'adopter des pétitions. Fréron et

les bandes de la «jeunesse dorée» réclamaient davantage encore et obtinrent, après deux assauts contre les bâtiments du club, la fermeture des Jacobins, le 12 novembre 1794.

On assistait, de la part de la nouvelle majorité de la Convention, à la continuation de ce que l'on pourrait appeler une politique de «déradicalisation», de «désans-culottisation» de l'espace public parisien. Commencée, paradoxalement, par Robespierre lui-même, avec la liquidation des leaders hébertistes, elle s'était poursuivie, avec le 9 thermidor, par la liquidation physique du Robespierrisme mais aussi, par la même occasion, de la Commune de Paris, instance symbolique du pouvoir sansculotte. Politique qui, sous Robespierre, signifiait le rejet idéologique des extrêmes, accusés de faire le jeu des puissances étrangères, mais qui désormais reflétait plutôt le modérantisme latent d'une part majeure de la population parisienne. À la fois les «honnêtes gens» des classes aisées, épargnés par la misère des temps, mais aussi les muscadins, tous ces jeunes gens de la bonne société, décidés à profiter de la vie, à échapper à leurs obligations militaires en payant des remplaçants et à jouir des héritages que la Terreur avait multipliés. À ces nouveaux privilégiés s'ajoutait une part croissante d'une strate plus modeste, aux frontières de la sans-culotterie, rejetant les exécutions toujours plus nombreuses d'une Terreur interminable, que la victoire de Fleurus rendait difficile à justifier et qui était devenue physiquement insupportable. Toute une population qui avait fait, un an plus tôt, le succès spectaculaire des pamphlets de Camille

Desmoulins et poussé Danton à opter pour une indulgence jugée intolérable par Saint-Just et l'Incorruptible car, disaient-ils, les patriotes continuaient de mourir sur les champs de bataille !

À travers cette thématique de la désans-culottisation, nous retrouvons les analyses et les conclusions de Raymonde Monnier sur l'évolution de l'opinion politique à Paris depuis 1789 jusqu'à la période thermidorienne :

> « Une des premières conséquences de la journée manquée du 9 thermidor fut à Paris la suppression de la Commune, ce qui n'est pas rien. Sa disparition laisse un vide qui n'est pas seulement symbolique, car elle avait été un élément clé de l'espace public démocratique. L'administration de Paris passe sous la tutelle des commissions exécutives de la Convention. La commission de police administrative et celle des contributions publiques, nommées par l'Assemblée, sont placées sous la surveillance du département. Le 9 thermidor permet au gouvernement d'éliminer la Commune de la scène parisienne, ce qui transforme la géographie politique, même si depuis la chute des hébertistes la Commune avait perdu son caractère de pouvoir populaire pour n'être plus guère qu'un rouage du gouvernement révolutionnaire[1]. »

Il faut, avec Raymonde Monnier, souligner l'importance symbolique de l'anéantissement du pouvoir communal parisien, notamment à l'intérieur même des sections. La géographie politique de Paris fut remodelée : le 7 fructidor (24 août), les 48 sections furent regroupées en 12 arrondissements qui cassaient les solidarités de la veille. Ainsi la section du Marais, plutôt bourgeoise, fut

rattachée au faubourg Saint-Antoine ou Antoine
— comme on disait alors —, d'autres sections du
centre furent regroupées avec les faubourgs Martin
et Denis qui ne leur étaient pas même contigus. Et
surtout, les comités révolutionnaires des sections,
organes majeurs de la Terreur, furent remplacés
par 12 comités de surveillance nommés par le
Comité de Sûreté générale.

Mais peut-être ne faut-il pas oublier de rappeler
qu'une telle politique n'est que la revanche des
modérés sur une phase antérieure de mise sous
contrôle par la sans-culotterie de la plupart des
instances politiques et administratives parisiennes,
ce que les historiens ont appelé globalement la
radicalisation politique de 1792 qui s'affirma au
lendemain du 10 août, se consolida avec la victoire
des Montagnards à Paris pour la députation à la
Convention et se confirma après le 31 mai et le
2 juin 1793. Ne pas s'étendre sur les modalités de
cette mise en condition de l'opinion, c'est laisser
entendre que la « radicalisation » serait une sorte
de phénomène global, national, affectant la majeure
partie d'une opinion publique dont le patriotisme
était exalté par la volonté de faire face à la menace
de l'invasion. Or nous avons vu que la radicalisation découlait surtout d'un phénomène d'intimidation qui passait notamment par le contrôle
politique progressif de la plupart des assemblées
de section où le modérantisme avait prévalu jusque-
là, et surtout par la mainmise sur les bataillons de
la Garde nationale, fournissant à l'activisme populaire son bras armé, une force de coercition contre

laquelle, depuis l'affaire du Champ-de-Mars, les modérés n'osaient plus se dresser.

Lors des lendemains immédiats du 9 thermidor, les sans-culottes ont pu s'interroger sur les conséquences de la double liquidation des Robespierristes et de la Commune de Paris, elle aussi robespierriste, et il semblerait que, dans un premier temps, pour la majorité des intéressés, l'opinion qu'ils en avaient était plutôt positive. Notamment l'ouverture des prisons signifia, pour nombre de sansculottes accusés de tiédeur aristocratique ou de frénésie hébertiste, le retour à la liberté. Cela permettait de prendre patience face à la dégradation dramatique des conditions matérielles. Le maximum des prix fut prorogé le 7 septembre pour permettre l'approvisionnement des boulangeries et vendre, à un prix tolérable, les maigres rations de pain attribuées à chaque citoyen — le marché «noir» permettant de s'offrir tous les compléments souhaitables, si on en avait les moyens.

Comme la situation ne s'améliorait guère pour les pauvres, le maximum général des prix et des salaires fut aboli le 24 décembre 1794, entraînant une hausse immédiate de la plupart des salaires et l'espoir d'une baisse du prix des subsistances car les gouvernants prétendaient que la suppression des menaces terroristes rassurait les gens des campagnes qui allaient revenir approvisionner les marchés. Mais, au lieu de s'améliorer, les conditions de vie empirèrent du fait d'un froid glacial d'autant plus insupportable que le bois manquait pour les besoins des plus pauvres, soit près du tiers de la population des deux grands faubourgs de la capitale et de la plupart des quartiers du centre-ville. En janvier et février, les prix des marchandises non réquisitionnées s'envolèrent sur les marchés tandis que la ration de pain fournie par les autorités passa, au mois de février 1795, de une livre et demie par personne et par jour à une livre. De plus, les ouvriers non domiciliés depuis suffisamment longtemps dans la capitale — compagnons faisant leur tour de France, ouvriers du bâtiment passant d'un chantier à l'autre — ne pouvaient plus bénéficier de ces distributions subventionnées par les autorités et devaient s'approvisionner au marché libre. L'abolition du maximum des prix accentua une hausse désormais générale en accélérant la dévaluation de l'assignat. En ce début d'année 1795, on mourait de misère et de froid, la colère grondait dans les sections patriotes et l'on se mit à regretter le temps de Robespierre. On s'indignait de l'arrogance des muscadins et de la répression qui frappait les anciens « terroristes » que les comités de la Convention voulaient désarmer, surtout s'ils possédaient un fusil, pour l'attribuer à un « bon citoyen ».

Dès le 12 mars (22 ventôse), un placard anonyme sonnait, à sa manière, le tocsin de l'insurrection : « Peuple réveille-toi, il est temps », proclamait-il, car le peuple mourait de faim pendant que ses ennemis se régalaient et s'empiffraient. Il fallait donc changer les lois, rétablir la Commune et appliquer la Constitution de 1793. Pour cela, il fallait que le « Peuple », les femmes surtout, occupe les tribunes de la Convention, il fallait enfin que le « Peuple » entreprenne la reconquête des sections, pour qu'elles fassent pression sur la Convention et obtiennent ce qu'il exigeait. L'affiche fit sensation, provoqua des attroupements et reparut les jours suivants, faubourgs Saint-Antoine et Saint-Marcel.

Le 17 mars, une députation des faubourgs Saint-Marcel et Saint-Jacques se fit menaçante, réclamant à la Convention du pain mais aussi la libération des députés jacobins (Barère, Collot d'Herbois et Billaud-Varenne) arrêtés le 2 mars sous la pression de la droite tant à la Convention que dans la rue, ainsi que la réouverture des sociétés populaires et l'application de la Constitution de 1793. Elle termina sa pétition par un véritable ultimatum : « Nous sommes à la veille de regretter tous les sacrifices que nous avons faits pour la Révolution[2]. »

Le 2 germinal (22 mars 1795), le Comité de Salut public fit distribuer 400 fusils à chacun des 12 comités de surveillance qui avaient succédé aux 48 comités révolutionnaires des sections. Ces fusils, soit 100 par section, devaient être confiés par les commandants des bataillons à des citoyens dignes de les recevoir. C'était une façon de recréer, à l'intérieur de chaque bataillon, les anciennes compagnies du centre, promptes à intervenir contre de possibles désordres et à en imposer aux éléments les plus subversifs de sections.

Les insurgés passèrent à l'acte, le 12 germinal (1er avril 1795), à cinq heures du matin. La veille au soir, les informateurs de police trouvèrent le peuple très animé dans les estaminets, on y disait qu'il y aurait du grabuge le lendemain. Mais pas de trace d'un quelconque comité insurrectionnel. Les mots d'ordre avaient circulé d'une section à l'autre sans répondre à un véritable plan d'ensemble. Néanmoins le Comité de Sûreté générale demanda à l'état-major de la Garde nationale, à titre préventif, 150 hommes par section pour protéger les bâtiments nationaux.

Ce furent les femmes qui jouèrent un rôle déterminant, notamment celles de la section de la Cité qui tinrent une assemblée dans la ci-devant église Notre-Dame et s'efforcèrent en vain d'obtenir des notables qu'ils prennent la tête du cortège pour aller à la Convention. Celui qui le fit fut un dénommé Van Heck, arrêté en septembre 1794 pour son rôle le 9 thermidor, relâché depuis et qui enrageait d'avoir perdu son commandement. Arrivés devant la Convention, vers onze heures, les manifestants y trouvèrent une grande masse d'hommes et de femmes qui affluait, dans le plus grand désordre, de plusieurs sections de la capitale. Les jeunes muscadins sur lesquels comptaient nombre de députés pour protéger la Convention furent bousculés et, vers une heure de l'après-midi, la foule fit irruption dans la salle des séances de la Convention. Elle y resta environ quatre heures, dans un tumulte permanent.

Au-dehors, des masses de manifestants environnèrent les Tuileries mais sans empêcher les Comités d'organiser leur riposte. Le Comité de Sûreté générale ordonna aux commandants de la Garde nationale de mobiliser les bataillons des 48 sections mais ne fit intervenir que les plus sûrs, venus des sections Mont-Blanc, Réunion, Champs-Élysées, Faubourg-Montmartre, Piques, Lepeletier et Butte-des-Moulins. Une dizaine d'autres sections fournirent des patrouilles ou des détachements plus importants pour disperser des rassemblements inquiétants ou protéger des bâtiments sensibles comme l'Hôtel de Ville et la prison du Temple où se trouvait le dauphin; d'autres enfin restèrent mobilisées sur place, c'était préférable.

Si les bataillons loyalistes ne purent se mettre en marche que vers cinq heures de l'après-midi, il faut constater que seule une minorité d'émeutiers était armée de fusils et qu'aucune unité organisée de la Garde nationale ne marcha contre la Convention. K. D. Tonnesson, dans l'étude magistrale qu'il a consacrée à *La Défaite des sans-culottes*, souligne que, dans nombre de sections, habituellement favorables au courant démocratique, on assista à des confrontations violentes pour savoir si l'on irait ou non rejoindre les insurgés et envahir la Convention. Mais nulle part les partisans de l'insurrection ne purent l'emporter : cela signifiait que les officiers des bataillons et notamment les commandants étaient majoritairement légalistes, mais cela révélait également que les contestataires voulaient une intervention en unités organisées et non pas le simple ralliement d'individus sympathisants. Ce qui comptait visiblement pour les sans-culottes, c'était la participation quasi intégrale d'unités de la Garde nationale pour signifier l'adhésion effective à l'émeute, qui s'en trouvait légitimée, de la portion de souveraineté populaire incarnée par chaque section[3].

Le tumulte qui accompagna l'irruption des manifestants dans la salle des séances de la Convention les empêcha de faire entendre clairement, pendant près d'une heure, leurs revendications. Van Heck, le premier, réussit à s'imposer et réclama, au nom de sa section, la Constitution de 1793, la fin de la famine, la mise en liberté des députés patriotes emprisonnés depuis le 9 thermidor et la suppression des bandes de muscadins. S'adressant à la «Montagne sainte», il termina en proclamant que les hommes du 14 juillet, du 10 août et du 31 mai lui restaient fidèles et réclamaient son intervention. Péroraison qui nous prouve que les manifestants continuaient de se réclamer du droit à l'insurrection, conquis en juillet 1789, et qu'ils faisaient confiance à la gauche de la Convention pour lui faire accepter leurs revendications. D'autres sections suivirent pour lire leurs pétitions, le plus souvent sur un ton très respectueux. La gauche de l'Assemblée, elle-même, insista pour que le peuple achève rapidement ses démonstrations afin que la Convention puisse, de son côté, délibérer en toute quiétude. C'était laisser croire au peuple qu'on allait obtempérer à ses exigences. Il se retira d'autant plus promptement que les bataillons des sections conservatrices arrivaient, baïonnette au canon, pour faire évacuer la salle.

Le peuple n'avait rien obtenu, on l'avait écouté mais sans rien concéder tandis que se massaient aux abords de la salle des bataillons nombreux qui permirent de la vider sans même tirer un coup de feu! Le rapport des forces était suffisamment évident pour ne pas insister.

Dans la soirée et la nuit suivante, certaines sections, conscientes de ne rien avoir obtenu, délibérèrent pour savoir si l'on allait continuer à

manifester mais rien ne fut décidé. Quant à la
Convention, dès le départ des manifestants, elle
décréta la déportation des chefs de l'opposition,
Barère, Billaud-Varenne, Collot d'Herbois, Vadier
et l'arrestation de huit autres députés «montagnards» qui avaient pris fait et cause pour les
manifestants. Vers onze heures, la Convention
apprit que deux députés avaient été molestés par
des manifestants place du Panthéon, alors qu'ils
voulaient apaiser les esprits, qu'un coup de feu
avait été tiré et que l'un des deux serait mort!
Aussitôt, adoptant une proposition de Barras, elle
déclara Paris en état de siège et le général Pichegru
qui venait de s'illustrer en Hollande, de passage
dans la capitale, en fut nommé le commandant
militaire avec Barras et Merlin de Thionville comme
adjoints.

Le réflexe est révélateur des problèmes politiques quasi insolubles que posait le fonctionnement de la Garde nationale: son commandant
en chef était un personnage encombrant, politiquement inquiétant mais, dès qu'on le supprimait,
la Garde nationale se révélait devenir une force
proliférante, difficile à manier, victime de réflexes
centrifuges qui lui ôtaient l'essentiel de son efficacité. La nomination de Pichegru corroborait les
liens qui s'étaient tissés entre l'armée et le Comité
de Salut public depuis l'épisode fédéraliste, quand
les commandants d'armée s'étaient ralliés massivement à la majorité «montagnarde» et aux comités
de la Convention.

Le nouveau commandant se préoccupa aussitôt
de neutraliser l'agitation provoquée, le lendemain,

par le transfert des quatre déportés vers le fort de Ham ou vers l'île d'Oléron et par le sort des huit nouveaux prévenus. Gardes nationaux et manifestants s'opposèrent, aux barrières de la ville, à la sortie des déportés et les cabriolets qui amenaient les prisonniers dans leur prison respective furent arrêtés sur leur trajet par une foule obéissant à des motivations contradictoires. Les uns voulaient les faire évader, d'autres, trouvant leur sort trop clément, voulaient les mettre à mort sans autre forme de procès.

Le 13 germinal, Pichegru dispersa les mécontents et, les semaines suivantes, les Comités s'efforcèrent de reprendre le contrôle de la totalité des bataillons de la garde parisienne. Pour cela on reprit les vieilles recettes de La Fayette : mise à l'écart et désarmement des meneurs et trublions dénoncés comme « terroristes », réélection sélective des officiers, création de compagnies d'élite (grenadiers, chasseurs, cavaliers et même canonniers !) équipées à leurs propres frais. Les sans-culottes protestèrent contre ce retour au passé et dénoncèrent la reconstitution «de l'ancienne armée de La Fayette, qui ne sera composée aujourd'hui que des soldats de Fréron[4] ».

Le désarmement des terroristes, commencé après le 9 thermidor, fut amplifié mais ne toucha qu'assez peu de monde, peut-être 1 600 individus pour l'ensemble des sections car on ne s'en prit qu'aux militants les plus compromis, et davantage pour leur comportement apparent que pour leurs responsabilités effectives. K.D. Tonnesson insiste sur le désarroi des individus frappés par cette sorte de marginalisation, en sous-estimant peut-être la solidarité des ci-devant terroristes devant les revirements de la conjoncture politique. Le cas particulier de Van Heck, section de la Cité, nous démontre que cette mesure entraîna plutôt chez ces anciens activistes une attitude de ressentiment allant à l'encontre de l'effet recherché.

La référence à l'armée de La Fayette nous incite à constater la structure, en quelque sorte feuilletée, de la mémoire de nos sans-culottes. Les cinq années de l'histoire révolutionnaire s'y superposaient et nous avons pu observer que la référence à juillet 1789 y est permanente, que rien de cette histoire immédiate n'a été effacé et que nos militants ne peuvent qu'être conscients de leur montée en puissance, de l'été 1792 à l'automne 1793, et du déclin relatif qui a suivi. Conscients également de l'hostilité récurrente, à leur encontre, des majorités des trois assemblées nationales successives. L'étude parcellaire de la Révolution par des spécialistes de tel ou tel moment particulier ne peut qu'inciter à gommer cet effet cumulatif qui peut expliquer la démoralisation de la sans-culotterie après le sursaut des journées de prairial (mai 1795) et malgré l'importance relative de ses effectifs dans la moitié au moins des sections de la capitale. Albert Soboul, dans sa thèse, a insisté sur un épuisement physique supposé des militants, après cinq années d'engagement, mais, obnubilé par le problème de la conscience de classe et des contradictions internes entre sans-culottes, il a sans doute sous-estimé leur lucidité désabusée qui peut expliquer une sorte de renoncement brutal à un affrontement qui les opposerait non plus aux nantis des quartiers bourgeois mais à ces soldats de la République, le plus souvent issus des mêmes milieux qu'eux, et qui, jusque-là, se refusaient à tirer sur le peuple affamé.

Ajoutons que K. D. Tonnesson a pu constater que le projet de réforme de la Garde nationale du 28 ventôse an III (18 mars 1795)[5] resta lettre morte dans la mesure où seules quelques sections amorcèrent le recrutement des compagnies d'élite. La bourgeoisie refusait de s'engager personnellement dans cette affaire et voulait en rester aux remplaçants et au service minimum qu'elle avait réussi à imposer. Aussi notre historien n'y voit-il qu'un coup pour rien, confirmant seulement l'orientation antipopulaire du régime. Ne faut-il pas y discerner une étape de plus dans le discrédit de l'institution et de son éviction au bénéfice d'une militarisation effective du maintien de l'ordre dans Paris ? L'auteur cite un article du *Messager du soir* qui fustige l'esprit de démission des boutiquiers parisiens : « la lâche insouciance des citoyens honnêtes de Paris qui voient l'ennemi aux portes de leurs maisons et de leurs boutiques, et ont la pusillanimité de n'oser braver les blasphèmes des apôtres du pillage pour s'enrôler dans la Garde nationale[6]... ».

Au mois de mai 1795 (floréal), la crise des subsistances empira : les rations de pain distribuées par les autorités diminuèrent de moitié, on y ajouta des distributions de riz, mais on ne savait trop comment le préparer. Le prix du boisseau de pommes de terre quintupla, il ne fallait plus parler de disette mais bel et bien de famine. Les hommes ne pouvaient plus aller chercher du travail et tombaient d'inanition. On mourait littéralement de faim, le nombre des suicides augmentait tandis que les agioteurs se goinfraient dans les restaurants à la mode. Les informateurs de police rapportaient de multiples incidents devant les boulangeries, les femmes s'attroupaient devant celles qui vendaient des gâteaux au prix fort. Les pauvres dénoncèrent le cynisme provocant des riches : à quoi bon avoir fait la Révolution pour en arriver là ! La misère faisait détester la République, des femmes du peuple affirmaient qu'il fallait un roi pour avoir du pain et des bourgeoises applaudissaient ! D'autres se mettaient à faire l'éloge du maximum et de Robespierre ! Il fallait que le sang coule ! Le « Peuple » devait imposer ses exigences et obtenir l'application immédiate de la Constitution de 1793 !

Paris semblait à la veille d'une nouvelle explosion insurrectionnelle. On signalait de véritables émeutes dressant les simples citoyens contre les administrateurs des sections accusés de mélanger du plâtre à la farine. Des placards incendiaires se multiplièrent, réclamant la distribution gratuite des subsistances les plus nécessaires. Le gouvernement s'inquiétait, mais il ne pouvait guère compter sur la Garde nationale qu'il n'avait pu vraiment réformer. Il se décida alors à faire appel aux troupes de ligne, ce qu'on n'avait plus vu depuis juin 1789. Dès le 28 germinal (18 avril), 3 500 cavaliers vinrent camper aux portes de Paris pour protéger les arrivages de grain vers la capitale. Des citoyens se permirent de rappeler que cette

précaution était la même que celle «que le gouvernement monarchique avait prise avant le 14 juillet
1789».

Le 7 floréal (25 avril), le gouvernement ordonna
à un détachement de chasseurs d'entrer dans la
ville. Les sans-culottes entreprirent de les convaincre
du bien-fondé de leur indignation, le gouvernement les remplaça par des carabiniers, puis par
des gendarmes qui tous se laissèrent gagner par
l'argumentation populaire. On continua de concen-
trer des troupes, mais à une certaine distance de
la capitale pour éviter la contagion contestataire.

Les soldats ainsi éloignés firent savoir que la
cause de leur départ était leur sympathie pour le
peuple. Au faubourg Saint-Antoine, les carabiniers
affirmèrent «qu'ils faisaient partie du peuple et
que, s'il s'insurgeait pour demander du pain, ils ne
tueraient pas des hommes demi-morts de faim[7]».

Un pamphlet, «Insurrection du peuple pour
obtenir du pain et reconquérir ses droits», publié
le 30 floréal au soir, donna le signal de l'insurrection, mais alors qu'en germinal «Peuple réveille-
toi» recommandait aux sans-culottes de contrôler
les sections pour y légitimer leur révolte, le nouvel
appel, après avoir justifié le recours à l'insurrection
et fixé ses objectifs, incitait le peuple à marcher
en masse sur la Convention pour éviter «que le
gouvernement astucieux et perfide ne puisse plus
en museler le peuple comme à son ordinaire, et le
faire conduire, comme un troupeau par des chefs
qui lui sont vendus et qui nous trompent[8]».

Néanmoins, si, dès le matin, les femmes de
plusieurs sections, en vagues successives, cher-

chèrent à occuper la salle des séances de la
Convention et finirent par en être chassées à coups
de fouet, les hommes, dans ces mêmes sections,
s'efforçaient encore de convaincre leurs officiers
de marcher à leur tête et donc ne s'ébranlèrent
vers les Tuileries qu'en début d'après-midi. Les
trois bataillons du faubourg Antoine forcèrent
l'entrée de la salle vers trois heures et demie, et
c'est dans la mêlée que fut tué le député Féraud
dont le corps fut traîné place du Carrousel où on
lui coupa la tête pour l'exhiber au bout d'une
pique. Dans la salle des séances, comme en germinal, ce fut un magma d'imprécations et de
menaces. Au bout d'une heure seulement, un canonnier parvint à entreprendre la lecture de l'« Insurrection du peuple », mais on ne décida rien. De
leur côté, les Comités se mirent à organiser la
riposte : ils désignèrent un député, spécialiste des
questions militaires, Delmas, comme commandant
de la force armée de la capitale et nommèrent
Raffet, le chef du bataillon modéré de la Butte-des-
Moulins, à la tête de la Garde nationale. On prenait
son temps car, visiblement, on voulait éviter un
affrontement sanglant. À la tribune de la Convention,
le président de séance, Boissy d'Anglas, ne prit
donc aucune initiative et supporta, trois heures
durant, plaisanteries et insultes, tandis que les
députés modérés se regroupaient, silencieux, et
que la minorité montagnarde discutait avec les
sectionnaires toujours véhéments. À sept heures,
la procession macabre qui accompagnait la tête
de Féraud fit son entrée, et présenta, en manière
d'avertissement, le sinistre trophée au président

qui ôta son chapeau pour la saluer, sans sour-
ciller.

Visiblement les députés modérés attendaient
que la minorité montagnarde se compromette
avec les insurgés car on la croyait instigatrice de
la journée et, pendant tout ce temps, les Comités
purent organiser la mobilisation des bataillons
modérés. Finalement, vers neuf heures du soir, les
insurgés impatients obtinrent la reprise des délibérations, et la minorité montagnarde fit adopter
toutes les mesures qu'ils exigeaient. Personne
n'était dupe parmi les députés, tous savaient que
dès que la Convention aurait recouvré sa liberté
de décisions, ces décrets seraient révoqués, mais
il fallait apaiser les colères populaires et certains
députés pouvaient se demander si, dans la rue, au
même moment, l'émeute n'était pas victorieuse.
Finalement, on vota le remplacement du Comité
de Sûreté générale par une commission qui servirait
d'exécutif provisoire — ce fut ce qui incita les
Comités à intervenir, d'autant que la foule avait
quitté les abords des Tuileries. Après avoir pro-
gressé en silence, les bataillons modérés firent
brutalement irruption dans la salle. Les insurgés
commencèrent par vouloir résister. Raffet fut jeté
à terre, on blessa le député Kervélégan, puis ce fut
une débandade générale sans que les forces loyalistes cherchent vraiment à s'opposer à ce sauve-
qui-peut. Il était onze heures trente et, deux heures
durant, on revint sur les décrets qui venaient
d'être adoptés et on vota l'arrestation de quatorze
députés montagnards pour leur attitude pendant les heures précédentes ou, de façon plus

globale, pour ce qu'ils avaient dit ou fait depuis le 9 thermidor.

Dans beaucoup de sections l'effervescence continuait. On battit la générale en pleine nuit dans la section des Quinze-Vingts. Vers huit heures, le tocsin sonna au faubourg Antoine, la contagion insurrectionnelle avait gagné depuis la veille. De leur côté, les comités donnèrent l'ordre à tous les bataillons de prendre les armes pour protéger la Convention. Il s'agissait de prévenir l'insurrection en obligeant tous les bataillons à se mettre aux ordres de leur état-major loyaliste mais, comme les insurgés voulaient également marcher sur la Convention, beaucoup d'unités y convergèrent sans que l'on sache trop quelles étaient leurs intentions réelles, d'autant que la plupart étaient loin d'être unanimes : on se déciderait au dernier moment, en fonction de l'évolution du rapport de force.

Quand vers dix heures du matin, les députés reprirent leurs délibérations, il y avait 24 bataillons des abords des Tuileries jusqu'à la place des Victoires et celle des Piques (place Vendôme), soit plus de 20 000 hommes, mais leur disposition était à l'inverse de celle du 2 juin 1793 : les plus modérés avaient été placés à proximité immédiate de la Convention, les moins sûrs à la périphérie du dispositif. Les trois bataillons du faubourg Antoine, en début d'après-midi, refusèrent la place qu'on leur avait assignée et marchèrent sur la Convention, bousculant les bataillons qui cherchaient à les arrêter. Un de ces bataillons avait un commandant insurrectionnel, les deux autres des commandants

légalement élus mais qui n'étaient plus que partiellement obéis, notamment par les canonniers. Vers
trois heures de l'après-midi, ils prirent place, avec
leurs canons, devant la Convention et les bataillons
qui la protégeaient. Loyalistes et insurgés se faisaient
face dans un climat de tension extrême tout en
cherchant à rallier une partie du camp adverse.
Vers sept heures, les canonniers du faubourg
Saint-Antoine, inquiets de voir se déplacer des
compagnies loyalistes, voulurent ouvrir le feu et
chargèrent leurs canons, mais un sergent se jeta
sur la mèche allumée alors que plusieurs compagnies de canonniers, prétendument loyalistes,
changeaient de camp et rejoignaient les insurgés.

Dans l'heure qui suivit, place du Carrousel, le
rapport de force s'était fortement modifié en faveur
des insurgés. Après avoir envisagé l'affrontement
et devant l'inquiétude manifestée par les généraux
Delmas et Dubois, les Comités décidèrent de jouer,
à leur tour, la carte de la fraternisation. Une délégation de dix députés se rendit auprès des canonniers pour leur assurer que la Convention s'occupait
à répondre aux demandes du peuple. Elle revint
rendre compte, accompagnée d'une députation
des faubouriens qui réitérèrent leurs demandes
sur un ton hautain, jugé déplaisant par la plupart
des députés, de sorte que l'accolade fraternelle
leur fut donnée au milieu des protestations d'une
partie de la salle et des tribunes où désormais les
modérés l'emportaient.

De son côté, le général Dubois, qui avait accepté
de venir en otage auprès des insurgés, leur réaffirma que la Convention s'occupait sans relâche

des subsistances et qu'on allait publier, dès le 25 prairial, les lois organiques, c'est-à-dire la Constitution de 1793 réaménagée, tant et si bien que les bataillons protestataires finirent par regagner leur section. Vers onze heures du soir, les comités firent savoir à la Convention qu'elle pouvait ajourner sa séance. Mais, dès dix heures, le général Dubois avait entendu des sectionnaires dire que leur coup était manqué, qu'il avait trompé le peuple en l'endormant par ses discours.

Une fois encore la situation avait été très critique pour la Convention, et celle-ci avait paru capituler. Pour beaucoup de députés et pour les Comités, tout cela était intolérable et il fallait enfin que cela cesse immédiatement.

Dans la nuit du 2 au 3 prairial, les Comités décidèrent de convoquer individuellement, via les chefs de bataillon, tous les «bons citoyens» de la capitale à qui l'on distribuerait des fusils alors qu'on les refuserait aux citoyens ex-terroristes ou prétendus tels. Donc, la générale ne fut battue nulle part pour ne pas alarmer les quartiers très sensibles. Et ce sont plus de 20 000 hommes qui furent ainsi mobilisés, non plus pour protéger les Tuileries, mais pour monter une opération de désarmement massif du faubourg Antoine, tout en contrôlant certains points sensibles de la capitale et en constituant une réserve pour intervenir en cas de rassemblements menaçants des insurgés.

La journée devait commencer, à cinq heures et demie du matin, par une sorte d'opération test contre la demeure de l'ancien commandant en chef de la Garde nationale, Santerre, le héros du

10 août, soupçonné de cacher deux députés montagnards, Cambon et Thuriot, décrétés d'arrestation
depuis le 12 germinal, depuis que les insurgés
rassemblés à l'Hôtel de Ville les avaient élus maire
et agent national de Paris. On les accusait d'avoir
organisé clandestinement les insurrections successives du faubourg. La colonne, commandée par le
général Kilmaine, était composée d'un bataillon
de la «jeunesse dorée» de Fréron épaulé par trois
détachements de gardes nationaux de la Butte-
des-Moulins, de Lepeletier et des Champs-Élysées,
auxquels s'ajoutaient 200 dragons et deux pièces
de quatre. En tout, 1 200 hommes. On fouilla l'hôtel
de Santerre sans trouver personne, mais, au retour,
en voulant repasser par la rue du Faubourg-Saint-
Antoine, la colonne fut stoppée par trois barricades
successives. Kilmaine, pour éviter de voir ses
hommes fusillés depuis les fenêtres des maisons,
négocia l'ouverture des barricades et rendit les
canons dont les jeunes gens s'étaient emparés après
l'ouverture de la seconde barricade. Cette humiliation exaspéra la Convention et la poussa à exiger
la reddition pure et simple du faubourg, accompagnée de la restitution de tous les canons.

Au même moment, on interdisait à un détachement d'une des sections du faubourg, celle des
Quinze-Vingts, de faire partie de la garde ordinaire
de la Convention. À cette nouvelle, le faubourg
s'alarma et s'arma tout à la fois, puis les rues se
couvrirent de barricades quand on apprit que les
Comités s'apprêtaient à le désarmer. En début de
matinée, les informateurs constataient que les
trois bataillons voulaient résister mais, au fil des

heures, leur combativité s'éroda, surtout lorsqu'ils s'aperçurent qu'aucun renfort ne survenait des sections voisines. L'ordre de marcher sur le faubourg fut donné aux unités loyalistes vers quatre heures de l'après-midi; cinq colonnes convergèrent depuis les quartiers situés à la périphérie du faubourg jusque vers les débouchés de ses principales artères. Un canonnier de la section de Popincourt courut avertir le comité civil de l'arrivée des représentants du peuple à la tête d'une colonne, et c'est au président du comité accompagné par deux de ses membres et au commandant légal du bataillon que fut faite la sommation : on accordait une heure à ces fonctionnaires pour qu'ils obtiennent la reddition des rebelles et la remise des fusils et canons. Le capitaine des canonniers voulut faire tirer sur la colonne : on le fit prisonnier et il fut guillotiné le lendemain. Après les canons de Popincourt, ceux des Quinze-Vingts et de Montreuil furent également livrés. À neuf heures du soir, c'en était fini des « braves canonniers » du faubourg, et l'on ramassa également les piques et les quelques dizaines de fusils encore possédés par les ex-insurgés.

Dès le 5 prairial, on imposa également la reddition de leurs canons aux trois sections considérées comme les plus contestataires outre le faubourg Saint-Antoine, c'est-à-dire les Gravilliers, la Cité et celle du Panthéon. Les 42 autres sections, désormais contrôlées par des modérés ou des « réacteurs », renoncèrent volontairement à leurs canons et désarmèrent leurs « terroristes » dans le cadre d'une auto-épuration organisée par le Comité de Sûreté générale qui, dès le 3 prairial, fit dresser par les différentes sections la liste des «agents de l'anarchie», puis leur demanda de se réunir pour désarmer leurs «mauvais citoyens» et se prononcer sur leur possible arrestation.

Cette épuration sectionnaire contre les militants s'ajouta à celle, militaire, qui frappa les insurgés arrêtés pour avoir pris des initiatives ou accepté des responsabilités lors des trois premiers jours de prairial. La Commission jugea 149 individus sur les 3 000 qui avaient été arrêtés et en condamna 73, dont 36 à mort, 12 à la déportation, 7 aux fers et 18 à une peine de prison. Parmi les condamnés à mort, 6 députés «montagnards» compromis lors de la séance de la Convention du 2 prairial, 19 des 23 gendarmes accusés de s'être ralliés aux insurgés, 6 individus accusés d'avoir participé à l'exhibition de la tête de Féraud dans les rues de la capitale, 1 ex-commissaire révolutionnaire accusé de propos séditieux et d'avoir porté sur son chapeau l'inscription «Du pain et la Constitution de 1793»! Enfin, 4 officiers de la Garde nationale, pour avoir poussé leurs hommes à l'insurrection ou pour avoir lu, à la Convention, «L'insurrection du peuple», le manifeste-programme des journées de prairial[9].

Outre l'ampleur du nombre des arrestations de ces trois vagues répressives en moins d'un an (thermidor 1794, germinal et prairial 1795), ce qui frappe c'est l'absence de riposte populaire au désarmement du faubourg Saint-Antoine, qui s'explique sans doute par le réveil — non pas du peuple! — mais des modérés dont nous avons vu les conséquences dans la difficile mobilisation de bataillons idéologiquement partagés. Le rappel circonstancié des journées de prairial tend à prouver deux des réalités politiques majeures de 1795 : d'une part, la mobilisation massive des modérés ; d'autre part, face à ces modérés, la capacité résiduelle de mobilisation d'une minorité de militants « ultra-révolutionnaires » qui croyait pouvoir imposer encore ses exigences par la vertu dissuasive du canon jointe à la légitimité contagieuse d'une victoire politique renouvelée, confirmant la vocation révolutionnaire des sans-culottes. Ils continuaient de croire à l'efficacité du mythe de la nécessaire insurrection de la souveraineté populaire quand celle-ci s'estimait violentée par le pouvoir. Le peuple n'avait qu'à se lever pour l'emporter. Et la sainte litanie des journées antérieures qui avaient permis au peuple de sauver la Révolution de juillet 89 au 5 septembre 1793 était chaque fois évoquée pour justifier la nouvelle mobilisation des sans-culottes.

Mais le canon ne suffisait plus, ni même la mobilisation populaire car elle n'était plus relayée par un processus politique lui permettant à la fois de s'assurer une majorité à la Convention et le soutien d'une large partie d'une opinion publique qui n'était plus convaincue de la légitimité révolutionnaire des massacres de septembre 1792, ni des coups de force du 2 juin et du 5 septembre 1793. Ce n'étaient pas les sans-culottes qui manquaient, la misère était toujours là pour les jeter dans la rue et les exaspérer, mais bien les Jacobins et une majorité de députés ralliés à la Montagne et susceptibles de traduire politiquement leur protestation, la cautionner et lui donner une ampleur nationale. Or les échecs successifs des journées de germinal et prairial et notamment la mort de Féraud confortaient la condamnation par l'opinion de ce qui n'était plus, à ses yeux, que l'étalage d'une violence brutale, prodrome d'un retour possible des atrocités terroristes et vérifiant l'évidence d'une complicité quasi organique entre députés montagnards, club des Jacobins et insurgés sans-culottes, constituant le tripode du « système de la Terreur » dénoncé par Tallien dès le 28 août 1794 et dont la destruction s'imposait si l'on voulait que l'élimination de Robespierre et de la Commune ne soit pas qu'un règlement de comptes sans lendemain.

Mais la vision thermidorienne du retour inquiétant de la violence faisait bon marché de la dimension quasi religieuse prise par le rituel de l'insurrection quand la Garde nationale, organisée en corps, avec ses officiers élus, symbolisant l'ensemble des citoyens soldats, prenait les armes pour défendre le droit fondamental, duquel tout découlait, celui de s'insurger quand le pouvoir en place ignorait délibérément les droits de l'homme. Un tel rituel permettait de revivre, chaque fois, intensément, le moment exaltant de juin-juillet 1789, celui de la naissance d'une Nation accordant d'emblée, à tous les citoyens qui avaient combattu pour elle, une forme concrète et gratifiante d'existence politique. Ce qui expliquait l'obstination pathétique, six ans plus tard, de toutes ces femmes, de tous ces hommes, à obtenir de leurs officiers et responsables civils qu'ils manifestent avec eux et restent encore à leur tête, pour symboliser l'unité sacrée des patriotes qu'il fallait retrouver quand la Révolution paraissait à nouveau menacée.

Unité quasi mystique des patriotes qui donnaient aux sans-culottes les plus modestes une sorte de supplément d'âme que ne ressentaient pas avec la même intensité les « modérés » d'un statut social plus favorisé et pour lesquels la Garde nationale restait avant tout une force de « sûreté » pour conserver l'intégrité des biens et des personnes contre de possibles exactions, quelle qu'en soit l'origine. Supplément d'âme qui avait permis aux citoyens passifs de se considérer, pour ce qui regardait la Garde nationale, comme les égaux — sinon plus ! — des citoyens actifs et qui était devenu un atout politique majeur lors des affrontements engendrés par les journées révolutionnaires. Ce qui est évident, en effet, lorsque l'on évoque par le menu, comme nous l'avons fait, le déroulement de la plupart de ces journées, c'est justement que ces affrontements ne finissent quasiment jamais dans le sang. Le paroxysme de la tension se dissout le plus souvent dans l'euphorie d'une fraternisation au bénéfice des insurgés. Les seuls affrontements sanglants — 14 juillet, 10 août — ont opposé les Parisiens puis la Garde nationale aux soldats de la Monarchie, mais, dans la plupart des face-à-face entre gardes nationaux, les insurgés ont forcé le passage en opposant leur conviction d'être les représentants légitimes de la continuité révolutionnaire face aux partisans du statu quo constitutionnel accusés, en divisant les patriotes, de faire le jeu des contre-révolutionnaires.

C'est ce qui explique la semi-victoire remportée

par les insurgés les 2 et 3 prairial. À trop commenter le désarmement du 4 prairial, on oublie que, la veille, les députés et les comités ont dû simuler une fraternisation avec les émeutiers qui venaient, une fois encore, de rallier plusieurs compagnies de canonniers « modérés ». Autrement dit, la liquidation de Robespierre et de la Commune ne signifiait pas, après celle d'Hébert et des Cordeliers, la fin de la capacité insurrectionnelle des sans-culottes. Leur combativité demeurait, il fallait donc éradiquer le mythe du devoir d'insurrection et leur expliquer que la Convention thermidorienne incarnait désormais l'unité des patriotes et qu'elle allait leur assurer leur pain quotidien.

Chapitre X

LE DÉCLIN
DE LA GARDE NATIONALE

Par deux fois, contre les sections «populaires» insurgées, les bataillons des sections modérées s'étaient portés au secours de la Convention envahie par l'émeute. Ils ont donc le sentiment que les Thermidoriens leur doivent tout, d'autant plus que depuis le 9 thermidor, ils reprenaient progressivement à leur compte les mots d'ordre les plus agressifs des «honnêtes gens» à l'encontre de la «queue de Robespierre», de tous ceux qui avaient soutenu la politique de l'Incorruptible et célébré le règne de la volonté populaire. Contre ceux qui estimaient, comme Robert Lindet, la nécessité d'une politique assumant tout un passé récent dont tous les députés étaient coresponsables, les modérés obtinrent, le 8 décembre 1794, la réintégration des 75 députés girondins exclus après le 2 juin 1793 et surtout la fermeture du club des Jacobins réclamée par les bandes de Fréron qui multipliaient les agressions contre ceux qui osaient encore le fréquenter (12 novembre 1794)[1].

Quatre mois plus tard, les «journées» de germinal et de prairial an III, nous venons de le voir, entraînaient le désarmement des sections acquises au primat de la souveraineté populaire, avec l'appui de celles qui, depuis La Fayette, se considéraient au service de la Nation contre les menaces du complot aristocratique mais aussi contre tous les démocrates frénétiques qu'avaient suscités l'or et les agents de Pitt et de Cobourg. Non seulement on allait désarmer ces forcenés, mais on allait arrêter tous les tyranneaux des sections, écraser du même coup ce qui restait des agitateurs contre-révolutionnaire. Enfin et surtout, la Convention avait confié à une commission des Onze, où cohabitaient royalistes constitutionnels et républicains modérés, l'élaboration d'une nouvelle Constitution pour la substituer aux principes aberrants et dangereux de celle voulue par Robespierre en juin 1793 et dont les insurgés de germinal et de prairial avaient, en vain, réclamé l'application.

Le nouveau texte constitutionnel fut voté le 22 août 1795, précédé d'une déclaration double énumérant, à côté de ses droits, les devoirs du citoyen, contrepoids nécessaire au maintien des équilibres fondamentaux de l'édifice social. Disparaissait surtout le droit de résistance à l'oppression, solennellement proclamé par les deux Constitutions précédentes, ainsi que le devoir d'insurrection qui en résultait selon le texte de juin 1791 et que les sans-culottes avaient considéré comme la manifestation primordiale de la souveraineté populaire, la condition préalable et nécessaire de la forme de démocratie directe qu'ils étaient parvenus à instaurer depuis le 31 mai 1793.

Le titre 9 de la nouvelle Constitution, intitulé

« De la force armée », et comprenant seulement 22 des 377 articles qui la composaient (articles 274 à 295), maintenait l'existence d'une Garde nationale sédentaire à côté de l'armée proprement dite ou Garde nationale en activité. L'article 277 en précisait la composition : « La Garde nationale sédentaire est composée de tous les citoyens et fils de citoyens en état de porter les armes. » Les sept articles suivants qui la concernaient précisaient que son organisation était la même pour toute la République, qu'aucun Français ne pouvait exercer les droits de citoyen « s'il n'est inscrit au rôle de la Garde nationale ». Que ses officiers étaient élus pour un temps donné et ne pouvaient être réélus qu'après un intervalle. Qu'un seul citoyen ne pouvait commander à la garde nationale d'un département sinon à titre temporaire sous l'autorité du directoire exécutif et qu'il en était de même pour le commandement de la garde nationale d'une ville de plus de 100 000 habitants. Enfin, après avoir précisé la composition de la « Garde nationale en activité » formée « par enrôlements volontaires, et, en cas de besoin, par le mode que la loi détermine », après avoir limité la durée et l'étendue des commandements auxquels le Directoire devait pourvoir (articles 286-290), le texte constitutionnel se bornait à rappeler que la force armée intervenant pour le « service intérieur de la République » ne pouvait agir que sur la réquisition écrite des autorités civiles concernées, soit locales, soit départementales ou encore sous l'autorité du Directoire exécutif, selon l'importance des interventions nécessaires.

On ne disait rien de la nature de ces interventions, mais plusieurs articles concernant les nouvelles assemblées électorales primaires et, de façon plus générale, les modalités du droit de pétition proclamaient clairement que c'en était fini des protestations collectives et *a fortiori* armées dans des assemblées de section ou autres sociétés prétendument populaires :

« Article 24. — Nul ne peut apparaître en armes dans les Assemblées primaires.

Article 37. — Les Assemblées électorales ne peuvent s'occuper d'aucun objet étranger aux élections dont elles sont chargées ; elles ne peuvent envoyer ni recevoir aucune adresse, aucune pétition, aucune députation.

Article 38. — Les Assemblées électorales ne peuvent correspondre entre elles.

Article 361. — Aucune assemblée de citoyens ne peut se qualifier de société populaire.

Article 362. — Aucune société particulière, s'occupant de questions politiques, ne peut correspondre avec une autre, ni s'affilier à elle, ni tenir des séances publiques composées de sociétaires et d'assistants distingués les uns des autres, ni imposer des conditions d'admission et d'éligibilité, ni s'arroger des droits d'exclusion, ni faire porter à ses membres aucun signe extérieur de leur association.

Article 363. — Les citoyens ne peuvent exercer leurs droits politiques que dans les Assemblées primaires ou communales.

Article 364. — Tous les citoyens sont libres d'adresser aux autorités publiques des pétitions, mais elles doivent être individuelles ; nulle association ne peut en présenter de collectives, si ce n'est les autorités constituées, et seulement pour des objets propres à leur attribution. Les pétitionnaires ne doivent jamais oublier le respect dû aux autorités constituées.

Article 365. — Tout attroupement armé est un

attentat à la Constitution ; il doit être dissipé sur-le-champ par la force.

Article 366. — Tout attroupement non armé doit être également dissipé, d'abord par voie de commandement verbal, et, s'il est nécessaire, par le développement de la force armée[2]. »

Le projet de la nouvelle Constitution mis en chantier au mois d'avril 1795 par la commission des Onze fut achevé le 23 juin et définitivement adopté le 22 août 1795. Mais les Thermidoriens se savaient de moins en moins populaires auprès de l'opinion, notamment à Paris : la valeur de l'assignat continuait de dégringoler ; la mort de Louis XVII, annoncée le 8 juin, avait provoqué chez beaucoup de monarchiens le sentiment qu'une solution possible de monarchie constitutionnelle avait été stupidement négligée tandis que les exécutions massives d'émigrés après leur reddition à Quiberon avaient indigné les ultra-royalistes. On allait au-devant d'une débâcle électorale, de sorte qu'une majorité de députés se prononça pour appliquer, dès le premier scrutin, le renouvellement annuel par tiers des futurs députés aux deux conseils prévus par la Constitution. Pour cette première élection, seul un tiers du personnel du Conseil des Anciens et de celui des Cinq-Cents serait effectivement élu le reste de l'effectif parlementaire étant fourni par des conventionnels dont le mandat serait prolongé. Mais cette mesure conservatoire indigna une opinion qui la considéra comme une manœuvre dilatoire destinée à pérenniser d'un ou deux ans encore les mandats de ceux que la rue appelait déjà les «perpétuels». À un premier référendum portant sur l'acceptation de la Constitution, la Convention en ajouta un second sur l'acceptation des deux décrets concernant le prolongement du mandat des Conventionnels.

Le 23 septembre, les résultats du double référendum furent proclamés. La nouvelle Constitution était acceptée par plus d'un million de oui contre 40 000 non. Les décrets des deux tiers étaient également adoptés mais par seulement 205 000 suffrages favorables contre 107 000 négatifs, encore les résultats étaient-ils entièrement faussés par la décision de la Convention de ne comptabiliser que les scrutins rapportant effectivement la répartition effective des suffrages, or dans la plupart des sections on avait affiché un refus général quand le nombre des refus avait dépassé la moitié des listes d'électeurs. À Paris, le refus l'emporta dans 47 sections sur 48, mais dans 32 sections on n'avait pas précisé la répartition exacte des votes et la Convention ne les prit pas en compte[3].

La protestation contre cette manipulation des résultats fut unanime et souvent véhémente. La section Lepeletier et celle du Théâtre-Français s'empressèrent de l'organiser. Le 4 vendémiaire (26 septembre), à l'initiative de cette dernière, 18 sections nommèrent des commissaires pour vérifier le recensement des votes parisiens. Le 29 septembre (7 vendémiaire), une députation représentant 23 sections voulut pénétrer dans l'enceinte de la Convention pour lui signifier qu'il lui fallait se retirer, elle ne fut pas reçue! Des troubles éclatèrent dans des chefs-lieux de département ou de district proches de Paris (Chartres, Dreux, Verneuil, Nonancourt). Le 10 vendémiaire, à l'annonce d'affrontements survenus à Dreux entre l'armée et des protestataires hostiles à la Convention dont une dizaine auraient perdu la vie, la section Lepeletier appela à l'insurrection. Elle convoqua au Théâtre-Français, pour le lendemain, les délégués des sections parisiennes dont 15 furent représentées mais dont 7 seulement se déclarèrent en état d'insurrection (Lepeletier, Butte-des-Moulins, Contrat-Social, Théâtre-Français, Brutus, Temple, Poissonnière). C'était un demi-échec pour les protestataires, mais la Convention, néanmoins inquiète de son impopularité croissante, confia à une commission le soin de prendre les mesures nécessaires à l'application de la loi. Le général Menou fut chargé de désarmer les gardes nationaux insurgés et l'on décida de libérer environ 1 500 présumés terroristes, en prison depuis les événements de germinal et prairial pour constituer trois bataillons de « patriotes de 1789[4] ».

La nouvelle de la libération et de l'enrôlement de 1 500 « Jacobins terroristes » fit le tour de Paris et entraîna la mobilisation d'un nombre croissant de sections dans la mesure où la générale fut battue partout dans la journée du 12 vendémiaire et qu'on se préoccupa de protéger son quartier contre le retour des « buveurs de sang ». Dans la soirée, le général Menou, favorable aux insurgés, fit converger trois colonnes sur le couvent des Filles-Saint-Thomas, section Lepeletier, devenu le quartier général des protestataires, mais se borna à parlementer avec eux puis se retira, content des promesses qu'on lui avait prodiguées. Il fut destitué et la Convention s'en remit, une fois encore, à Barras.

Pendant ce temps, l'insurrection s'organisait en se radicalisant. Une commission centrale fut instituée, présidée par Richer-Sérizy, un monarchiste constitutionnel mais favorable au maintien d'une large prérogative royale. Le commandement des bataillons insurgés fut confié au général Danican qui arrivait de Dieppe, le matin même, après avoir démissionné de son commandement pour protester contre les décrets.

Barras, de son côté, s'adjoignit sept généraux présents dans la capitale, tous plus ou moins inquiétés, depuis prairial, pour leur relation supposée avec Robespierre ou les représentants qui avaient été à sa dévotion. Parmi eux, le général Bonaparte : il devait son grade au frère de Robespierre qui l'avait remarqué durant le siège de Toulon ; cette promotion l'avait rendu suspect et il se retrouvait sans affectation, ayant refusé d'être versé dans l'infanterie de l'armée de l'Ouest. Barras, pour l'avoir également apprécié à Toulon, lui attribua le commandement d'une artillerie que le général se constitua en envoyant, au camp des Sablons, le chef d'escadron Murat, avec 200 chevaux, pour s'emparer des 40 canons qu'on y avait rassemblés. Ils arrivèrent aux Tuileries vers six heures du matin et furent les bienvenus car la Convention ne disposait, pour sa défense, que des quelque 4 500 fantassins qu'on avait fait venir du camp de

Marly auxquels s'étaient ajoutés les 1 500 « patriotes de 89 » !

Du côté des insurgés, environ 7 000 à 8 000 gardes nationaux seulement, sur les quelque 30 000 rassemblés dans les sections, acceptèrent de marcher sur la Convention. Les autres, restés sous les armes dans leur quartier respectif, se bornèrent à y patrouiller pour le défendre prioritairement contre un possible coup de main des « terroristes ».

Barras et ses généraux transformèrent les abords des Tuileries en un véritable camp retranché. Une double série de postes renforcés par des canons jalonnèrent la rive droite de la Seine, sous le commandement du général Carteaux, face aux bataillons de Danican, regroupés sur la rive gauche. D'autres postes, sur la face opposée du dispositif, avec les « patriotes de 89 », commandés par Berruyer, contrôlèrent les débouchés des rues reliant les Tuileries à la rue Saint-Honoré. Brune fut affecté à la protection rapprochée des Tuileries.

Entre quinze heures et seize heures, les insurgés, rue Saint-Honoré, sous le commandement de Lafond, un émigré rentré, se déployèrent au contact des postes de l'armée conventionnelle. Ils avaient ordre de fraterniser, persuadés que les soldats qu'on leur opposait, tout comme ceux de Menou, n'oseraient pas faire feu sur des « honnêtes gens ». Barras avait donné à ses troupes, comme seule consigne, de ne pas tirer les premiers mais de signifier clairement leur refus de fraterniser et les limites qu'il ne fallait pas franchir. Il était d'ailleurs présent, mais ses sommations furent accueillies par des huées. Des coups de feu furent tirés et les canons, chargés à mitraille, fauchèrent les bataillons sectionnaires, notamment sur les marches de l'église Saint-Roch où ils avaient tenté de se regrouper. De son côté, Carteaux utilisa également ses canons contre les hommes de Danican qu'il dispersa. Les tirs se succédèrent, sans discontinuer, deux heures durant puis se firent plus rares. À la nuit tombée, soldats et « patriotes de 89 » ratissèrent les quartiers limitrophes pour disperser les derniers insurgés.

Les canons volontairement rendus quelques mois plus tôt avaient tragiquement manqué à ces amis de l'ordre devenus insurgés à leur tour. Et, par la même occasion, s'était vérifié que le canon était bien l'arme la plus efficace du combat de rue. D'autant que les « patriotes de 89 », militants sans-culottes jetés en prison par ces mêmes modérés devenus à leur tour des insurgés, n'avaient guère de scrupule à mitrailler quelques centaines de grenadiers arrogants et de jeunes muscadins des quartiers chics de la capitale. Il était évident que la tentative de fraternisation envisagée par Danican et Lafond n'avait guère de chance d'aboutir compte tenu du credo politique des protagonistes.

De leur côté, les députés thermidoriens proprement dits ne pouvaient que s'indigner de voir leurs collègues modérés, avec qui ils venaient tout juste d'élaborer la nouvelle Constitution, proscrivant solennellement le droit à l'insurrection, se réclamer de ce prétendu droit pour imposer leur lecture de cette même Constitution.

Le coup d'arrêt au modérantisme avait été sévère — les historiens parlent d'environ 300 morts dans chaque camp, et de très nombreux blessés — mais

aucune recension systématique n'en a été faite.
Pourtant, *a priori*, on peut estimer que la façon
dont les insurgés ont été mitraillés par les «patriotes de 89» et par les artilleurs de Carteaux n'a pu
que créer un déséquilibre spectaculaire dans le
bilan de la tuerie, à savoir entre 500 et 600 morts
du côté des assaillants contre 300 parmi les défenseurs de la Convention.

Donc, ce qui est important dans toute cette
affaire, ce n'est pas de savoir si le général Bonaparte a effectivement pointé lui-même les canons
qui balayèrent le parvis de Saint-Roch, mais bien
que l'armée n'ait pas hésité à ouvrir le feu sur la
Garde nationale. Bonaparte s'était d'ailleurs permis
de féliciter Barras de son énergie quand ce dernier
lui avait laissé entendre qu'il n'était plus question
d'autoriser, une fois encore, à des manifestants
d'envahir la Convention. Après avoir désarmé le
peuple qui abusait de son nombre pour imposer
sa volonté, l'armée avait donné une leçon aux
muscadins, à ces gardes nationaux des sections
les plus conservatrices, qui arboraient des uniformes
bien coupés dans des draps de qualité et qui prétendaient représenter l'élite de la capitale. Dans
les *Mémoires* de Barras qu'on ne peut guère utiliser
car ils sont avant tout un panégyrique constant de
leur auteur, on peut néanmoins noter le ton sarcas-
tique employé quand il se félicite de la victoire
remportée sur des soldats de parade par les défenseurs véritables de la République :

   «La guerre civile est sans doute le pire de tous les
   maux politiques ; le tableau qu'offrit pourtant la tumul-

tueuse défaite de ces riches bataillons (*cossus*, comme on le disait), qui laissaient sur la place leurs armes et même leurs habits, à l'exemple de leurs intrépides chefs, excita l'hilarité des courageux défenseurs de la Convention[5]. »

Ce qui venait de se passer confirmait que la Garde nationale ne pouvait plus prétendre, notamment à Paris, incarner la continuité de la légitimité révolutionnaire dans la mesure où, à quatre mois d'intervalle, on avait vu se succéder des affrontements entre bataillons de conviction opposée. Le sang n'avait pas coulé en avril et en mai, mais on n'hésita pas à s'entre-tuer au mois d'octobre suivant. L'historiographie dominante sur la période souligne la quasi-absence de répression après le 13 vendémiaire, en l'opposant aux arrestations massives qui suivirent les journées de germinal et de prairial. C'est oublier les morts de l'insurrection elle-même et la nature de l'opposition que la Convention se devait de mater. Ceux qui protestaient, c'était une partie importante de la clientèle électorale potentielle des Thermidoriens, essentiellement des royalistes constitutionnels avec des républicains de raison, et l'insurrection pouvait apparaître comme un processus sélectif permettant de liquider les plus virulents des opposants monarchiens que l'on disait contaminés par les chouans, tout en faisant taire les tièdes, et convaincre ainsi l'opinion qu'on était gouverné et que le temps des révolutions imposées par la rue était peut-être terminé.

Au moment de l'insurrection de vendémiaire, 30 sections sur 48 avaient proclamé, avec plus ou moins d'ardeur, leur opposition à la Convention dont l'autorité apparaissait pour le moins contestée. Il s'agissait donc, pour elle, de la réaffirmer, non plus par un durcissement de la Terreur comme précédemment, mais par l'intervention de l'armée qui, au même moment, venait de permettre à la République par les négociations et traités de Bâle (avril-mai-juillet 1795) d'imposer sa paix à la Prusse et à l'Espagne.

Certes, confier la répression d'une émeute à l'armée, c'était revenir à des pratiques d'Ancien Régime, mais ce n'était plus la même armée et le roi était mort — et tout cela, on le devait à la Convention. Elle avait châtié le roi de son crime de lèse-Nation et permis aux armées de se donner les moyens de la victoire. Alors que la Garde nationale se discréditait aux yeux des « honnêtes gens » en relayant les pulsions les plus élémentaires des classes populaires, les armées apparaissaient, depuis la crise « fédéraliste », comme uniquement préoccupées d'obéir aux Comités de la Convention tout en faisant la preuve que la poursuite victorieuse de la guerre n'impliquait pas le rappel obsédant de la guillotine.

Dans les départements, surtout dans le Midi et la région lyonnaise où la crise fédéraliste avait laissé des plaies encore ouvertes, les lendemains du 9 thermidor furent marqués par une explosion de haine à l'encontre des ex-terroristes, arrêtés et massacrés dans leur prison. Les gardes nationaux démocrates ne résistèrent que dans certains bastions jacobins, les autres laissaient faire et fournissaient souvent une part importante des assassins. À Lyon, les héritiers des mitraillés de 1793 se livraient dans les rues à la chasse aux « mathevons » — c'était ainsi qu'on appelait les sans-culottes locaux et tous ceux qui avaient soutenu le régime « terroriste ». Michel Vovelle, lors du colloque sur les résistances à la Révolution (1985), avait démontré que la carte des excès de la « Terreur blanche » reproduisait celle de la répression anti-fédéraliste. Tous ces assassinats seraient liés aux excès de la répression montagnarde plutôt qu'à un complot international comme le prétendait Fréron au retour de sa seconde mission, en Provence et à Marseille, pour enquêter sur les massacres du fort Saint-Jean, un des paroxysmes de ce que l'on continue d'appeler la « Terreur blanche [6] ».

À Marseille, au printemps 1795, les ex-terroristes les plus compromis étaient en prison et recevaient souvent la visite des proches de ceux qu'ils avaient fait guillotiner, qui venaient les insulter, leur promettant une mort prochaine comme celle subie, au même moment, par leurs congénères de Lyon, Nîmes ou Aix-en-Provence. La situation devint dramatique à la nouvelle du soulèvement populaire de Toulon (29 floréal an III /16 mai 1795) et surtout quand on apprit (4 prairial / 23 mai) que les ouvriers de l'arsenal marchaient sur Marseille pour libérer les patriotes emprisonnés et prévenir les massacres dont ils étaient menacés. Tout le Midi se mobilisa, ou plus précisément les bataillons modérés de la Garde nationale, pour protéger Marseille de l'invasion des « buveurs de sang », et cette mobilisation s'accompagna d'une vague d'arrestations préventives. Plus de 1 000 « terroristes » avérés ou prétendus tels allèrent rejoindre, dans les prisons de la ville, ceux qui y croupissaient déjà. Le 17 prairial (5 juin 1795), tandis que les bataillons de la garde nationale de Marseille, revenant de Toulon où ils avaient maté l'insurrection « terroriste », étaient accueillis dans l'allégresse générale, une trentaine d'individus avaient commencé à massacrer les prisonniers du fort Saint-Jean. Quand les autorités municipales et les représentants en mission arrivèrent sur les lieux, ils purent décompter 88 cadavres. La municipalité affirma que les prisonniers s'étaient rebellés et massacrés entre eux ! Fréron fut envoyé par la Convention pour enquêter et ramener un semblant d'ordre. Il commença par épurer la Garde nationale puis révoqua les juges de paix pour n'avoir pas poursuivi des coupables connus de tous. Mesures de bon sens, mais la volonté de magnifier sa mission et les réflexes hérités de trois années de débats passionnés sur les bancs de la Convention l'incitèrent à voir dans les vagues d'assassinats qui se succédaient de Lyon à Marseille les manifestations évidentes d'un complot contre-révolutionnaire orchestré à la fois par Londres, Vienne, Rome et Vérone, et donc il s'agissait bien de Terreur « blanche », comme le suggère le titre qu'il donna au rapport qu'il publia à son retour de mission : *Mémoire historique sur la réaction royale et sur les massacres du Midi*.

L'historiographie a entériné cette appellation, mais une fois encore on peut se demander s'il n'y a pas excès de langage et si l'historien ne doit pas s'interroger sur une dénomination qui radicalise de façon manichéenne les acteurs et les enjeux de ces massacres pour en faire les manifestations d'une stratégie contre-révolutionnaire délibérée au plus haut niveau par les souverains coalisés. Il semblerait plutôt que l'on soit devant des règlements de comptes en série, en réponse à l'accumulation antérieure de mises à mort dues au zèle des comités de surveillance obéissant aux injonctions des représentants en mission et donc convaincus de leur impunité. Mais, le 10 thermidor, la liquidation immédiate et massive de l'entourage de Robespierre et des membres de la Commune était apparue comme un signal de vengeance : l'armée ne couvrait plus personne ou presque et plusieurs des nouveaux représentants en mission encouragèrent l'élimination politique des ex-terroristes au lendemain des journées parisiennes de prairial.

La « Terreur blanche » fut avant tout, aux yeux de ceux qui en furent les exécuteurs, un acte de justice réparatrice et la Garde nationale en fut l'acteur essentiel, de sorte que parler de « Terreur bleue » serait peut-être plus proche de la réalité. C'est du moins ce que nous suggère la mise au point proposée, voilà une dizaine d'années, par René Moulinas dans un recueil collectif de communications intitulé *Le Tournant de l'an III, Réaction et Terreur blanche dans la France révolutionnaire.* Étudiant les manifestations de cette Terreur prétendument « blanche », il nous invite à modifier peut-être notre vocabulaire. Reprenant, par le détail, les épisodes les plus sanglants de la réaction thermidorienne dans le Vaucluse, en 1795, il conclut, tant pour les prisonniers mis à mort lors de leur transfert des prisons d'Orange à Pont-Saint-Esprit, que pour les différents assassinats commis à L'Isle-sur-Sorgue et même pour ce qui regardait les exécutions commises par Lestang à Montélimar et à Avignon, que chaque fois les meurtriers connaissaient nommément leurs victimes et leur reprochaient l'exécution d'un parent ou d'un ami. Jamais ils n'ont proféré de mots d'ordre royalistes ni évoqué une allégeance quelconque à Louis XVIII ou au souverain pontife. Dans sa conclusion, René Moulinas cite une adresse du département du Vaucluse à la Convention, du 4 juin 1795, qui est un aveu d'impuissance devant l'enchaînement des massacres et des règlements de comptes et disqualifie du même coup la Garde nationale comme garant de l'ordre républicain. Elle était devenue, au contraire, le foyer majeur d'une violence de proximité affectée de surenchères permanentes.

> « Tant que les massacreurs de septembre, les noyeurs de Nantes, les assassins d'Orange, les mitrailleurs de Lyon, les incendiaires de Bédouin — petite bourgade du nord-est du Vaucluse considérée par le représentant en mission Maignet comme un repaire d'aristocrates et qu'il fit incendier après en avoir massacré la majeure partie de la population (63 individus) et jeté en prison le reste soit 13 individus —, les conspirateurs du 31 mai, les provocateurs du 12 germinal resteront impunis, tant que le souvenir épouvantable de la glacière d'Avigon ne s'alliera pas à l'idée rassurante d'un supplice justement méritée (...) nous n'aurons que anarchie, désordre, cahos (*sic*)[7]. »

Doit-on pour autant prétendre que les bandes royalistes n'existaient pas à Lyon en mai-juin 1795 et au même moment dans la Provence occidentale, entre Durance, Alpilles et Crau? Michel Vovelle, dans la communication déjà citée, ne se prononce pas clairement mais laisse entendre que ce serait en l'an IV et en l'an V que les bandes de «brigands royalistes» auraient acquis une existence effective propre à les identifier. «Une typologie se dessine, différenciée dans l'espace et dans le temps. Il y a à la fois continuité et des différences marquées, entre les Compagnies du soleil de l'an III, opérant parfois dans des structures paramilitaires sous le couvert des gardes nationales ou des Compagnies de Chasseurs, en symbiose avec les groupes de jeunes gens, et les bandes de brigands royalistes que nous venons d'évoquer à partir surtout de l'an V dans le monde rural[8].» C'est avouer que la question de l'attribution des massacres en 1795 n'est pas une question facile à résoudre, mais en déduire qu'il serait alors possible de tous les imputer à des gardes nationales royalisées susceptibles d'imposer, pendant plusieurs semaines, leur mainmise de fait à quasiment trois départements, ne paraît guère plausible dans le contexte politique du printemps et de l'été 1795. Il nous paraît que l'hypothèse de règlements de comptes locaux dus à des gardes nationaux dits «modérés», parents ou collègues des victimes des comités de surveillance et autres instances «terroristes», le semble davantage d'autant qu'elle rendrait compte également de la quasi-impunité des meurtriers. C'est, en fait, reprendre les conclusions des travaux de Colin Lucas sur la violence populaire dans le sud-est de la France, particulièrement sous la Convention et le Directoire.

Il y affirmait qu'on ne pouvait rien comprendre de toute cette histoire des violences méridionales si on ne distinguait pas, de la Contre-Révolution aristocratique, celle des anciens privilégiés et d'une partie de leurs clientèles attachés au retour de l'Ancien Régime, une anti-révolution populaire fondée sur un attachement profond à la solidarité et aux hiérarchies des communautés tradition- nelles — paroisses rurales, quartiers urbains — qui constituaient le cadre de vie quotidien de l'immense majorité de la population française. La remise en cause des privilèges seigneuriaux est globalement bien reçue, surtout dans les campagnes, mais l'accroissement des exigences du nouvel État- Nation, augmentation des impôts, administration plus tatillonne, remise en cause du statut juridique et financier de l'Église et bientôt impôt du sang, c'est-à-dire des levées d'hommes répétées, sans oublier les mauvaises récoltes et la monnaie papier, entraînaient un rejet croissant du nouveau régime, notamment dans le monde paysan, au moment où la guerre le rendait plus intraitable et le radi- calisait[9].

Mais les affrontements locaux ne peuvent se réduire à des conflits sociaux opposant les partisans de la Révolution à ceux qui la rejetteraient du fait de leur intérêt de classe ; leur vécu prenait égale- ment en compte la perpétuation des rivalités de clientèles héritées de l'Ancien Régime et qui s'in- carnaient dans les nouveaux enjeux. Les uns prenaient le parti de la Révolution avec plus ou moins d'énergie, du coup les autres réagissaient soit en jouant, avec l'appui des anciens privilégiés, la carte de la contre-révolution, soit celle d'un tiers parti prônant la modération en toute chose.

La guerre et la crise fédéraliste dramatisaient ce contexte et permettaient aux partisans les plus radicaux de la Révolution d'éliminer, physiquement parlant, les autres factions jusqu'à provoquer la réaction du 9 thermidor qui veut apparaître comme la revanche légitime des modérés mais que le parti des « privilégiés » s'efforçait d'annexer en inquiétant les « modérés » sur les intentions d'une Convention prisonnière de ses options révolutionnaires et soumise aux aléas de la conjoncture politique parisienne, c'est-à-dire de la pression populaire.

Il est évident que, dans ce contexte de factions rivales, le contrôle des bataillons de la Garde nationale, surtout en milieu urbain, devenait un élément déterminant du rapport des forces en présence. Il dépendait à la fois de la configuration sociale des quartiers, de l'activisme des militants jacobins, de la proximité des grandes villes, de la présence et des convictions des représentants en mission, des capacités d'intervention de l'armée et plus globalement des orientations majeures données par le pouvoir central. Chacune des inflexions qui en résultaient se traduisait par l'épuration en cascade de l'encadrement des bataillons et le désarmement des « mauvais citoyens » du moment. L'épuration se muait en élimination physique effective et successive quand la Terreur devint un moyen « révolutionnaire » et officiel de gouvernement avant de susciter les réflexes de vengeance

de la période thermidorienne. C'est dans ce contexte
qu'il faut interpréter la « Terreur blanche ». Elle
n'était pas véritablement l'émanation des projets
de la contre-révolution royaliste tout en entretenant avec elle des relations ambiguës dans la
mesure où anti-révolution et contre-révolution
étaient toutes deux passéistes, toutes deux favorables à la monarchie et hostiles aux Jacobins
exaltés, aux « terroristes » momentanément installés
au pouvoir. Et cette ambiguïté était exploitée par
tous les partis en présence, les représentants en
mission tout comme les aristocrates contre-révolutionnaires ayant intérêt à affirmer que tous ces
paysans, ces petits-bourgeois « fédéralistes », étaient
à la solde des Anglais et du pape, des Autrichiens
et de Louis XVIII. Ajoutons pour en finir avec
cette « contre-Terreur » que l'existence même de la
Garde nationale ne pouvait qu'entretenir la tentation des solutions expéditives.

Là où la crise fédéraliste n'avait pas entraîné
d'affrontements sanglants, la réaction thermidorienne fut tempérée, avec parfois de brusques
montées de fièvre liées au séjour plus ou moins
prolongé d'un représentant hostile à la rhétorique
jacobine et préoccupé de prévenir les excès souvent
liés aux mobilisations populaires. Le cas de Toulouse est exemplaire à cet effet. La Terreur n'y
avait pas provoqué de vagues massives d'arrestations. Selon Jacques Godechot, seulement 45 exécutions dans cette ville restée un bastion du
jacobinisme[10]. Après le 9 thermidor, le club y
subsista en faisant prévaloir une ligne modérée en
symbiose avec des loges maçonniques actives et

influentes. Il fallut attendre l'arrivée, en juin 1795, du représentant, Laurence, un ancien Girondin marié à une aristocrate, pour voir se développer dans la ville des pratiques d'hostilité déclarée aux «terroristes», mais si la chasse nocturne aux «buveurs de sang» fut organisée, elle n'engendra jamais de meurtre délibéré. Néanmoins la formation de bandes de jeunes muscadins fut encouragée pour courir sus aux Jacobins et imposer la fermeture de leur club et l'on épura la Garde nationale dont une partie se transforma en «Compagnie de Jésus».

Le débarquement de Quiberon et la déclaration de Vérone changèrent la donne en provoquant la nomination d'un nouveau représentant, Jean-Baptiste Clauzel, Jacobin et régicide, qui fit venir à Toulouse 3 000 hommes de l'armée des Pyrénées, commandés par le général Pérignon chargé de vider la ville de son trop-plein de muscadins et de chouans. La Garde nationale fut une nouvelle fois épurée, la Compagnie de Jésus supprimée, les journaux favorables au retour de la monarchie à nouveau interdits tout comme l'exécution des couplets du «Réveil du Peuple» devenu l'hymne des royalistes. Une nouvelle fois, la Garde nationale, dont certaines compagnies étaient soldées pour assurer la police municipale, fut placée sous le contrôle de l'armée, notamment après la multiplication des bagarres aux abords du théâtre où se produisait une actrice ouvertement royaliste. Tout au long du Directoire (1796-1797), la ville continua d'afficher un républicanisme militant, et Jacques Godechot estimait que les bataillons de sa garde nationale, en août 1799, avaient sauvé la République, en venant à bout des bandes royalistes, soit près de 6 000 hommes, qui, à deux reprises, voulurent en forcer les portes[11]. Il s'agissait ensuite de soulever la Gascogne jusqu'à Bordeaux et donner enfin la main aux Vendéens et aux chouans, au moment même où les armées de la République refluaient d'Allemagne et d'Italie et que les Russes pénétraient dans les cantons helvétiques.

Autrement dit, la Garde nationale continuait d'exister et pouvait se révéler très efficace mais dans un contexte qui était devenu l'exception plus que la règle. Encore fallait-il que l'armée intervienne quand le rapport de force était sur le point de basculer. À l'évidence s'impose la nécessité d'esquisser une sorte d'état des lieux post-thermidorien, pour tenter d'apprécier le degré d'activité résiduelle de la Garde nationale sur l'ensemble du territoire de la République.

Les travaux de Serge Bianchi sur l'Île-de-France, ceux de Jean Bart sur la Bourgogne, d'Alan Forrest sur Bordeaux, les précieuses synthèses régionales publiées chez Privat, à l'occasion du bicentenaire de la Révolution, en fournissent les éléments[12]. On en devine la physionomie générale : une dichotomie villes/campagnes qui s'accentue d'une année sur l'autre au lendemain du 9 thermidor. Les villes conserveraient un certain nombre de détachements de gardes nationaux dont l'importance serait proportionnelle à la population globale de l'agglomération. Dans les campagnes, sauf exception liée à un contexte de guerre civile effective, les élus locaux laisseraient péricliter leur Garde nationale

que les autorités départementales s'efforçaient en
vain de ranimer dans les gros chefs-lieux de canton
par le biais de colonnes mobiles chargées de détruire
un brigandage généralisé.

Ce schéma global se nuancerait régionalement.
Quatre types de situation peuvent être distingués.
Au sud-est déchiré par le contrecoup des violences
engendrées par la crise fédéraliste s'opposerait
le vaste ensemble du Bassin parisien et des départements des frontières du nord et de l'est de la
République. La proximité de Paris et des zones
d'opération militaire y entretiendrait, d'est en ouest,
un dégradé d'attitudes qui iraient d'un patriotisme
encore vigoureux, renforcé par les victoires récentes
de nos armées, à un légalisme de façade où une
poignée de notables s'efforcerait de sauver les
apparences d'un minimum d'activisme civique.
L'opinion, notamment dans les villes, y semble au
diapason de celle de la capitale et le passage
permanent de détachements militaires y facilite la
chasse aux «chouans» et aux muscadins, c'est ce
que l'on peut constater à Dijon et à Châlon-sur-
Saône[13]. Néanmoins la Garde nationale y est incapable de s'opposer en permanence aux bandes
royalistes et seul le coup d'État de fructidor permet
de rétablir l'influence des républicains. Un autre
ensemble prenant en écharpe les départements au
sud et sud-ouest du Bassin parisien jusqu'aux
Charentes via le Limousin et au-delà vers l'Aqui-
taine pourrait se caractériser par un royalisme
encore plus prononcé. C'est ce que nous avons
esquissé en évoquant l'exemple toulousain aboutissant au soulèvement de 1799. Enfin, paroxysme

du royalisme, les bastions de l'anti-révolution entre-
tiennent une rébellion armée dans le sud-ouest du
Massif central, dans les Alpes méridionales et
surtout de la Bretagne à la Normandie et à la
Vendée, via le Maine et l'Anjou. On y constate, à
côté d'une présence permanente de l'armée —
soit entre 20 000 et 40 000 hommes pour l'armée
de l'Ouest — des zones d'activité persistante de la
Garde nationale autour des grandes villes et de
cantons ruraux où elle est parvenue à éradiquer
les noyaux royalistes tout en s'exposant à des raids
punitifs en provenance des districts toujours
contrôlés par les bandes chouannes.

En règle générale, la Garde nationale ne suffit
plus à maintenir l'ordre républicain et apparaît
trop souvent comme entretenant les troubles au
lieu de les dissiper. C'est l'armée de Brune, venue
de Hollande, qui mettra fin à la chouannerie, tout
comme ce sont des contingents tirés des armées
des Pyrénées ou d'Italie qui viendront à bout de la
guérilla dans le Massif central et dans les Alpes-
Maritimes. Pour autant, si la Garde nationale ne
disparaît pas de la Constitution donnant naissance
au Consulat, elle n'est mentionnée que dans un
seul des 95 articles qu'elle énumère et de façon
très succincte et très générale, pour ne pas dire
trop elliptique : « Article 48. La Garde nationale en
activité est soumise aux règlements d'administration publique ; la Garde nationale sédentaire
n'est soumise qu'à la loi[14]. »

En fait aucune loi nouvelle ne fut jamais
promulguée, au début du Consulat, pour préciser
l'organisation de la Garde nationale et on en resta

aux deux lois du 14 octobre 1791 et du 28 prairial an III, au lendemain de la dernière des «journées» populaires thermidoriennes. Remarquons simplement que la Constitution de l'An VIII reprenait, pour distinguer les deux formations constituant la Garde nationale, le même vocabulaire que la Constitution de l'An III : c'est dire peut-être que l'urgence, c'était la mise en œuvre de la conscription plutôt qu'une sempiternelle réorganisation de la Garde nationale.

Chapitre XI

LA GARDE NATIONALE
ET L'ARMÉE
DE LA « GRANDE NATION »

(1795-1815)

La Garde nationale perd son prestige au moment où la Révolution modifie ses urgences immédiates : l'essentiel n'est plus l'éradication du complot aristocratique ni même la défense du territoire mais la poursuite d'une guerre désormais victorieuse qui ouvrait à celle que l'on commençait à appeler, avec Marie-Joseph Chénier, la « Grande Nation [1] », la perspective d'un remodelage de l'Europe occidentale, de l'estuaire du Rhin à la vallée du Pô, via les cantons suisses. Jusqu'en 1795, la Garde nationale, d'une façon ou d'une autre, occupait en permanence l'actualité politique du pays, mais progressivement les nouvelles concernant les opérations militaires et les tractations diplomatiques vinrent concurrencer la primauté des conflits franco-français. De plus, la Garde nationale, force avant tout défensive, ne semblait plus adaptée aux priorités stratégiques du moment. Bien mieux ! Elle allait jusqu'à faire désormais obstacle à l'unité de la République et à nourrir des conflits fratricides qui l'affaiblissaient alors que l'armée apparaissait, au même moment, comme une communauté

patriotique non seulement transcendée par l'amalgame des soldats-citoyens et des citoyens-soldats,
mais également par le dépassement des choix politiques parfois divergents de tous ceux qui y avaient
trouvé refuge et dont les différences d'opinion
s'estompaient face à l'intérêt supérieur de la
Nation. Les sacrifices consentis par tous y avaient
créé une sorte de surenchère patriotique exaltant
cette même Nation, d'autant que les conflits entre
Français apparaissaient désormais comme injus-
tifiables face aux antagonismes qui les opposaient
à leurs ennemis extérieurs, en nombre croissant.
Visiblement, comme l'avait prédit Robespierre,
la plupart des peuples qu'ils avaient libérés ou
voulaient libérer tardaient toujours plus à les
applaudir et restaient stupidement dévoués à leurs
tyrans respectifs. Du coup, les libérateurs s'exaspéraient et ressassaient les clichés simplistes contribuant à justifier, à leurs propres yeux, les agressions
en chaîne qu'ils commettaient. On ne parlait plus
que du cynisme arrogant et corrupteur des Anglais,
de la violence bornée des Kaiserlicks, de la cruauté
innée et gouailleuse du petit peuple de Naples,
etc. On s'éloignait donc toujours plus de l'idéologie généreuse d'une Nation qui, en 1790, avait
déclaré la paix au monde et dont beaucoup espéraient qu'elle n'aurait plus d'armée professionnelle, machine à obéir et à tuer, mais confierait sa
sécurité à ses propres citoyens préoccupés, nous
l'avons vu, de ne pas faire couler le sang de leurs
compatriotes et de considérer les étrangers comme
des frères en humanité. La devise de leurs drapeaux
était bien « La Liberté ou la mort », mais cette mort

était celle que l'on était prêt à recevoir en martyr consentant de la liberté plutôt que celle que l'on pouvait donner à ceux qui s'obstinaient à la refuser et qu'il fallait convaincre plutôt qu'assassiner !

Le déclin relativement brutal du prestige de la Garde nationale était-il inéluctable? Il avait été précédé, trois ans plus tôt, par une période faste, symbolisée par la fête de la Fédération, le 10 août 1792, et de façon moins sanglante par un discours fameux de Carnot à la Convention prophétisant le remplacement de la ci-devant armée royale par une Garde nationale incarnant la toute-puissance de la Nation triomphante. Que souhaitaient exactement, sur le plan des institutions, les têtes pensantes, les spécialistes des affaires militaires dans les trois assemblées nationales successives, et donc quelle fut la part de la théorie à côté de celle des événements que nous venons d'évoquer, dans l'histoire dramatique de la Garde nationale ?

C'est la question que s'est posée Philippe Catros lors d'une communication faite au colloque de Rennes consacré à l'historiographie récente de la Garde nationale. Il y étudie les débats engendrés par la volonté d'organiser définitivement la Garde nationale et donc de préciser ses rapports avec l'armée proprement dite. Il rappelle ainsi que le comité militaire de la Constituante s'est préoccupé très tôt de cette question. Composé essentiellement de militaires, donc de nobles, mais la plupart favorables à la souveraineté nationale, il fit une série de propositions lors du premier grand débat de décembre 1789. Le rapport de Dubois-Crancé, un aristocrate patriote, militaire de vocation, fut par-

ticulièrement remarqué. Il y parlait déjà d'une
nécessaire «conscription» de tous les citoyens
actifs, soit environ 1 200 000 hommes, tous munis,
comme dans les cantons suisses, d'un fusil, d'un
sabre et de leur fourniment. Inscrits sur les rôles
de leur municipalité respective, il proposait de les
réunir, une fois par an, pour accueillir, lors d'une
sorte de cérémonie d'initiation civique, les jeunes
citoyens atteignant, cette même année, leurs dix-
huit ans. De cette masse de citoyens on tirerait,
dans chaque département, des milices formées
avec ceux qui, âgés de 18 à 40 ans, étaient en état
de porter les armes. Mais seules celles des chefs-
lieux importants et donc des villes seraient effectivement organisées, armées et entraînées une fois
par semaine. Les armes des autres milices seraient
rassemblées dans les chefs-lieux de canton et
seulement distribuées en cas d'absolue nécessité
pour combler les vides des formations urbaines.
De telles précautions trahissaient les inquiétudes
des patriotes devant les violences incontrôlées et
contagieuses qui avaient secoué le monde rural
lors de la «Grande Peur[2]».

Au sommet de cet ensemble pyramidal seraient
disposés les 150 000 hommes des régiments de
l'armée royale, toujours volontaires et toujours
recrutés à prix d'argent, car la guerre était une
affaire de professionnels qui ne s'improvisait pas
mais, une fois leur engagement terminé, ces professionnels contribueraient à former et encadrer
les milices départementales. La qualité militaire
des Gardes nationales ne pouvait donc que s'améliorer rapidement. Pour Dubois-Crancé il y avait

urgence, car les principes qui avaient triomphé en France ne pouvaient que susciter l'hostilité haineuse des souverains du reste de l'Europe, la guerre était inévitable, et la France devait se donner les moyens de l'emporter.

Mais les vues de Dubois-Crancé étaient loin de faire l'unanimité. Beaucoup de députés, au lieu de se féliciter de l'élan patriotique incarné par les gardes nationales, se méfiaient de leur prolifération et de l'émiettement de leur organisation municipale propre à ranimer d'anciennes rivalités locales, à sombrer dans une sorte d'anarchisme féodal. Dans le comité militaire lui-même, les collègues de Dubois-Crancé redoutaient cet armement massif et incontrôlé, facteur de désordre dangereux, et tous, persuadés de la supériorité manœuvrière de l'infanterie prussienne, estimaient que la Garde nationale, par nature, ne parviendrait jamais à atteindre ce degré d'efficacité, et donc la substituer aux régiments de l'armée royale serait suicidaire. Il fallait la cantonner dans des missions de police locale et en faire une sorte de réserve où l'armée royale, en temps de guerre, pourrait puiser un certain nombre d'unités de renfort préparées à l'avance et surtout des détachements pour garder les approvisionnements, les ouvrages côtiers et les forteresses intérieures.

Le succès spectaculaire et contagieux des fédérations tendait à prouver qu'une mobilisation des gardes nationales pouvait s'organiser dans un temps relativement bref. Du coup, la Constituante relança sa réflexion sur le sujet, mais le succès même de la Fédération, la dévotion des bataillons pour la personne de La Fayette fit prévaloir une méfiance croissante et freina l'adoption d'un texte définitif. Le décret du 9 mars 1791 conserva l'organisation d'une armée royale recrutée par engagement volontaire avec prime en espèces. Le point de vue des militaires les plus conservateurs avait prévalu. Se développait, parallèlement, chez les patriotes, le sentiment qu'il devenait toujours plus nécessaire de contrebalancer les régiments de mercenaires par une force militaire réellement patriote et nous avons vu que l'émigration croissante des officiers nobles, les troubles dans les régiments, l'affaire des princes allemands possessionnés en Alsace accentuèrent cette nécessité. L'Assemblée constituante était harcelée par d'innombrables pétitions qui réclamaient une force armée issue des gardes nationales. Elle résista à la pression mais finit par céder et la fuite du roi accéléra brutalement le processus. Alexandre de Lameth obtint un décret portant la création d'un corps de 300 000 à 400 000 hommes ! Mais finalement, le 27 juillet 1791, l'Assemblée ramena ce chiffre à 97 000 hommes. Malgré cette baisse d'effectifs, il ne s'agissait plus d'un simple appoint complémentaire à l'armée royale, mais bien de l'émergence d'une force armée reposant sur des principes opposés à ceux de l'armée royale, notamment du fait de l'élection de l'encadrement et du rejet de l'obéissance passive !

Le 21 janvier 1792, Lazare Carnot prononça un premier discours qui fit sensation : on n'envisagerait plus le moment où les gardes nationales deviendraient des troupes de ligne, « mais au contraire (celui) où les troupes de ligne seront elles-mêmes des gardes nationales ». Carnot reprit cette même idée d'une armée confondue avec la Nation en armes, six mois plus tard, à l'occasion d'une intervention en faveur de la fabrication massive des piques : « Il faut qu'à la paix, au plus tard, tous les bataillons de la troupe de ligne deviennent bataillons de la Garde nationale. » La France devenait, pour soutenir la guerre que lui faisaient les tyrans réunis de l'Europe entière, une communauté militaire. La régénération des Français voulue par la Révolution s'épanouissait dans un effort de guerre, de dépassement de soi-même qui devenait un accomplissement révolutionnaire : Liberté qu'il faut défendre à tout prix, Égalité devant le sacrifice suprême exigé de tous, Fraternité de tous les combattants consentant aux mêmes ultimes obligations et animés par le même idéal ! La Garde nationale lui apparaissait alors comme la meilleure réponse aux exigences d'une guerre patriotique en permettant de tirer tout le parti possible de l'enthousiasme des citoyens et de la supériorité numérique que donnait, à la France, sa population. Valmy et Jemmapes pouvaient conforter ce sentiment, mais la conjoncture politique intérieure remit en cause une évolution qui semblait logique mais qui révéla ses faiblesses intrinsèques quand elle fut confrontée à deux expériences presque simultanées. La crise fédéraliste mit à nu les divisions d'opinion profondes qui minaient la Garde nationale et allaient ensanglanter une bonne moitié des départements. La levée en masse d'août 1793, voulant dresser tout un peuple contre l'envahisseur, prouva le caractère irréaliste d'une mesure exigée par les Hébertistes et cautionnée par Danton et ses amis. Il fallut restreindre le nombre des requis : les orateurs des clubs et des assemblées de section parlaient de 800 000 hommes, on se contenta de la moitié, car il fallait les équiper et les entraîner, ce qui exigeait plusieurs mois encore.

L'amalgame, que l'on tenta d'imposer à partir de juillet 1793 et qui devait faciliter l'absorption des bataillons de ligne par ceux issus de la Garde nationale dans la proportion de un pour deux, fonctionna en sens inverse, compte tenu de la lenteur mise à équiper les nouveaux bataillons de requis. Ces derniers furent successivement absorbés par les anciens régiments dont les détachements constituèrent l'ossature des nouvelles demi-brigades qui les remplacèrent. L'obsession de la discipline dans l'armée traditionnelle, la technicité reconnue de ses cadres rassuraient la majorité des députés de la Convention, et Carnot lui-même, édifié par la crise fédéraliste et la difficulté à organiser la levée en masse, revint sur ses convictions pour défendre la fusion des volontaires et des requis, sous le contrôle des représentants en mission, au sein des nouvelles demi-brigades.

La Garde nationale, outre des contextes locaux particuliers, tendait à devenir une sorte de référence idéologique de la nécessaire unité des patriotes qui avait permis les victoires de 1789, mais les contraintes de la guerre à outrance ne pouvaient lui convenir, d'autant qu'il lui fallait d'abord panser ses propres plaies que ce soit à

Lyon, Marseille ou Rouen, et naturellement dans la capitale elle-même. On mit donc sur pied une armée, qui en 1795, finit par atteindre près de 800 000 hommes! À savoir les 150 000 hommes hérités de l'ancienne armée royale étoffée par les premiers bataillons de volontaires, les 150 000 hommes obtenus par la levée qui devait en procurer 300 000, enfin les presque 500 000 fournis par la levée en masse d'août 1793. Les effectifs en furent rapidement érodés par la désertion et les pertes au combat et dans les hôpitaux, mais les cadres subsistaient et une telle masse d'hommes remuée par la guerre, côtoyant la mort en permanence et dont les dernières recrues n'étaient plus habitées par le patriotisme des premières, ne pouvait que modifier profondément la société qui en avait accouché de gré ou de force!

Non seulement la forme de la Garde nationale ne convenait plus à l'armée qu'il fallait opposer à l'Europe pour lui imposer la paix au mieux des intérêts de la Grande Nation, mais les ambitions individuelles d'une partie de ceux qui l'avaient composée ne pouvaient plus se satisfaire des perspectives d'ascension sociale qu'elle pouvait leur offrir. L'élection des officiers favorisait les notables et fils de notables déjà en place. L'obligation de redevenir fusilier après un mandat d'officier ou de sous-officier ralentissait fortement l'obtention des grades espérés, tandis que, dans l'armée, les promotions successives pouvaient être fulgurantes. De toute façon, la guerre déclarée, La Fayette avait donné l'exemple en passant de la Garde nationale à l'armée proprement dite.

Dès le Directoire et, *a fortiori*, sous le Consulat et l'Empire, compte tenu des effectifs successivement mobilisés, se mit en place une société militaire qui profita des victoires remportées pour subjuguer progressivement la Nation et se hisser au premier rang au détriment du pouvoir civil resté hégémonique jusqu'en thermidor. Certes Bonaparte se flattera de son appartenance à l'Institut, certes il défendra les prééminences des préfets dans les départements, mais le 18 brumaire n'avait pas révélé une grande déférence à l'égard du pouvoir civil et il n'utilisa guère la rhétorique comparant les mérites du citoyen-soldat à ceux du soldat-citoyen, leur préférant ceux du soldat tout court. Dix années de Révolution aboutissaient à substituer à l'ancienne société aristocratique qui, par la supériorité qu'elle accordait à la noblesse d'épée, se voulait être une société fondamentalement militaire, une autre société militaire dont la couche supérieure s'affirmait ouvertement comme une nouvelle aristocratie. La hiérarchie de ses grades ne reflétait plus seulement les capacités militaires reconnues par les pairs et par la troupe mais traduisait de plus en plus la faveur du général en chef puis du souverain en fonction des services rendus et des exploits cumulés sur le champ de bataille. Napoléon n'eut plus qu'à consacrer par une titulature officielle et des dotations foncières une réalité qui s'était déjà imposée aux contemporains. Tout cela les avait entraînés bien loin des principes constitutifs de la Garde nationale. Elle n'en avait pas moins participé à l'éclosion de cette

nouvelle aristocratie en travaillant à liquider d'une
façon ou d'une autre la précédente et en facilitant
le démarrage de quelques-unes des carrières les
plus fulgurantes de la nouvelle.

L'importance numérique de l'armée directoriale
en 1795, l'éclipse simultanée de la Garde nationale
qui s'accentua encore sous le Consulat et le début
de l'Empire, nous invitent à voir dans cette simul-
tanéité un phénomène quasi structurel dont la
racine serait tout autant économique que militaire. La guerre, d'autres l'ont déjà dit, va devenir,
à partir de 1797, une source d'enrichissement de
l'État et des particuliers, à savoir surtout les commissaires des guerres qui doivent pourvoir aux
besoins de la troupe mais se préoccupaient prioritairement de leurs propres intérêts tout comme les
directeurs des compagnies d'approvisionnement
qui leur succédèrent, sans oublier les généraux en
chef et leurs plus proches subordonnés qui mirent
à contribution les vaincus en partageant les béné-
fices avec le gouvernement.

À vouloir à tout prix coupler l'essor de l'Empire
avec celui du capitalisme industriel et commercial,
on a peut-être occulté une sorte d'étape intermé-
diaire entre l'ancienne société, agraire et aristocratique, et la nouvelle, bourgeoise et industrielle.
Il semblerait que, le Directoire finissant, le Consulat
et l'Empire soient avant tout des régimes préda-
teurs tirant une part majeure de leurs ressources
financières des tributs imposés aux vaincus et des
contributions consenties par ceux qu'on voulait
bien épargner moyennant finance. Il ne s'agit pas
de nier la mise en place du système capitaliste

mais de considérer que la proclamation de la souveraineté nationale et par là même la possibilité de considérer tous les citoyens comme des soldats en puissance permettait l'émergence d'une hégémonie militaire d'ailleurs prévue par certains de ceux qui avaient réfléchi sur ces questions avant 1789, et perçu l'impact des idées nouvelles sur l'organisation militaire des États[3]. Mais cette hégémonie supposait la constitution d'une armée particulièrement performante qui ne pouvait guère s'identifier à une mobilisation massive de la Garde nationale dont les principes, esquissés en juillet 1789, finirent par apparaître comme un obstacle à l'optimisation du potentiel militaire devenu disponible.

Il ne fut pleinement disponible qu'avec le service militaire obligatoire, la conscription, la fameuse loi Jourdan-Delbrel, votée le 5 septembre 1798 (19 fructidor an VI). Le Directoire estimait avoir besoin d'environ 550 000 hommes pour assurer la sécurité du pays et mener les opérations offensives nécessaires : soit 200 000 hommes sur le Rhin, 100 000 en Italie, 100 000 pour couvrir la Belgique et la Hollande, 80 000 dans l'Ouest et 70 000 pour garantir l'ordre intérieur de la République. Or l'effectif de l'armée qui s'élevait à environ 750 000 à l'été de 1794, était tombé à 380 000 à la fin de 1796 et ne dépassait pas 350 000 en 1798. Il y avait un déficit de 200 000 hommes qu'il fallait combler dans l'urgence. Personne ne songea à faire appel à la Garde nationale. Le général Jourdan, député de la Haute-Vienne au Conseil des Cinq-Cents, proposa d'imposer aux jeunes Français un

service militaire obligatoire. La France avait besoin
d'une armée répondant à une constitution fondée
sur les droits de l'homme dont le premier était
l'amour de la liberté et s'épargner ainsi la honte
d'être défendue par une armée de mercenaires qui
auraient vendu la leur pour échapper à la loi ou à
la misère. C'est d'autant plus justifié que «toutes
nos victoires ont fait du Peuple français un peuple
de guerriers[4]».

Les propositions de Jourdan remaniées par
celles de Delbrel aboutissaient donc à instaurer ce
service militaire obligatoire que la Constituante
avait massivement rejeté en 1789. Ce rejet était
encore dans toutes les mémoires, car à l'époque
on croyait qu'une forme nouvelle d'armée, celle
spontanément créée par l'ensemble des citoyens,
autrement dit la Garde nationale, allait se substituer aux légions de prétoriens professionnels
depuis toujours asservies aux tyrans. Tous les
Français ayant atteint leur vingtième année devaient
être inscrits ensemble, c'est-à-dire «conscrits»,
sur les tableaux de recrutement de l'armée. Ils y
formaient une classe et devaient y demeurer jusqu'à l'âge de 25 ans. Mais la jeunesse française
était trop nombreuse, chaque classe comprenait
environ 200 000 jeunes gens dont plus des deux
tiers étaient reconnus aptes par les conseils de
révision. En 1798, sur 202 000 conscrits, 143 000
furent reconnus aptes et seulement 93 000 partirent effectivement du fait de la difficulté à les
équiper et d'un fort taux d'insoumission. Le texte
initial de la loi ne mentionnait ni le tirage au sort
ni la possibilité de se faire remplacer : c'était l'âge

effectif des « conscrits » qui servait de critère lorsque la totalité d'une classe n'était pas mobilisée, les plus jeunes partant les premiers.

Mais cette pétition de principe ne dura pas. En 1799, la situation militaire s'étant fortement dégradée en Allemagne et en Italie, il fallait renforcer des armées obligées de reculer ou de s'enfermer dans des places fortes. De plus, à l'intérieur, les nobles royalistes voulurent frapper un grand coup, notamment dans l'Ouest, où les bandes chouannes parvinrent à pénétrer au Mans, à Saint-Brieuc et à Nantes sans pouvoir y rester plus de quelques heures, le temps de forcer les prisons et de délivrer, chacune, quelques dizaines de chouans capturés par les colonnes mobiles. Pour faire face à la situation, le gouvernement décida de lever 150 000 hommes parmi les classes déjà ponctionnées mais instaura un tirage au sort, acceptant de surcroît le remplacement de ceux qui avaient tiré un mauvais numéro par des jeunes gens de 18 à 20 ans qu'ils paieraient pour cela. Puis, sous la pression des victoires des coalisés, une loi du 28 juin 1799 prescrivit que tous les exemptés des levées précédentes, et notamment les départements de l'Ouest qui en avaient été exonérés, seraient à nouveau soumis au tirage au sort. En tout, ce sont quelque 300 000 hommes qui furent levés en deux ans, soit autant qu'en 1793, mais sans la Terreur ni la mise en scène dramatique de la levée en masse !

La vocation militaire de la Nation n'était plus désormais incarnée par la Garde nationale mais par la conscription qui combinait, avec un certain cynisme, le moins douloureusement possible pour les classes aisées, les exigences de la survie immédiate de la patrie avec celles de la continuation nécessaire de l'activité économique du pays et de la durée indispensable de la formation des élites. Elle avait créé un système qui s'inscrivait dans le long terme, frappant surtout les classes populaires tout en fournissant aux plus nécessiteux, outre la prime de remplacement, une façon de gagner leur pain moins méprisée que sous l'Ancien Régime et en les associant, comme les requis de 1793, à une guerre qui restait encore celle des citoyens, héritiers de 1789 !

La durée du service militaire était de cinq ans dans l'infanterie, de six dans la cavalerie. Ceux qui avaient une vocation militaire pouvaient toujours s'engager pour quatre années reconductibles. Ils touchaient un franc par mois pendant les quatre premières années de leur engagement, deux francs pendant les quatre suivantes, trois francs ensuite, s'ils continuaient de servir. Sous-officiers et officiers devaient avoir servi au moins trois ans comme soldats pour pouvoir bénéficier des promotions nécessaires à leur carrière ultérieure.

Si la Garde nationale était tombée en léthargie, aucun texte ne l'avait véritablement supprimée. Elle connut même une sorte de renouveau symbolique au moment de la proclamation de l'Empire. À l'occasion du sacre, un décret du 21 messidor an XII (10 juillet 1804) prévoyait que chaque département devait envoyer à Paris une députation de seize gardes nationaux, soit quatre officiers, quatre sous-officiers et huit fusiliers qui devaient assister à la cérémonie de Notre-Dame. De plus, à cette occasion, la Garde nationale fut invitée, au même titre que l'armée d'active, à recevoir ses nouveaux drapeaux tricolores. La cérémonie se déroula sur le Champ-de-Mars, là même où La Fayette avait connu, lui aussi, une sorte de sacre! C'était à la fois substituer, au souvenir fameux du 14 juillet 1790, une nouvelle image exaltée par le tableau de David et se situer dans une continuité que l'on voulait célébrer comme un aboutissement scellant le soutien de la bourgeoisie au régime. Le nouveau César se présentait comme le fils de la Révolution qu'il avait arrêtée pour n'en retenir que les principes dont la conservation était souhaitée par la bourgeoisie. Se vérifiait, une fois de plus, que la Garde nationale continuait de bénéficier de l'aura de ses origines, que le mythe perdurait et que le nouveau régime n'osait pas l'abolir mais le conservait comme une réserve de légitimité dont on pouvait toujours avoir besoin.

D'autant que la Garde nationale avait une seconde utilité qui, aux yeux de l'Empereur, n'était pas la moindre, elle constituait en fait une sorte d'armée de réserve, encore fallait-il parfaire son instruction militaire et trouver un moyen de l'utiliser sans provoquer trop de remous, car en faire une armée de réserve signifiait renvoyer au feu des hommes qui croyaient en avoir fini avec leurs obligations militaires. Aussi dès 1805, il se fit attribuer la possibilité d'en régler l'organisation par décret impérial et le 30 septembre 1805, il la réorganisa une nouvelle fois. Tous les Français y

étaient inscrits de 20 à 60 ans, l'uniforme tricolore
était maintenu, elle était subdivisée en légions
départementales, et les anciens bataillons étaient
remplacés par des cohortes, pour effacer le souvenir des insurrections révolutionnaires et accentuer
les références romaines du nouveau régime. Les
officiers n'en étaient plus élus mais nommés par
l'Empereur sur proposition du ministre de l'Intérieur. Une fois nommés, ils désignaient à leur tour
les sous-officiers et caporaux. Enfin, et c'était plutôt
inquiétant, il était précisé que tous les gardes
nationaux désignés pour effectuer un service militaire hors de leur lieu de résidence toucheraient
toutes les indemnités de route, d'étape et de
logement prévues à cet effet pour les troupes de
ligne. C'était laisser entendre que la Garde nationale pourrait, occasionnellement, se substituer à
la ligne et on en avait profité pour éliminer le ves-
tige principal de l'organisation héritée de 1789 :
l'élection de l'encadrement. Ne subsistaient plus
que l'appellation elle-même et le fait que le garde
national s'équipait à ses propres frais, ce qui
n'était pas négligeable pour l'État en cas de mobilisation massive des effectifs disponibles. Le jour
même où était publié ce décret de réorganisation,
Napoléon l'appliquait à 12 départements du nord
et de l'est de la République pour y lever des
cohortes destinées aux garnisons de Strasbourg,
Mayence et Besançon. Mais les unités ainsi levées
se révélèrent d'une piètre efficacité et l'Empereur,
après les avoir remerciées fort succinctement du
service rendu, s'empressa de les renvoyer dans
leurs foyers. La nouvelle organisation ne s'appli-

quant que dans les départements que l'Empereur désignait, partout ailleurs, notamment à Paris, c'est l'ancienne organisation qui était maintenue. Donc, une fois de plus, la Garde nationale restait un principe dont on ne voulait pas se priver mais dont on redoutait les retombées prévisibles si on la ressuscitait pleinement : agitation archéo-jacobine à Paris, enchaînement des règlements de comptes entre clientèles politiques rivales dans les départements, possibilité accrue des royalistes d'exploiter insurrectionnellement les difficultés du régime[5].

De 1807 à 1813, le régime utilisa ponctuellement la Garde nationale en fonction des exigences et des retombées locales de la conjoncture militaire. Ainsi des levées de gardes nationaux furent effec-tuées dans les départements du Sud-Ouest pour la protection des côtes, dès 1806, puis prolongées et renforcées avec l'aggravation de la situation en Espagne, au point de fournir des détachements à la garnison de Pampelune et de participer au siège de Saragosse. À la frontière du Nord, la reprise de la guerre avec l'Autriche entraîna, en 1809, la levée de 6 000 gardes nationaux, dont la plupart étaient des remplaçants. Ils permirent, avec quelques détachements militaires récupérés en Hollande et en Belgique de faire face aux 40 000 Anglais débarqués, le 29 juillet, dans l'île de Walcheren, mais c'était insuffisant si on voulait véritablement les refouler. Fouché, ministre de la Police, chargé de l'Intérieur par intérim et malgré l'opposition du ministre de la Guerre, le général Clarke, décida une levée de gardes nationaux dans quinze dépar-

tements septentrionaux, ce qui permit d'aligner
30 000 hommes supplémentaires qui contribuèrent
à enfermer les Britanniques dans leur île où
des épidémies les décimèrent, les forçant à rem-
barquer.

Napoléon félicita son ministre de la Police pour
son initiative, Fouché en profita pour récidiver
une dizaine de jours plus tard. Prétextant le départ
d'une partie de la garde impériale pour la Hollande, il décida de mobiliser la Garde nationale
parisienne pour assurer l'ordre dans la capitale.
Puis invoquant des rapports alarmistes concernant
la flotte anglaise en Méditerranée, il entreprit,
début septembre, de mobiliser les gardes nationaux
du Languedoc, de la Provence et du Piémont. La
décision de Fouché provoqua une levée de
boucliers des préfets concernés ! Les gardes nationales étaient désorganisées ! Dans le Piémont, elles
n'avaient jamais existé ! Aucun décret impérial
n'avait autorisé ces levées ! Les adversaires de
Fouché laissèrent même entendre qu'il préparait
ainsi un changement de régime avec la complicité
de Bernadotte si le Dieu des batailles abandonnait
l'Empereur. Napoléon s'inquiéta de toutes ces
rumeurs et admonesta Fouché, lui reprochant
d'alarmer l'Empire par des mesures excessives.
Fouché se retourna contre ses préfets, accusés de
précipitation, mais l'Empereur lui retira son intérim
et son successeur, Montalivet, démobilisa progressivement tous ces détachements, dont beaucoup,
mal équipés, faisaient penser à des hordes de
mendiants plutôt qu'à de véritables militaires. On
garda les plus présentables pour en faire quatre

bataillons qu'on allait inclure dans la garde impériale mais le projet fut abandonné et seule une moitié des gardes ainsi sélectionnés finit comme voltigeurs de la garde, les autres durent rejoindre l'armée d'Espagne.

Fouché, pour sa défense, tenta de persuader l'Empereur qu'il n'avait en vue que de consolider la dynastie et qu'il n'avait que prolongé l'enthousiasme suscité par la remise des aigles sur le Champ-de-Mars, en décembre 1804. Mais l'Empereur ne vit dans les débordements de Fouché que le zèle d'un courtisan et dans la complicité supposée de Bernadotte le dépit ressassé et aigri d'un ancien compagnon d'armes supportant mal le destin que, lui, Napoléon, s'était forgé. D'autres différends étant apparus à propos du divorce de l'Empereur, il se sépara définitivement de son ministre en juin 1810. La Garde nationale ressurgissait et redevenait, en ce début de décennie, un enjeu politique important, que l'Empereur ressentait comme une menace pouvant cristalliser bien des mécontentements et ressusciter les démons insurrectionnels qu'il avait su enchaîner pour exister[6].

Avec elle, ressurgissait le personnage, à la fois populaire et détesté par beaucoup, de La Fayette. Il avait dû sa libération des geôles autrichiennes à la pression décisive de Bonaparte lors de la négociation du traité de Campoformio, mais on avait également affirmé aux Autrichiens qu'en tant qu'émigré, le héros des deux mondes ne pourrait pas rentrer en France, une fois sa libération obtenue. Visiblement, Bonaparte ne souhaitait pas remettre en selle un personnage qui ne pouvait qu'avoir conservé de trop nombreux partisans. Talleyrand s'entremit et s'engagea à ce qu'il ne rentrât pas dans les six premiers mois de sa liberté. La Fayette ayant appris que Bonaparte avait, en quelque sorte, refusé sa rentrée immédiate en France, fit savoir qu'il ne voulait rien devoir à ceux qui avilissaient un défenseur de la liberté. Mais un de ses proches, Louis de Romeuf, parvint à le convaincre de ne pas sacrifier la santé de son épouse à des considérations d'amour-propre et d'obtenir de Bonaparte qu'il exigeât des Autrichiens le respect immédiat des conditions acceptées. Le 19 septembre 1797, les portes de la citadelle d'Olmütz s'ouvrirent enfin et notre héros et sa suite purent prendre la route de Hambourg.

Il devait attendre deux ans encore avant de pouvoir rentrer en France, au lendemain du 18 brumaire, et en mettant Bonaparte devant le fait accompli. Le ton de la lettre par laquelle La Fayette expliquait son retour eut le don d'exaspérer le Premier Consul qui voulut le renvoyer en Hollande pour lui apprendre qui était le maître désormais. On s'entremit et finalement le Premier Consul accepta qu'il puisse se retirer dans son château de La Grange. Le 1er mars 1800, La Fayette fut radié de la liste des émigrés et put ainsi récupérer la plupart de ses biens dont une plantation en Guyane. Bonaparte tenta de le rallier, on lui offrit successivement un siège de sénateur, l'ambassade de France aux États-Unis, mais La Fayette refusa tout et réitéra chaque fois sa position clairement formulée dans une réponse faite à Bona-

parte lui-même, qui lui reprochait de le dénigrer
auprès de généraux anglais en visite à Paris :

> « Que puis-je faire de mieux ? J'habite à la campagne ;
> je vis dans la retraite ; j'évite les occasions de parler ;
> mais toutes les fois qu'on viendra me demander si
> votre régime est conforme à mes idées de liberté, je
> répondrai que non ; car enfin, général, je veux bien
> être prudent, mais je ne veux pas être renégat[7]. »

Il avouait être fasciné par le personnage qu'il
jugeait exceptionnel mais se désolait de le voir
fouler aux pieds les principes de 1789, se demandant si le vrai coupable n'était pas une opinion
désabusée qui semblait courir vers la servitude :
« Car j'avais de l'attrait pour Bonaparte et j'avoue
même que dans l'aversion de la tyrannie, je suis
plus choqué encore de la soumission de tous que
de l'usurpation d'un seul[8]. »

En mai 1802, La Fayette vota « Non » lors du
référendum demandant d'acquiescer au consulat
à vie et l'irréductible opposant, qui n'avait pas
oublié qu'il devait sa libération à celui qu'il considérait comme un tyran, crut devoir lui écrire pour
justifier son opposition et souhaiter du nouveau
César le rétablissement de la liberté. De cette lettre
date la rupture définitive entre les deux hommes
qui n'empêcha pas une estime réciproque des
deux protagonistes conscients tous deux d'avoir
un adversaire à leur mesure et digne d'une Histoire
qu'ils avaient l'un et l'autre contribué à écrire.

Désormais, La Fayette se replia sur une vie de
gentleman farmer et pensa à marier ses enfants.
Mais il recevait beaucoup, tant à La Grange qu'en

Auvergne, notamment Moreau et Bernadotte, ce qui ne pouvait qu'alimenter les rumeurs de conjuration et les préventions du maître à son encontre. Cette même année 1803, la vente de la Louisiane aux États-Unis permit aux Nord-Américains de prouver leur reconnaissance tout en mettant leur héros à l'abri de la vindicte napoléonienne : le Congrès lui offrit d'immenses domaines dans ce territoire dont il serait devenu le gouverneur. Une fois encore, il remercia et refusa, disant qu'il ne pouvait abandonner tous ceux qui, en France, soupiraient après la liberté et pouvaient avoir besoin de lui. C'était confirmer les pires soupçons et braver la patience impériale.

C'est La Fayette lui-même qui, dans ses *Mémoires*, laisse entendre que l'entourage du général Malet l'aurait contacté, dès 1808, pour profiter des absences répétées de Napoléon et de celles de ses armées occupées aux quatre coins de l'Europe, afin de préparer un changement de régime et mettre fin aux guerres incessantes nées de l'*ubris* impériale. Les conjurés prévoyaient de confier le commandement de l'armée à Masséna, lui attribuant celui de la Garde nationale. En 1809, lors de l'affaire de Welcheren et de la résurrection de la garde parisienne par Fouché, La Fayette n'y était pour rien, mais Napoléon déclara devant le Conseil d'État : « Tout le monde en France est corrigé, mais il y a un homme qui ne l'est pas : c'est La Fayette. Il n'a jamais reculé d'une ligne. Vous le voyez tranquille. Eh bien je vous dis, moi, qu'il est prêt à recommencer[9]. »

En 1812, profitant de la campagne de Russie et

de l'incendie de Moscou qui laissait présager le pire, Malet tenta sa chance et faillit réussir, au point que l'Empereur en parut encore plus affecté que de la liquidation de son armée et rentra précipitamment à Paris. Il ne s'en prit pas à La Fayette mais, devant le Conseil d'État, prononça un réquisitoire qui, indéniablement, le visait :

> « Qui donc a proclamé comme un devoir le principe d'insurrection ? Qui donc a adulé le peuple en proclamant une souveraineté qu'il est incapable d'exercer ? Ces erreurs devaient amener et elles ont effectivement amené le régime des hommes de sang. C'est à l'idéologie qu'il faut attribuer tous les malheurs éprouvés par notre belle France [10]. »

Commentant lui-même ce texte dans ses *Mémoires*, La Fayette constatait que la crainte d'un retour aux principes de 1789 demeurait l'obsession majeure de Bonaparte, laissant entendre par là même que c'était lui qui les incarnait, dans toute leur pureté, sur la scène politique française.

La dégradation accélérée de la situation militaire en 1813 et 1814 rendait inévitable la question de l'issue politique qu'elle allait imposer et La Fayette dans ses *Mémoires* révèle que certains, parmi les maréchaux, s'interrogeaient avec lui sur une possible abdication de Napoléon tandis que lui-même avançait la possibilité d'une « insurrection nationale suscitée à la fois contre l'invasion étrangère et contre le despotisme intérieur ». Cela signifiait provoquer une insurrection de la Garde nationale sous son commandement, ce qui n'allait pas sans problème si l'armée restait fidèle à l'Empereur. Mais l'insurrection générale n'eut pas lieu d'être et se borna, le 30 mars 1814, à une série de combats de l'avant-garde des coalisés contre plusieurs détachements de la Garde nationale aux barrières de la ville, où elle perdit 300 hommes, notamment à la barrière de Clichy.

Louis Girard, dans son ouvrage, y voit le sacrifice qui permit à la Garde nationale de jouer un rôle essentiel dans la transition entre l'abdication de l'Empereur et le retour effectif des Bourbons. Aux yeux des couches populaires de la capitale qui réclamait des armes pour en découdre avec les Cosaques, elle n'avait pas trahi les Parisiens comme l'avaient fait l'impératrice et son entourage fuyant la ville pour gagner la Loire et s'y retrouver avec les débris des armées de Marmont et de Mortier. De leur côté, les alliés ne voulaient pas affronter Paris et s'enliser dans une bataille de rues qui aurait donné le temps à Napoléon de rameuter des forces, d'en lever d'autres et de prolonger la guerre par un bain de sang à l'issue incertaine[11].

Poussé par la nécessité, Napoléon avait réactivé partiellement la Garde nationale parisienne, le 8 janvier 1814, et il en profita pour remanier son organisation. On lèverait 30 000 hommes, soit 12 légions de 4 bataillons, eux-mêmes formés de 5 compagnies de 125 hommes, certaines de ces compagnies seraient formées de grenadiers soit au total un corps d'élite de 5 000 hommes. Dès le 23 janvier, avant de regagner son armée, l'Empereur réunissait aux Tuileries les 900 officiers des différents bataillons pour confier à leur bravoure et à leur loyauté l'Impératrice régente et le

Roi de Rome. L'assemblée lui répondit par un «Vive l'Empereur!» apparemment enthousiaste, mais les résultats concrets de cette mobilisation restèrent décevants. La plupart de ces officiers étaient des notables aux aptitudes physiques plutôt limitées et qui faisaient exécuter leur service par des remplaçants et si les officiers supérieurs étaient plutôt sûrs, les capitaines de bataillon et les sous-officiers ne l'étaient guère. Les armes manquaient et le ministre de la Guerre les réservait aux soldats véritables. Joseph, l'ex-roi d'Espagne, nommé commandant en chef, ne disposait, le mois suivant, que de 11 000 hommes véritablement équipés. Pour les autres, ils firent leur service en veste ou en blouse et l'on alla jusqu'à ressortir des piques pour ceux qui n'avaient pas d'armes à feu personnelles. Un mois plus tard, quand les coalisés marchèrent sur la capitale, la situation n'avait guère évolué.

Les combats du 30 mars auxquels participèrent des bataillons de la Garde nationale et quelques détachements militaires furent des combats nécessaires et comme apprêtés par les deux camps, mais tragiquement réels pour ceux qui y laissèrent la vie. Les Français devaient y manifester leur détermination à défendre coûte que coûte leur capitale, prêts à renouveler, en plus vaste, les affrontements acharnés de Saragosse; les Russes y prouvaient leur volonté d'entrer dans la ville mais sans achever leur campagne par la destruction d'une ville qu'on voulait rendre aux Bourbons — dont on était, ne l'oublions pas, les alliés! De plus, il fallait faire vite, car Napoléon pouvait revenir dans Paris, y galvaniser l'esprit de résistance, mobiliser les forces populaires de cette ville de 600 000 habitants et s'y adosser pour relancer la guerre. On négocia le soir même, et à deux heures du matin tout était signé.

Dans la matinée du 31, le tsar chargea le Sénat impérial de rédiger un projet de Constitution. Ce dernier en confia la rédaction à une commission formée de Lebrun, l'ancien consul, et de quatre «idéologues», dont Barbé-Marbois et Destutt de Tracy, qui se mirent immédiatement au travail en s'inspirant de la Constitution directoriale et des institutions britanniques. L'avant-projet fut terminé le 2 avril et fut soumis à une sorte de jury composé du gouvernement provisoire qu'on venait de former, de quelques sénateurs et de Nesselrode, conseiller du tsar, qui avait été attaché d'ambassade à Paris de 1808 à 1811.

Pendant tout ce temps, Louis XVIII était toujours en Angleterre et il avait fait savoir, à maintes reprises, depuis sa déclaration de Vérone, au lendemain de la mort de Louis XVII, qu'il était pour le rétablissement pur et simple de l'Ancien Régime. Mais, les années passant, il fit savoir qu'il était prêt à des concessions et donc à examiner le projet du Sénat, mais surtout, son frère, le comte d'Artois, fit un geste. Le 3 avril, le Sénat avait prononcé la déchéance de Napoléon ; le lendemain, ses maréchaux lui déclarèrent ne plus vouloir continuer la guerre mais il ne signa l'abdication que le 6 et le comte d'Artois, frère de Louis XVIII, fit savoir, le 9 avril, qu'il se préparait à entrer dans Paris. Talleyrand lui conseilla alors d'arborer i'uniforme de la Garde nationale avec la cocarde blanche à son bicorne, c'était marier les deux symboles et suggérer que le nouveau régime n'allait pas tout renier de 1789 !

Le comte d'Artois, qui avait toujours eu beaucoup d'allure à cheval, séduisit son public, ce 12 avril 1814. Dans Paris, les troupes alliées se firent très discrètes et seule la Garde nationale jalonna un itinéraire habilement choisi par le faubourg et la rue Saint-Denis jusqu'à Notre-Dame et les Tuileries. Le temps était beau et le chancelier Pasquier, dans ses *Mémoires*, se souvient que la Garde nationale fut l'autre vedette de cette belle journée :

> « Les fenêtres étaient garnies des femmes, des sœurs, des filles des gardes nationaux, tout heureuses de la part que prenaient à ce grand événement leurs maris, leurs frères, leurs pères. Une joie sincère éclatait. On peut dire que ce fut à la Garde nationale que revinrent le mérite et l'honneur de cette brillante journée.
>
> Partout on entendait les cris de "Vive la Maison de Bourbon ! Vive le Roi ! Vive Monsieur !" [12] »

Évidemment, la Garde nationale était plus à son affaire dans cette journée de soulagement et d'effusion traditionnelle que treize jours plus tôt, aux barrières de la ville, quand le peuple, beaucoup plus ardent que nos bourgeois, exigeait d'en découdre avec les coalisés. Sans doute qu'à cette occasion, les remplaçants, souvent anciens soldats, firent le coup de feu plus aisément que les gardes nationaux en titre, mais en s'interrogeant sur le bien-fondé et les suites de leur présence. Reste que ce 12 avril pouvait faire croire au frère du roi que la Garde nationale lui était acquise et que, Paris donnant le branle au reste de la France, les Bourbons étaient assurés d'une restauration obtenue sans effusion de sang, par une belle journée de printemps.

La Fayette lui-même se laissa gagner par cette atmosphère de fête qui l'incita à donner leur chance aux Bourbons pour promouvoir enfin une monarchie constitutionnelle ouverte aux principes et aux institutions garantissant une liberté politique effective. Lui aussi évoque cette journée dans ses *Mémoires*, elle le transportait une quarantaine d'années en arrière, en amont de la Révolution, renouant la chaîne du temps, réconciliant apparemment l'ancien monde et le nouveau et cette sorte de miracle était dû à un uniforme, c'était dire à la fois la force et l'ambiguïté du mythe toujours renaissant !

> « Je me serais fait scrupule d'appeler les Bourbons, et néanmoins, telle est la force des premières impressions que je les retrouvais avec plaisir, que la vue du comte d'Artois, dans la rue, m'émut vivement et que, pardonnant leurs torts, même ceux envers la patrie, je souhaitai de tout mon cœur que la liberté pût s'amalgamer au règne des frères et de la fille de Louis XVI[13]. »

Son inclination pour la nouvelle donne politique alla jusqu'à solliciter l'entourage du frère du roi pour se retrouver à la tête de la Garde nationale, mais le comte d'Artois, heureusement surpris par le déroulement de la journée du 12 mars, voulut exploiter cette soudaine popularité et se fit nommer par Louis XVIII colonel général de toutes les gardes nationales du royaume. Assisté du général Dessolles, nommé major général, il s'attacha, tout comme La Fayette en 1790, à structurer verticalement une Garde nationale censitaire avec, comme nouveauté, des inspecteurs départementaux dépendant directement de l'état-major du colonel général, ce qui indisposa le ministère de l'Intérieur et ses préfets. Mais le frère du roi balaya toutes les objections et imposa aux préfets de collaborer activement à la mise en place du nouveau système.

Le retour de l'île d'Elbe surprit le général Dessolles en pleine réorganisation et donc la Garde nationale ne s'opposa pas à la marche triomphante de l'Empereur, sinon dans la vallée du Rhône qu'il contourna par la route des Alpes via Digne et Grenoble. Napoléon redevenu Bonaparte affecta, dans ses premières allocutions, un ton patriotique quasi révolutionnaire. Mais, à partir de Lyon, le ton changea, il s'agissait de ne pas effrayer les bourgeoisies lyonnaise et parisienne. Il suffisait d'exploiter toutes les erreurs politiques de Louis XVIII et de son entourage. Le nouveau monarque avait déçu : l'armée en premier lieu, réduite à la portion congrue, et dont les officiers supérieurs et généraux devaient faire une large place aux freluquets de l'émigration ; ensuite et surtout les paysans, inquiets d'un possible retour des droits féodaux, mais aussi les ouvriers, réduits au chômage par la concurrence anglaise ; enfin les bourgeois, menacés de devoir restituer les biens nationaux et dont beaucoup, en ville, supportaient mal les manifestations ostentatoires d'une contrition collective imposée par un clergé à nouveau tout-puissant.

La série d'ordonnances prises par le gouvernement royal pour tenter de mobiliser la Garde nationale contre l'usurpateur demeura sans aucun effet. À Paris, on ne parvint à réunir que 500 hommes, on était loin de l'euphorie du 12 avril! En province, ce ne fut guère mieux si l'on excepte l'Ouest où ressurgirent Vendéens et chouans contre qui se mobilisèrent des «fédérés», des «jeunes gens» surtout, héritiers enthousiastes de 1789. Dans le Midi, le duc d'Angoulême parvint à lever quelques bataillons qui s'opposèrent à ceux ralliés à l'Empereur! La guerre civile renaissait.

La guerre étrangère aussi car la coalition s'était ressoudée contre l'usurpateur à nouveau adoubé par les Français. Napoléon avait besoin, une fois encore, des effectifs innombrables de la Garde nationale pour alimenter son armée et donc il rétablit l'organisation censitaire de 1813, mais ce réalisme utilitaire se heurtait à la réalité politique du moment. Ses partisans véritables étaient désormais, outre ses anciens soldats, les nostalgiques de 1789, comme dans l'Ouest où la jeunesse des écoles se fédéra pour s'opposer aux chouans et aux Vendéens qui venaient de reprendre les armes contre l'usurpateur. Avec eux s'étaient levés également les paysans et le petit peuple des artisans et des ouvriers des villes, viscéralement hostiles aux aristocrates et toujours exclus de la Garde nationale.

Carnot, nouveau ministre de l'Intérieur, voulut tirer parti de ce sursaut patriotique et facilita la création de bataillons de «fédérés», ouvertement animés par le souvenir des élans successifs des

fédérations de 1790 et des volontaires de 1792.
L'empereur lui-même, boudé par la Garde nationale, lors d'une revue, le 16 avril 1815, se comporta,
le 14 mai suivant, l'espace d'un après-midi, en
«Empereur de la populace». Sur la place du
Carrousel, il passa en revue 12 000 fédérés parisiens, essentiellement venus des faubourgs Saint-
Antoine et Saint-Marceau! C'était prairial qui
ressurgissait:

> «Soldats fédérés, je suis revenu seul parce que je
> comptais sur le peuple et sur l'armée. Vous avez justifié
> ma confiance. J'accepte votre offre. Je vous donnerai
> des armes. Soldats fédérés, s'il est des hommes nés
> dans les hautes classes de la Société qui aient déshonoré
> le sang français, l'amour de la patrie et le sentiment de
> l'honneur national se sont conservés tout entiers dans
> le peuple et dans l'armée. Je suis bien aise de vous
> voir, j'ai confiance en vous. Vive la Nation[14]!»

Les fédérés lui répondirent en entonnant la
«Marseillaise» et le «Ça ira!», l'Empereur se contenta
de brandir la menace du recours au peuple mais
ne le réarma pas, au grand soulagement de la
plupart de ses ministres et préfets. Il préféra s'en
tenir, une fois encore, à l'armée et à une bataille
qui permettrait de desserrer l'étreinte de la
coalition et d'imposer ensuite sa volonté au pays.
La défaite de Waterloo remit tout en cause: le
recours à une mobilisation de l'énergie populaire
pour défendre Paris et permettre de rameuter
toutes les forces militaires disponibles paraissait
une carte encore jouable. De leur côté, royalistes
et modérés refusaient de se battre pour un homme

mis au ban de l'Europe et dont ils n'avaient, politiquement, plus rien à attendre. Face à l'armée et
aux fédérés, la Garde nationale redevenait le
contrepoids symbolique, rassemblant toutes les
nuances du modérantisme bourgeois, mais permettant de ne pas remettre aux seules armées étrangères le destin politique de la France.

Républicains de raison, royalistes constitutionnels, modérés de toute obédience se savaient
condamnés, du fait de la présence, en France,
des armées des souverains coalisés, à rappeler
Louis XVIII, mais il fallait, une fois encore,
ménager la transition, et La Fayette crut que son
heure avait sonné. Il était vice-président de la
Chambre des représentants que Napoléon avait
fait élire pour appliquer l'acte additionnel aux
constitutions de l'Empire. Cette Constitution impériale, rédigée par Benjamin Constant, était calquée
sur la Charte «octroyée» par Louis XVIII et destinée à concrétiser le virage libéral du retour de
l'île d'Elbe. Le lendemain de Waterloo, Napoléon
était à Paris pour apprendre que la Chambre lui
était opposée, ce qui l'exaspéra et il envisagea de
la dissoudre. Rien n'était décidé mais Fouché,
ministre de la Police, et qui manœuvrait pour se
rendre indispensable, en profita pour alarmer les
représentants les plus notoires en parlant d'une
dissolution imminente. Le 22 juin, au matin, La
Fayette, qui, lui aussi, se sentait indispensable, prit
aussitôt la parole en se réclamant «du vieil étendard tricolore, celui de 1789, celui de la Liberté,
de l'Égalité et de l'Ordre public» et il présenta une
motion en cinq points du plus pur style révolution-

naire afin de mettre la Chambre sous la protection de la Garde nationale :

> « 1) La Chambre des représentants déclare que l'indépendance de la nation est menacée.
> 2) La Chambre se déclare en permanence. Toute tentative de la dissoudre est un crime de haute trahison. Quiconque se rendrait coupable de cette tentative serait traître à la Patrie et sur-le-champ jugé comme tel.
> 3) L'armée et la Garde nationale ont bien mérité de la Patrie.
> 4) Le ministre de l'Intérieur est invité à réunir l'État-Major de la Garde nationale de Paris afin d'aviser au moyen de lui donner des armes et de porter au grand complet cette garde citoyenne dont le patriotisme et le zèle éprouvés depuis vingt-six ans offrent une sûre garantie à la liberté, aux propriétés, à la tranquillité de la capitale et à l'inviolabilité des représentants de la nation.
> 5) Les ministres de la Guerre ; des Relations extérieures ; de l'Intérieur et de la Police sont invités à se rendre sur-le-champ dans le sein de l'Assemblée[15]. »

L'Assemblée adopta d'enthousiasme la motion, sauf l'article 4, trop visiblement destiné à faire de La Fayette le successeur de Bonaparte. Pour le reste, c'était mettre hors la loi l'Empereur vaincu et lui substituer la Chambre des représentants devenue pouvoir constituant, décision contestable pour ne pas dire illégale. Mais s'y opposer, c'était, pour Napoléon, déclencher une guerre civile qui, dans Paris, l'aurait obligé à s'appuyer sur une mobilisation populaire à laquelle il répugnait. À son frère Lucien qui l'incitait à tenter un second Brumaire, il répondit :

> «(Au 18 brumaire) Le public entier était contre les
> Cinq Cents et avec moi. Aujourd'hui, Lucien, c'est le
> contraire. L'idée dominante c'est qu'on a la guerre à
> cause de moi et l'on voit dans l'Assemblée un frein
> pour mon ambition et mon despotisme. Je pourrais,
> me dites-vous, jeter les représentants dans la Seine ?
> Mais je rencontrerai plus de résistance que vous ne le
> croyez dans les Gardes nationales. Les représentants
> iraient courir dans les provinces et les soulever contre
> moi [16]. »

Rejetant la guerre civile, il termina sa réponse
à Lucien en refusant d'être le « roi de la Jacquerie ».
L'Empereur était vaincu par le mythe de la Garde
nationale, ressuscité et incarné par La Fayette.
Vaincu par un affrontement plus hypothétique
que réel mais qui prouvait que la Garde nationale
demeurait cette force immense, mal organisée
mais que l'on redoutait, surtout dans l'espace clos
des villes et notamment de la capitale car un mot
d'ordre, une indignation pouvait lui faire prendre
les armes et, par contagion, jeter tout Paris dans
la rue. Est-ce que la Garde nationale de Dessolles,
celle du 12 avril précédent, était tout entière
derrière La Fayette ? On peut en douter. Est-ce
qu'une partie des faubourgs l'aurait suivi contre
l'Empereur de la conscription insatiable et des
droits réunis ? Cela reste à prouver.

L'arrivée de Grouchy avec 30 000 hommes remit
tout en cause. Avec les 40 000 hommes qui avaient
suivi l'Empereur après Waterloo et les détachements couvrant Paris, on pouvait refaire une armée
de 100 000 hommes et Napoléon crut que tout
était à nouveau possible. La Fayette en déduisit

qu'il fallait exiger de l'Empereur son abdication immédiate pour n'avoir pas à lui imposer la déchéance, et Napoléon s'y résigna quand il apprit que le Sénat appuyait l'ultimatum de la Chambre.

L'Histoire se répétait, Paris capitula une seconde fois, la Garde nationale redevint l'ultime rempart de l'ordre face aux armées alliées et face à la protestation populaire contre le défaitisme des riches et des puissants. À quoi servait d'avoir été victorieux en 1792 et en 1794 si on capitulait en 1815 ? C'était toujours la même guerre qui continuait et l'Empereur du coup prenait le relais des volontaires de 1793 et des vainqueurs de Fleurus. Et la Garde nationale, elle, choisissait le camp de la défaite !

Chapitre XII

DE LA RESTAURATION ULTRA
AUX « TROIS GLORIEUSES »
(juin 1815 - juillet 1830)

La défaite de Waterloo entraîna l'écroulement de l'État impérial, lui aussi, un moment, restauré. La seconde abdication de Napoléon date du 22 juin, Louis XVIII ne rentra à Paris que le 8 juillet ; durant l'interrègne c'est la Garde nationale qui maintint l'ordre dans la capitale et tenta de l'imposer notamment aux 150 000 soldats « alliés » qui venaient d'y affluer et dont l'installation et l'entretien incombaient aux autorités françaises. La Garde nationale avait protégé Paris une première fois, en mars et avril 1814, elle allait recommencer un peu plus d'un an plus tard. On avait capitulé devant les Prussiens pour éviter que les débris des armées françaises entrent dans Paris et continuent de se battre avec l'appui des fédérés parisiens. Cette capitulation, signée le 3 juillet à l'aube, fut mal accueillie dans les quartiers populaires qui manifestèrent en faveur des soldats et des fédérés. La Garde nationale dut intervenir pour disperser les manifestants et le divorce entre les faubourgs et elle se creusa un peu plus. Seuls les modérés, bourgeois grands et petits, se félicitèrent de cette capitulation qui mettait fin à une guerre qu'ils estimaient déjà perdue et qu'il fallait se garder de relancer comme le prônaient Carnot et quelques officiers généraux convaincus d'un possible sursaut patriotique.

Les alliés ne voulurent accorder aucun armistice tant que Louis XVIII ne serait pas réinstallé sur son trône, mais ce dernier ne voulait pas revenir en France uniquement escorté de troupes étrangères et donc retardait ce retour le temps de rassembler ses partisans tandis que la commission désignée par la Chambre des représentants de Napoléon pour assurer l'intérim de l'exécutif travaillait assidûment à un projet de Constitution pour l'imposer au Bourbon rétabli et éviter qu'il ne revienne avec sa Charte trop peu libérale à l'image de ce drapeau blanc niant la souveraineté nationale! Fouché voulait être le Talleyrand de cette nouvelle transition et commença à se débarrasser des représentants les plus influents, notamment La Fayette. La Chambre des représentants lui préféra Masséna comme commandant de la Garde nationale de Paris, puis l'éloigna en lui demandant de participer à la délégation envoyée quémander, auprès des souverains étrangers, des conditions d'armistice plus clémentes que celles énoncées par les chefs militaires de la coalition. Partie le 27 juin, la délégation ne revint que le 5 juillet sans avoir pu rencontrer les souverains qui, de toute façon, s'affirmaient solidaires contre le vaincu de Waterloo.

La capitulation était signée depuis le 3 juillet, mais La Fayette batailla encore pour obliger le roi à adopter des institutions vraiment libérales et le drapeau tricolore : il lui conseillait d'imiter son ancêtre, Henri de Navarre, pour qui Paris avait bien valu une messe. Mais Louis XVIII ne voulut rien entendre d'autant que les alliés, invités par Fouché à mettre la dernière main au retour du roi Bourbon, lui signifiaient qu'aucune condition ne pouvait lui être imposée. Enfin, dernier épisode, le 8 juillet au matin, 50 gardes nationaux de la dixième légion interdirent l'entrée du Palais-Bourbon aux représentants de la Chambre créée par Napoléon. Une ordonnance, signée ce même jour par Louis XVIII, redonnait le commandement de la Garde nationale de Paris au général Dessolles. Ce même 8 juillet, le roi refaisait son entrée dans la capitale, escorté par 450 gardes tirés de la dixième légion tandis que Masséna passait ses pouvoirs à Dessolles, lequel ordonnait à tous les bataillons d'arborer la cocarde blanche[1].

Partout, en France, on assista à ces passations de pouvoirs qui donnèrent lieu, surtout dans les villes de garnison, à des incidents variés, les militaires refusant d'arborer le drapeau et la cocarde des Bourbons. Dans le Midi et la vallée du Rhône, les ultra-royalistes pourchassèrent les fédérés et les militaires, notamment les officiers, qui, durant les Cent-Jours, avaient manifesté ostensiblement leur bonapartisme. Les violences d'une nouvelle Terreur blanche déferlèrent brutalement.

À Paris, les structures mises en place en 1814 furent réactivées et le comte d'Artois redevint colonel général de toute la Garde nationale, à l'échelle du royaume tout entier, bien décidé à tirer parti du capital de popularité qu'il croyait avoir amassé grâce à son entrée spectaculaire dans Paris, le 12 avril de l'année précédente. Il s'agissait pour lui d'activer le recrutement d'une sorte de fédération ultra, composée de gardes nationaux triés sur le volet, commandés par les aristocrates locaux, dont on entretiendrait l'enthousiasme par des manifestations de fidélité et de dévotion dynastique de façon à contrôler politiquement l'ensemble des départements avec l'appui des maires, non plus élus mais nommés, et de l'Église. Le Conseil d'État s'inquiéta de la prolifération d'une organisation à visée ostensiblement politique qui *de facto* concurrençait l'administration préfectorale et qui, dépendant verticalement du prince héritier, semblait ignorer l'autorité suprême du souverain.

Des inspecteurs départementaux, chargés de dresser les rôles de chaque unité avec le concours des maires, constituaient la pièce essentielle de la nouvelle institution. Tous de bonne noblesse, ils pesaient naturellement sur la désignation préalable des officiers dont la nomination par le roi se faisait sur les propositions de son frère, le comte d'Artois. Tout cela par-dessus la tête des préfets qui ne gardaient que la responsabilité de l'organisation matérielle et de la gestion administrative des différentes unités, d'où d'inévitables problèmes de compétences et de prérogatives. Certains préfets, eux-mêmes « ultras » convaincus, fermaient les yeux et laissaient faire, ravis de l'emprise ainsi retrouvée des aristocrates sur l'ensemble des populations rurales, mais la majorité de ces hauts

fonctionnaires, jaloux de leur autorité, s'en plaignirent auprès du ministre de l'Intérieur. Le
premier, Vaublanc, un ultra prononcé, s'entendait
au mieux avec Monsieur et les conflits furent rapidement réglés à l'avantage de ce dernier. Le remplacement de Vaublanc par Lainé en mai 1816
mit fin à cette quasi-complicité et, désormais, l'administration préfectorale s'employa à amoindrir
les moyens des inspecteurs de Monsieur, rognant
leur budget, leur rappelant la nécessité d'aviser le
préfet avant de prendre une décision concernant
l'utilisation des gardes nationaux. Enfin ces mêmes
préfets se permirent d'alerter le roi sur les comportements abusifs de certains de ces personnages
jouant aux potentats locaux face à des préfets qui
n'étaient, pour eux, qu'un legs contestable et des-
potique de Bonaparte. Néanmoins, l'élection, en
1815, d'une Chambre «introuvable», c'est-à-dire
massivement ultra, ainsi que l'influence déterminante de Monsieur, autrement dit le comte d'Artois,
frère du roi, avaient facilité la mise en place, dans
la plupart des départements, d'une Garde nationale
réactionnaire, étroitement contrôlée par les aris-
tocraties locales, du moins ce qu'il en restait.

L'ordonnance du 17 juillet 1816 rappelait l'obligation faite à tout contribuable et fils de contribuable d'être inscrit par le maire, assisté d'un
conseil de recensement, sur les rôles de la Garde
nationale. Seuls, les plus aisés, susceptibles de
s'habiller et de s'armer, figuraient sur le contrôle
ordinaire ; ceux dont les ressources trop modestes
les empêchaient de s'équiper figuraient sur le
contrôle de réserve et ne seraient mobilisés que

dans des circonstances exceptionnelles. C'était reprendre les mêmes procédés détournés qui, depuis le Directoire et l'Empire, avaient permis d'instituer une garde censitaire plus ou moins active, flanquée d'une sorte de réserve latente où l'on puiserait en cas de nécessité absolue. L'autre aspect déterminant de ce texte rappelait que les maires, sous-préfets et préfets avaient seuls la responsabilité administrative de l'emboîtement pyramidal des unités de la Garde nationale dans chaque département. Cette responsabilité administrative était très large puisque, théoriquement, aucun commandant d'unité ne pouvait publier d'ordre du jour sans aviser le préfet de son contenu et que toute réunion et rassemblement des gardes nationales supposaient une réquisition écrite de l'autorité administrative. En fait, ce qui en résultait essentiellement, c'est que la Garde nationale ultra de 1816, comme celle de 1791, retrouvait une organisation fondamentalement communale, en quelque sorte multicellulaire, comme si chaque régime, quelle que soit sa nature, s'inquiétait du potentiel de risques que comportaient tous les autres types d'organisation, entraînant la constitution d'unités plus massives, dans chaque département, et coordonnées entre elles à l'échelle nationale. Le comte d'Artois ne supprima pas la hiérarchie de son organisation. Un état-major plus discret continua de chapeauter des bureaux parisiens qui continuèrent de s'occuper du personnel pour ce qui concernait les nominations, promotions et décorations. La réalité quotidienne de la Garde nationale dans les départements fut donc une sorte de négociation

permanente entre l'administration préfectorale,
les maires des agglomérations les plus importantes,
les inspecteurs de Monsieur, les commandants les
plus influents de la Garde nationale. Il en résultait
une mosaïque de situations très variées, en fonction
des rapports de force locaux et de l'application
effective de la loi. Georges Carrot précise qu'en
juillet 1818, 73 départements et 8 villes avaient
une garde nationale organisée selon l'ordonnance
de juillet 1816, soit un total de 527 533 hommes,
mais dont les officiers n'avaient été nommés que
dans 19 départements[2].

Cette énorme masse d'individus, mal encadrée,
dont le statut variait selon les lieux et restait provisoire, n'inspirait qu'une confiance très relative
aux militaires professionnels. La preuve en était
qu'il n'en fut guère question lors des discussions
passionnées suscitées par l'élaboration de la loi
du 10 mars 1818 qui définissait ce qu'allait être
l'armée de la monarchie. Jusque-là, le régime affichait comme priorité absolue la nécessité de mettre
fin à l'occupation étrangère. Pour cela, il fallut
obtenir la dissolution de la « Chambre introuvable »
(5 septembre 1816) dont la démagogie fiscale était
un frein à la libération définitive du territoire. Les
étapes d'un redressement financier purent être
définies par le duc de Richelieu et permirent d'obtenir d'un consortium de banques anglaises et
hollandaises les millions nécessaires au respect
des conditions d'occupation imposées par le second
traité de Paris. Tenant les engagements signés, le
nouveau premier ministre obtint d'abord un allègement des effectifs des troupes des coalisés. Puis,

payant par anticipation les dernières tranches de l'indemnité de guerre, il négocia la réduction de cinq ans à trois ans de la durée effective de l'occupation, allègement consenti par la coalition, au congrès d'Aix-la-Chapelle, le 27 septembre 1817.

Au même moment, Gouvion-Saint-Cyr redevint ministre de la Guerre et entreprit une réflexion sur le recrutement de l'armée et la formation des officiers. Persuadé que l'armée avait particulièrement souffert de la réaction de 1815, il lui semblait primordial de rééquilibrer les cadres de la nouvelle armée entre officiers royalistes, issus de l'émigration, et tous ces milliers d'officiers de l'armée impériale que Louis XVIII avait mis en demi-solde. Le rééquilibrage se faisant en fonction des effectifs, il fallait évaluer les besoins de la sécurité nationale et des ambitions internationales de la monarchie restaurée et donc poser la question des réserves instruites disponibles dans le cadre de la Garde nationale qui pouvait en devenir le réservoir naturel. Apparemment Gouvion-Saint-Cyr, compte tenu de la mainmise réalisée par le frère du roi sur la Garde nationale, lui préférait une autre solution. Il proposa la création d'un corps de vétérans, composés d'anciens conscrits, qui de fait étaient d'anciens soldats de la période impériale. Un tel projet provoqua les protestations véhémentes de la droite des deux Chambres qui condamnèrent la création d'un corps entièrement constitué de vétérans de l'Empire dont la fidélité monarchique serait plus que douteuse. Gouvion l'imposa cependant mais son départ du ministère en 1819 entraîna l'abandon de cette solution. On lui en préféra une troisième : l'augmentation des effectifs du contingent de 40 000 à 60 000 hommes, dont une partie pouvait être instruite et mobilisée sur place, à temps partiel, pour constituer une réserve de jeunes soldats, *a priori* moins suspects que les anciens conscrits de 1813. Implicitement, la Garde nationale était considérée comme une seconde réserve pour les services de garnison et de protection en temps de guerre dont la nature ne fut vraiment définie que sous la Monarchie de Juillet, par les lois de 1831 et 1832, destinées à une Garde nationale à nouveau considérée comme un des soutiens majeurs du régime.

Dans les départements, la Garde nationale était devenue une sorte d'enjeu social symbolique par les grades et distinctions que l'on y distribuait et qui contribuaient, du moins entre 1815 et 1825, à l'aura mondaine de leurs bénéficiaires, flattés d'approcher, par ce biais, les meilleures familles de l'arrondissement ou du département. À Paris, ces mêmes enjeux existaient également, mais ils furent progressivement recouverts par des considérations politiques qui contribuèrent à remettre totalement en cause les rapports entre les Tuileries, le « Château » comme l'on disait alors, et la majorité des bataillons de la Garde nationale. Cette dernière comprenait, en 1815, environ 32 000 gardes « habillés » pour un effectif global d'environ 40 000 hommes. Faire partie de la Garde coûtait relativement cher : à l'uniforme proprement dit, soit en moyenne 150 francs, s'ajoutait, pour les grenadiers, le bonnet à poil, soit entre 60 et 80 francs supplémentaires selon la qualité de la fourrure et de la plaque métallique ouvragée qui le décorait. Beaucoup de gardes nationaux aux revenus modestes hésitaient à investir dans un uniforme, ou bien, l'ayant fait, l'enthousiasme ou l'intérêt initial ayant faibli, ne le remplaçaient pas, un fois usé. Comme le constate Louis Girard, le «déshabillement constituait le prélude à l'abandon[3]». En 1815, on dénombrait environ 8 000 gardes effectuant leur service en civil, soit un cinquième de l'effectif total. Quatre ans plus tard, pour un effectif global tombé à 30 000 individus, on comptait toujours 6 000 «bisets», appellation familière du pigeon commun dont la couleur grisâtre évoquait le fusilier lambda par opposition à l'uniforme, toujours tricolore, du garde «habillé» et à celui, plus chamarré encore, des compagnies d'élite.

Pour ce qui était de l'armement, la question se posait à peine, dans la mesure où, en 1814, les autorités impériales avaient distribué des dizaines de milliers de fusils, et que, lors de l'occupation de la ville, les alliés avaient revendu pour rien des armes récupérées sur les champs de bataille ou confisquées à leurs prisonniers. Personne ne connaissait le nombre de fusils dont pouvaient disposer les gardes nationaux et *a fortiori* le reste de la population. Les fusils étaient théoriquement conservés aux râteliers des postes de chaque compagnie, mais beaucoup de gardes les conservaient chez eux, notamment quand ils utilisaient une arme leur appartenant. L'état-major estimait que les gardes pouvaient détenir quelque 60 000 fusils, ce chiffre comprenant à la fois les fusils du gouvernement et

ceux des particuliers, certains en possédant indéniablement plusieurs.

L'occupation de la capitale, la dissolution de
l'armée impériale fit de la Garde nationale, en
juillet 1815, la seule force organisée tolérée par les
coalisés dans Paris et dans les autres départements
occupés. Comme telle, elle était responsable de
l'ordre mais également chargée de manifester
symboliquement la continuité de la souveraineté
nationale, et donc lui incombait également la
garde des bâtiments publics, la protection et l'escorte des représentants de cette souveraineté. Ces
obligations simultanées nécessitaient, dans Paris,
la mobilisation quotidienne d'environ 5 000 hommes
et donc imposaient aux gardes nationaux un jour
de service par semaine, parfois même davantage
pour certaines compagnies d'élite, remarquées pour
leur belle apparence et leur état d'esprit. Il en
résulta une revalorisation de fait de l'institution
que le nouveau régime et tout particulièrement
le comte d'Artois voulurent exploiter pour asseoir
leur popularité dans la capitale. Cela commença
par une épuration consécutive aux Cent-Jours :
sur les 900 officiers des différents bataillons, 400
furent destitués et remplacés par des royalistes
reconnus. Il n'était pas question de revenir à
l'élection de l'encadrement. Son dévouement et
celui de l'homme du rang furent récompensés par
la décoration du Lys amplement distribuée à tous
ceux qui remplissaient convenablement leur service.
Monsieur en délivrait le brevet au bout de deux
ans et l'on recevait, l'année suivante, la médaille
elle-même, en or, remise lors d'une cérémonie où

l'on prêtait un serment de fidélité au roi et à la dynastie. En 1818, on comptait déjà, pour Paris, 23 000 décorés. Grades et décorations constituaient, comme dans les départements, une preuve de réussite sociale et le moyen de côtoyer les proches et les amis supposés du pouvoir, de bénéficier de leur clientèle et d'asseoir ainsi sa propre réputation. Parallèlement, la délation était encouragée pour écarter les bonapartistes non repentis et les libéraux impénitents. De 1816 à 1818, 50 officiers et 150 sous-officiers furent destitués.

Les mois et les années passant, l'enthousiasme initial s'était émoussé et même si le service s'allégeait, paradoxalement cet allègement était vécu comme une mise à l'écart et contribuait, lui aussi, à la désaffection croissante d'une partie de la bourgeoisie parisienne à l'encontre du régime. Il devenait évident que l'état-major de Monsieur avait tendance à laisser à la Garde nationale des besognes plutôt prosaïques, réservant les postes prestigieux dans les palais royaux, les piquets d'honneur pour les grands personnages aux autres formations militaires présentes dans Paris. Les incidents de préséance et d'amour-propre se multipliaient entre ces différentes formations et la Garde nationale. À l'intérieur même de la Garde, on privilégiait ouvertement certaines légions, notamment la fameuse treizième légion, une formation de cavalerie recrutée dans tout Paris, réservée aux fils de la meilleure aristocratie et dont les 260 cavaliers bénéficiaient d'un encadrement pléthorique. De plus la nécessité d'assister à une foule de cérémonies religieuses, de contribuer à célébrer les fastes d'une Restauration ostentatoire en indisposait plus d'un. Le calendrier en était surchargé. En 1819, il fallut participer à l'anniversaire de la mort de Louis XVI, à l'anniversaire du fameux 12 avril 1814, à celui de l'entrée du roi dans Paris (3 mai), à la fête et à l'octave du Saint-Sacrement (10 et 17 juin), à l'anniversaire du second retour du roi (8 juillet), à la procession du vœu de Louis XIII (15 août), à la fête du roi et du duc d'Angoulême (25 août, Saint Louis), au service pour la mort de Marie-Antoinette (16 octobre), à la fête du duc de Berry (4 novembre), à l'anniversaire du roi (17 novembre), sans oublier la fête de la duchesse d'Angoulême et la messe du Saint-Esprit! On cherchait donc à échapper à une partie de ces obligations sans vouloir toujours payer un remplaçant et donc on se retrouvait en infraction avec le règlement et menacé d'amendes ou de séjours répétés à l'« Hôtel des Haricots», l'ancien hôtel de Bazancourt, rue des Fossés-Saint-Bernard, le lieu de détention des gardes condamnés par des conseils de discipline, dont les sentences étaient de plus en plus souvent contestées et qui n'osaient plus sévir.

D'environ 38 000 hommes réquisitionnés en 1815, on passa à 32 000 en 1816, à 29 000 en 1817, puis à 24 000 en 1819 et seulement 16 000 en 1821. C'est que le régime misait de plus en plus sur une force militaire proprement dite dont il étoffait progressivement les différentes composantes. Depuis 1816, le maintien de l'ordre dans la capitale, notamment les patrouilles nocturnes, incombait surtout à la gendarmerie royale de Paris, un corps porté en 1820 à 1 528 hommes dont 611

à cheval, rassemblés dans quatre casernes principales : rue des Minimes dans le Marais, faubourg
Saint-Martin, rue Mouffetard, hôtel de Nivernais
dans la rue de Tournon, et dans les quatre corps
de garde des barrières (de l'Étoile, d'Enfer, du
Trône et de la Villette). Malgré leur efficacité et
leur zèle, les gendarmes ne suffisaient pas à la
tâche et il fallait faire appel à des détachements de
la garde royale, chargée surtout de la protection
des résidences royales, et même à l'armée de ligne
dont les effectifs variaient constamment dans la
capitale ou dans ses environs immédiats. L'une
et l'autre manquaient d'expérience en la matière
et avaient tendance à traiter avec arrogance et
violence la population qu'elles étaient censées
protéger.

Si l'on ajoute encore les deux régiments suisses
intégrés à la garde royale, le pouvoir disposait
donc d'au moins une dizaine de milliers de militaires dans Paris et n'avait plus vraiment besoin
de la Garde nationale, du moins le croyait-il, pour
y maintenir l'ordre. Néanmoins il continuait d'en
ménager les unités qu'il estimait encore à sa dévotion
mais, globalement, sa politique aboutissait à créer
un climat de défiance avec une majorité croissante
de Parisiens.

Le divorce entre gouvernement et garde parisienne s'accentua en 1820, au moment des premières
manifestations de rue provoquées par le vote de la
nouvelle loi électorale. Les députés libéraux, dans
un souci d'apaisement, avaient émis le souhait de
voir confier la protection des deux Chambres aux
bataillons de la Garde nationale. Le gouvernement

de Villèle y voyait plutôt une manœuvre de l'opposition pour permettre à la Garde de manifester son hostilité à l'encontre du premier ministre, et c'est l'infanterie de ligne qui fut chargée de dissiper les cortèges d'opposants aux abords des Tuileries. De façon plus anecdotique, Louis Girard nous apprend que, le 29 septembre 1820, le piquet de gardes nationaux de garde aux Tuileries fut sollicité, en pleine nuit, lors de la naissance de l'«enfant du miracle», le fils du duc de Berry, assassiné sept mois plus tôt. Le dévouement efficace d'un capitaine, d'un sous-lieutenant, pharmacien de son état, et d'un sergent facilita l'heureux événement mais aucune députation de la Garde nationale ne fut invitée ensuite, notamment au baptême du duc de Bordeaux, pour la remercier de cette intervention improvisée mais efficace[4].

L'opposition libérale, au contraire, flattait l'amour-propre de la Garde, et l'épisode de la barrière de Clichy était présenté dans la presse d'opposition comme particulièrement héroïque, en quelque sorte les Thermopyles de Paris qui avaient vu une phalange de braves entre les braves, sous le commandement de Moncey, contenir les hordes des coalisés. Cet épisode, magnifié par le célèbre tableau d'Horace Vernet (1822), tendit à se substituer au souvenir du 12 avril 1814 qui commençait à en gêner plus d'un.

Une série d'incidents successifs, montés en épingle par la presse libérale, illustra la dégradation progressive des rapports entre le «Château» et la garde citoyenne. Louis Girard en a rappelé les plus révélateurs. Le 28 février 1821, des manifestants protestaient contre la tenue d'une mission à Notre-Dame-des-Victoires, un commissaire et des gendarmes en arrêtèrent plusieurs dont deux députés libéraux, le général Demarçay et l'avocat de Corcelle, mais le chef du poste des gardes nationaux, où les gendarmes voulaient mettre sous clé leurs prévenus, refusa de les incarcérer. Le commissaire fit occuper le poste et en expulsa les gardes. L'affaire fit grand bruit : le colonel commandant la légion exigea les excuses de la maréchaussée qui n'en fit rien et le colonel, un riche industriel, démissionna. Le gouvernement, de son côté, ne chercha pas à atténuer un différend qui renforçait l'image négative de la gendarmerie parisienne parmi les libéraux et dans une large partie des couches populaires de la capitale. Puis, le 4 mars 1823, ce fut l'affaire du sergent Mercier qui refusa d'arrêter, en pleine Chambre des députés, Manuel, un des chefs de file républicains, qui avait exaspéré la droite en justifiant, dans une de ses interventions, l'exécution de Louis XVI. Sacrilège qui lui valut d'être exclu de la Chambre pour toute la durée de la session. Revenu, dès le lendemain, siéger au milieu de ses amis dont le général Foy et La Fayette, la majorité de droite exigea son expulsion immédiate. La Fayette, aussitôt, protesta avec véhémence, la Garde nationale n'avait pas à obéir à un ordre qui la déshonorait, et ce furent des gendarmes qui durent se charger de l'exécuter. Mercier fut radié des rôles de son bataillon, ses supérieurs firent amende honorable en magnifiant la nécessité de l'obéissance passive, mais l'opinion publique prit le parti du sergent dont la boutique de passementerie connut un afflux spectaculaire de clientes venues admirer le héros du jour. Ses collègues lui firent cadeau d'armes d'honneur remises lors d'un banquet dans l'un des meilleurs restaurants de la capitale[5].

Mais ces incidents n'inquiétaient pas outre mesure le premier ministre Villèle ni le comte d'Artois déjà aux affaires du fait de l'état de santé déclinant de Louis XVIII. Le régime qui venait de liquider, en 1821 et 1822, les réseaux de plusieurs sociétés secrètes, d'étouffer leurs complots, notamment ceux de la Charbonnerie, à qui l'on attribuait pourtant près de 40 000 adhérents, était sorti renforcé de cet affrontement. Le prestige de La Fayette, au contraire, en fut sérieusement affecté. On le savait membre du directoire suprême de la Charbonnerie. En route vers l'Alsace, averti de l'arrestation de ses affidés, il fut obligé de faire demi-tour et de brûler des papiers compromettants et même un uniforme qu'il devait arborer lors des insurrections des garnisons de Belfort et de Neuf-Brisach et la constitution d'un gouvernement provisoire à Colmar !

Toute cette effervescence politique et policière prouvait que lesdites sociétés secrètes, malgré la présence de la jeunesse des écoles et celle des demi-soldes, avaient du mal à s'implanter et agir dans une capitale truffée d'indicateurs et que, de ce fait, la Garde nationale ne semble pas avoir été, dans ce début des années 1820, un terreau favorable à la contestation révolutionnaire de la monarchie restaurée. L'intervention armée de la France en Espagne alla dans le même sens et contribua à consolider enfin, dans la majeure partie de l'opinion, le prestige de la dynastie.

Un mois après l'expulsion de Manuel, les troupes françaises franchissaient la Bidassoa en exécution d'une décision du congrès de Vérone, instrument de la Sainte-Alliance (7 avril). Il s'agissait de délivrer le roi Ferdinand VII, que ses partisans considéraient comme prisonnier d'un Parlement dominé par l'aile radicale des libéraux. Les provinces du nord du pays, Catalogne, Aragon, Navarre, se soulevèrent contre Madrid et établirent une «régence» qui entreprit de libérer le roi au prix de la guerre civile. La géographie faisait qu'intervenir militairement en Espagne supposait l'acquiescement de la France où le gouvernement continuait d'hésiter. Montmorency, ministre des Affaires étrangères, était favorable à une initiative française qui permettait au régime d'acquérir cette gloire militaire qui lui faisait cruellement défaut. Le premier ministre Villèle s'inquiétait, au contraire, du coût financier d'une telle expédition, de l'attitude de l'Angleterre et de la loyauté d'une armée que l'on disait travaillée par les carbonari et commandée par des bonapartistes. Or l'expédition fut une promenade militaire et, dès le 24 mai, le duc d'Angoulême fit son entrée dans Madrid. Mais le gouvernement des libéraux s'était réfugié à Cadix, emmenant le souverain en otage. La prise du fort du Trocadéro qui obligea les libéraux à capituler fut un exploit admiré partout en Europe[6].

Les libéraux français et leurs sombres prédictions en furent discrédités, la dynastie connut un regain de popularité et le gouvernement s'empressa de tirer le meilleur profit politique possible de l'opération. Le 24 décembre 1823, la Chambre fut dissoute et des élections organisées pour les 26 février et 6 mars suivants. On réitéra les pressions et séductions habituelles et le succès du gouvernement se révéla triomphal. Des 110 sièges qu'elle occupait dans la Chambre précédente, l'opposition n'en retrouva que 19, La Fayette lui-même perdit le sien. Déçu, le héros des deux mondes décida d'accepter l'invitation du président Monroe qui voulait lui prouver la gratitude intacte de ses concitoyens.

L'armée victorieuse devint la préoccupation essentielle du régime, et Charles X ne crut pas nécessaire de flatter une Garde nationale dont il pouvait espérer un ralliement naturel autour de son ancien colonel général qui venait d'accéder au trône par le décès de Louis XVIII, survenu le 16 septembre 1824. D'autant que, moins de quinze jours plus tard, allant au Champ-de-Mars passer en revue la garnison de Paris et la Garde nationale, le nouveau souverain écarta les lanciers de son escorte qui repoussaient la foule trop exubérante, en leur disant : « Point de hallebardes ! » Ce mot fit le tour de la ville et les libéraux eux-mêmes l'apprécièrent : on retrouvait le temps des promesses, celui d'avril 1814 ! Mais cela ne dura guère et le premier discours du trône, en décembre 1824, annonça des « lois de justice et d'amour » sur l'indemnisation des émigrés, la punition du sacrilège et le retour du droit divin via la cérémonie du sacre annoncée pour l'année suivante.

Il n'était donc pas question de renouer avec une

garde que l'on savait majoritairement hostile à ce qui apparaissait comme un retour délibéré à l'Ancien Régime. On se borna donc à maintenir le *statu quo*, c'est-à-dire des effectifs réduits aux seuls fidèles avérés de la dynastie. En janvier 1825, on décida d'officialiser cette désaffection réciproque et une ordonnance fixa les effectifs requis à deux bataillons par arrondissement au lieu des quatre jusque-là prévus. Le contingent exigé ne s'élevait donc plus qu'à 12 000 hommes, assurant le service des quatre postes maintenus : Hôtel de Ville, état-major de la Garde, Tuileries et maison d'arrêt de la Garde, le fameux « Hôtel des Haricots ». Mais, même à ses fidèles, le roi ultra mesurait ses faveurs et la Garde nationale ne fut pas invitée à participer aux cérémonies du sacre sous prétexte qu'on ne pouvait favoriser la garde parisienne et qu'il faudrait inviter alors toutes les gardes du royaume ! Le sacre ne pouvait évidemment pas se transformer en une nouvelle fête de la Fédération ! Il fallut deux ans encore pour appliquer la nouvelle loi, notamment dresser la liste des officiers à remplacer et trouver des candidats. Enfin l'ordonnance du 27 mars 1827 approuva le contrôle des 13 légions, ou du moins ce qu'il en restait, car bien des compagnies avaient des effectifs squelettiques. Oudinot avait sauvé sa fonction et voulut marquer sa satisfaction en faisant de la traditionnelle revue du 12 avril le symbole du dévouement de la Garde à son souverain. Il recommanda donc aux officiers de choisir des hommes sûrs, connus pour leur attachement à la dynastie.

Le 12 avril coïncidant avec le Jeudi saint, la

revue fut finalement reportée au 29 avril. Entre-
temps le climat politique avait souffert des débats
enflammés suscités par le projet d'une loi réglementant étroitement toutes les publications pério-
diques et autres. Il s'agissait d'instaurer tout un
arsenal de délais, de censure préalable, de timbres
et d'amendes destiné à étrangler la liberté d'imprimer en rendant responsables sur leurs biens
libraires, éditeurs et imprimeurs jugés en contra-
vention avec la loi et l'ordre public. Ce projet
provoqua un tollé des professions concernées,
patrons et ouvriers, et d'un large pan de l'opinion,
y compris une partie de la droite attachée à la
liberté de presse. Après des débats homériques, de
février à mars 1827, la loi fut finalement adoptée
par la Chambre des députés, mais celle des pairs
se mit à la modifier de fond en comble au point
que Villèle finit par la retirer, le 17 avril. Le recul
du ministère devait entraîner sa chute, les manifestations se multiplièrent tous les soirs devant les
ministères, on conspuait les ministres tout en criant
«Vive le roi!». La police s'inquiétait de possibles
débordements lors de la fameuse revue. Finalement le roi décida de la maintenir sur le Champ-
de-Mars, mais en en massant des troupes derrière
l'École militaire, prêtes à intervenir.

Le dimanche 29 avril fut une très belle journée
ensoleillée. Les bataillons de la Garde se rassemblèrent tôt dans la matinée et regagnèrent les em-
placements prévus avant midi. Environ 16 000 gardes
étaient rassemblés car nombre de «bisets» s'étaient
fait tailler un uniforme pour participer à l'événement. Mais de nombreux groupes d'individus,

avec des uniformes approximatifs, s'immiscèrent
entre les rangs des bataillons ou derrière eux, allant
jusqu'à doubler le nombre des gardes nationaux
ou prétendus tels. Plus de 200 000 spectateurs
assistaient à la parade, on n'avait pas vu un tel
nombre de spectateurs depuis la Fédération du
14 juillet 1790 !

Le roi, suivi d'un état-major rutilant, passa la
revue, de treize à quinze heures. Derrière tous ces
officiers, les duchesses d'Angoulême et de Berry
suivaient en calèche. En arrivant sur le Champ-
de-Mars, le roi fut acclamé par la foule ; les
bataillons successifs, chapitrés par leurs officiers,
poussèrent les vivats attendus mais on entendit
aussi quelques « À bas les ministres ! » provoquant
même le sourire du roi qui se retourna vers son
ministre de la Guerre : « Clermont-Tonnerre, on
vous salue. » Soudain un garde national de la
sixième légion sortit du rang et s'écria : « À bas les
jésuites ! » Le roi impavide se borna à répondre :
« Qu'on arrête cet homme, je suis venu ici recevoir
des hommages, et non des leçons ! » Mais cette
première interpellation en suscita d'autres tandis
que le roi s'éloignait. Des compagnies de la septième
légion conspuèrent ministres et jésuites, et dans
l'assistance on se mit à huer les deux duchesses et
l'on s'accrochait aux portières de leur voiture : « À
bas les prêtres ! Oui, madame, à bas les prêtres ! »
Et cela continua au moment du défilé des légions :
on les traita de « jésuitesses » et la duchesse
d'Angoulême, plus particulièrement, de « vieille
guenon ! »[7]. Le roi, placé plus en avant, n'entendait
pas et, occupé à saluer les détachements qui l'ac-

clamaient par intermittence, ne s'aperçut de rien : c'est relativement satisfait qu'il prit le chemin des Tuileries après avoir assisté au passage de chacune des légions. De leur côté, les gardes nationaux rentrèrent dans leurs quartiers respectifs, mais, rue de Rivoli, on s'arrêta devant l'hôtel du premier ministre et la foule, mêlée aux gardes nationaux, injuria violemment Villèle.

Aux Tuileries, les deux duchesses arrivèrent effondrées : « On se serait cru en 1792 », commentait leur entourage. Le roi, lui, protégé par son début de surdité, était plutôt satisfait et le faisait savoir à Oudinot quand surgit Villèle, exaspéré par les insultes dont on venait de l'abreuver. La Garde nationale n'était décidément qu'une création de la Révolution et qui ne s'était jamais amendée. Elle avait ouvertement outragé les princesses et insulté le roi qui se devait de faire un exemple en la cassant tout entière ! Certains, parmi les personnes présentes, trouvèrent la riposte un peu excessive mais Villèle fut intraitable : c'étaient ses faiblesses qui avaient perdu Louis XVI et le roi était trop bon, il fallait frapper fort comme savait faire leur Bonaparte ! Charles X se laissa finalement convaincre. On ne pouvait plus se laisser intimider par une Garde nationale croupion d'autant qu'on n'en avait désormais plus aucun besoin. Le soir même, une ordonnance annonça la dissolution immédiate de la Garde nationale de Paris et, dans la nuit, elle fut relevée par des détachements de la ligne.

Le plus étonnant c'est que le gouvernement ne désarma pas tous ces manifestants traités en mutins : peur de déclencher une réaction de solidarité ?

mépris pour une opposition que l'on ne prenait pas au sérieux? Or la population ne bougea pas et les «ultras» exultaient: le temps des faiblesses était bien passé, enfin le roi gouvernait et l'on s'en apercevait! La seule riposte vint, une fois de plus, de la presse et de tout un flot de libelles et de brochures. Si *Le Constitutionnel* continua ses subtiles distinctions entre les agissements funestes des ministres et la bonté infinie du souverain, d'autres jugeaient désormais le roi responsable de tout ce que faisaient ses ministres. Le 9 mai, Chateaubriand dans *Les Débats* fustigea la maladresse et l'imprudence du ministère: «N'y avait-il pas d'autres moyens de punir quelques exclamations inconvenantes? Le mode même de licenciement général était-il raisonnable? Licencie-t-on 30 000 hommes qui restent de fait réunis dans la même ville, presque sous le même toit, avec leurs armes[8]?»

À Lyon, un journal, *Le Précurseur*, faisait à nouveau l'apologie du droit sacré de l'insurrection. Béranger, ami de Laffitte et de Manuel, composa une chanson, «La Garde nationale», sur un air connu:

> «*Pour tout Paris quel outrage!*
> *Amis nous voilà licenciés.*
> *Est-ce parce que notre courage*
> *Brilla contre leurs alliés (*bis)
>
> ....
>
> *Vous risquez 92*
> *Pour ravoir 87*[9]. »

Enfin, à Paris, dans certaines boutiques ou aux fenêtres des entresols, on vit exposés des uniformes de gardes nationaux avec une pancarte : « Habit à vendre, fusil à garder[10]. » C'était une menace qui laissait entendre qu'on était peut-être bien en 1788, ou, comme le prophétisait Béranger, en 1792.

La maladresse condamnée par Chateaubriand ne pouvait qu'inciter nombre d'officiers de la Garde à regretter la modération et la confiance relative qu'ils avaient manifestées au comte d'Artois depuis 1814 et que beaucoup lui avaient renouvelées, notamment après ce qu'il avait dit des hallebardes ! Mais étaient-ce vraiment des gardes nationaux qui avaient conspué le cortège royal ? On pouvait en douter, vu l'afflux inattendu de l'effectif des gardes « habillés ». De toute façon, le mal était fait et ce licenciement méprisant coupait le « Château » d'une partie, que nous savons modérée, de l'opinion de la capitale pour la faire glisser de ce que nous appellerions aujourd'hui le centre droit vers un centre gauche moins bien disposé à l'encontre de la dynastie. Certes, elle n'allait pas se mettre à faire, sans plus tarder, la Révolution mais elle pouvait ne plus s'y opposer avec la même fermeté et laisser faire, du moins dans un premier temps.

Cependant la conjoncture politique n'avait pas que des aspects négatifs pour le pouvoir. Un voyage dans le nord du pays, effectué de septembre à novembre 1827, fut un véritable succès populaire, avec des arcs de triomphe dans chaque agglomération, des municipalités multipliant les déclarations de dévouement aux Bourbons et des milliers de paysans acclamant le cortège royal. La visite se termina par une parade militaire au camp de Saint-Omer : 14 000 fantassins et 3 000 cavaliers manœuvrèrent devant le roi et Villèle, visiblement charmés par un spectacle aussi rassurant. «Avec de pareilles troupes, disait Charles X au duc de Mortemart, un roi est bien maître chez lui[11]. »

Au même moment, Villèle développait sa stratégie pour reprendre en main la Chambre des pairs qui s'était prise au jeu de la guérilla parlementaire. Une fournée de 76 nouveaux pairs choisis parmi les députés les plus dévoués au ministère visait à y pourvoir, mais alors il fallait de nouvelles élections pour recomposer la Chambre des députés. *Le Moniteur* du 6 novembre 1827 publia trois ordonnances qui nommèrent les pairs, prononcèrent la dissolution de la Chambre des députés et convoquèrent les électeurs pour les 17 et 24 novembre. L'opération fut un échec cuisant pour Villèle. De 80 députés l'opposition libérale passa à environ 170, faisant jeu égal avec les ministériels ; l'opposition de droite, non «villeliste», arbitrait la situation avec une soixantaine de députés. Les faubourgs et le centre de Paris exultèrent : le soir du 17 novembre, les bourgeois favorables à l'opposition illuminèrent leurs fenêtres, des manifestants cassèrent les carreaux de ceux qui ne le faisaient pas. Quelques exaltés — ou des provocateurs ? — dressèrent des barricades rue Saint-Denis, les premières depuis 1795 ! La troupe intervint et ouvrit le feu. On retira des décombres des barricades et des maisons adjacentes plusieurs cadavres. L'insurrection avait été écrasée dans l'œuf et cela rassura le roi et la plupart de ses ministres. Mais l'opposition républicaine dénonça une manœuvre du parti prêtre pour effrayer les électeurs avant le second tour et se félicita du renversement spectaculaire du rapport de force électoral. Villèle, mis en minorité, finit par démissionner. Les royalistes, malgré leur recul inquiétant, conservaient la majorité. Charles X se consola en confectionnant une sorte de ministère de transition, préparant le retour de Villèle, et dont le porte-parole fut un avocat du barreau de Bordeaux, excellent orateur, Martignac, par ailleurs ministre de l'Intérieur.

Ce nouveau ministère tenta une politique de concessions dans le domaine particulièrement contesté de l'enseignement où l'emprise de l'Église était jugée excessive : l'Instruction publique fut détachée du ministère des Affaires ecclésiastiques et ce nouveau ministère à part entière fut confié à un laïc, un ancien magistrat. Les évêques perdirent leur pouvoir de contrôle sur les écoles primaires et surtout les jésuites durent fermer les collèges qu'ils avaient ouverts avec la complicité bienveillante du pouvoir. Quant aux petits séminaires, ils furent étroitement contrôlés afin de vérifier s'ils n'étaient pas, de fait, des collèges secondaires camouflés. Charles X supportait mal toutes ces reculades qui lui rappelaient trop celles imposées à son frère aîné quarante ans plus tôt. Et cela ne cesserait jamais, la presse d'opposition estimant maintenant qu'il fallait réorganiser la garde parisienne car, avec elle, on n'aurait pas eu à déplorer les violences sanglantes de la rue Saint-Denis.

C'est ce que répétait La Fayette qui, auréolé par son séjour triomphal aux États-Unis, faisait un voyage non moins triomphal en Auvergne et en Dauphiné. Il avait voulu retourner dans son château de Chavaniac, en Auvergne, pour se rendre ensuite à Vizille car sa petite-fille avait épousé un des frères Perier. Ce double voyage privé se transforma, du fait du renvoi de Martignac par Charles X, le 8 août 1829, en une sorte de périple protestataire. Martignac n'avait pu imposer la réforme concernant l'élection des administrations locales. Le roi, exaspéré par ce qu'il estimait être une politique de concessions unilatérales, non payées de retour, le remercia et lui substitua un ministère ultra selon son cœur avec, comme personnalités emblématiques, Polignac, Marmont et La Bourdonnaye.

La composition dudit ministère était une provocation délibérée. C'était, pour le journal *Les Débats*, à la fois Coblence, les trahisons de 1814 et la Terreur blanche. L'opposition libérale et tout particulièrement La Fayette la dénoncèrent violemment. Au fil de ses déplacements, le ton des interventions du général se durcissait, et leur audience s'élargissait par la mobilisation des loges maçonniques dont il était devenu un haut dignitaire. Il apparaissait ainsi comme le champion d'une opposition intraitable à l'arrivée de Polignac au ministère. Les innombrables discours qu'il prononça à cette occasion, de Brioude à Grenoble, de Vizille à Lyon, lui permirent d'exalter le souvenir toujours présent, notamment à Vizille, du vaste élan national des fédérations de 1790. Il répétait que la riposte à la politique symbolisée par le ministère Polignac,

passait certes par la Chambre des députés mais
également par la résurrection de la Garde nationale
parisienne, elle aussi, à sa manière, expression
symbolique depuis 1789, de la volonté nationale.
Il était évident que, pour cette raison même, le roi
n'en voulait pas et Polignac encore moins !

C'est que le roi, de façon obsessionnelle, tout
comme La Fayette d'ailleurs, vivait 1830 dans
l'ombre portée de 1789. Sa préoccupation majeure,
tout comme Villèle, était de ne plus subir l'événement, de garder l'initiative. Dans cette perspective, l'arrivée de Polignac et de ses acolytes
prenait la suite du licenciement surprise d'avril
1827. Le pouvoir se condamnait à gouverner par
ordonnances et donc à durcir la confrontation politique mais cela ne l'inquiétait pas outre mesure.
L'opposition était divisée entre républicains, bonapartistes et libéraux modérés, partisans d'une
lecture parlementaire de la Charte ; il était facile
d'accentuer leurs divisions par toutes sortes de
pressions ou de concessions momentanées sans
jamais rien céder sur l'essentiel. Mais surtout on
pouvait miser, avec l'appui de l'Église et des aris-
tocraties locales, sur l'attachement atavique des
campagnes et de la plupart des villes de province
au système monarchique. La seule agitation qu'on
pouvait redouter, c'était celle de Paris. Une bonne
police, une censure vigilante, les régiments de la
Garde royale, épaulés par des renforts de la ligne,
devaient permettre de maîtriser la situation et
d'éviter le pire. Et puis, le moment venu, on pourrait
renouveler le coup de la guerre d'Espagne en ren-
forçant, par une expédition militaire, les liens

entre l'armée et la dynastie et conforter un véritable patriotisme monarchique !

On s'attendait à ce qu'un tel ministère agît sans
tarder et frappât durement. Or rien ne fut annoncé
jusqu'à la fin de la session parlementaire. C'est
que Polignac n'était pas le réactionnaire à tout
crin qu'on attendait. Son séjour en Angleterre
comme ambassadeur, son mariage outre-Manche
en avaient fait un observateur attentif du système
parlementaire britannique qu'il voulait adapter à
la Charte selon Charles X et il pensait pouvoir en
réussir la greffe. Encore fallait-il attendre l'occasion favorable. Ajoutons encore que l'inaction
apparente du ministère provenait de ce qu'il s'occupait, activement mais en secret, d'une expédition
contre les Barbaresques d'Alger. Personne n'en
savait rien, on attendit donc le discours du trône
inaugurant la nouvelle session parlementaire et
l'on ne fut pas déçu ! Le roi y exaltait la nécessité
de sauvegarder ses prérogatives fondamentales, il
rappelait qu'il ne tolérerait pas que l'on multipliât
les obstacles « au bien qu'il souhaitait faire à son
peuple » et trouverait la force « de les surmonter »
dans sa « résolution de maintenir la paix publique,
dans la juste confiance des Français, et dans
l'amour qu'ils ont toujours montré pour leur roi ».
La Chambre des pairs protesta mollement, mais
celle des députés rédigea une adresse qui recueillit
221 voix contre 180 et qui sommait le roi de
renvoyer un ministère qui n'avait pas la confiance
de la majorité des députés (18 mars). Le ton de cet
ultimatum ne pouvait que provoquer la riposte
attendue de Charles X, soit la dissolution de la

Chambre qui, paradoxalement, ne suivit pas dans l'immédiat, comme la composition du ministère le laissait présager.

Le 19 mars, la Chambre apprit qu'elle était prorogée jusqu'au 1ᵉʳ septembre ; cela signifiait que le gouvernement refusait de se laisser dicter un calendrier politique et se réservait le droit de choisir ses propres opportunités, prenant en compte les rapports des préfets sur la conjoncture électorale, les péripéties de l'expédition contre le dey d'Alger, sans oublier le souci de Villèle, l'éternel inspirateur, de ne pas prolonger une situation d'attente qui inquiétait la Bourse et pesait sur la rente. C'est l'inquiétude de Villèle qui détermina le roi à passer à l'acte. Le 16 mai 1830 parut l'ordonnance de dissolution de la Chambre qui convoquait les collèges électoraux pour le 23 juin et le 3 juillet. Le 14 juin, au matin, le corps expéditionnaire de Bourmont fut débarqué dans la baie de Sidi-Ferruch, à 20 kilomètres à l'ouest d'Alger. Le 29, le siège commença et, le 5 juillet, le drapeau royal fut hissé sur la Kasbah et les autres forts de la ville. Dans ce contexte le comportement politique de la Garde nationale parisienne ne semblait pas inquiéter outre mesure le roi ni ses ministres car ils pouvaient désormais compter, à bref délai, sur le retour d'une partie du corps expéditionnaire engagé en Algérie dont le loyalisme monarchique ne pouvait qu'être au diapason de la victoire remportée.

La campagne électorale fut particulièrement intense. D'un côté, toutes les nuances de l'opposition défendaient une conception parlementaire de la Charte, la composition du ministère devait être soumise à l'acceptation des Chambres ; de l'autre, les partisans du gouvernement exigeaient le respect de la «prérogative royale» concernant la désignation des ministres et donc la conduite des affaires de l'État. Le roi intervint personnellement par une proclamation affichée dans toutes les communes du royaume, les évêques furent mobilisés et toutes les pressions habituelles exercées en faveur des candidats du pouvoir. Au final, le 19 juillet, la confrontation électorale donna 274 députés à l'opposition au lieu des 221 qui s'étaient dressés contre le discours du trône alors que les partisans de la prérogative royale étaient passés de 180 à 143.

La défaite était sévère, mais largement compensée, aux yeux du pouvoir, par le succès de l'expédition d'Alger, connu à Paris dès le 9 juillet, même si la presse d'opposition en parla peu pour ne commenter que la victoire électorale des adversaires de la «prérogative royale». Pour autant, faut-il considérer comme inéluctable l'écroulement de ce régime, apparemment condamné par le sens de l'Histoire puisque emporté en trois jours, tel un fétu, par une sorte de vague de fond incompressible. Il ne s'agit pas de nier l'ampleur ni la soudaineté du séisme politique que constituent les «Trois Glorieuses» mais de revenir sur l'enchaînement des causes et des effets pour identifier, dans la mesure du possible, le moment où Charles X et ses généraux perdent le contrôle de la situation et se prononcer sur la part qu'a pu y prendre la Garde nationale.

Louis Girard, dès 1964, a fait justice des témoignages de plusieurs mémorialistes contemporains des événements, qui avaient vu dans les «Trois Glorieuses» la revanche spectaculaire d'une Garde nationale bafouée par la dissolution dont elle avait été frappée en 1827. Or les spécialistes de la période, tant Berthier de Sauvigny que David H. Pinkney et Louis Girard lui-même, constatent que la Garde nationale n'était intervenue, en tant que force constituée — ou «reconstituée», que le 29 juillet; jusque-là, seuls quelques gardes en uniforme avaient pu tirer quelques coups de fusil à titre individuel. Et c'est ce même jour que, La Fayette, revenu la veille dans la capitale, s'étant quasiment autoproclamé général commandant la garde parisienne, elle était redevenue un élément majeur de la conjoncture insurrectionnelle.

Le scénario, visiblement improvisé du côté des insurgés, est bien connu: le 25 juillet, en fin de matinée, paraissaient dans *Le Moniteur* les quatre ordonnances qui étaient la réponse du ministère au vote qui venait d'amplifier de façon spectaculaire le geste protestataire des 221! Trois d'entre elles annonçaient la dissolution de la Chambre, fixaient les dates de la nouvelle consultation électorale tout en organisant le double vote des électeurs les plus fortunés. La quatrième limitait, de façon tatillonne et inquisitoriale, la liberté de presse, la liberté d'imprimer jusqu'aux plus modestes brochures. Autant de remises en cause des principes fondamentaux de la Charte, mais Charles X et ses ministres en étaient sûrs, la rue ne bougerait pas! Les deux préfets de la capitale, celui de la Seine et le préfet de Police en étaient intimement convaincus.

La contestation, en cette fin du mois de juillet, ne paraissait pas en position de force. Une fois de plus, les opposants qui avaient appelé, de tous leurs vœux, l'échec de l'expédition contre le dey d'Alger en avaient été pour leurs frais ; quant aux étudiants, fer de lance de la contestation du régime, ils amorçaient, à la mi-juillet, leurs vacances universitaires et beaucoup étaient retournés dans leurs départements d'origine ; enfin, pour ce qui était des ouvriers imprimeurs, ils n'offraient pas des effectifs considérables et la loi qui instaurait une censure tatillonne concernait plus particulièrement quelques dizaines de patrons et leurs ouvriers connus pour imprimer par conviction ou habitude commerciale la littérature d'opposition : le pouvoir croyait qu'il serait relativement aisé de leur faire comprendre où se trouvait leur intérêt véritable.

Le 26, dans la matinée, la nouvelle du coup de force ministériel s'était répandue dans Paris et, une fois de plus, le jardin du Palais-Royal vit affluer tous ceux qui voulaient en savoir davantage et faire part de leur propre indignation. Journalistes et patrons imprimeurs, ouvriers du livre et étudiants en rupture d'amphithéâtre s'y retrouvèrent ; de nouveaux Camille Desmoulins grimpèrent sur des chaises pour commenter les événements ; quelques personnalités du camp républicain se retrouvèrent chez Marrast, un des fondateurs du *Patriote*, et se prononcèrent en faveur de l'insurrection. Dans la nuit, on commença à casser des lanternes, dans les cafés on échafaudait les plans du soulèvement et l'on se jurait de trouver des armes pour le lendemain. Au bal public de la Chaumière, en haut du boulevard Montparnasse, haut lieu de la vie nocturne des étudiants, l'orchestre se mit à jouer le « Ça ira ! » et d'autres chants révolutionnaires.

Le 27, nombre d'armuriers étaient délestés de leurs fusils, sabres et pistolets et l'on demandait à de vieux briscards de l'Empire la meilleure façon de s'en servir. Sur les Boulevards, la gendarmerie à cheval chargeait brutalement des bandes d'étudiants, tout comme sur la place du Palais-Royal où un premier manifestant fut tué vers 15 heures par des détachements de la Garde royale qui, accablés de projectiles divers, avaient tiré sur la foule pour se dégager. Même comportement de la Garde du côté de la Madeleine et des rues Saint-Honoré et de Valois où l'on ramassa une dizaine de cadavres. Nulle part, la Garde nationale ne se manifesta.

C'est dans la nuit du 27 au 28 que Paris se couvrit de barricades. Des corps de garde isolés étaient cernés par les émeutiers qui en désarmaient les occupants. Le 28 juillet au matin, les manifestants, jeunes ouvriers, vieux soldats, quelques polytechniciens et des étudiants des facultés de médecine et de droit s'emparaient de l'Arsenal et du dépôt de poudre de la Salpêtrière. En fin de matinée, l'Hôtel de Ville et Notre-Dame étaient occupés et on y arborait le drapeau tricolore. La Fayette, de retour à Paris, avait rejoint les députés présents dans la capitale ; quant aux émeutiers, ils se bornaient à exiger la suppression des ordonnances et le renvoi des ministres. Marmont refusa de négocier un cessez-le-feu et Polignac de parlementer avec une députation des rebelles. À 17 heures, le banquier Laffitte suggéra de faire appel aux bons offices du duc d'Orléans dont personne n'avait encore mentionné le nom. Les troupes de Marmont progressaient difficilement de la place du Carrousel vers celle de la Bastille en neutralisant et en démantelant des barricades successives aussitôt rétablies après leur passage. Marmont perdit environ un millier d'hommes dans ces combats qu'il fallait toujours recommencer. Ses troupes étaient épuisées, démoralisées et manquaient de munitions, de nombreux soldats commençaient à passer aux insurgés. Il fallut faire appel aux régiments de la Garde royale cantonnés à Beauvais, Orléans, Caen et Rouen, mais il leur fallait plusieurs jours pour arriver. De la Garde nationale, il n'était toujours pas question, et même La Fayette ne parlait, le 28 juillet, que de la nécessité pour les députés de refuser la dissolution de leur Chambre et de proclamer un gouvernement provisoire, ce que la plupart refusaient encore.

Dans la nuit suivante, le nombre des barricades s'amplifia, transformant la moitié de la capitale en camp retranché. Le 29, dans la matinée, la rive gauche de la Seine passa totalement sous le contrôle de l'émeute. Au même moment, sur l'autre rive, place Vendôme, deux régiments de ligne firent défection, obligeant Marmont à raccourcir son dispositif. Durant les déplacements de troupes qui en découlèrent, la colonnade du Louvre fut, un instant, inoccupée, des insurgés en profitèrent pour en escalader les soubassements, pénétrer dans les galeries pour ouvrir le feu sur les Suisses regroupés, l'arme au pied, dans les cours intérieures du Palais.

Pris de panique, ceux-ci, craignant un massacre, s'enfuirent vers les jardins des Tuileries, entraînant dans leur débandade éperdue les unités de la Garde royale qu'on y avait déployées. Marmont ne put les reprendre en main que sur les Champs-Élysées et dut se replier vers la barrière de l'Étoile. Talleyrand, assistant à la débâcle depuis une fenêtre de son domicile de la rue Saint-Florentin, aurait tiré sa montre et pris acte de l'événement : « À midi cinq minutes, la branche aînée des Bourbons a arrêté de régner. » Et la Garde nationale n'y était, apparemment, pas pour grand-chose !

Chapitre XIII

ENTRE LOUIS-PHILIPPE
ET LA FAYETTE

(juillet-décembre 1830)

Après avoir consulté les rapports de police concernant le déroulement des « Trois Glorieuses », mais aussi les témoignages des acteurs de l'insurrection ou des officiers commandant les troupes chargées de la répression, Louis Girard note, nous l'avons vu, que la Garde nationale n'était intervenue effectivement que le 29 juillet, soit au lendemain des journées d'émeute proprement dites. Il remet donc en cause nombre de récits contemporains de l'événement qui interprétait la Révolution de Juillet comme la revanche spectaculaire d'une Garde nationale parisienne humiliée par la dissolution brutale et dédaigneuse de 1827[1].

Plus récemment, Mathilde Larrère a repris la question et complété les analyses de Louis Girard par l'établissement d'une chronologie fine à partir des articles des journaux parisiens, des récits immédiats ou ultérieurs des contemporains. Elle aboutit au même constat, complété par ce qui lui est apparu comme une reconstruction par la presse de la réalité des événements aboutissant à une véritable exaltation du rôle supposé de la Garde

nationale dans le développement et le succès final
de l'insurrection[2].

Comme Louis Girard, elle repère les premiers
gardes nationaux impliqués dans des affrontements armés contre les forces de Charles X dans
la matinée du 28 juillet. Un officier de la garde
royale, faisant partie d'une des colonnes chargées
de dégager l'itinéraire des Tuileries à la Bastille
par les quais, affirme, que ce jour-là, il a fait jeter
dans la Seine trois «bonnets à poils» de gardes
nationaux désarmés pour avoir rejoint les insurgés.
Elle ajoute que les uniformes proliféraient sur les
barricades depuis la veille, les demi-soldes ayant
ressorti les leurs et beaucoup d'insurgés s'affu-
blant en patriotes grecs ou napolitains, histoire
d'impressionner leurs adversaires, enfin et surtout
parce que les troupes de ligne hésitaient à tirer sur
des gardes nationaux. Pendant la nuit du 27 au 28,
la situation avait évolué de façon spectaculaire, la
moitié est de Paris s'était couverte de barricades,
des élèves de l'École polytechnique, de la faculté
de droit et, à un degré moindre, de celle de médecine, encadraient les insurgés et dirigeaient la
construction des barricades; sur les Boulevards,
des arbres étaient abattus, des omnibus renversés,
les maisons en construction livraient leurs maté-
riaux. Du haut des étages supérieurs, les habitants
des maisons voisines des barricades accablaient
les assaillants de projectiles divers, facilitaient la
fuite des émeutiers si la barricade était emportée,
recueillaient et soignaient les blessés. On tirait sur
la Garde royale, mais on s'efforçait de fraterniser
avec la ligne dont les sous-officiers, anciens des

armées impériales, n'appréciaient guère les nouveaux ministres et se sentaient proches des insurgés.
Aussi, faute de munitions et d'enthousiasme, acca-
blée de fatigue et de chaleur, au fil des heures la
ligne désertait ou passait progressivement aux
insurgés tandis que gendarmes et gardes royaux
étaient obligés de se replier.

En fin de matinée, deux régiments, le 5ᵉ et le
53ᵉ de ligne, occupant la place Vendôme, firent
défection, obligeant Marmont à modifier la répartition de ses troupes sous les yeux des insurgés.
Les Suisses qui défendaient le Louvre furent regroupés, laissant dégarnie un instant la façade de
la colonnade. Des insurgés s'en aperçurent et en
profitèrent pour l'escalader, s'introduisant dans
les galeries et ouvrant le feu sur les Suisses rassemblés dans les cours qui, affolés, crièrent à la
trahison pour s'enfuir en désordre vers les Tuileries,
entraînant dans leur panique les détachements
de la Garde royale déployés dans les jardins du
château. Marmont ne put les rallier que sur les
Champs-Élysées et décida de se replier vers la
barrière de l'Étoile. Moment fatidique qui livrait
la totalité de Paris à l'insurrection victorieuse.
Nous avons vu Talleyrand considérer que c'était la
fin des Bourbons[3].

La Garde nationale n'y était pour rien mais
pour certains de ceux qui prétendaient pouvoir
parler au nom des vainqueurs, on commença à
célébrer son indispensable présence. Dès le 27, le
banquier Laffitte et La Fayette avaient regagné la
capitale. Le premier estimait que l'heure attendue
d'un changement de dynastie était arrivée ; quant

à La Fayette, il se savait populaire et son personnage, par son passé et ses engagements successifs,
continuait d'incarner les espérances de 1789. Il
était demeuré l'homme du changement dans le
respect d'une légalité constitutionnelle. La jeunesse,
surtout, lui faisait confiance pour en finir avec
l'absolutisme restauré. Dès l'après-midi du 28,
une délégation de l'École polytechnique, en révolte
contre son commandant, vint se mettre à ses ordres
tandis que d'autres étudiants rencontraient Laffitte
et Casimir Perier. Mais, de son côté, La Fayette
n'oubliait pas qu'il était député et s'efforça, dans
un premier temps, de trouver une solution parlementaire pour imposer une nouvelle légitimité. Se
concertant avec certains de ses collègues, ils commencèrent par avertir Marmont qu'ils récusaient
la dissolution de la Chambre et le rendaient responsable de tout le sang versé dans Paris. Cette
façon d'affirmer que la légitimité du pouvoir continuait d'appartenir à la Chambre exaspérait des
insurgés qui venaient de risquer leur vie pour
rétablir la souveraineté nationale, les armes à la
main, et qui, eux, parlaient de Révolution !

Là encore, il n'est toujours pas question de gardes
nationaux et Louis Girard d'évoquer la décon-
venue d'Odilon Barrot, orléaniste convaincu, qui
dès le début des combats, sans doute le 26 juillet,
achetait pour 500 francs de poudre, fabriquait des
cartouches avec les secrétaires de son cabinet
d'avocat et s'empressait d'enfiler son uniforme
pour rejoindre le bataillon de la quatrième légion
auquel il appartenait. Mais si les boutiques de sa
rue étaient fermées et leurs propriétaires en uni-

forme, il n'était pas question de combattre, tout juste de protéger leurs biens en cas de malheur! La Garde nationale ne voulait pas se battre et se bornerait à laisser faire. Déçu, il rentra chez lui pour n'en sortir que les jours suivant soit le 29[4]!

Toujours le 28, Charles X, pénétré de l'optimisme initial de Marmont, ne crut pas devoir rentrer à Paris et, retiré dans son château de Rambouillet, il attendait sereinement la suite des événements tandis que son maréchal se retranchait dans les palais royaux jusqu'à l'arrivée des renforts venus de Rouen, Beauvais, Caen et Orléans, de quoi permettre une reconquête rapide de la capitale, car le nombre des insurgés n'atteignait sans doute pas une dizaine de milliers de combattants véritables.

C'est le 29 que tout bascula et que la Garde nationale fit sa réapparition. La veille, des gardes nationaux étaient apparus en uniforme, à titre individuel, sur quelques barricades, provoquant la colère des officiers royaux qui commandèrent à leurs hommes de les ajuster tout particulièrement. Il semblerait qu'il faille déplorer parmi eux 4 tués, dont on fit rapidement des héros. Le 29 juillet au matin, plusieurs députés et journalistes se réunirent chez Laffitte pour prendre les décisions qui s'imposaient. On venait d'apprendre que les militants les plus actifs des sociétés républicaines avaient créé, pendant la nuit, des comités insurrectionnels d'arrondissement, de quoi prendre incessamment le contrôle de la ville. Il y avait là Guizot, les frères Arago, Odilon Barrot, Garnier-Pagès, Bertin de Vaux, Casimir Perier et La Fayette qui prit aussitôt la parole pour aviser ses amis d'une décision qu'il venait de prendre dans l'urgence, les mettant devant le fait accompli, court-circuitant la légalité parlementaire, adoptant à son tour, une logique révolutionnaire :

> « Messieurs, vous me croirez sans peine quand je vous dirai que j'ai reçu ce matin la première nouvelle de ma nomination comme commandant de la Garde nationale ; il m'est démontré que la volonté d'un grand nombre de citoyens est que j'accepte, non comme député, mais comme individu la mission qui m'est offerte. Je dois vous soumettre les motifs qui me paraissent de nature à déterminer mon acceptation : un vieux nom de 89 peut être de quelque utilité dans les circonstances graves où nous sommes ; attaqués de toutes parts nous devons nous défendre... »

Il fut alors interrompu par l'arrivée d'un officier d'ordonnance qui annonça la prise du Louvre par les émeutiers et le repli de Marmont vers la barrière de l'Étoile. La Fayette reprit alors le fil de son intervention :

> « On m'invite à me charger du soin d'organiser la défense ; j'apprends que de semblables propositions ont été faites à mon collègue et ami M. de Laborde. Il serait étrange et même inconvenant que ceux surtout qui ont donné de vieux gages de dévouement à la cause nationale refusassent de répondre à l'appel qui leur est adressé. Ce refus nous rendrait responsable des événements futurs. Des instructions, des ordres me sont demandés de toutes parts. On attend mes réponses. Croyez-vous qu'en présence des dangers qui nous menacent, l'immobilité convienne à ma vie passée, à ma situation présente ? Non ; ma conduite sera, à soixante-treize ans, ce qu'elle était à trente-deux. Il importe, je le sens, que la Chambre se réserve en

qualité de Chambre ; mais à moi, citoyen, mon devoir me prescrit de répondre à la confiance publique et de me dévouer à la cause commune[5]. »

La petite assemblée approuva ce discours et confia à La Fayette la sécurité de Paris tout en décidant la création d'une sorte de gouvernement provisoire sous forme d'une commission municipale de cinq membres dont elle demanda au général de proposer les noms, lui reconnaissant une sorte de primauté de fait. Le général refusa cet honneur, estimant que cette commission devrait être nommée par la Chambre des députés. Vu l'urgence, on se mit d'accord sur cinq noms, deux des personnalités sollicitées se désistèrent, on en désigna deux autres : l'impatience révolutionnaire imposait la primauté des actes et le vieux général en avait donné l'exemple.

Visiblement, il tenait son mandat de son entourage immédiat, mais aussi des députations qui affluaient des départements pour le consulter et le plébisciter. Cet entourage immédiat, outre quelques vieux compagnons de la guerre américaine, était essentiellement composé de jeunes militants des sociétés secrètes qui n'oubliaient pas qu'il avait été carbonaro et qu'il continuait de s'affirmer républicain, à sa manière, Washington plutôt que Marat ou Robespierre. Celui qu'on nous présente encore trop souvent comme un idéaliste, sincère mais naïf, avide de popularité mais n'ayant aucun sens des opportunités politiques immédiates, faisait la preuve qu'il savait s'imposer dans une conjoncture particulièrement instable et se donner les moyens

de sa politique. Il avait compris que tout le monde
avait besoin de la Garde nationale, tant à Paris que
dans les départements : Laffitte en tout premier
lieu qui affirmait avec un certain cynisme que la
Garde nationale permettrait d'en finir avec une
Révolution, le duc d'Orléans ensuite qui avait
besoin d'une force armée pour en imposer aux
Républicains et même à ses partisans, mais dans
l'immédiat c'était bien lui, La Fayette, qui la réor-
ganisait et la commandait, et l'on pouvait se
demander à quelle fin exactement. Ambiguïté qui
était déjà un acte politique en soi, permettant de
gagner du temps et de se donner les moyens de
consolider une autorité dont nous venons de voir
qu'elle s'était imposée à tous, ce 29 juillet au matin.

En sortant de cette réunion, La Fayette retourna
chez lui pour revêtir son vieil uniforme tricolore
de 1790 car la guerre des symboles avait largement
commencé pour remplir le vide politique que l'insurrection venait de produire et fonder une nouvelle légitimité. Par une proclamation, il se mit
aussitôt en devoir de ressusciter la Garde nationale
de 1827 en invitant ses membres à reconstituer les
unités dont ils dépendaient :

> « La Garde nationale est rétablie : Messieurs les colo-
> nels et officiers sont invités à réorganiser immédiatement
> le service de la Garde nationale ; messieurs les sous-
> officiers et gardes nationaux devront être prêts à se
> réunir au premier coup de tambour ; provisoirement
> ils sont invités à se réunir chez les officiers et sous-
> officiers de leur ancienne compagnie et à se faire inscrire
> sur les contrôles. Il s'agit de faire régner l'ordre et la
> Commission municipale de la ville de Paris compte sur

> le zèle de la Garde nationale pour la Liberté et l'Ordre public. Messieurs les colonels, en leur absence Messieurs les chefs de bataillon sont priés de se rendre à l'Hôtel de Ville pour y conférer sur les premières mesures à prendre dans l'intérêt du service[6]. »

C'était bien l'ancienne Garde nationale que l'on rétablissait et à qui on allait confier le maintien de l'ordre dans la capitale et non à une nouvelle Garde recrutée parmi les insurgés. Le message était clair : il s'agissait moins de combattre les troupes de Charles X que de maintenir l'ordre dans Paris, et pour cela on faisait appel à la Garde, en quelque sorte censitaire, qu'avait instituée le régime précédent. Mais comme c'était La Fayette qui en prenait l'initiative, le côté réactionnaire de la décision était gommé au bénéfice de la revanche sur la dissolution de 1827. Là encore, l'ambiguïté du geste permettait de contenter toutes les composantes de la coalition des vainqueurs. Puis, sans plus tarder et en compagnie de la commission municipale, La Fayette se rendit à l'Hôtel de Ville pour s'y installer et éviter que les républicains tentent d'y proclamer une Commune révolutionnaire. Il y trouva un dénommé Dubourg qui avait acheté un uniforme chez un fripier et venait de s'autoproclamer général de la Garde nationale : il s'effaça sans protester devant son prestigieux rival !

La veille au soir, Charles X, averti de la tournure des événements par Marmont lui-même, recevait une délégation de la Chambre des pairs qui l'adjurait d'annuler les ordonnances et de nommer un nouveau premier ministre ayant une largeur de

vues suffisante. On se mit d'accord sur la personnalité du duc de Mortemart qui accepta de former
un ministère avec Gérard et Casimir Perier. Mais,
au lieu de ressaisir l'initiative des événements, le
roi, épuisé et inquiet, se coucha sans avoir rien
signé. Le lendemain matin, il était trop tard. Mortemart dut se rendre à Paris à pied, perdant à
nouveau un temps considérable et fut éconduit
par les députés, puis par La Fayette, à l'Hôtel de
Ville. Plus personne ne s'intéressait aux Bourbons
chassés par une population qui n'en voulait plus.
Il ne restait désormais qu'à déloger le roi de son
château de Rambouillet, tout en l'empêchant d'utiliser les troupes qui lui restaient fidèles.

Le 2 août, à 10 heures du soir, Odilon Barrot fut
convoqué au Palais-Royal par le lieutenant-général
qui lui dit l'avoir choisi, en tant qu'officier supérieur de la Garde nationale, pour servir au roi
déchu de sauvegarde, c'est-à-dire l'accompagner,
pour assurer sa sécurité sur le chemin de l'exil,
jusqu'aux frontières du royaume. Deux militaires
de haut grade l'accompagneraient ainsi que deux
membres de la Chambre des députés. Nos cinq
personnages se rendirent aussitôt à Rambouillet
pour s'entendre dire par Charles X qu'avec son
armée — environ 6 000 hommes et 40 canons —,
il n'avait pas besoin de sauvegarde et n'avait d'ailleurs rien demandé ! Qu'il ne comptait donc pas
partir comme paraissait le souhaiter son cousin
mais attendrait ce que les Chambres, convoquées
pour le lendemain 3 août, allaient dire de son
abdication en faveur du tout jeune duc de Bordeaux
et de la régence qu'il fallait organiser. Averti de

l'obstination de son cousin, le lieutenant général décida de frapper un grand coup, convoqua La Fayette pour lui demander d'envoyer au moins 8 000 gardes nationaux pour déloger le roi de son château. Comme en octobre 1789, la foule avait anticipé les ordres du pouvoir et plus de 20 000 hommes, dans un désordre inquiétant, avaient pris la route de Rambouillet. Odilon Barrot, accompagné du général Maison, retourna près de Charles X pour l'avertir de la cohue qui arrivait et de la Garde nationale qui suivait. Le roi demanda au général de lui avouer, sans détour ni précaution, combien de Parisiens avaient pris la route de Rambouillet. Maison, sans se démonter, parla d'une foule d'environ 80 000 personnes et aussitôt Charles X fit savoir qu'il ordonnait le départ pour la côte normande et l'Angleterre[7].

Pour la plupart des politiques, à Paris, l'urgence, c'était désormais de combler au plus vite le vide du pouvoir, d'assurer la transmission du trône au duc d'Orléans, même si pour certains ressurgissait le spectre de Philippe Égalité votant la mort de son cousin, Louis XVI ! Pour évacuer ce souvenir gênant, il fallait au plus tôt mettre l'accent sur Valmy et Jemmapes, sur les volontaires de 1791 et donc sur la Garde nationale. Laffitte suggéra qu'une députation des deux Chambres aille proposer au duc d'être nommé lieutenant général du royaume s'il s'engageait à adopter le drapeau tricolore et à appliquer effectivement les principes de la Charte. La Fayette pouvait se rallier à cette solution dans la mesure où ce que l'on savait des vœux des gardes nationaux dans les départements tendait à prouver qu'on n'y voulait pas voir renaître la République, du moins celle qui se réclamerait de septembre 1792 et de la Terreur jacobine et qu'on bornerait le changement souhaité au respect véritable d'une Charte expurgée de toutes les concessions faites à la restauration d'un passé bel et bien révolu. Quant au duc d'Orléans, craignant à la fois d'être prisonnier de l'émeute ou d'être arrêté par des gendarmes royaux, il s'était réfugié sur ses domaines de Neuilly, tout en affirmant à son entourage qu'il avait des devoirs à l'égard du roi. Mais, quand il prit connaissance, le 30 juillet au soir, du message émanant d'une délégation de la Chambre des députés qui le priait d'accepter la lieutenance générale du royaume, il décida aussitôt, avec quelques fidèles, de rentrer à Paris.

Il n'y était guère désiré par toute une partie des insurgés, surtout les «jeunes gens des Écoles», très largement républicains, et pour lesquels la Chambre des pairs tout comme celle des députés, désignées par des procédures contestables et par le régime que l'on venait de balayer, n'avaient pas à se prononcer sur celui que la Nation devait librement se donner. Ce même vendredi soir, des milliers de manifestants s'étaient rendus à l'Hôtel de Ville supplier La Fayette d'accepter la présidence d'un gouvernement républicain provisoire, et le général n'avait pas dit non. On s'attendait donc à ce que la République soit solennellement proclamée, le lendemain, à midi, depuis le balcon de l'Hôtel de Ville.

Dès six heures du matin, Odilon Barrot fut chez La Fayette pour le convaincre de répondre négativement au vœu véhément de ses partisans les plus exaltés car accepter, c'était promettre à la France de nouveaux malheurs, le double déchaînement de la guerre civile et de la guerre étrangère. Il promit de ne pas répondre à de nouvelles sollicitations et tint parole. Mais il n'en restait pas moins le maître du jeu tant que le régime provisoire de la commission municipale perdurait. En témoigne la plume assassine d'un Chateaubriand, exaspéré par ce paroxysme de jouissance qu'il supposait ressenti par un personnage qui l'agaçait prodigieusement et dont il espérait que le triomphe ne pouvait qu'être bref, fruit des circonstances plus que de son génie politique particulier :

> « La République, étourdie des coups qui lui étaient portés, cherchait à se défendre ; mais son véritable chef, le général La Fayette, l'avait presque abandonnée. Il se plaisait dans ce concert d'adorations qui lui arrivaient de tous côtés ; il humait le parfum des révolutions ; il s'enchantait de l'idée qu'il était l'arbitre de la France, qu'il pouvait à son gré, en frappant du pied, faire sortir de terre une république ou une monarchie ; il aimait à se bercer dans cette incertitude où se plaisent les esprits qui craignent les conclusions, parce qu'un instinct les avertit qu'ils ne sont plus rien quand les faits sont accomplis[8]. »

La toute-puissance de La Fayette, alors que la Garde nationale n'est pas encore effectivement reconstituée et n'a encore qu'une existence virtuelle, incarnée par la personne de son chef et les quelques officiers qui l'entourent, va se trouver en quelque sorte confirmée par la décision du duc d'Orléans de se rendre, le lendemain 31 juillet, à l'Hôtel de

Ville pour y obtenir le soutien officiel du général tout en bravant, avec un indéniable courage, les républicains les plus véhéments jusque dans ce qui était devenu leur quartier général et leur principal bastion.

En bon légitimiste inconditionnel, Chateaubriand s'est moqué du cortège, pitoyable à ses yeux, de ce roi candidat qui manquait de majesté et en était réduit à quémander le soutien de ses sujets et surtout à solliciter l'adoubement de son maire du palais. Le prétendant était monté sur son cheval blanc habituel, précédé par un tambour éclopé battant une caisse à demi crevée et par quatre huissiers de la Chambre ; il était suivi d'un seul aide de camp, également à cheval, et par quatre-vingt-neuf députés, encore en habit de voyage, au premier rang desquels le banquier Laffitte, souffrant d'une entorse, était en chaise à porteurs tandis que Benjamin Constant, taraudé par la goutte, avait pris place dans une autre chaise en queue de cortège ; derrière eux, quelques dizaines de sympathisants et de curieux avec quelques uniformes de gardes nationaux et de demi-soldes. Il fallait se faufiler entre les débris des barricades, enjamber décombres, pavés et gravats pour arriver place de Grève. Et Chateaubriand de constater :

> « Les députés les plus zélés meuglaient : Vive le duc d'Orléans ! Autour du Palais-Royal ces cris eurent quelques succès ; mais à mesure qu'on avançait vers l'Hôtel-de-Ville, les spectateurs devenaient moqueurs ou silencieux. Philippe se démenait sur son cheval de triomphe, et ne cessait de se mettre sous le bouclier de M. Laffitte, en recevant de lui, chemin faisant, quelques

paroles protectrices. Il souriait au général Gérard, faisait des signes d'intelligence à M. Viennet et à M. Méchin, mendiait la couronne en quêtant le peuple avec son chapeau orné d'une aune de ruban tricolore, tendant la main à quiconque voulait en passant aumôner cette main. La monarchie ambulante arrive sur la place de Grève, où elle est saluée des cris : Vive la République[9]! »

En sautant à bas de son cheval, le duc aurait dit à la cantonade : « Messieurs, c'est un ancien garde national qui fait visite à son ancien général. »

La Fayette vint au-devant du « presque roi » et, se tenant par le bras, le duc et le général montèrent au premier étage envahi par la foule, où ils écoutèrent Viennet, député de l'Hérault, qui, d'une voix puissante, lut la proclamation des députés qui précisait toutes les mesures que le futur roi s'était engagé à promulguer et respecter pour que prévale désormais la vérité de la Charte. Le premier engagement en était le rétablissement de la Garde nationale « avec l'intervention des gardes nationaux dans le choix des officiers ». C'est alors que le pseudo-général Dubourg, toujours là, apostropha le prétendant : « Vous venez de prendre des engagements, faites en sorte de les tenir ; car, si vous les oubliez, le peuple qui est là, sur la Grève, saurait bien vous les rappeler[10]. »

Le ton était menaçant, le duc protesta de son honnêteté, de la parole donnée mais ajouta qu'il ne se laisserait jamais intimider. C'est alors que, pour en finir, un des deux protagonistes saisit un drapeau tricolore et, entraînant l'autre, ouvrit une fenêtre pour apparaître à la foule dans les plis du drapeau où ils s'embrassèrent, entraînant les vivats de la foule qui se mit à scander et acclamer les noms de La Fayette et d'Orléans! La plupart des témoins imputent l'initiative de ce geste symbolique au général : de toute façon, il n'avait de sens que par l'immense popularité de La Fayette qui permit de faire accepter le compromis politique symbolisé par cette chaleureuse accolade et dont le général savait qu'elle correspondait au souhait de l'immense majorité des gardes nationaux tant à Paris que dans les départements. La Garde nationale était de fait, bien qu'absente, l'acteur principal et tutélaire de cette scène restée fameuse, sacre populaire qui valait largement l'ampoule de Reims et qui permit aux deux Chambres de réformer la Charte, le 7 août, et d'introniser le roi, au Palais-Bourbon, deux jours plus tard, en présence de ses premiers détachements reconstitués.

Le 29 août, soit un mois après les «Trois Glorieuses», une grande revue fut organisée pour en célébrer les vainqueurs véritables, c'est-à-dire Louis-Philippe et la Garde nationale, dans une sorte de manifestation spéculaire, destinée à illustrer le destin commun du nouveau roi et de la Garde ressuscitée qu'une campagne de presse habilement orchestrée présentait désormais comme l'acteur essentiel de la Révolution. Ainsi, dans le journal *Les Débats* du 4 août, on avait pu lire cette nouvelle version des «Trois Glorieuses» : «Le 28, dès le matin, toute la ville est en armes. La Garde nationale tout entière reparaît dans son vieil uniforme. Les bourgeois quittent leurs femmes qui les laissent partir.» Au fil de dizaines d'articles, répertoriés par Mathilde Larrère, c'est la Garde nationale qui aurait pris d'assaut les bâtiments officiels, les principales casernes, les Tuileries, l'emportant toujours dans un combat permanent avec la Garde royale. Héroïque phalange conduisant le combat pour la liberté, elle apparaissait aussi comme une force d'interposition intervenant entre le peuple et les forces bourboniennes, évitant les massacres inutiles, protégeant tout autant des insurgés acculés à la reddition que des soldats blessés qu'on allait achever[11].

Ces mêmes gardes nationaux qui avaient si vaillamment combattu la tyrannie des Bourbons défendaient désormais ce roi qu'ils avaient mis sur le trône. L'article 60 de la Charte révisée leur en faisait d'ailleurs une obligation patriotique : « La présente Charte et tous les droits qu'elle consacre demeurent confiés au patriotisme et au courage des gardes nationales et de tous les citoyens français. »

Les journaux rapportaient avec insistance qu'après le vote du texte révisé de la Charte, lors de la séance du 7 août, les gardes nationaux avaient acclamé les députés et criaient « Vive la Charte ! ». Ils avaient ensuite organisé des banquets et multiplié les toasts en l'honneur de la révision. Les gardes nationales des départements multipliaient, elles aussi, les adresses en faveur des changements survenus. Une lithographie circula abondamment, elle représentait le texte de la Charte amendée gravé sur des tables de marbre et présenté par un grenadier et un chasseur de la Garde nationale. *Le Moniteur universel*, organe proche du nouveau pouvoir, interprétait toutes ces acclamations, tous

ces toasts, toutes ces adresses comme un acquiescement global du peuple français aux transformations politiques qu'on venait d'opérer.

Ils servaient de substitut à une ratification électorale à laquelle devraient participer toutes les
strates de la population, mais que la Charte, même
révisée, ne permettait pas encore. Implicitement
la Garde nationale, grossie de plusieurs milliers
d'insurgés que l'on venait d'enrôler et que beaucoup de bataillons, dans un grand élan de fraternité, équipaient à leurs frais, devenait la caution
démocratique du nouveau régime. La revue du
29 août devait le prouver. On l'avait annoncée dès
la première semaine après l'embrassade de l'Hôtel
de Ville car il s'agissait aussi de prévenir des
manifestations populaires spontanées qui auraient
pu être récupérées par les républicains. Par la
même occasion, on allait faire du peuple non pas
l'acteur mais le spectateur de la célébration tout
en réaffirmant le lien consubstantiel entre le roi
des Français et la Garde nationale.

Il avait fallu attendre le 29 août pour que les
nouveaux enrôlés soient capables d'exécuter les
manœuvres qu'impliquait une revue. Ce jour-là,
sur le Champ-de-Mars, le roi et La Fayette remirent
aux différents bataillons leurs nouveaux drapeaux :
coq gaulois au sommet de la hampe, les trois
couleurs bordées d'une frange d'argent avec l'inscription : « Liberté et ordre public, 27, 28, 29 juillet
1830 ». Le roi l'avait empruntée à un ordre du jour
de La Fayette qui avait écrit : Liberté, égalité,
ordre public. Il lui demanda de renoncer à l'égalité
pour éviter toute contestation d'une nécessaire

discipline et ne pas donner l'impression de vouloir ressusciter l'égalitarisme jacobin. Le général y consentit dans une sorte d'échange implicite de concessions — le roi l'ayant nommé, dès le 31 juillet, généralissime de toutes les gardes nationales du royaume —, et avait ensuite, le 23 août, fixé par ordonnance ses attributions de commandant général avec un état-major particulier, l'autorisant également à envoyer des commissaires spéciaux dans les départements pour activer et surveiller la réactivation des gardes nationales.

Près de 50 000 hommes défilèrent, la cérémonie dura plus de sept heures, fut admirée par plus de 500 000 spectateurs. Le roi avait accepté de boire un verre de vin offert par un simple canonnier. La tradition rapportait que La Fayette avait fait la même chose, le 14 juillet 1790, que le vin était empoisonné mais que la providence l'avait épargné, on ne savait trop comment. La presse se mit donc à exalter la simplicité du roi et la confiance qu'il avait témoignée, par ce fait même, à ses concitoyens !

Louis Girard, pour souligner l'importance de cette journée, cite le témoignage d'un orléaniste fervent, Cuvillier-Fleury, précepteur de l'avant-dernier fils du roi :

> «Ce fut une mémorable journée ! Le roi élu par la Chambre des députés, reconnu par le peuple dans la journée du 31 juillet, fut sacré ce jour-là, c'est le mot, par les acclamations de ces 50 000 bourgeois armés... dont les cris furent ensuite répétés par toutes les gardes nationales du royaume... C'était un grand bonheur que d'être sorti des angoisses du mouvement populaire

qui avait fondé l'ordre nouveau ; à mon sens on en était quitte du jour où la voix de la bourgeoisie parisienne sous les armes avait proclamé le roi, et le roi le sentait, car il rentra dans son palais avec l'enthousiasme de la confiance et l'exaltation de la sécurité[12]. »

La Fayette avait été présent à la cérémonie, distribuant aux porte-drapeaux les étendards que lui remettait le roi, mais, indéniablement, le souverain tendait à lui voler la vedette. C'est que beaucoup, parmi les bataillons conservateurs, commençaient à se demander si la politique d'enrôlement massif menée par La Fayette, tant à Paris que dans les départements, n'allait pas aboutir à ressusciter le contexte de 1792, quand les sansculottes envahissaient les bataillons des sections et que les Jacobins comptaient utiliser cette mainmise pour radicaliser la Révolution.

Pour autant les républicains ne lâchaient pas prise : dès le 31 juillet au soir, après l'embrassade de l'Hôtel de Ville, ils avaient imposé au général un programme des garanties fondamentales que le lieutenant général devrait respecter, sinon le peuple reprendrait les armes. La souveraineté nationale devenait le dogme primordial du régime, la pairie héréditaire serait supprimée, la magistrature totalement renouvelée, les municipalités entièrement élues, le cens électoral aboli. Voilà l'essentiel de ce qu'on appela « le programme de l'Hôtel de Ville » et que La Fayette accepta comme l'expression de ses propres opinions et qu'il résuma par une formule restée célèbre : un trône populaire entouré d'institutions républicaines. Constatons seulement que la Garde nationale ne faisait pas partie des urgences institutionnelles à réformer, soit parce que cela allait de soi, soit parce que l'attitude de la majorité des gardes nationaux inquiétait nos militants républicains.

De toute façon, les républicains continuaient leur propagande dans différentes sociétés comme autant de clubs ressuscités mais aussi en s'efforçant de noyauter l'artillerie de la garde parisienne, arme hautement symbolique dans la mémoire révolutionnaire des quartiers populaires.

La Société des amis du peuple, après la fermeture, le 25 septembre, du manège Pellier, rue Montmartre, où elle tenait ses séances — sous la pression d'un voisinage excédé par les incidents répétés sur la voie publique à la fin de chaque réunion —, durcissait sa ligne politique et affirmait préparer une nouvelle révolution. La société Aide-toi, plus modérée, regroupant les fidèles de La Fayette, ceux qu'on appelait les «Américains», se prononçait pour une démocratisation progressive du système et faisait confiance au général pour en être l'artisan vigilant avec l'appui d'une Garde nationale qui, par son existence même, prouvait qu'une telle évolution était possible.

La création d'une quatorzième légion, s'ajoutant aux 12 légions des arrondissements de la capitale et à la légion de cavalerie, pour regrouper les canons de la Garde nationale, le confirmait également en répondant à une double motivation. D'une part, former des spécialistes destinés à renforcer les dix régiments de l'artillerie de l'armée royale en cas d'invasion du territoire national; d'autre part, c'était une concession au courant républicain parisien compte tenu de l'aura qui continuait d'entourer l'arme qui avait permis, par deux fois, en 1789 et 1792, le triomphe de la Révolution. Ce même mois de septembre, elle était devenue un enjeu politique majeur dans la mesure où Louis-Philippe s'efforçait d'en disputer aux républicains le recrutement et le contrôle. Le 15 septembre, il inscrivait son fils aîné, devenu à son tour duc d'Orléans, dans la première des quatre batteries de cette légion. Du coup, plusieurs membres de la société Aide-toi demandèrent à quitter la première batterie, que l'on surnommait désormais la batterie du Prince ou « l'Aristocrate », pour la seconde qui, avec la troisième, allaient devenir des bastions républicains notoires. La quatrième batterie regroupait surtout d'anciens militaires ayant déjà une formation d'artilleur, beaucoup de médecins aussi qui la firent surnommer, par antiphrase, « la Meurtrière » ! En définitive les républicains étaient majoritaires dans les deuxième et troisième batteries, mais ce fut le candidat du roi, Pernety, un ancien militaire, orléaniste de la première heure, qui devint colonel par 15 voix contre 12, c'est-à-dire celles des 12 délégués de la deuxième et de la troisième batterie [13]. Depuis la mi-août, un nouveau problème avait surgi, consolidant paradoxalement la position de La Fayette : quatre des anciens ministres de Charles X, dont Polignac lui-même, avaient été arrêtés alors qu'ils tentaient de quitter le royaume et avaient été transférés à Vincennes, sous la garde du général Daumesnil. Dès le 25 août, il y eut des manifestations, aux abords du Palais-

Royal, pour réclamer leur jugement et leur condamnation à mort. Le 17 et le 18 octobre, la Garde nationale dispersait des manifestants toujours aux abords du Palais-Royal, mais aussi massés devant le château de Vincennes pour obtenir qu'on leur livrât les ministres coupables, ce que Daumesnil avait naturellement refusé. Chaque fois, La Fayette était intervenu pour calmer les manifestants : on le savait particulièrement hostile à la peine de mort pour raison politique et il était intervenu avec passion pour la dénoncer, à la Chambre des députés, le 17 août précédent. Le roi s'était lui aussi prononcé à plusieurs reprises dans le même sens. Il avait donc besoin de la popularité du commandant général pour affronter une opinion publique violemment hostile à des ministres accusés d'avoir fait couler le sang du peuple.

Les semaines passant, la Garde nationale et La Fayette restaient au centre du débat politique. Le vieux général, malgré son âge, était sur tous les fronts : Chambre des députés, ordres du jour à la Garde nationale parisienne, correspondance avec celles des départements, correspondance avec ses amis américains, entrevues avec le roi, cérémonies diverses comme ce banquet que lui offrit, le 15 août, la Ville de Paris. Il y fut ovationné par des centaines de convives réunissant gardes nationaux, étudiants, polytechniciens, représentants des deux Chambres, des corps constitués, du gouvernement, ce qui lui permit, une fois encore, de justifier sa politique en faisant l'éloge d'une révolution qui n'avait pas commis d'excès et qui prouvait la maturité croissante d'un peuple à qui l'on pouvait désormais

faire confiance, nous ajouterons implicitement
«en lui donnant des fusils»: «Vous n'êtes plus ces
générations de l'Ancien Régime, étonnées d'apprendre qu'elles avaient des droits et des devoirs,
vous êtes les enfants, les élèves de la Révolution et
votre conduite dans les grandes journées de gloire
et de liberté vient d'en montrer la différence[14].»

Au mois d'août, La Fayette et son adjoint Dumas
encourageaient l'accroissement des effectifs des
gardes nationaux dans les départements et facilitaient leur armement au point que, début décembre
1830, un rapport officiel estimait à environ 500 000,
le nombre des fusils distribués de façon anar-
chique sur toute l'étendue du territoire national.
L'histoire se répétait de façon évidente: les départements de l'Est et du Nord organisaient des
gardes nombreuses et zélées qui se préparaient à
une guerre que l'on jugeait inévitable avant la fin
de l'année en cours, et La Fayette les félicitait
pour leur patriotisme. Faisait contraste avec ce
dynamisme l'inertie de la moitié méridionale du
Bassin parisien, de la vallée de la Loire et du
Massif central. Dans le Sud provençal et languedocien, dans ce qui avait été l'Ouest vendéen et
chouan, ressuscitaient les méfiances et les haines
héritées de ceux qui se réclamaient de la Révolution et de ceux qui la détestaient.

À ces permanences s'ajoutaient les pesanteurs
des clientèles politiques en place. Elles avaient
subverti le nouvel ordre des choses et avaient mis
la main sur l'encadrement local de la Garde nationale, alors même qu'elles avaient accepté sinon
soutenu le régime précédent! Tous ceux qui croyaient

mériter les faveurs des puissants du moment écrivaient à La Fayette pour dénoncer les pratiques de leurs adversaires, et les commissaires du commandant général s'efforçaient d'arbitrer toutes ces ambitions rivales ou se bornaient à imposer celles de leurs protégés.

Parfois, l'élection des officiers parvenait à perturber les stratifications que l'on croyait pérennes de l'establishment local. Un riche propriétaire foncier, un gros industriel employant des centaines d'ouvriers se retrouvaient sous les ordres d'un de leurs fermiers ou d'un contremaître influent. Et comme paysans et ouvriers avaient des fusils, il fallait agir avec prudence et diplomatie.

Le plus souvent, maires et préfets reprenaient les antiennes de 1791 ou 1815 : fallait-il armer les ruraux ? Ne valait-il pas mieux s'en tenir aux villes importantes ? Dans les gros bourgs, deux douzaines de fusils déposés chez le maire devraient suffire. Et, comme au temps du comte d'Artois, on vit revivre la traditionnelle hostilité des préfets, jaloux de leur autorité, à l'encontre des commissaires du commandement suprême de la Garde. D'autant que la politique que le commandant général préconisait perdait de sa pertinence au fil des semaines, dans la mesure où Louis-Philippe parvenait à rassurer les cours européennes sur ses intentions. Pour éviter l'armement général du pays, il fallait donc une politique extérieure d'apaisement, mais on s'enfermait ainsi, à terme, dans une sorte de cercle vicieux : l'apaisement de principe condamnait à accepter les conditions imposées par les autres puissances européennes et ne pouvait manquer de raviver rapidement la nostalgie de la grandeur passée, d'apporter de l'eau au moulin des républicains ou des bonapartistes, de discréditer un régime condamné à subir, en permanence, le contrecoup des initiatives des autres.

Mais la grande affaire désormais, c'était le procès des ministres, prévu pour la fin décembre, et les républicains les plus radicaux espéraient bien le voir déboucher sur de violentes manifestations de rue. Le roi comptait sur le prestige de La Fayette pour maintenir l'unité de la Garde nationale et désavouer une agitation que l'on mettait sur le compte des factieux de toute espèce qui voulaient replonger le royaume dans l'anarchie et la violence. L'ordre était d'autant plus difficile à maintenir que la situation économique restait désastreuse : ateliers et boutiques souffraient de la rareté des commandes, le chômage s'intensifiait. Il fallait à nouveau protéger les boulangeries, disperser les attroupements de mendiants, pourchasser dans la nuit ceux qui escaladait les murs de l'octroi pour ne pas en payer les droits. Et c'était à la Garde nationale d'assumer toutes ces factions, surveillances, patrouilles et poursuites. Pour la récompenser et la stimuler, on avait organisé, dès le 31 octobre, une nouvelle grande revue qui mobilisa les douze arrondissements parisiens et les banlieues immédiates, soit près de 80 000 gardes nationaux et plus de 300 000 spectateurs ! La revue dura plus d'une demi-journée, mais le roi ne s'en lassait pas, parlant d'un sacre à nouveau célébré et d'une alliance confirmée entre la dynastie et la bourgeoisie parisienne.

Le procès tant redouté dura, lui, six jours, du 15 au 21 décembre. Toutes les légions parisiennes furent mobilisées en permanence, ainsi que celles des banlieues. La situation était tendue, sur les murs des affiches continuaient de réclamer la mort des ministres pour venger les insurgés morts sur les barricades. Des attroupements menaçants se formaient tous les jours aux abords du Luxembourg, siège de la Chambre des pairs où l'on jugeait les prévenus et qui était protégée par les contingents juxtaposés de plusieurs légions pour affirmer l'engagement et la cohésion de toute la Garde nationale. Devant cette détermination, personne n'osa arborer le drapeau rouge de l'insurrection populaire et de la République, ni dresser une quelconque barricade. Le soir du verdict, on crut d'abord que les ministres déclarés coupables avaient bel et bien été condamnés à mort et une immense clameur de joie accueillit la nouvelle. Puis on connut les sentences : déportation à vie pour Polignac, pour les trois autres la prison perpétuelle. Mais, entre-temps, le ministre de l'Intérieur Montalivet avait fait transférer les coupables du Luxembourg à Vincennes, sous la double protection de la première légion de la Garde nationale et de sa treizième légion de cavalerie, toutes les deux foncièrement conservatrices. Il y eut des cris, des cortèges, quelques heurts, rue Dauphine, carrefour de Buci ou à l'Odéon, mais la foule finit par se disperser.

Le lendemain, 22 décembre, le préfet de Police exprima la satisfaction du pouvoir : « La Garde nationale vient d'accomplir un des plus grands événements dont soient capables des hommes libres ; elle a sacrifié ses ressentiments au bonheur public. » De son côté, le roi entreprit le tour des différentes mairies de la capitale pour remercier, de vive voix, les gardes nationaux. La Fayette n'était pas là, le roi lui avait déconseillé de l'accompagner : ce serait un excès superflu de fatigue ; et il partit recueillir, seul, acclamations et vivats. Le 24 décembre, le commandant général, dans son ordre du jour, se félicitait à son tour de la tournure des événements mais laissait entendre que la Garde, en sauvegardant une fois de plus la « pureté » de la Révolution et l'existence même du régime, devait pouvoir en espérer la concrétisation effective de ses légitimes attentes : « Les affaires, comme notre service, reprennent leur cours ordinaire ; la confiance va se rétablir, l'industrie va se ranimer ; tout a été fait pour l'ordre public ; notre récompense est d'espérer que tout va être fait pour la liberté[15]. »

Ces ordres du jour à répétition ne pouvaient qu'exaspérer Louis-Philippe car ils étaient devenus une sorte de censure permanente du gouvernement que le commandant général s'était octroyé, incitant l'entourage du roi à fustiger l'outrecuidance d'un « maire du palais », d'un « mylord protecteur » qu'on ne saurait plus longtemps tolérer. Or, l'ordre du jour du 20 décembre, en pleine crise du procès des ministres, avait été particulièrement irritant pour le pouvoir. C'était une sorte d'autocélébration de la ligne politique suivie par La Fayette depuis 1789 et qui se terminait par un satisfecit concernant la monarchie mise en place en juillet, le meilleur régime possible compte tenu des circonstances tant en France que dans le reste de l'Europe. En découlait une sorte de face-à-face opposant le prophète lucide et responsable d'une inéluctable marche vers la démocratie à une monarchie transitoire issue des circonstances. Ajoutons que le rôle majeur effectivement joué par La Fayette pour surmonter l'agitation violente suscitée par le procès des ministres n'avait pu qu'amplifier l'exaspération du roi à l'encontre d'une dépendance insupportable.

Ce même 24 décembre, alors que La Fayette se félicitait de la sagesse politique de la Garde nationale, le pouvoir décida de se débarrasser de son encombrant protecteur par un simple amendement adopté par la Chambre des députés, lors de la discussion du projet présenté par la commission Choiseul-Dumas, chargée, depuis la mi-août, d'élaborer le nouveau statut de la Garde nationale. On venait de s'apercevoir que le grade de commandant général de la Garde pour tout le royaume ne pouvait être maintenu dans la mesure où on venait de décider qu'il n'y aurait plus de commandement à l'échelon du département : il fut donc supprimé malgré l'intervention de plusieurs députés qui demandèrent le maintien à vie du général dans son commandement.

Le 25, le roi le reçut et lui proposa un aménagement de son départ qu'il refusa, et présentant une démission que Louis-Philippe ne voulut pas accepter. Ministres et amis politiques s'entremirent pour élaborer une transaction, mais La Fayette ne voulut rien savoir et réitéra sa démission, le

27 décembre au soir. Ainsi il répétait le comportement hautain qui avait été le sien en 1789 et en 1790 et qui lui avait alors si bien réussi : mobiliser l'opinion publique en sa faveur et obtenir ainsi que la Garde nationale vienne tout entière le prier de revenir sur sa décision. Or il n'en fut rien ! Certes il y eut les quelques protestations véhémentes des fidèles d'entre les fidèles mais pas de vague de fond, et surtout pas de protestation massive de la part de la Garde nationale. C'est que beaucoup le considéraient comme un vieillard, pratiquant une autorité d'un autre âge ; ils l'appelaient le « père biseur » pour sa propension à embrasser sur le front tous les nouveaux venus qu'on lui présentait. Il en inquiétait aussi à vouloir enrôler tout le monde dans la Garde nationale et on lui reprochait également ses liens d'amitié avec les officiers canonniers de la deuxième et de la troisième batterie dont certains furent accusés, en 1831, d'avoir tenté de livrer leurs canons aux manifestants, lors du verdict du procès des ministres. Et puis désormais le roi disposait des pouvoirs et des grâces et savait si bien s'attacher le dévouement de toute une bourgeoisie en mal d'honorabilité en traitant tous ces petits commerçants, ces modestes artisans, de « camarades » lorsqu'il venait en féliciter plusieurs, après la fin d'une revue.

Le roi finit par accepter, assez sèchement, une démission qui pouvait se retourner contre lui, mais il pressentait que le prestige de La Fayette était bien entamé et qu'il était devenu une sorte de revenant d'un autre âge, obstinément attaché à des principes jamais vraiment partagés par ses contemporains. Le principe de réalité, c'était bien lui, Louis-Philippe, la reine Amélie et leur nombreuse descendance qui l'incarnaient. C'était bien ce que pensaient une majorité de gardes nationaux. Sans oublier le remplaçant que le roi lui donna sans trop tarder, le maréchal, comte de Lobau, une des gloires de l'Empire qui s'imposa par les revues qu'il multiplia pour flatter nos bourgeois par ses familiarités sans manières et sa sévérité bougonne qu'il savait assouplir par un bon mot ou un verre de bon vin à l'occasion !

La démission de La Fayette, c'était la fin d'une illusion, celle d'une sorte d'option révolutionnaire qui aurait prolongé, sans violence, les « Trois Glorieuses » et dont la Garde nationale aurait été le maître d'œuvre raisonnable, ces fameuses « baïonnettes intelligentes », actrices d'une « révolution de velours » avant l'heure. Désormais la « Monarchie de Juillet », avec Casimir Perier puis Guizot, avait choisi le renforcement de la prérogative royale contre l'épanouissement de la souveraineté nationale, et la Garde nationale devenait la garante de l'ordre établi avec comme conséquence l'autoritarisme croissant de Louis-Philippe à mesure qu'il triomphait des obstacles rencontrés.

La Fayette survécut jusqu'en mai 1834 en continuant de défendre à la Chambre des députés les droits de nationalités bafoués par l'Europe de la Sainte-Alliance, mais aussi ceux des Noirs d'Amérique, en exigeant l'abolition de l'hérédité de la Chambre des pairs, bref en poursuivant la réalisation du programme de l'Hôtel de Ville. Quand il mourut, Chateaubriand suivit son convoi funèbre et rédigea un éloge en rupture avec les sarcasmes proférés jusque-là et dont il reconnut l'injustice partisane. La citation est peut-être longue mais le texte est beau et le général mérite cet éloge d'un adversaire politique que son émotion rendait lucide en proclamant la symbiose d'un homme, un aristocrate, et de ce qui était demeuré un principe révolutionnaire plus qu'une institution, la Garde nationale :

« En cette année 1834, M. de La Fayette vient de mourir. J'aurais jadis été injuste en parlant de lui ; je l'aurais représenté comme une espèce de niais à double visage et à deux renommées ; héros de l'autre côté de l'Atlantique, Gilles de ce côté-ci. Il a fallu plus de quarante années pour que l'on reconnût dans Monsieur de La Fayette des qualités que l'on s'était obstiné à lui refuser. À la tribune, il s'exprimait facilement et du ton d'un homme de bonne compagnie. Aucune souillure n'est attachée à sa vie ; obligeant et généreux, il ne négligea pas ses affaires néanmoins, également enrichi par la donation du Congrès en Amérique et par la loi de l'indemnité en France. Sous l'Empire il fut noble et vécut à part ; sous la Restauration il ne garda pas autant de dignité ; il s'abaissa jusqu'à se laisser nommer le vénérable des ventes du carbonarisme, et le chef des petites conspirations ; heureux qu'il fut de se soustraire à Belfort à la justice, comme un aventurier vulgaire. Dans les commencements de la Révolution, il ne se mêla point aux égorgeurs ; il les combattit à main armée ; il voulut sauver Louis XVI ; mais tout en abhorrant les massacres, tout obligé qu'il fut de les fuir, il trouva des louanges pour des scènes où l'on portait quelques têtes au bout des piques.

M. de La Fayette s'est élevé parce qu'il a vécu : il y a une renommée échappée spontanément des talents, et dont la mort augmente l'éclat en arrêtant les talents dans la jeunesse ; il y a une autre renommée, produit de l'âge, fille tardive du temps ; non grande par elle-même, elle l'est par les révolutions au milieu desquelles le hasard l'a placée. Le porteur de cette renommée, à force d'être, se mêle de tout ; son nom devient l'enseigne et le drapeau de tout : M. de La Fayette sera éternellement la Garde nationale (...)[16]. »

Chapitre XIV

LA GARDE NATIONALE
SOUTIEN ACTIF
DE LA MONARCHIE

(1831 - juillet 1835)

Les succès incontestables remportés par Louis-Philippe dans la consolidation de sa propre autorité, à la fois contre l'opposition insurrectionnelle des républicains les plus radicaux, mais aussi contre celle, moins agressive des partisans du mouvement derrière le «lord protecteur» La Fayette ou le banquier Laffitte, et même contre ses propres partisans les plus conservateurs auxquels il faisait sentir que sans lui ils ne pourraient parvenir à se perpétuer au pouvoir, tous ces succès ne parvenaient pas pour autant à calmer une agitation populaire endémique dont la persistance nourrissait les espoirs des républicains.

Alors qu'il s'était fait acclamer par le peuple lors de la fameuse embrassade de l'Hôtel de Ville, alors que les vivats du 29 août avaient confirmé ceux du 31 juillet, le climat politique restait tendu dans les tout premiers mois de 1831 comme en témoignaient le saccage de l'église Saint-Germain-l'Auxerrois, le 14 février, pour protester contre une messe anniversaire de l'assassinat du duc de Berry célébrée par les «Carlistes», les partisans de

Charles X. La Garde nationale laissa faire les manifestants qui réitérèrent le lendemain en s'en prenant à l'archevêché dont le mobilier et la bibliothèque furent précipités dans la Seine sous l'œil goguenard et complice des «bonnets à poils» d'une légion foncièrement anticléricale.

La Chambre des députés s'inquiéta de ces débordements qui semblaient en annoncer d'autres, mais aussi de l'attitude de la Garde nationale et poussa le ministère Laffitte, jugé trop laxiste, à la démission (13 mars 1831). La situation était d'autant plus instable que la situation économique s'était brutalement dégradée depuis juillet 1830 : la révolution avait provoqué un prurit revendicatif : les ouvriers du bâtiment à Paris réclamaient des augmentations, multipliaient les grèves, tout comme les serruriers et les menuisiers. Troubles du même ordre dans les départements, à Nantes, Mulhouse ou Saint-Étienne. Les impôts rentraient mal, un excès de spéculation immobilière à Paris et dans plusieurs villes de province entraîna des faillites et un effondrement boursier lors des dernières séances de 1830 qui s'amplifia en 1831. Il fallut aider les industriels et le baron Louis dut ouvrir un crédit de 30 millions pour éponger les déficits. Autant de raisons qui entraînèrent un surcroît de misère pour les couches populaires des villes manufacturières mais aussi à Paris où la charité publique et privée ne pouvait plus faire face à une situation devenue tragique au quotidien.

Nathalie Jacobowicz a étudié l'évolution spectaculaire de l'image du peuple, à Paris, des lendemains immédiats de la Révolution de Juillet aux dernières semaines de 1830, telle que la révèlent la presse, les recueils de caricatures, les pamphlets, mais aussi les théâtres populaires du boulevard et les recueils de chansons au fil de l'actualité[1]. Elle a pu constater un changement progressif d'une image d'abord largement positive durant tout le mois d'août et qui se dégrade de mois en mois pour retrouver les plus noirs clichés que suscitait traditionnellement l'évocation de l'instabilité et des violences du populaire. On retrouve là le titre évocateur et le contenu du livre fameux de Louis Chevalier concernant les classes populaires dans la première moitié du xixe siècle : *Classes laborieuses et classes dangereuses*[2].

Il y avait souligné le phénomène, fondamental pour expliquer la conjoncture économique et politique, constitué par le formidable accroissement de la population parisienne durant ce demi-siècle. D'environ 550 000 habitants en 1801, elle atteignait 1 053 000 en 1851, soit une augmentation d'un peu plus de 10 % tous les dix ans et cela malgré le choléra de 1832 et les convulsions révolutionnaires de la Monarchie de Juillet. Le premier tassement de cette dynamique se produisant entre 1848 et 1851, le rédacteur du tome VI des *Recherches statistiques* l'attribuait aux événements de 1848 : « Le vide immense qui s'était produit alors dans toutes les classes de la société n'était pas encore comblé en 1851[3]. »

Paris était devenu un formidable entassement d'individus qui s'était produit dans une ville encore quasi médiévale car elle n'avait pu se transformer au même rythme. La Restauration pourtant avait connu une sorte de frénésie constructive mais essentiellement dans les beaux quartiers : Champs-Élysées, quartier Poissonnière, Tivoli, rue de Rivoli, de Castiglione, de la Paix. Dans les vieux quartiers du centre, il y avait peu d'espaces libres, ainsi dans le quatrième arrondissement on a construit 63 maisons neuves de 1817 à 1826, soit environ 6 par an ! Sous la Monarchie de Juillet, les beaux quartiers continuèrent de se développer et, pour les vieux quartiers centraux, il y eut quelques démolitions aux lendemains du choléra. Une trentaine de rues nouvelles furent percées de 1833 à 1847, dont la plus célèbre et la plus importante fut la rue Rambuteau. Quant au mouvement de décongestion du centre vers les boulevards, il toucha essentiellement la bourgeoisie, grande et petite, qui y installa salles de spectacle et cafés, grands magasins et boutiques spécialisées. La population ouvrière, elle, ne bougea pas et continua de s'entasser avec des conditions de vie en constante dégradation.

En conclusion, de 1802 à 1826, la population de la rive droite de la Seine ne cessa de se développer aux dépens de la rive gauche, notamment du fait de l'emplacement des Halles qui polarisaient les activités d'approvisionnement de la capitale. La densité de l'occupation du sol continuait de s'accentuer de 1817 à 1846, notamment dans le quartier des Arcis où elle atteignait un maximum de 246 habitants à l'hectare, mais aussi dans celui des Halles, des Lombards, de Montorgueil et de la porte Saint-Denis où elle dépassait partout 100 habitants à l'hectare contre 5 à 7 pour les quartiers chics de l'ouest parisien.

La misère de ces habitants s'accentuait, si c'était encore possible, et ce le fut, tout particulièrement en 1831. Le préfet de Police écrit au ministre de l'Intérieur, en septembre 1831 : « Je ne saurais trop le répéter, cette misère touche à son comble et il est impossible que ceux qui en sont les victimes ne suscitent pas à l'administration de graves embarras s'ils se voient réduits à l'emploi des moyens les plus violents pour arriver à une situation moins affreuse[4]. » Les ravages du choléra, en 1832, confirmeront cette géographie de la misère, accablant tout particulièrement les quartiers populaires les plus densément peuplés, celui de la porte Saint-Denis dont le préfet dresse le tableau suivant :

> « (...) l'état de gêne dans lequel le commerce languit depuis un an ne fait qu'augmenter (...). Il est à craindre que l'on ne voie arriver de grands malheurs. La position des fabricants sera bientôt aussi pénible que celle des ouvriers ; ceux qui naguère procuraient l'existence à de nombreux pères de famille se voient eux-mêmes aujourd'hui dans une situation très alarmante (...). On nous rapporte que divers gardes nationaux, boutiquiers ou fabricants avaient manifesté de la répugnance à prendre les armes dans les troubles qui ont eu lieu cette semaine : parce que, disent-ils, ils ne pouvaient que plaindre de malheureux ouvriers que leur grande misère conduit au désespoir[5]. »

Un autre témoignage portant sur le quartier de la Cité, peuplé de travailleurs du bâtiment, parachève le diagnostic des représentants de l'autorité par l'éventualité, plus que probable, des prolonge-

ments révolutionnaires d'une telle situation : « (…)
le mécontentement produit par la misère des temps
pousse les individus aux choses nouvelles dans
l'espérance d'un meilleur sort. La permanence de
ces flagrantes dispositions au bouleversement s'op-
pose à ce que l'on puisse croire au retour prochain
et à la stabilité de l'ordre et de la tranquillité[6]. » Ce
qui étonne le plus les commissaires de police c'est
la retenue de tous ces gens, on s'étonne qu'ils ne
se soient pas encore portés aux excès du désespoir,
mais cela ne saurait éternellement durer, peut-on
lire dans un rapport du 6 septembre 1831 portant
sur le faubourg Saint-Antoine :

> « Les ouvriers de ce quartier, écrit le commissaire de
> police, ont jusqu'ici fait preuve d'un grand dévouement
> au roi et aux lois. Mais leur conduite pleine de sagesse
> est un problème pour ceux qui connaissent leur misère.
> Leur patience est à bout et je pense qu'on ne pourrait
> plus compter sur eux si l'état pénible dans lequel ils se
> trouvent se prolongeait encore[7]. »

Il semblerait donc qu'il faille inverser la problématique du livre de Nathalie Jacobowicz : non pas
analyser les composantes de l'image de plus en
plus dégradée qu'on donne des couches populaires dans les dernières semaines de 1830, mais
plutôt s'étonner de celle, très positive, dont elles
ont joui lors des lendemains immédiats des « Trois
Glorieuses » ! Le fait est là : c'est que la Révolution
de 1830 ne semble pas avoir connu les violences
qui ont suivi le 14 juillet 1789, et surtout le 10 août
1792 avec le paroxysme des massacres de septembre.
Non qu'il n'y en ait pas eu, mais elles furent

moins spectaculaires que celles de plusieurs épisodes de la «Grande» Révolution et, surtout, on
n'en parla guère. Mais Nathalie Jacobowicz a
retrouvé certains témoignages qui en relatent
plusieurs exemples. En particulier, le récit d'un
officier de la Garde de Paris décrivant la mise à
mort d'un de ses compagnons d'armes. Ce capitaine qui avait refusé de se rendre est «percé de
mille coups, précipité d'un troisième étage, meurt,
foulé aux pieds, après trois heures d'agonie[8]».
Puis il énumère de multiples cas de blessés achevés
de façon barbare et son témoignage qu'on pourrait
estimer trop partial est recoupé par celui d'un
simple témoin qui relate, quelques mois après les
événements de juillet, un épisode dont il fut le
témoin et qui concernait un poste occupé par
47 soldats:

> «Ils occupaient un balcon donnant sur la place, sur
> les rues Lycée-Valois et Saint-Honoré, et ils avaient
> épuisé leurs cartouches avant la fin de cette lutte
> déplorable. (...) Mais par un point d'honneur qui lui
> devint fatal, l'officier commandant ne recevant aucun
> ordre ne crut pas devoir quitter le poste confié à
> son courage. Cependant, lorsque la multitude armée
> déboucha du Palais-Royal pour seconder l'attaque
> des Tuileries, cet officier ne prenant plus conseil que
> de son désespoir, tenta une sortie. (...) Entouré de tous
> côtés, il devint victime de la vindicte populaire, ainsi
> que la plupart de ses braves compagnons: sept seu-
> lement furent sauvés, grâce à la générosité de quelques
> jeunes gens qui, n'écoutant que la voix de l'humanité,
> osèrent résister à une exaspération générale[9].»

Nathalie Jacobowicz cite encore le témoignage d'un médecin qui a soigné les victimes des deux camps :

> « Il rapporte surtout le sentiment d'angoisse exprimé par les militaires blessés devant la cruauté des insurgés. Il parle régulièrement de la "fureur des vainqueurs", de la "fureur aveugle du peuple", que les soldats subissent pendant et après le combat. Et même s'il tient à louer, comme ses contemporains, l'humanité de la majorité des combattants, ce médecin affirme cependant qu'il "est juste de dire que dans l'exaspération de la victoire, les vainqueurs ne se montrèrent pas tous généreux, et que quelques victimes furent sacrifiées" ; ainsi, "les militaires avaient encore la crainte de tomber entre les mains de certains hommes avides de carnages"[10]. »

Il est évident que les contemporains s'attendaient au pire en ce qui regardait le comportement de certains insurgés à l'encontre des forces de l'ordre, mais la brièveté relative des combats, l'émiettement des affrontements d'une barricade à l'autre, l'étroitesse relative des espaces successivement concernés, la possibilité pour les insurgés de se réfugier dans les maisons voisines, puis le ralliement à l'insurrection d'une partie de la ligne, la panique et la fuite des gardes suisses furent autant de circonstances qui limitèrent l'intensité et la durée des affrontements et par là même celles de possibles réflexes punitifs sur les blessés et prisonniers des forces royalistes. La présence des étudiants sur les barricades et celle des gardes nationaux, le dernier jour, ont également dû limiter le nombre et la violence des actes de vengeance, un des témoignages cités par Nathalie Jacobowicz en fait clairement état.

L'humanité des insurgés fut utilisée par La Fayette et le camp du changement pour ouvrir la Garde nationale à un maximum de recrues : c'était à la fois rendre hommage à la modération des insurgés, faire un pari sur la sagesse populaire qui devait désormais l'emporter et préparer un avenir de liberté et de fraternité à défaut d'une égalité immédiate. Mais le climat créé par le procès des ministres de Charles X relativisa fortement ce pari sur la magnanimité populaire et la majeure partie de la Garde nationale se montra ostensiblement sous les armes, avant et pendant le procès, pour prévenir tout passage à l'acte insurrectionnel qui, de toute façon, ne pouvait, politiquement, que réjouir les Carlistes !

Fin 1830, l'avenir politique du régime dépendait indéniablement du choix de la Garde nationale : soit elle soutenait l'option de La Fayette, une Garde nationale de plus d'un million d'hommes à l'échelle du royaume, et d'au moins 80 000 fusils dans Paris, soit celle du gouvernement, c'est-à-dire une Garde nationale de moins de 50 000 hommes à Paris et de moins de 500 000 hommes sur le plan national, étroitement contrôlée par le ministère de l'Intérieur et ses préfets. L'engagement de La Fayette contre la peine de mort pour motifs politiques, contribua sans doute à diviser et à affaiblir son propre camp, le choix d'une majorité de légions contre la mise à mort des ministres signifiant également la confirmation d'un ralliement à la position de Louis-Philippe, à savoir la consolidation du nouveau *statu quo* institutionnel et social.

La loi qui permit à Louis-Philippe de se débarrasser de La Fayette était le fruit des travaux d'une commission de huit membres, créée le 17 août 1830 et dont le rapporteur fut Charles Dupin qui soumit son projet à la Chambre des députés, le 3 décembre de la même année. La discussion se ressentit d'un contexte inquiétant, à la fois intérieur, le procès des ministres de Charles X, et extérieur, le retentissement en Europe des événements de Belgique, Pologne et Italie. Elle produisit la rédaction de 407 amendements qui tous furent examinés. Suivit l'examen du projet de loi par la Chambre des pairs, du 21 au 24 février 1831. Le texte, à nouveau amendé, revint devant les députés et fut finalement adopté par les pairs, le 10 mars, pour être promulgué par le roi le 22 mars 1831.

Le texte définitif était long, extrêmement minutieux et quasiment inapplicable, tant l'ambition du législateur d'avoir tout prévu avait multiplié les cas d'espèces — et donc il en résultait pour les maires et l'encadrement une réelle difficulté de tenir un cap politique bien net dans le maquis inextricable des réalités quotidiennes, d'autant que la loi fut imposée au moment où l'enthousiasme insurrectionnel initial commençait à retomber.

Un des objectifs immédiats du texte était, une fois encore, de réduire des effectifs spectaculairement gonflés par la détermination politique de La Fayette et de ses partisans. Le stratagème pour y parvenir fut le même que celui inauguré en 1791, avec les citoyens passifs, et repris, plus discrè-

tement, sous le Directoire ou les Bourbons. L'inscription sur les rôles de la Garde nationale était à
nouveau proclamée obligatoire pour tous les Français de 20 à 60 ans, en étaient dispensés tous les
membres des différents corps de la force publique
et les anciens militaires de plus de 50 ans. En
étaient également exempts les hauts magistrats, les
postillons, les agents du télégraphe et les ministres
des cultes. Pour les autres ils étaient répartis entre
deux contrôles. Ceux qui acquittaient une contribution directe personnelle étaient affectés au
service ordinaire, ceux qui n'étaient pas imposés
étaient portés sur le contrôle de la réserve, mobilisables seulement dans les circonstances exceptionnelles, notamment en cas d'invasion du territoire
nationale.

Donc, mettant en avant l'éternel argument de la
nécessité de ne pas amputer, en permanence, un
temps que les plus modestes doivent intégralement
consacrer à gagner leur vie, on les excluait, de
fait, de la Garde nationale, sauf les ex-insurgés de
1830, si les conseils de recensement, présidés par
les maires, et qui étaient chargés de l'établissement
des rôles de la Garde, ne s'y opposaient pas. Le
principe, hérité de 1789, de l'armement de tous
les citoyens pour protéger la souveraineté nationale,
paraissait respecté, mais les fusils n'étaient effectivement confiés qu'à une petite moitié de l'ensemble des citoyens. Et même en ce qui concernait
cette élite citoyenne, le sacro-saint principe de
l'élection des officiers et sous-officiers posait, à
terme, un grave problème dans un régime étroitement censitaire qui confiait la défense de ses

institutions à des officiers élus au suffrage universel mais pour la plupart exclus de toute participation au fonctionnement de ces mêmes institutions. Rappelons, avec Louis Girard, qu'à l'échelon national, dans la décennie des années 1840, sur les quelque 110 000 officiers de la Garde nationale, un quart seulement étaient électeurs dans les scrutins législatifs !

Il faut préciser néanmoins que dans l'entourage immédiat du souverain, la reine, la sœur du roi, son fils aîné, le ministre Montalivet estimaient qu'il ne fallait peut-être pas rejeter en totalité l'héritage politique de La Fayette et se couper des enthousiasmes populaires. Tous ces personnages figuraient parmi les actionnaires d'une association d'entraide mutuelle, l'Agence générale des gardes nationales de France, présidée par Alexandre Laborde qui en inspirait le journal, *La Garde nationale*, reflétant la composante fayettiste de l'état-major de la Garde. On y exaltait les souvenirs des combats de 1815, on soutenait les Polonais insurgés, on y appelait à la fraternisation entre le peuple et la Garde pour rester fidèle à l'idéal des «Trois Glorieuses». Enfin et surtout, on y critiquait la loi du 22 mars, notamment depuis que, ce même jour, Casimir Perier avait révoqué plusieurs animateurs de l'Agence, dont Laborde, affirmant qu'elle faisait double emploi avec la Garde nationale dont la loi venait de confirmer l'esprit et les missions et dont il croyait devoir rappeler que «c'est de la main du roi qu'elle a reçu ses drapeaux».

Casimir Perier se montrait d'autant plus tranchant que le courant fayettiste était en perte de

vitesse parmi les simples fusiliers de la Garde. Si
la plupart des bataillons avaient laissé se commettre
les violences anticléricales de février 1831, ils ne
voulaient pas aller au-delà et repoussaient les mots
d'ordre républicains, car ils restaient persuadés
que le salut politique du royaume dépendait de la
mise en œuvre et du respect effectif de la Charte
et que les républicains la remettaient en cause
pour revenir aux excès des clubs, des sans-culottes
et de la Convention. Or la Garde nationale, avec
ses 40 000 hommes « habillés » et armés, ne pouvait
être ignorée par les radicaux qui devaient s'efforcer d'en rallier une partie. En 1831, la foule,
lors des incidents qui opposaient militants républicains et gardes nationaux, était plutôt, excepté
dans les quartiers populeux du centre de la
capitale, du côté des « bonnets à poils », c'est-à-dire
des compagnies d'élite, notamment les grenadiers.
Boutiquiers et artisans se plaignaient du ralentissement des affaires et, pour eux, l'agitation républicaine contribuait au ralentissement des affaires.
On s'en prenait au laxisme de Laffitte et l'on souhaitait un gouvernement à poigne, Casimir Perier
ne pouvait que leur convenir. À Paris, tout particulièrement, on pouvait percevoir la persistance
d'un climat d'inquiétude latente dans toute cette
bourgeoisie, petite et moyenne, d'artisans et de
petits commerçants, d'employés et de rentiers qui
constituaient le substrat sociologique de la Garde
nationale.

En 1832, le choléra ne fit qu'accentuer les tensions
sociales : la surmortalité des quartiers populaires
incitait leurs habitants à croire qu'on provoquait

l'épidémie pour les éliminer massivement. Dans les quartiers chics, on accusait des exaltés qui empoisonneraient les fontaines et les aliments dans les marchés pour dresser les citoyens les uns contre les autres. C'est dans ce contexte de peurs réciproques que se produisit, le 5 juin, l'émeute suscitée lors des obsèques du général Lamarque, mort du choléra quinze jours après Casimir Perier. Des meneurs républicains croyaient le moment favorable pour déstabiliser le régime : le gouvernement était affaibli par la disparition de son chef que Louis-Philippe ne remplaça pas immédiatement ; le général Lamarque était un des leaders les plus influents de l'opposition, héros des guerres napoléoniennes, combattant infatigable de la cause des peuples, il pouvait rassembler sur son nom une large coalition de mécontents. Alors que le cortège funèbre avait atteint le pont d'Austerlitz où une voiture devait transporter le corps dans sa ville natale, une partie de l'assistance tenta de s'en emparer pour le déposer au Panthéon. Un cavalier surgit, brandissant un drapeau rouge, et annonça que le peuple s'était emparé de l'Hôtel de Ville. Des activistes républicains ou bonapartistes incitèrent les manifestants à se précipiter dans leur quartier respectif pour tenter d'y propager l'insurrection. Mais, si des barricades s'élevèrent sur la rive droite, de la porte Saint-Denis à la Bastille et des Halles à l'Arsenal, si plusieurs postes de la Garde nationale furent désarmés, si dans cet espace les bataillons loyalistes ne purent se rassembler car leurs tambours furent crevés pour empêcher de battre le rappel et les gardes désarmés au sortir

de leur domicile, le nombre des insurgés ne semble
pas avoir dépassé les 4 000 individus. Parmi eux,
beaucoup de gardes nationaux, notamment des
artilleurs et pas toujours en uniforme, surtout le
deuxième jour de l'émeute.

Le 6 juin, la ligne passa à l'offensive, épaulée
par les bataillons de la moitié ouest de Paris et
dont l'ardeur légitimait celle de l'infanterie de
ligne et des gardes municipaux. Bientôt un afflux
important de gardes nationales venues de la banlieue
vola au secours de la victoire royaliste et le flot
continua le 7 et le 8 juin. On les accueillit chaleureusement car le ministre de l'Intérieur voulait resserrer les liens entre gardes parisiens et bataillons
ruraux. Le 8 juin, le maréchal Mouton, comte de
Lobau, le successeur prestigieux de La Fayette au
commandement de la Garde de Paris, accueillit
en personne des détachements venus de Rouen,
hébergés dans l'orangerie des Tuileries. Louis-
Philippe passa des revues successives le 7 et le
10 juin pour remercier tous ceux qui avaient
combattu pour le maintien de l'ordre constitutionnel. Une promotion particulièrement abon-
dante de légions d'honneur vint récompenser les
officiers, et le roi, comme à l'accoutumée, sut se
montrer le chaleureux frère d'armes de tous ceux
qui avaient combattu pour la bonne cause.

Pour autant, la garde nationale parisienne n'avait
pas abdiqué entièrement tout esprit critique comme
en témoigna, l'année suivante, l'affaire des « forts
détachés ». Les informateurs de police rapportèrent
qu'elle s'inquiétait de la ceinture de forts dont le
gouvernement voulait entourer la capitale pour la

protéger lors d'une possible invasion du territoire national. Sans partager totalement les accusations des républicains qui les dénonçaient comme autant de Bastilles nouvelles pour écraser toute tentative d'insurrection, elle s'opposait à ces transformations qui bouleversaient la banlieue où, nous rappelle Louis Girard, tous nos boutiquiers aimaient, en fin de semaine et en famille, faire «une partie de campagne[11]». Et nos informateurs de préciser que, sans vouloir faire le jeu de la presse d'opposition, elle dénonçait un appareil militaire jugé superfétatoire et l'opinion la suivait.

Simple fronde qui ne remettait pas en cause le soutien accordé au pouvoir, comme en témoigna, l'année suivante, son engagement contre les barricades élevées, le 13 avril au matin, pour protester contre les arrestations préventives de quelque 150 militants de la Société des droits de l'homme. Arrestations décidées par Thiers, ministre de l'Intérieur, pour porter un coup à une société dissoute l'année précédente mais qui continuait son activité de façon clandestine et dont on disait qu'elle pouvait mobiliser quelque 3 000 affidés dans la capitale. L'insurrection ne rassembla qu'un millier de combattants rapidement dispersés dès le lendemain, au petit matin. C'est lors de cette offensive des forces de l'ordre que se produisit le «massacre» dc la rue Transnonain dénoncé par la terrible lithographie de Daumier. La troupe, sur laquelle on avait tiré depuis l'embrasure d'une fenêtre, pénétra dans la maison d'où le coup avait été tiré et mit à mort tous les hommes qu'elle y trouva, la plupart encore dans leur lit. L'opposition dénonça la cruauté imbécile du procédé et en rendit coupable le général Bugeaud qui commandait le secteur. L'affaire est habituellement considérée comme une sorte de bavure due aux consignes sanguinaires d'un général «africain», sans trop d'humanité. Ne témoigne-t-elle pas aussi de cette espèce de hantise d'une violence révolutionnaire potentielle liée à la surcharge démographique de certains quartiers rongés par la misère et dont on craignait, en permanence, l'embrasement? Louis Girard a décrit par le menu et avec raison un aspect majeur du contexte politique de la monarchie de Juillet, à savoir l'espèce d'âge d'or d'une Garde nationale au diapason d'un régime dans lequel elle se reconnaissait, abusée qu'elle était aussi, du moins un certain temps, par l'habileté médiatique de Louis-Philippe. Ce faisant, il a peut-être été amené à gommer un autre versant, plus inquiétant, de ce même régime, jadis souligné, nous l'avons dit, par Louis Chevalier, rendant compte de la concentration de la misère ouvrière, notamment dans Paris, et dont on redoutait en permanence la subite et spectaculaire rébellion. Il semble indéniable que cette peur partagée, née de la fragilité latente des institutions et de la prospérité relative des classes moyennes, ait rapproché le roi de sa Garde nationale, du moins jusqu'en 1835.

Le 28 juillet 1835, l'attentat de la machine infernale de Fieschi, sur le boulevard du Temple, lors de la traditionnelle revue de la Garde nationale pour l'anniversaire des «Trois Glorieuses», fit 40 victimes dont 18 morts. Parmi ces derniers, le maréchal Mortier et plusieurs gardes nationaux.

C'était l'occasion, en célébrant leur sacrifice, de resserrer encore les liens entre le roi et la milice citoyenne. Mais au lieu de multiplier rencontres et revues, Louis-Philippe se persuada que ces dernières constituaient une occasion idéale pour le tuer et progressivement s'abstint d'y participer. Il se faisait remplacer par Lobau qui ne détestait pas affirmer ainsi sa récente nomination et multiplia les revues partielles pour développer une sorte d'émulation entre les légions. Quant au roi, il se borna à organiser chaque année, aux Tuileries, un dîner de 300 couverts où étaient invités les membres des états-majors et quelques chefs de bataillon.

Mais la Garde, dans sa totalité, se jugea méprisée, chaque garde étant, du fait de l'élection des gradés, un officier en puissance. La considération portée exclusivement au sommet de la hiérarchie lui sembla contraire à l'esprit de 89, la preuve évidente que la monarchie de Juillet retombait dans les ornières du passé. Et surtout, par son comportement, le roi privait la Garde du pouvoir de remontrance qu'elle s'était octroyé d'emblée depuis ses débuts par les acclamations qui accueillaient le souverain lors des revues où chaque légion manifestait, par leur densité et leur contenu, son adhésion à la politique suivie par le gouvernement ou son rejet plus ou moins véhément. Autrement dit, la Garde nationale ne se considérait pas comme une sorte de gendarmerie supplétive et gratuite, aux ordres du souverain, ce qui était, visiblement, le sentiment que partageaient Louis-Philippe et la plupart de ses ministres, mais comme une sorte de garde civique, presque prétorienne, dans la mesure

où le régime lui devait son existence — il l'avait
lui-même suffisamment proclamé! — et donc, implicitement, lui devait des comptes.

Le 29 juillet 1836, Louis-Philippe renonça à inau-
gurer, en personne, l'Arc de triomphe de l'Étoile
et à passer la revue prévue à cette occasion. Le
service de la Garde apparut donc, de plus en plus,
comme une corvée, sans compensation politique
suffisante, à laquelle on pouvait, légitimement, se
soustraire. On s'efforçait de prouver qu'on avait
changé d'adresse, ou bien l'on se faisait régulièrement remplacer, moyennant finance. On ne
participa plus aux élections pour renouveler l'encadrement, et du coup, on permit aux «républicains» de contrôler certaines unités. En 1837, il
n'y avait donc plus que 38 200 hommes sur les
rôles du service ordinaire, c'est-à-dire habillés et
armés, contre 42 000 en septembre 1832. Il fallait
user de menaces — amendes et séjours à l'«Hôtel
des Haricots» — pour obtenir leur présence effective
le jour de leur service. On aboutissait à une sorte
de contradiction interne : il fallait un maximum
d'effectifs pour alléger le service de chacun ; or, de
plus en plus, on se dérobait et le sergent-major,
personnage majeur et soldé de chaque bataillon,
était obligé de faire la chasse aux «oubliés» qui
s'obstinaient à ne pas effectuer leur service. La
Garde nationale s'enlisait dans une guérilla mesquine
quasi quotidienne où l'héroïsme de Juillet cédait le
pas aux ambitions étroites d'individus sans envergure et aux querelles de voisinage.

Pour prouver que le pouvoir ne se désintéressait
pas de la Garde nationale parisienne, il entreprit,

en juin 1836, de la réorganiser. Attribuant l'absence d'enthousiasme pour le service à un manque d'équité dans sa répartition, il renforça la lourdeur du contrôle pour n'aboutir qu'à un surcroît de protestation dans la presse, même modérée, qui dénonça un projet de loi digne d'un tambour-major de l'Empire! Il fallait alléger le service et non pas l'alourdir! Chaque citoyen ne devrait assurer qu'une ou deux gardes par an, dans un bâtiment officiel, présentant un caractère gratifiant, on y ajouterait une inspection des armes et une revue solennelle. Pour le reste, les corps soldés devaient y pourvoir, quitte à les renforcer! On payait assez d'impôt pour cela! En instituant un règlement spécial pour la capitale, on tournait définitivement le dos à la vision nationale d'une même organisation pour l'ensemble des citoyens. La loi fut symboliquement promulguée le 14 juillet 1837, ce fut une erreur supplémentaire qui froissa les anciens fayettistes et, *a fortiori*, tous les républicains. L'erreur de diagnostic fit que rien ne changea; en témoigne largement le fiasco de la cérémonie organisée pour le retour des cendres de Napoléon, le 15 décembre 1840.

Il faisait très froid ce matin-là, et les rappels successivement battus ne rassemblèrent qu'un quart des effectifs prévus. Les légions se rassemblèrent: la cinquième (quartier des Halles et du faubourg Saint-Denis) conspua la première (place Vendôme, rue de la Paix) en criant: «À bas les Carlistes, les aristocrates, les traîtres!» Puis elle fit chorus avec la quatrième, la sixième, la septième, la huitième et la onzième pour crier très fort: «À bas les traîtres! À bas Guizot!», certaines ajoutant: «À bas les forts détachés!»[12]. Beaucoup de gardes trouvèrent qu'il faisait trop froid et rentrèrent chez eux, d'autres s'enivrèrent et, ne pouvant plus suivre, s'arrêtèrent et en vinrent même à jeter leur fusil au grand scandale de leurs officiers qui leur rappelaient la présence des cendres impériales. Il n'y eut pas d'émeute à proprement parler, mais il n'y aura plus de revue générale sans que pour autant on osât licencier les légions coupables — on ne pouvait quand même pas imiter le comportement des Bourbons!

Charles de Rémusat, ancien ministre de l'Intérieur de Louis-Philippe, s'interrogeant plusieurs années après sur les origines de la Révolution de 1848, en vint à considérer cette revue manquée comme révélatrice d'un divorce déjà profond entre la Garde nationale et le pouvoir: c'était Guizot qu'on accusait et non pas le roi. Mais ce dernier, ne voulant jamais se désolidariser de son premier ministre, remettait en cause par là même la légitimité de sa dynastie qui était d'écouter le peuple incarné par la Garde nationale!

«Ainsi, dès le mois de décembre 1840, les funérailles de Napoléon avaient amené de la part de la Garde nationale des démonstrations assez graves pour que ce devînt une grosse affaire que de la convoquer de nouveau et si grosse qu'à partir de ce jour, on ait cessé de les mettre, elle et le roi, en présence l'une de l'autre. La revue que j'avais fait passer au roi demeura la dernière. On vit donc le mal, mais on n'en conclut pas qu'il fallait remédier à une situation si neuve et si sérieuse, ni remonter aux causes qui l'avaient amenée[13].»

En juillet 1842, la mort du duc d'Orléans, très populaire parmi les bataillons de la Garde, aurait pu être l'occasion d'un rapprochement, mais il ne pouvait s'effectuer qu'accompagné de la Réforme, c'est-à-dire notamment l'élargissement du corps électoral par l'abaissement du cens, ce qui paraissait à Guizot une concession qui en appellerait d'autres et signifierait la fin de la prérogative royale. Cette même année vit le départ du maréchal Gérard qui, à 70 ans, abandonna le commandement général de la Garde nationale parisienne après avoir succédé, avec panache, à Mouton, en 1838. Il fut remplacé par le général Jacqueminot qui manquait du charisme nécessaire et ne bénéficiait pas, comme ses deux prédécesseurs, de l'aura prestigieuse des victoires impériales. La Garde nationale perdurait, mais avec le sentiment d'une défiance mutuelle. Le régime étoffait les effectifs de la Garde municipale soldée, le système des «forts détachés» permettait de renforcer autour de Paris la présence de l'armée, et donc la Garde nationale ne semblait plus devoir jouer le rôle déterminant qui avait été le sien dans le maintien de l'ordre dans la capitale. Les élections internes de 1843 et 1846 confirmèrent un climat de désaffection croissante de toutes les strates de la bourgeoisie parisienne pour ce qui n'était plus qu'une force supplétive du maintien de l'ordre destinée à légitimer l'intervention des corps soldés. Pour les couches les plus modestes s'ajoutait le sentiment d'être utilisées par une oligarchie qui avait confisqué le pouvoir et s'en partageait avantages et béné-

fices en ne concédant à la Garde qu'une considération de façade, oubliant qu'elle lui devait tout ou
presque.

Le refus des revues générales avait supprimé ce
qui était devenu, avec la Restauration, une modalité
majeure de la protestation politique dans un système
censitaire très fermé. Du coup, il entraînait une
frustration dans des couches sociales jusque-là
considérées comme fournissant au régime un
soutien politique déterminant, protestation refoulée
qui pouvait exploser à l'occasion d'un incident
même mineur ou entraîner une sorte de laisser-
faire en cas de protestation insurrectionnelle des
« classes miséreuses et dangereuses », pour reprendre
le vocabulaire de Louis Chevalier. Pouvaient rejouer
alors des clivages internes : les composantes les
plus modestes de la Garde rejoignant la protestation populaire, les strates « supérieures » laissant
faire au nom du mythe unitaire de la Garde
nationale mais pour prouver surtout aux oligarques
qu'ils avaient eu tort d'oublier une dette politique
majeure. Néanmoins, en 1846, le préfet de Police
estimait que seules 19 compagnies sur les 300
constituant la Garde nationale parisienne étaient
contrôlées plus ou moins directement, du fait des
élections, par les sociétés secrètes républicaines
dans les arrondissements les plus populeux du
centre de la capitale.

À partir de 1846, le régime dut affronter une
conjoncture agricole défavorable et se retrouva face
à une crise frumentaire classique : deux mauvaises
récoltes successives de grain, en 1845 et 1846,
firent renchérir brutalement le prix du pain et les

préfets s'inquiétèrent de cette hausse, notamment
lorsque leur département possédait des agglomérations manufacturières avec des populations
ouvrières importantes et qu'ils savaient particulièrement fragiles. Crainte d'autant plus justifiée
que, dès l'année suivante, elles furent touchées ou
menacées par le chômage consécutif à la crise
financière liée à l'excès d'investissement dans le
chemin de fer et dans la production sidérurgique
provoquée par l'essor de la construction ferroviaire.
La demande s'écroula et les ateliers fermèrent. Les
autorités étaient obligées de multiplier les interventions pour procurer de quoi manger à des
dizaines de milliers de famille acculées à une quasi-
mendicité alors qu'au même moment la presse
révélait plusieurs affaires de corruption, sans
parler de crimes de droit commun qui touchaient
les avenues du pouvoir. Deux pairs de France,
anciens ministres, étaient accusés d'avoir utilisé
leur fonction et leur influence pour s'enrichir
personnellement, un autre s'était suicidé après
avoir été accusé de l'assassinat de sa propre femme,
enfin un quatrième, ambassadeur à Naples, fut
également acculé au suicide. Dans les colonnes de
La Gazette des tribunaux s'étalaient les turpitudes
et la corruption d'une classe dirigeante dont on
pouvait se demander si elle aussi n'était pas mora-
lement en faillite. La petite-bourgeoisie, friande de
ces scandales, ne pouvait que se demander si cela
valait vraiment la peine de continuer de risquer sa
peau pour de tels personnages et en définitive
pour une monarchie qui semblait incapable d'assumer ses responsabilités ; le système censitaire,

comme embourbé dans ses compromissions et ses facilités, était-il, lui aussi, voué à une sorte de suicide politique?

Ce n'était vraiment pas ce que pensaient Louis-Philippe ni Guizot, son premier ministre. Au contraire, ils restaient persuadés de la solidité de leur pouvoir et donc de la légitimité de leur autorité. Les élections législatives de 1846 avaient été favorables aux candidats se réclamant d'une totale allégeance au souverain, notamment la centaine de députés fonctionnaires, ardemment dénoncés par l'opposition mais cyniquement conservés par le pouvoir. Ajoutons à cela que la récolte de blé de l'été 1847 avait été bien meilleure que celle de l'année précédente. Il semblait évident que le royaume allait renouer avec la prospérité et donc les semeurs de panique et les dénigreurs professionnels n'avaient plus qu'à se taire et laisser agir le roi et son premier ministre, tous deux persuadés qu'ils savaient, seuls, le degré d'innovation que le système pouvait supporter à un moment donné. Ce fut le sens de la plupart des discours officiels tenus au début de l'année 1848, depuis le discours du trône du roi jusqu'aux réponses successives de Guizot à différentes interpellations de l'opposition — et Charles de Rémusat, dans ses *Mémoires*, de rapporter notamment celle qu'il fit à Lamartine, le 29 janvier 1848, comme témoignage de l'aveuglement autosatisfait d'un premier ministre persuadé que sa politique avait résolu les grandes questions intérieures de la France et permettait de répondre de l'avenir:

«Je dis qu'elle les a résolues et la preuve en est évidente de nos jours. Vous le voyez tous, vous le dites tous. Il y a depuis quelques mois une grande fermentation dans notre pays, une grande passion se manifeste dans nos débats. Je vous le demande à vous-mêmes, est-ce que l'ordre en est troublé ? Est-ce que la paix en est menacée ? Non, non ; les alarmes qu'on a apportées à cette tribune sont des alarmes excessives, des alarmes qui seront déjouées par nos institutions, par la politique du juste milieu, comme elles l'ont déjà été tant de fois [14]. »

La pérennité du système vantée par Guizot reposait sur le blocage parlementaire des réformes qui obligeait l'opposition à poser sur la place publique le débat sur leur urgence immédiate : abaissement du cens électoral, adjonction des « capacités », élimination des fonctionnaires députés. Ce fut l'opposition dynastique, autrement dit l'opposition la plus modérée, qui prit l'initiative, dans l'intérêt même du souverain, de proposer une campagne de banquets où, après une série de toasts en l'honneur du roi et de sa famille, on aborda la question des réformes en priant le souverain de changer de ministres et d'acquiescer aux réformes nécessaires pour sauvegarder son autorité et retrouver l'affection de la majorité de ses concitoyens. On aborda également les questions sociales soulevées par les récentes difficultés économiques. La campagne des banquets commença en juillet 1847 et affecta 28 départements où une cinquantaine de banquets réunirent environ 22 000 convives, essentiellement dans la moitié nord du pays. Parmi eux, des milliers de gardes nationaux mais rarement en uniforme. Et, en fin de compte cette protestation, nous l'avons dit, se heurta à une fin de non-recevoir et aux sarcasmes du pouvoir. Le 12 février, l'amendement d'un député conservateur pour souhaiter que le gouvernement veuille bien prendre l'initiative de réformes sages et modérées fut repoussé par 222 voix contre 189.

L'opposition désemparée riposta en avançant l'idée d'un nouveau banquet, mais dans le centre populeux de la capitale. C'était prendre le risque d'un dérapage insurrectionnel. Pour l'éviter, Odilon Barrot et ses amis de l'opposition dynastique décidèrent de réduire l'afflux des sympathisants en se réunissant le mardi 22 février et non plus le dimanche 20, et près des Champs-Élysées, pour faciliter l'intervention des forces de l'ordre. Les républicains radicaux en appelèrent alors à la jeunesse des écoles et aux gardes nationaux, en uniforme mais sans arme, ainsi qu'aux ouvriers, pour les inviter à escorter les convives jusqu'à leur lieu de réunion. Du coup le gouvernement se décida à interdire le banquet et toute manifestation de soutien.

Le 22, une partie des convives se rassembla place de la Madeleine et fut encore grossie par un cortège d'environ 2 000 manifestants, étudiants et ouvriers réunis qui, partis du Panthéon, les rejoignirent par les quais de la rive gauche. On tenta de les disperser mais, au lieu d'obtempérer, ils commencèrent d'édifier des barricades que les gardes municipaux démolirent facilement. On croyait généralement l'orage passé et qu'il n'y aurait rien à déplorer le lendemain, car aucune consigne de rassemblement n'avait été donnée par l'opposition parlementaire. Quant aux agitateurs des sociétés secrètes, on n'en avait pas vu beaucoup à l'œuvre, ce mardi 22 février.

Le bruit courait que la préfecture avait son plan, qu'il serait appliqué dans la nuit et qu'au matin les insurgés seraient pris comme dans un filet. Le matin arriva et rien du fameux plan n'apparut, alors que les barricades s'étaient multipliées pendant la nuit. Ce fameux plan, mis au point par le maréchal Gérard, après l'émeute du 12 mai 1839, prévoyait le doublement de l'effectif de la Garde municipale qu'on pourrait employer pour fixer l'émeute et donner le temps à la Garde nationale et aux troupes d'être rassemblées et utilisées sur le terrain. Il n'était applicable que si l'on disposait de suffisamment de troupes et si la Garde nationale consentait à intervenir, or ces deux conditions n'étaient pas réunies. Jacqueminot, le commandant de la Garde nationale, était malade et n'avait aucune influence sur les légions et *a fortiori* sur les bataillons. Tiburce Sébastiani qui commandait, depuis 1842, la première région militaire n'avait rien prévu et, dépassé par ses responsabilités, ne prit aucune décision. Aussi, militairement, rien ne bougea le mercredi 23 au matin, ce qui surprit même les émeutiers. Ce calme, né de l'inaction du gouvernement, le conforta, paradoxalement, dans l'idée que l'agitation s'était, d'elle-même, affaiblie. Aux Tuileries, le roi commençait néanmoins à s'inquiéter, des rapports alarmants affluaient sur l'attitude des gardes nationaux

446 La Garde nationale 1789-1872

et les carences de l'armée. La Garde nationale refusait d'obéir aux états-majors des légions qui faisaient battre le rappel. Elle s'opposait à la circulation de la ligne et prétendait se charger seule de la sécurité dans les arrondissements respectifs de chaque légion ; en fait, elle s'opposait à la destruction des barricades. L'armée, désemparée devant l'attitude des gardes nationaux, restait l'arme au bras en attendant les ordres de son état-major, lui-même tributaire du gouvernement.

De son côté, la Chambre des députés attendait Guizot pour l'interroger, quand elle apprit que le roi l'avait fait appeler. Et quand il monta à la tribune, ce fut pour dire que Louis-Philippe avait demandé à Molé de former un nouveau gouvernement. Rémusat nous apprend que plus tard, en exil, Louis-Philippe aurait expliqué en être arrivé à cette décision quand Guizot lui aurait déclaré ne pouvoir se résoudre à deux mesures contraires à ses convictions : accepter les réformes, faire tirer sur la Garde nationale.

La nouvelle du renvoi de Guizot entraîna, en fin de matinée, une explosion de joie dans les rues de la capitale. L'insurrection mais surtout la Garde nationale l'avaient emporté presque sans effusion de sang : les « baïonnettes intelligentes » de la Garde nationale avaient imposé le triomphe de la « Réforme ». Les notabilités parlementaires de l'opposition ne pensaient plus qu'aux dosages qui allaient prévaloir dans la composition du nouveau gouvernement qui devait pencher à gauche. Quant aux meneurs républicains des sociétés secrètes, ils étaient partagés : certains se désolaient de voir retomber la fermentation insurrectionnelle et d'assister à un nouveau sauvetage du principe monarchique, d'autres voulaient profiter de la vacance du pouvoir pour relancer la contestation et se débarrasser de Louis-Philippe. En dernière analyse tout dépendait donc du comportement des gardes nationaux.

Un incident dramatique, on le sait, remit brutalement tout en cause. En fin de soirée, des milliers de manifestant s'éclairant de torches et de lampions, continuaient de parcourir l'entrelacs des rues des quartiers centraux, exigeant qu'on illumine toutes les fenêtres en signe de réjouissance. Vers 22 heures, un cortège de manifestants, mêlant ouvriers, étudiants, gardes nationaux et simples badauds et venant de la place de la Bastille se dirigeait, en chantant et plaisantant, vers la Concorde. On se réjouissait de passer devant des bâtiments officiels pour y conspuer Guizot et les autres ministres. Parvenu à la hauteur du boulevard des Capucines, on se heurta, devant le ministère des Affaires étrangères, à un détachement de ligne chargé de le protéger. Certains des manifestants avaient des armes, un jeune soldat se crut menacé et tira, provoquant une salve générale de la troupe qui fit une centaine de victimes. La foule horrifiée par ce spectacle se répandit alentour en criant qu'on assassinait le peuple et les gardes nationaux. On trouva un fourgon où l'on entassa les cadavres avec, sur le dessus, celui d'un officier de la Garde nationale, en uniforme, et l'on se mit à parcourir, à la lueur des torches, les quartiers Saint-Denis, Poissonnière, Montmartre et Saint-Martin en

appelant à la vengeance car «on voulait égorger
le peuple»! Le 24, au matin, tout le centre de Paris
fut couvert de barricades, on en compta près de
1 500, jusqu'aux abords immédiats des Tuileries.

Mais la donne répressive avait changé, Louis-
Philippe, qui s'en voulait d'avoir renvoyé Guizot,
venait de nommer comme commandant militaire
de Paris Bugeaud, le fusilleur de la rue Transnonain, qui allait devoir reprendre en main une
Garde nationale dont on se demandait quel serait
son comportement à l'égard du pouvoir, maintenant que les conditions de la Réforme semblaient
réunies. Mais pouvait-on croire qu'une telle nomination était conciliable avec une volonté d'apaisement et de conciliation? La plupart des bataillons
refusèrent d'obéir au général qui n'en avait cure
et organisa quatre colonnes pour reconquérir le
centre de Paris. Pour trois des colonnes, tout se
passa apparemment sans problème majeur: les
barricades furent franchies et démolies en partie
mais à nouveau édifiées une fois la troupe passée.
Quant à la Garde nationale, elle refusait de collaborer avec la ligne, lui interdisant l'accès de
certaines rues et participant souvent à la reconstruction des barricades. Elle s'opposa même à la
progression de la quatrième colonne, commandée
par le général Bedeau, un «Algérien» lui aussi,
qui était chargé de se frayer un chemin jusqu'à la
Bastille et se heurta, au croisement du boulevard
Bonne-Nouvelle et de la rue Saint-Denis, à une
énorme barricade protégée par un rideau de
gardes nationaux dont les officiers adjurèrent le
général de ne pas ordonner l'assaut pour éviter

une terrible effusion de sang qui ne servirait à rien sinon à généraliser davantage l'insurrection! Ils affirmèrent que le peuple ne savait pas encore que MM. Thiers et Odilon Barrot étaient chargés de former le gouvernement et qu'il fallait leur permettre de lui expliquer ce que cela signifiait et qu'alors la pacification se ferait d'elle-même. Un officier se proposa même d'aller rendre compte au maréchal Bugeaud de la situation pour solliciter de nouveaux ordres. Le général Bedeau accepta et arrêta sa progression.

L'état-major de Bugeaud fut également envahi par des dizaines d'officiers et sous-officiers de la garde parisienne qui témoignaient tous de l'unanimité insurrectionnelle de leur quartier, qu'il fallait donc arrêter de vouloir les soumettre par la force, que tout finirait par un bain de sang inutile car le nouveau ministère était hostile à une répression armée. Bugeaud, qui espérait un portefeuille, se laissa convaincre et signa un ordre de repli général des troupes sur les Tuileries, confiant la police des quartiers à la Garde nationale.

Il était environ dix heures du matin, et commença alors le troisième et dernier acte de ce qui avait commencé, la veille au soir, comme une tragédie et se terminait comme un de ces mélodrames à l'affiche sur ces mêmes boulevards. Les militants des sociétés républicaines venaient de prendre conscience du désarroi produit par le contrordre de Bugeaud, du trouble de l'armée devant l'attitude ambiguë de la Garde nationale. Ils décidèrent d'imposer la solution républicaine exigée par le peuple qui refusait d'être une nouvelle fois dupé, comme en juillet 1830, par un nouveau compromis des notables! Il s'agissait de tirer la conclusion logique de la fusillade sur les boulevards et de l'explosion insurrectionnelle qu'elle avait provoquée. Un premier placard, d'une brièveté comminatoire, fut diffusé, aussitôt, par la rédaction de *La Réforme*, le journal des républicains, rue Montmartre: «Louis-Philippe vous fait assassiner comme Charles X; qu'il aille rejoindre Charles X!»

Moment capital où tout se joua, en à peine plus de trois heures de temps. Alors que les premiers ministres pressentis continuaient de se désister successivement en fonction d'une conjoncture en constante évolution, qui leur retirait tous leurs moyens d'action en même temps que Louis-Philippe se voyait obligé d'envisager des combinaisons ministérielles toujours plus à gauche que celles qu'on savait lui convenir. Le roi rechignait, les candidats ministres s'efforçaient de le convaincre et, pendant ce temps, les insurgés, rassemblant leurs forces, convergeaient vers les Tuileries et s'emparaient des derniers points de résistance des troupes loyalistes, comme ce poste du Château d'eau qui occupait alors une partie de la place actuelle du Palais-Royal. Vers onze heures trente, les insurgés concentrèrent leur feu contre ce point d'appui tenu par la Garde municipale tandis que Louis-Philippe tentait de galvaniser ses partisans en passant en revue, place du Carrousel, les légions de la Garde nationale préposées à la protection des Tuileries. La rareté et la faiblesse des vivats qui l'accueillirent achevèrent de le désemparer. Il consentit alors à nommer Odilon Barrot comme premier ministre. Mais cette concession majeure, aux yeux du roi, ne fit qu'exacerber la colère populaire qui voulait désormais en finir avec la monarchie. On s'attendait à voir la foule des insurgés, à laquelle se mêlaient désormais de nombreux gardes nationaux, faire irruption dans les cours du château car plus rien ne s'y opposait. Vers midi et demi, dans l'urgence, après en avoir débattu avec ses fils, la reine et la duchesse d'Orléans et ses conseillers habituels, Louis-Philippe accepta de signer l'acte de son abdication au bénéfice du comte de Paris, son petit-fils.

Vers 14 heures, la duchesse d'Orléans, non sans un certain courage, se rendit au Palais-Bourbon, tenant son fils par la main, pour faire reconnaître ses droits et les siens, mais c'était déjà trop tard, la foule envahissait la salle des séances et ne voulait pas entendre parler de régence. Pour éviter le pire, la duchesse et son fils durent s'éclipser par une porte dérobée, tandis que, dans un désordre et un brouhaha permanents, les insurgés tentaient d'élaborer un gouvernement provisoire largement inspiré par la rédaction du *National*. Mais, au même moment, une autre équipe se constituait, à l'Hôtel de Ville, sous l'impulsion des sociétés républicaines et du journal *La Réforme*. Les personnalités mises en place au Palais-Bourbon préférèrent rejoindre l'autre équipe, car il parut évident que la légitimité républicaine ne pouvait être proclamée désormais qu'au balcon de l'Hôtel de Ville de Paris, en hommage au précédent des « Trois Glorieuses ». Finalement, ce même 24 février, vers vingt heures, un compromis fut accepté par les deux camps, plutôt favorable aux candidats du *National*. Un gouvernement provisoire était enfin constitué. La République pouvait être proclamée.

Était-ce vraiment ce qu'avait souhaité la Garde nationale parisienne ? Des différents épisodes que nous venons d'évoquer, il nous semble ressortir plutôt que la majorité de ses bataillons souhaitait voir enfin appliquer cette «Réforme» que Louis-Philippe et son principal ministre refusaient obstinément de concéder depuis plus d'une décennie. Il n'était donc pas question de cautionner une répression sanglante, une réédition amplifiée de ce qui s'était passé rue Transnonain. Mais il n'était pas question pour autant d'imposer une République toujours associée aux excès de la Terreur. Si les événements échappèrent à la majorité ministérielle, puis au roi lui-même, ils échappèrent également à la majorité réformiste de la Garde, prisonnière du mythe unitaire de 1789 et du vocabulaire qu'il lui imposait. Le peuple s'était levé pour imposer la Réforme et on l'assassinait après avoir fait mine de lui céder, donc le pseudo-roi citoyen l'avait cyniquement trompé et il se vérifiait qu'un roi ne pouvait finir que dans la peau d'un despote : il fallait donc laisser l'insurrection suivre son cours.

Chapitre XV

D'UNE RÉVOLUTION À L'AUTRE

(février et juin 1848)

Pour la majorité des gardes nationaux parisiens, la Révolution aurait dû s'achever le 23 février, avec le renvoi de Guizot et la désignation d'un nouveau gouvernement acquis au changement, élargissant dans les meilleurs délais l'assise électorale du régime et mettant en application la plupart des autres mesures du programme de « Réforme » réclamé par les différents courants de l'opposition. La fusillade du boulevard des Capucines remettait tout en cause mais l'attitude de nombreux bataillons de la Garde nationale et de leurs officiers durant la matinée du 24 février fut révélatrice de leur volonté d'empêcher la radicalisation d'affrontements que la nomination de Bugeaud au commandement militaire de Paris laissait prévoir. Ils voulaient obtenir de l'armée un cessez-le-feu provisoire pour expliquer aux insurgés que la « Réforme » était en marche. Mais la nomination de Bugeaud, la résistance sporadique de certains postes tenus par la Garde municipale ou la gendarmerie firent échouer cette stratégie d'apaisement au profit d'une attaque généralisée des bâtiments officiels du régime dont notamment l'état-major de la Garde nationale, dans une des ailes du Louvre. Tout se joua lors de la dernière heure de la matinée et la Garde nationale ne fit rien pour empêcher les insurgés de marcher sur l'Hôtel de Ville, le Louvre et les Tuileries. Cela signifiait également qu'une partie des gardes nationaux avaient rallié la position des insurgés, pour en finir une fois pour toutes avec les faux-semblants, les roueries de la politique de Louis-Philippe, ils abandonnaient la Réforme pour la Révolution et donc la République.

Désormais, tout alla très vite, et la Garde nationale trop longtemps assimilée au régime déchu fut invitée à affirmer une démocratisation intégrale et immédiate, c'est du moins ce que le gouvernement provisoire lui annonça dès le 25 février, tout en rendant hommage à son action des jours précédents, mais sans préciser clairement ce pour quoi on la félicitait :

> «Votre attitude a été telle qu'on devait l'attendre d'hommes exercés depuis longtemps aux luttes de la liberté. Grâce à votre fraternelle union avec le peuple, avec les écoles, la révolution est accomplie. La patrie vous en sera reconnaissante. Aujourd'hui tous les citoyens font partie de la Garde nationale, tous doivent concourir activement avec le gouvernement provisoire au triomphe régulier des libertés publiques[1].»

Cette Garde nationale promise à une mutation accélérée n'avait plus ni état-major ni porte-parole influent : Jacqueminot, trop compromis avec le régime précédent, avait disparu ; avec lui, Gérard était dans le même cas et de surcroît trop vieux pour opérer un retour politique au premier plan. Pour tenter de reprendre la main, le gouvernement provisoire nomma commandant général de la garde parisienne Courtais, un député, chef d'escadron en retraite, promptement promu général de division pour tenter de rehausser son autorité.

Le 27 février, lors de la proclamation officielle de la République, la Garde nationale déploya ses légions pour le décorum, mais dans ses rangs se mêlaient déjà aux uniformes hérités de la Monarchie de Juillet les vestes et blouses des nouveaux incorporés. Pour éponger une partie de l'afflux des nouveaux effectifs tout en se dotant d'une force armée permanente et donc soldée, dès le 25 février, le gouvernement, c'est-à-dire la commission provisoire, décida de créer une force de 24 000 hommes, soit 2 bataillons par arrondissement, baptisée Garde nationale mobile. Elle était formée de volontaires âgés de 18 à 25 ans, souvent insurgés de la veille mais supposés malléables, disponibles et susceptibles, en étant bien encadrés, d'être rapidement initiés aux impératifs du maintien de l'ordre. Ils étaient, implicitement et en priorité, destinés à contrebalancer plusieurs formations spontanées de «Montagnards», «Lyonnais» et autres corps francs, arborant écharpes rouges et mines farouches, héritées de l'insurrection et occupant l'Hôtel de Ville et ses abords, plus dévouées à leurs chefs autoproclamés qu'à la Commission provisoire qui ne savait trop comment s'en débarrasser.

Dans les départements, on assistait à une mobilisation patriotique du même ordre et que Ledru-

Rollin, ministre de l'Intérieur, s'efforçait de contrôler en envoyant des commissaires pour surveiller les distributions d'armes et la qualité de l'encadrement. Scénario connu et réitéré à chaque secousse révolutionnaire suivie d'un changement de régime. En 1848, plus de 450 000 fusils auraient été distribués en quatre mois[2], ce qui laisse l'historien perplexe car chercheurs et érudits ne se sont guère préoccupés de la façon dont ces fusils avaient été récupérés par les autorités, après les distributions précédentes, ni des délais nécessités par cette récupération. Louis Girard, au fil de ses chapitres, laisse néanmoins entendre que chaque moment d'effervescence, suivant immédiatement le traumatisme politique et social d'une «Révolution», aboutissait, inéluctablement, à une période de ralentissement des activités de la Garde nationale et de réduction de ses effectifs permettant une récupération effective et relativement rapide des armes précédemment distribuées.

Après la proclamation officielle de la République, l'objectif primordial de la Garde allait être de maintenir le nouvel ordre républicain jusqu'à l'élection d'une Assemblée chargée d'élaborer une nouvelle Constitution. Mais durant ce laps de temps pourtant relativement bref, la composition sociale de la Garde nationale allait être profondément modifiée car, de janvier à mars, ses effectifs étaient passés de 56 750 à plus de 190 000 hommes pour atteindre 237 000 au mois de juin[3]! Dans certaines légions, les nouveaux effectifs étaient le triple des anciens, le quintuple dans le douzième arrondissement! La démocratisation avait imposé la suppression des compagnies d'élite de grenadiers et de voltigeurs dont les membres avaient été répartis dans chacune des 8 compagnies dont se composaient désormais tous les bataillons. Pour limiter l'influence des anciens dans les bataillons, la commission provisoire décida d'inverser le processus classique des élections : on commencerait par désigner les colonels et lieutenants-colonels des légions, puis les officiers des bataillons pour finir avec les officiers et sous-officiers des compagnies.

Prévues pour le 18 mars, les élections des officiers et sous-officiers de la Garde nationale furent reportées, sous la pression des militants républicains, jusqu'au 5 avril, de façon à informer les nouveaux enrôlés de l'enjeu de ces élections et des mérites respectifs des candidats.

Le 16 mars, les gardes nationaux constituant les bataillons hérités du régime précédent, exaspérés par ce qu'ils estimaient être une manœuvre de l'extrême gauche pour prendre le contrôle des légions, manifestèrent pour s'opposer à toute remise en cause de l'agenda prévu pour les élections. Ils défilèrent en uniforme mais sans armes, en invoquant le précédent du banquet du 22 février. La première légion s'en prit ouvertement à Courtais, le nouveau commandant de la garde parisienne, mais aussi à la commission provisoire qui l'avait nommé et à Ledru-Rollin, le ministre de l'Intérieur. Les grenadiers, fiers de leurs bonnets à poils et qui venaient d'être destitués, huèrent la Commission provisoire, remettant en cause la nature même du nouveau régime. Inquiets de ce que signi-

fiait cette remise en cause, dès le lendemain, les
bataillons favorables à la République et, notamment, les nouveaux incorporés, manifestèrent à
leur tour. Ils furent plus de 100 000 hommes à
défiler et les «bonnets à poils» en furent désem-
parés et sidérés à la fois : tout ce qu'ils craignaient
était en train de se réaliser. Sous cet afflux de
nouveaux venus, la Garde nationale perdait son
âme : une artillerie «montagnarde» était en train
de se reconstituer, les anciens cadres, en place
depuis deux décennies, allaient être balayés, les
«Terroristes» allaient imposer leur méthode. Mais,
de façon inespérée, les nouveaux venus cher-
chèrent apparemment à se faire accepter et le vote
favorisa, dans toutes les légions, les candidats
républicains modérés. Restait à équiper les gardes
nouvellement incorporés. Le gouvernement promit
que la République allait aider les plus pauvres et
que la solidarité des bataillons ferait le reste. À
Paris, on distribua à nouveau 106 000 fusils dans
la deuxième quinzaine d'avril, mais pour les uniformes, tous les nouveaux venus ne furent « habillés »
qu'en juillet 1849.

Prévoyant que la fête prévue pour le 20 avril
avec remise de ses nouveaux drapeaux à la Garde
nationale, serait une manifestation de masse à la
gloire des ex-insurgés, les gardes «conservateurs»
décidèrent d'organiser, pour le 16 avril, une fête
exaltant leur volonté d'apparaître comme les
défenseurs attitrés du nouvel ordre républicain
qui tentait de s'imposer. Dans chaque légion, on
fit le tri des partisans connus des vrais principes,
on les convoqua et l'on constata que les modérés

et les partisans d'une remise en ordre effective
étaient majoritaires même parmi les «blouses»
non encore «habillées». La Garde s'imposait comme
un môle de résistance à la pression de la gauche
révolutionnaire et la presse conservatrice en fit un
éloge dithyrambique, les «baïonnettes intelligentes»
avaient su recréer leur unité, mais indéniablement
plus à droite que précédemment. La Garde nationale ne faisait qu'anticiper les résultats des élections nationales pour désigner les membres de
l'Assemblée constituante qui se déroulèrent dans
le calme, le 22 avril suivant.

Entre-temps, le jeudi 20 avril, on assista à la
remise des nouveaux drapeaux de la Garde, non
plus sur le Champ-de-Mars mais sous l'Arc de
triomphe, lors d'une grande fête de la Fraternité.
Dès onze heures du matin, la Garde nationale, des
régiments de ligne, les blessés de février, les délégués
du monde ouvrier rassemblés au palais du Luxembourg, des délégations des ateliers nationaux que
l'on venait d'organiser, de simples citoyens, en
tout plus de 400 000 individus, commencèrent à
défiler devant l'estrade où avaient pris place les
membres du gouvernement provisoire. La cérémonie ne s'acheva qu'à une heure avancée de la
nuit dans un enthousiasme qui associait acteurs et
spectateurs. La presse, surtout conservatrice, se
félicita du climat général de cette démonstration
grandiose. «Jamais capitale d'un grand peuple n'a
fait, écrivit *Le Moniteur*, une manifestation aussi
colossale ni aussi rassurante. On eût dit une sorte
de féerie réalisée.» On célébra la fraternité effectivement affichée entre les citoyens «armés ou

désarmés» et les régiments de ligne. Ledru-Rollin, en commentant l'événement, déclara que «la gigantesque solennité de jeudi a donné à la République d'indestructibles racines dans les couches les plus profondes de la nation». Mais, aux deux extrémités de l'éventail politique, socialistes et légitimistes dénoncèrent le caractère bassement électoral d'une telle démonstration[4].

Deux mois après les débuts de l'insurrection, l'apothéose de la fête de la Fraternité peut être considérée comme une sorte d'apogée de l'illusion lyrique caractérisant, selon la plupart des historiens, les lendemains immédiats de la Révolution de février[5]. La stratégie du gouvernement provisoire consistait à maintenir cette illusion en multipliant les manifestations de masse apparemment consensuelles et en finançant les ateliers nationaux destinés à calmer les angoisses populaires face à une crise économique qui perdurait. On s'en remettait à l'Assemblée nouvellement élue pour régler tous les problèmes en suspens, mais l'attitude de la Garde nationale «perpétuée» prouvait que l'unanimité n'était qu'une façade, elle aussi provisoire, et que la classe moyenne renâclait devant le prix de la solidarité sociale.

À Paris, le 22 avril, les élections pour la Constituante s'étaient déroulées dans le calme, mais la veille, 3 régiments d'infanterie et 2 de cavalerie, soit près de 5 000 hommes de troupe, avaient été casernés dans la capitale. Pour ce qui était des élections mêmes, un seul élu issu de la Garde nationale, un colonel d'artillerie, sur les 34 députés parisiens, et encore parmi les derniers de la liste.

Cela pouvait être interprété comme la confirmation que, pour les gardes nationaux, la procédure électorale ordinaire n'était pas le moyen d'expression politique préféré, que les droits liés au port du fusil l'emportaient largement et ce qui s'était produit les 22 et 23 février précédents n'avait pu que les renforcer dans cette conviction. Ajoutons néanmoins que des incidents éclatèrent parfois, notamment à Limoges et Rouen, à l'énoncé des résultats de ces élections. À Rouen, surtout, où la Garde nationale tira sur les ouvriers qui le 27 avril avaient manifesté en faveur de leur candidat battu par celui des conservateurs. Défaite que cet ex-commissaire de la République, envoyé par Ledru-Rollin, attribuait à l'ouverture d'ateliers nationaux qu'il avait imposée, provoquant la colère des notables locaux. Au total, les ouvriers prétendirent avoir perdu 34 des leurs dans des affrontements de part et d'autre de la Seine. Chiffre contesté par les autorités mais prouvant que, dans les départements, où les tensions étaient parfois extrêmes, la bourgeoisie locale était prête aux solutions les plus expéditives pour rétablir son autorité[6].

Le 4 mai, séance solennelle d'ouverture de l'Assemblée constituante, la Garde nationale assurait le service d'ordre et rendait les honneurs. Selon un scénario connu, c'étaient les gardes nationaux pourvus d'uniforme qu'on avait convoqués et les autorités précisèrent — comme d'autres l'avaient fait en d'autres temps — que désormais ne pourraient avoir de fusils que ceux qui avaient le temps de faire l'exercice pour apprendre à manœuvrer. Les autorités s'attendaient à ce que, les premières semaines d'excitation politique et d'euphorie patriotique passées et la crise aidant, les effectifs de la Garde nationale allaient rapidement retomber et que les ouvriers, comme à l'accoutumée, finiraient par refuser un service jugé trop lourd. Mais la gravité de la crise économique et surtout l'existence des ateliers nationaux faussèrent le processus habituel : la quasi-totalité des quelque 110 000 chômeurs qui s'y étaient inscrits figurait également sur les rôles de la Garde nationale, ils avaient donc reçu un fusil et, ayant eu le temps de s'organiser, ils avaient pris conscience de la force qu'ils représentaient. D'autant que les clubs continuaient à foisonner et que les militants révolutionnaires espéraient utiliser tous ces insurgés potentiels car, selon eux, la Révolution n'était pas encore terminée. Et ils le prouvèrent en organisant une «journée» révolutionnaire fixée au 15 mai : il s'agissait d'abord de manifester en faveur des Polonais aux prises avec la répression tsariste, pour obliger l'Assemblée à une déclaration en leur faveur et on en profiterait pour lui récapituler tout ce qui n'allait pas !

Ce furent quelque 50 000 ouvriers sans armes qui convergèrent, en fin de matinée en direction du Palais-Bourbon et de l'Hôtel de Ville. En face de cette masse de manifestants sûrs de leur bon droit et de leur force, pas même 5 000 gardes nationaux et les 5 000 hommes de troupes qui venaient d'entrer dans Paris et que l'Assemblée gardait en réserve pour parer au pire. Quant à la garde mobile qu'on venait de commencer à organiser deux mois plus tôt, on hésitait à l'employer sans un appui suffisant de la Garde nationale, or cette dernière n'avait répondu que très mollement aux tambours qui la convoquaient. C'est qu'elle rejetait l'autorité de Courtais, le commandant que lui avait imposé la commission provisoire, qu'il n'y avait plus de commandant de la place de Paris depuis que le général Duvivier, devenu député, avait démissionné de la fonction ; quant au maire de la capitale, Marrast, il détestait le préfet de Police et ne s'entendait guère avec le nouveau pouvoir exécutif.

Le peu de gardes ayant obéi au rappel ne reçurent aucun ordre précis et des milliers de manifestants purent, en fin de matinée, occuper sans coup férir le Palais-Bourbon et l'Hôtel de Ville. Vers midi, beaucoup de gardes nationaux quittèrent leur poste de garde pour aller déjeuner. La désinvolture s'alliait à la mauvaise humeur pour donner une leçon à une Assemblée fraîchement émoulue qui devait apprendre que même « nationale », elle ne pesait pas lourd sans l'appui de la garde parisienne, face au peuple « levé » pour imposer sa volonté. Certes, ce 15 mai, le peuple n'était pas armé, mais après avoir lu aux députés leur motion en faveur d'une aide immédiate à la Pologne, les clubistes escaladèrent la tribune et exigèrent de l'Assemblée qu'elle s'occupât sans plus tarder des ouvriers sans pain ni travail et qu'il lui fallait, également, désavouer tout projet de fermeture des ateliers nationaux. Vers 16 heures, le président du Club centralisateur, Huber, qui venait de passer dix années en prison et tenait depuis plusieurs jours un discours ultra-révolutionnaire, s'empara de la tribune et,

au nom « du peuple trompé par ses représentants »,
déclara solennellement, malgré les protestations
d'une partie de la salle, « l'Assemblée nationale
dissoute ». C'était l'argumentaire et le vocabulaire
de 1795 qui ressurgissaient. L'émeute triomphait,
on réclamait un gouvernement provisoire. Deux
listes s'affrontèrent : l'une franchement socialiste,
l'autre avec quelques républicains radicaux, tendance Ledru-Rollin. Certains avaient déjà préparé
les premiers décrets du nouveau gouvernement :
remplacement des fonctionnaires par des comités
municipaux et des « patriotes connus » ; impôt
extraordinaire et progressif sur les riches mais
aussi — et c'était révélateur d'une tension latente
— remplacement de la Garde nationale par une
force armée vraiment ouvrière ! Il ne restait plus
qu'à les promulguer.

On cria alors « À l'Hôtel de Ville ! » : depuis 1830,
depuis La Fayette, c'était du balcon de l'Hôtel de
Ville qu'on sollicitait les acclamations du peuple,
c'est en place de Grève que s'affirmait la légitimité
révolutionnaire de tout nouveau pouvoir oint par
le sang des insurgés ! Ce 15 mai 1848, le sang n'avait
pas coulé mais, après que le cortège des révolutionnaires fut arrivé à l'Hôtel de Ville, le rapport
de force se modifia brutalement : plusieurs milliers
de gardes nationaux favorables à la Constituante
cernèrent les émeutiers, arrêtèrent Barbès et ses
partisans en train d'installer leur gouvernement
révolutionnaire et rétablirent, toujours sans effusion
de sang, l'autorité du maire, Marrast. Car, si la
Constituante était restée sans réaction face à la
pression populaire, la commission exécutive, sié-

geant au Luxembourg, avait pris l'initiative de tenter de convoquer à nouveau la Garde nationale, laquelle, inquiète des événements survenus depuis la fin de la matinée, répondit massivement à l'appel de la commission. Près de 20 000 hommes se rassemblèrent rapidement. La Garde mobile épaulée par les contingents de deux légions, la première et la dixième, vida le Palais-Bourbon des manifestants encore présents, Courtais, le nouveau commandant de la Garde nationale, détesté des « bonnets à poils », fut arrêté, destitué et malmené par les bataillons conservateurs. On le remplaça par Clément Thomas, colonel de la deuxième légion[7].

Dès le lendemain 16 mai, les légions conservatrices désarmèrent les espèces de corps francs qui continuaient d'entourer Caussidière, le préfet de Police : les « Montagnards », « Lyonnais » et autres volontaires, dont les mines farouches, les bérets et les ceintures rouges inquiétaient les députés provinciaux, furent supprimés. On commença également à désarmer les compagnies de gardes nationaux qui avaient manifesté, la veille, avec les ouvriers. Le 20 mai, Cavaignac, un général « africain » issu d'une famille dont la génération précédente avait donné un député à la Convention et qui avait donc la réputation d'être un républicain sincère et un homme à poigne, fut nommé ministre de la Guerre pour éviter un nouveau 15 mai. Lamartine lui demanda aussitôt de porter la garnison militaire de Paris à 20 000 hommes, car la Garde nationale était désormais profondément divisée et la Garde mobile toujours sans expérience. Il y avait urgence car tout le monde dans la capitale était persuadé qu'un affrontement avec les ouvriers des ateliers nationaux était désormais inévitable. Pour les députés de la majorité, ces ateliers n'étaient plus qu'une sorte de club gigantesque où des dizaines de milliers d'oisifs, le fusil à la main, voulaient imposer leurs rêveries utopiques et leurs appétits immédiats au reste de la société.

La police estimait qu'une insurrection ouvrière pourrait mobiliser près de 60 000 hommes ; en face, Clément Thomas prétendait pouvoir compter sur près de 100 000 gardes nationaux fidèles à la Constituante, essentiellement les quartiers ouest de Paris et la quasi-totalité de la proche banlieue. Mais dans la capitale, les données politiques n'avaient guère évolué depuis le 15 mai. L'autorité restait diluée entre plusieurs personnalités aux caractères pas toujours faciles, aux options idéologiques partiellement différentes : la commission provisoire ne faisait pas l'unanimité, Marrast était toujours en froid avec les préfets, Clément Thomas, le chef de la Garde nationale, était pour le moins ombrageux, et Cavaignac connaissait mal le personnel politique parisien. Autrement dit, l'insurrection allait affronter une sorte d'interrègne mal stabilisé, ce qui renforçait la conviction de ceux qui la souhaitaient d'en profiter pour relancer une révolution qu'il fallait achever. Une seule certitude, depuis le 15 mai : c'en était bien fini du mythe de l'unité de la Garde nationale, gage de la légitimité de l'insurrection qu'elle soutenait. Pour l'historien, il est devenu évident qu'avec la Révolution de février 1848, se terminait la mission historique de la Garde nationale commencée le 14 juillet 1789 : c'est-à-dire imposer et défendre le primat de la souveraineté nationale. C'est-à-dire, concrètement, défendre les droits de la masse énorme du tiers état, de tous les non-privilégiés, soit plus de 90 % de la population du royaume, combattre le principe de la monarchie héréditaire contraire, par définition, à l'affirmation de cette même souveraineté nationale. Le tiers état, c'est-à-dire peuple et bourgeoisie réunis, s'était retrouvé encore par deux fois, en juillet 1830 et le 22 février 1848, pour abattre successivement les Bourbons et les Orléans hostiles à un véritable régime parlementaire et *a fortiori* au suffrage universel. Jusqu'en février 1848, la Garde nationale avait incarné la légitimité et l'unanimité de cet engagement global et réitéré en faveur de la Nation. Certes, la colère puis l'insurrection des couches populaires anticipaient et débordaient les frustrations et indignations des couches moyennes de la population parisienne mais ces dernières, stimulées par des militants républicains invoquant le souvenir sacré de juillet 1789, confirmé par juillet 1830, finissaient par rejoindre une radicalité insurrectionnelle qu'elles transformaient du même coup en Révolution.

Le 21 juin, des affiches de la Commission exécutive élue par l'Assemblée constituante rendirent publiques les mesures qu'elle comptait appliquer pour accompagner la fermeture des ateliers nationaux : ouverture du chantier de la ligne de chemin de fer de Paris à Lyon en lui consacrant un crédit de 6 millions, enrôlement dans l'armée des jeunes gens de 17 à 25 ans, départ en Sologne de tous les autres pour y effectuer des travaux de drainage et, pour commencer, retour immédiat dans leur département d'origine de tous ceux récemment arrivés dans la capitale. C'était, de façon expéditive, vider Paris de toute contestation ouvrière et les quartiers concernés s'indignèrent de cette proscription massive, bien loin du discours tenu par la presse bourgeoise voilà à peine deux mois, notamment au lendemain de la fête de la Fraternité !

Le 22 juin, une première manifestation partie de la place du Panthéon se rendit au palais du Luxembourg, siège de la commission exécutive. Une délégation conduite par Pujol, ancien séminariste, ancien sous-officier devenu journaliste puis militant révolutionnaire, est reçue par Marie, un des cinq membres de la commission, mais chacun resta sur ses positions. Pujol rendit compte de cet échec et fixa un nouveau rendez-vous, à 18 heures, toujours place du Panthéon. Des milliers de manifestants s'y retrouvèrent et prolongèrent ce rassemblement, la nuit venue, par des cortèges : à la lueur des torches on chantait la « Marseillaise » et l'on marchait en direction de la place de la Bastille. Le rituel de l'insurrection semblait enclenché. Pour prévenir un aboutissement prévisible, la Constituante décida, en fin de soirée, de confier à Cavaignac une dictature républicaine, à l'antique : faire face à l'émeute et s'opposer à toutes les dérives possibles, notamment un coup de force bonapartiste. La commission exécutive demanda à Cavaignac une intervention préventive de l'armée pour empêcher l'édification de barricades, le général s'y opposa : il ne voulait pas éparpiller ses soldats et redoutait, par-dessus tout, la contagion des fraternisations au pied des barricades. La commission décida également l'arrestation de Pujol et de quatre de ses acolytes, mais l'ordre ne put être exécuté, l'autorité de l'Assemblée nationale n'était plus reconnue dans plusieurs arrondissements et la Garde nationale y était passée, en majorité, du côté de l'insurrection.

Le 23 juin, vers six heures du matin, toujours place du Panthéon, Pujol harangua quelque 7 000 manifestants, puis les amena, place de la Bastille, jurer devant les martyrs de la Liberté, au pied de la colonne de Juillet, de rester fidèles à l'esprit qui les avait animés et l'on commença à ériger des barricades boulevard Bonne-Nouvelle, faubourg Saint-Martin et faubourg Poissonnière. Personne ne s'y opposa, la plupart des gardes nationaux des légions concernées avaient rejoint l'insurrection et obligeaient leurs officiers à les imiter. Même comportement sur l'autre rive de la Seine, nulle part l'armée ne se manifestait. En fin de matinée, une colonne d'infanterie sortit du quadrilatère formé par les palais nationaux, elle était précédée de François Arago, président de la commission exécutive, qui, rue Soufflot, harangua les insurgés et les supplia d'obéir à la Loi. Ils lui répondirent qu'il ne savait pas ce que c'était que d'avoir faim ! Finalement Arago renonça et l'armée s'élança sur la barricade qui fut abandonnée sans combat au cri de « Vive la ligne ! ». Elle fut réoccupée par l'émeute, une fois la colonne militaire passée.

Au même moment, la Chambre des députés

adoptait le projet de loi imposant la fermeture des ateliers nationaux : il s'agissait surtout de convaincre les gardes nationaux demeurés fidèles à la Constituante et à la commission exécutive que la République maintenait sa politique et ne transigeait plus avec la rébellion. Dans l'après-midi, plusieurs combats se succédèrent, la plupart à l'avantage des insurgés, ainsi trois généraux furent blessés aux abords de l'Hôtel de Ville. La Chambre critiquait le général Cavaignac accusé avoir abandonné la moitié de Paris à l'émeute. Mais, dans la soirée, on apprenait que la plupart des gardes nationales de la région parisienne commençaient à converger vers la capitale pour prêter main-forte au gouvernement.

Le 24 juin, au matin, chacun des deux camps croyait la victoire à sa portée. Environ 45 000 combattants avaient choisi l'insurrection, dont la moitié était des gardes nationaux des quartiers centraux de Paris et des banlieues attenantes aux faubourgs Saint-Antoine, Saint-Martin et Saint-Marcel. De leur côté, les forces « loyalistes » s'étoffaient en permanence : aux 16 000 jeunes gens de la Garde mobile engagés au côté de la Garde nationale favorable à l'ordre républicain, soit environ 5 000 hommes, s'ajoutaient les 3 000 hommes de la Garde républicaine, particulièrement rompus aux techniques de la guérilla urbaine et surtout les 20 000 hommes de ligne, engagés en colonnes compactes sur des objectifs clairement définis et qui s'efforçaient de tourner les barricades plutôt que de les affronter frontalement. Au total, environ 45 000 hommes là aussi mais auxquels s'ajoutèrent, dès le 25 juin, toujours plus de bataillons de gardes nationaux issus des banlieues, puis, le jour suivant, ceux provenant des départements normands et picards, et enfin ceux des pays de Loire. Tous affluaient massivement pour en découdre avec les «anarchistes». Thiers avait proposé de transporter le gouvernement et l'état-major de Cavaignac à Versailles, le général refusa. Dès neuf heures du matin, la Constituante avait décrété l'état de siège et la commission exécutive avait démissionné à dix heures trente, confirmant ainsi les pleins pouvoirs de Cavaignac. Dans la journée, l'insurrection marqua encore des points en prenant le contrôle de la place des Vosges alors qu'un autre général était mortellement blessé devant le Panthéon, mais, dans la soirée, les insurgés devaient à leur tour reculer. La journée du 25 apparaissait comme particulièrement décisive.

Elle fut surtout sanglante avec des épisodes particulièrement tragiques. On s'entre-tua autour de l'Hôtel de Ville où furent mortellement blessés le général Duvivier et le colonel Regnault à la tête de deux colonnes qui devaient faire leur jonction pour débloquer le bâtiment toujours sous le feu des émeutiers. À la barrière de Fontainebleau, le général Bréa, qui tentait de parlementer pour obtenir la reddition de plusieurs centaines d'insurgés, fut fait prisonnier par ceux avec qui il négociait et qui l'assassinèrent quelques heures plus tard lors d'une panique suscitée par une manœuvre inquiétante des forces de l'ordre. Ce même soir, l'archevêque de Paris qui voulait s'entremettre, à l'entrée du faubourg Saint-Antoine,

pour éviter de nouvelles effusions de sang, fut tué
par un coup de feu, tiré sans doute par un insurgé.
Néanmoins, à ce moment-là, seuls résistaient encore
le faubourg du Temple et le faubourg Saint-Antoine
dont les derniers combattants capitulèrent, le
lendemain, vers treize heures, faute de munitions
et pour éviter d'être abattus sur place[8].

Si l'insurrection avait été écrasée le 26 juin, les
renforts continuèrent d'affluer des départements
jusqu'au 2 juillet venant de Rennes et même de
Brest, de Bordeaux et de Bayonne, de Besançon
et de Lille. Tant et si bien qu'il fallut organiser
deux grandes revues le 28 juin et le 2 juillet pour
célébrer cette ardeur républicaine et répressive.
Près de 120 000 gardes provinciaux défilèrent
devant l'Assemblée nationale, le 28 juin, souligne
Louis Girard, leur pain de munitions fiché dans
leur baïonnette[9]. Ce fut une sorte de fête de la
Fédération célébrée contre la moitié populaire de
Paris par l'autre moitié, celle des nantis, qui punissait le peuple d'avoir succombé à ses vieux démons
en voulant imposer à l'Assemblée nationale sa
propre volonté et tout ce qui allait en résulter, une
sorte de revanche girondine dont la Garde nationale était devenue, apparemment, le bras séculier.

Mais, paradoxalement, l'image de la Garde
nationale semble avoir plus souffert de ces affrontements sanglants du côté des vainqueurs que chez
les vaincus. La résistance opiniâtre des insurgés
parisiens avait fait rejouer la nature profonde de
la Garde nationale, son ancrage dans les solidarités de voisinage et de quartier, l'unanimité de
toute une population persuadée que son combat

était le prolongement logique et légitime de celui de février et que le droit à l'insurrection demeurait l'expression fondamentale d'une liberté qu'il fallait défendre, au besoin le fusil à la main, et elle le fit ! Des travaux récents, comme ceux de Louis Hincker, ont mis, avec raison, l'accent sur l'engagement viscéral des insurgés parisiens de juin 1848 mais aussi de décembre 1851. À travers les archives judiciaires de la répression, mais aussi en retrouvant les sollicitations écrites ultérieures — parfois sous la Troisième République ! — pour obtenir une pension ou un simple secours, il a pu restituer l'écheveau des considérations, parfois contradictoires, qui ont justifié une prise d'armes et tout ce qu'un individu mais aussi ses proches avaient souffert pour une cause qui avait fini, après 1880, par l'emporter[10].

En revanche, l'opinion conservatrice avait beau mettre l'accent sur l'arrivée massive des gardes nationales provinciales après le 26 mars, il était indéniable que la plupart étaient arrivées après la bataille, et donc tout le monde savait que l'insurrection avait été matée par l'armée de Cavaignac et que seules deux des légions des quartiers ouest de Paris avaient effectivement combattu le soulèvement. Il est évident que les contemporains célèbres cités habituellement pour commenter les affrontements de juin 1848 et notamment Tocqueville et Rémusat ont gommé cette éclipse de la garde parisienne dans le camp de l'Ordre pour ne retenir que le caractère forcené de ce qui fut une véritable guerre sociale et l'afflux massif mais tardif des gardes provinciaux volant au secours de

la représentation nationale. Néanmoins Charles
de Rémusat nuance son réquisitoire en affirmant
que ce qui avait exaspéré les ouvriers n'était pas
tant la misère et la haine du bourgeois que la volonté
des autorités d'obliger les chômeurs à quitter Paris,
et donc on retrouve là l'importance du cadre de
vie, de l'enracinement dans le quartier, soulignés
notamment par Louis Hincker après ce qu'en avait
déjà dit Louis Girard. Dans un premier temps,
Rémusat rappelle ce que laissait entendre aux
couches populaires la fameuse illusion lyrique de
février 1848 : promesses et espérances d'un destin
plus juste mais aussi droits qu'on leur avait
reconnus, notamment celui du fusil confirmé en
quelque sorte par le suffrage universel substitué
au scrutin censitaire des monarchies restaurées
depuis 1815.

« (Tout cela) devait presque infailliblement amener
une révolte des gouvernés contre les gouvernants, des
pauvres contre les riches, des ouvriers contre les
patrons, du salaire contre le capital, du prolétariat
contre la bourgeoisie, une guerre enfin véritablement
civile, ou plutôt une guerre sociale et, si vous ajoutez
la licence illimitée des journaux, des clubs et des affiches,
où manquait le brandon pour allumer l'incendie ?

(...) Comme en toute occurrence de ce genre,
l'événement que présageaient vingt causes différentes,
fut provoqué par un incident particulier. Cet incident,
ce ne fut pas la dissolution des ateliers nationaux, car
elle ne fut proposée que le lendemain après la bataille
commencée, et décrétée que cinq jours plus tard ; la
cause immédiate fut une mesure d'administration qui
offrait aux ouvriers inscrits l'option entre l'enrôlement
dans l'armée et le départ pour les départements où les
attendaient des travaux utiles, car ceux de Paris étaient

dérisoires. C'est pour réclamer et se liguer contre cette mesure, c'est pour y résister que se produisirent toutes les manifestations dont la première journée fut remplie.»

Et Charles de Rémusat d'ajouter en note quelques précisions sur les motivations effectives des insurgés et notamment sur l'impact de la fermeture des ateliers nationaux:

«Le 28 juin. Pendant les journées mêmes de l'insurrection, la paie a été faite régulièrement aux guichets ordinaires des mairies. Les états d'émargement conservés jusqu'au 26 y compris, permettent de se rendre compte qu'un cinquième ou un sixième au plus des ouvriers des ateliers a pris part à l'insurrection. La dépense totale pour les Ateliers nationaux de Paris s'est élevée à 14 millions[11].»

La protestation des ouvriers parisiens fut d'autant plus véhémente qu'ils s'estimaient victimes d'un paradoxe intolérable! Le suffrage universel, conquête majeure et spectaculaire de février 1848, se retournait contre eux! En effet, l'«illusion lyrique» n'avait concrètement accouché, en faveur des ouvriers chômeurs que des ateliers nationaux, à savoir une version étatisée et laïcisée des traditionnels ateliers de charité; or l'expression du suffrage universel, à savoir l'Assemblée constituante, imposa, de façon provocante, la liquidation brutale de cette solution d'attente qu'elle jugeait financièrement onéreuse, économiquement inadaptée et politiquement dangereuse. Ne restait donc plus, pour les ouvriers parisiens, que le droit du fusil qui semblait d'autant plus légitime que les décisions de la Constituante et de sa Commission exécutive furent vécues comme une agression caractérisée contre ce qu'on appellerait, de nos jours, leur statut socioculturel, à savoir à la fois un patrimoine artisanal, souvent prestigieux, et l'héritage politique de leur quartier, de leur faubourg urbain, acteur collectif, depuis soixante ans, d'une histoire devenue légende. Et il faudrait renier tout cela sous la pression de masses rurales qu'ils estimaient incultes et qui n'avaient toujours pas compris que le peuple de Paris continuait de combattre toujours pour le peuple tout entier et qu'après les aristocrates, il fallait désormais s'en prendre aux notables pour qui le suffrage universel n'était qu'un nouveau moyen pour conforter leur domination!

En fait, juin 1848 n'était pas seulement la première manifestation sanglante de la lutte des classes analysée et magnifiée par Karl Marx dans un texte resté célèbre, cette lutte avait également pris en France une tournure particulière par le rôle qu'y jouaient à la fois la population parisienne et la Garde nationale :

«(...) Enfin, le 21 juin, parut un décret au *Moniteur*, ordonnant le renvoi brutal de tous les ouvriers célibataires ou leur enrôlement dans l'armée.

Les ouvriers n'avaient plus le choix : il leur fallait ou mourir de faim ou engager la lutte. Ils répondirent le 22 juin, par la formidable insurrection où fut livrée la première grande bataille entre les deux classes qui divisent la société moderne. C'était une lutte pour le maintien ou l'anéantissement de l'ordre *bourgeois*. Le voile qui cachait la République se déchirait.

On sait que les ouvriers, avec un courage et un génie sans exemple, sans chefs, sans plan commun, sans ressources, pour la plupart manquant d'armes, tinrent en échec cinq jours durant l'armée, la garde mobile, la Garde nationale de Paris ainsi que la Garde nationale qui afflua de la province. On sait que la bourgeoisie se dédommagea de ses transes mortelles par une brutalité inouïe et massacra plus de 3 000 prisonniers[12]. »

On voit que, pour Karl Marx, la totalité de la Garde nationale était dans le camp de la bourgeoisie, que les insurgés manquaient d'armes et que les gardes nationaux des départements participèrent à l'intégralité des combats. Autant d'affirmations pour le moins contestables et qui ne permettent pas de comprendre comment la Garde fut progressivement disqualifiée, dans les mois qui suivirent, aux yeux d'une bourgeoisie qui la considérait jusque-là comme son émanation directe et alors que certains de ses bataillons venaient de défendre férocement la légitimité des décisions de la Constituante, incarnation constitutionnelle de cette même bourgeoisie.

Si la vision idéologique que Karl Marx proposait de juin 1848 peut nous paraître trop schématique, il n'en reste pas moins vrai que les historiens s'interrogent encore aujourd'hui sur les explications que l'on peut donner de la violence exacerbée de ces événements. Si les historiens du XIXe siècle ont privilégié les facteurs économiques quand ils étaient de gauche (Jaurès) ou les effets des théories socialistes quand ils penchaient à droite, les générations suivantes, au XXe siècle, de Seignobos jusqu'au lendemain de la Seconde Guerre mondiale,

ont amorcé l'analyse des mécanismes révolutionnaires et de leurs « répliques », associant crise
économique, crise politique et messianisme idéologique dans une sorte de phénomène de « traîne »
révolutionnaire. Enfin, plus récemment, on s'est
penché sur les phénomènes de génération (Pierre
Caspard) ou encore, avec Mark Traugott, sur le
poids des structures militarisées (Garde nationale,
Garde mobile) ainsi que sur l'existence d'une véritable « culture des armes » et de l'insurrection
considérée par les couches populaires comme
l'expression majeure de leur participation légitime
à la vie politique de la Nation (Laurent Clavier,
Louis Hincker)[13].

Pour clore provisoirement notre réflexion sur
les implications du drame de juin 1848, laissons
la parole à un des acteurs actuels de ce travail
d'affinement des perspectives, Fabien Cardoni,
dont une des pages de l'ouvrage qu'il vient de
consacrer à la Garde républicaine sous la Seconde
République et le Second Empire énumère avec
brio et clarté la complexité des données prises en
compte par l'historiographie la plus récente :

> « Les insurgés défendent, tout à la fois, leur source
> de revenu, leur maison, leur quartier. Juin est sans
> doute également une lutte entre une "citoyenneté
> abstraite et une citoyenneté concrète" et peut-être aussi
> entre deux idées de la République — une pragmatique
> et une idéaliste — qui transcendent les conditions
> sociales et les générations. Parallèlement, si Juin 1848
> se matérialise par une lutte d'une moitié de Paris
> contre l'autre, il illustre également un conflit entre
> Paris et la France car Juin 1848 est aussi une insur-

rection communale. La dissolution des ateliers nationaux est vécue — comme le sera la tentative de reprise des canons à Montmartre le 18 mars 1871 — comme une provocation, une agression. On a ainsi sous-estimé les réflexes parisiens d'auto-défense, l'habitude du recours à la rue, la "culture des armes". Enfin, l'instinct grégaire, le souffle de la foule, l'effet d'entraînement, les rumeurs, la chaleur, le caractère irrationnel d'un mouvement de panique sont à prendre en considération[14]. »

Autant de considérations qui doivent nous aider à comprendre la disqualification de la Garde nationale aux yeux du pouvoir, alors même que les affrontements de juin 1848 aboutissaient au triomphe des riches et des nantis, c'est-à-dire de la bourgeoisie. Mais d'une part cette victoire était due à l'armée plus qu'à la Garde nationale et, de l'autre, la bourgeoisie n'était pas aussi monolithique que l'affirmait Karl Marx au même moment, et nous savons que la majorité des effectifs « habillés » de la Garde nationale de la capitale étaient essentiellement fournis par l'artisanat et les différentes strates du commerce de détail parisien. Elle participait donc d'un entre-deux culturel entre les classes populaires proprement dites et les strates supérieures de la bourgeoisie : négoce, finance, magistrature et hautes sphères de l'appareil d'État et de l'administration. Comme telle, elle ne pouvait qu'être influencée par son environnement quotidien, voisinage et clientèle, qui pouvait l'inciter à adopter une partie des aspirations populaires dans les quartiers du centre et de l'est parisien ou, au contraire, se prononcer en faveur de réactions conservatrices dans les quartiers aisés de la capitale

avec tous les dégradés que l'on peut imaginer en
fonction des lieux, du moment et des biographies
de chaque individu. Certes, la radicalisation brutale
de l'insurrection obligeait à choisir son camp,
mais il semble bien qu'en juin 1848 la majeure
partie de la Garde nationale parisienne ait choisi
l'abstention ou la prudence. Car, aux facteurs
énumérés par Fabien Cardoni, il faut en ajouter
un autre, déterminant au moment du déclenchement
des troubles insurrectionnels : on ne savait pas
quelle allait être leur ampleur mais si, au bout de
quelques heures, un certain nombre de rues et de
places se retrouvaient barricadées, il semblait
qu'un seuil était franchi et que les forces de
répression ne pouvaient plus renverser la tendance.
Or, en juin 1848, la présence massive des ateliers
nationaux, le sentiment que, tout comme celle de
juillet 1830, la Révolution de février 1848 était
incomplète et qu'il fallait la terminer, enfin le
choix stratégique de Cavaignac livrant à l'insurrection, pendant deux nuits et quasiment deux
jours, la moitié la plus densément peuplée de
Paris, furent autant de raisons d'inciter la garde
des quartiers populaires à rejoindre l'insurrection
ou du moins à lui livrer ses fusils alors qu'une
minorité de celle des quartiers aisés décidait de la
combattre tandis que la majorité choisissait une
abstention plus ou moins affichée.

Autrement dit, l'affirmation indéniable d'une
logique de lutte des classes à partir de la crise
économique de 1847-1848 n'a pu que diviser
moyenne et petite bourgeoisies qui constituaient
l'essentiel des effectifs de la Garde nationale pari-

sienne et entraîner du même coup la fin du mythe unitaire né en juillet 1789 et que ses bataillons incarnaient jusque-là. L'afflux des gardes nationaux départementaux pour participer à la liquidation de l'insurrection oblitéra cette rupture que la presse favorable au gouvernement ne voulait pas voir et on se félicita de la rigueur d'une répression qui devait extirper l'ivraie socialiste et permettre de retrouver l'unité perdue. Rappelons que la Garde nationale avait eu environ 200 tués sur les 600 que les forces de l'ordre eurent à déplorer alors que les insurgés en comptèrent plus de 3 000 sans qu'on ait pu en recenser le nombre exact dans la mesure où, les deux derniers jours, on fusilla massivement tous ceux dont les mains ou le visage noircis par la poudre permettaient qu'on les accuse d'avoir tiré sur les forces de l'ordre. Les huitième, neuvième et dixième légions, toutes dans la moitié insurgée de la capitale, furent dissoutes ainsi que plusieurs gardes de banlieue et plusieurs compagnies le furent également dans certaines légions par ailleurs maintenues : 11 compagnies sur 32 dans la première légion pourtant considérée comme un des bastions militants de l'ordre à tout prix, 2 compagnies dans la deuxième, 7 compagnies dans la cinquième, 6 dans la sixième et on finit par supprimer la septième légion en 1849. Désormais le maintien de l'ordre républicain reposait essentiellement sur les légions des trois premiers arrondissements parisiens dont on pouvait être sûr, mais cela ne suffisait plus pour contrôler efficacement la capitale d'autant qu'on fut obligé de réduire graduellement, du fait de leur indiscipline chronique, les effectifs de la Garde mobile dont on avait tant célébré l'allant et la bravoure après les journées de juin et qui fut définitivement supprimée, le 31 janvier 1850[15].

La majorité conservatrice de l'Assemblée nationale ne voulait pas passer pour le fossoyeur de la Garde nationale d'autant qu'elle s'était bruyamment félicitée de l'afflux des gardes départementales pour contribuer à l'écrasement de l'insurrection parisienne. Écrasement que l'on peut considérer, Fabien Cardoni le suggère, comme la première manifestation spectaculaire de ce qu'un historien britannique, Robert Tombs, vient d'appeler dans un de ses ouvrages récemment traduit, la « *Guerre contre Paris*[16] ». Jusque-là, les départements étaient intervenus pour parachever ce que la population parisienne avait souverainement décidé, renversant le pouvoir en place pour en substituer un autre qu'elle imposait au reste de la Nation. Jusque-là, l'afflux des gardes provinciaux dans la capitale, la constitution à travers le pays de « fédérations » envoyant à Paris adresses de ralliement et délégations enthousiastes confirmaient le « leadership » politique du « peuple » de la capitale. En juin 1848, les départements sont intervenus contre l'insurrection populaire parisienne et ce renversement de situation, masqué en partie par la résistance à l'émeute d'une moitié de la ville, est un autre indice de la fin du mythe unitaire de la Garde nationale, dans la mesure où la lutte des classes n'entraîne pas l'adhésion de la province, ou du moins des départements avoisinant Paris. L'insurrection parisienne est de fait immergée dans une

France du nord de la Loire plus largement conservatrice que certains départements méridionaux et
cela pèse désormais sur l'avenir des initiatives
insurrectionnelles de la capitale.

Dans l'immédiat, c'était l'avenir de la garde
nationale de la capitale qui faisait problème. Il
fallait à la fois l'épurer dans la moitié est de la ville
et la remotiver à l'ouest. Dénonciations et enquêtes
permirent l'épuration souhaitée et l'on arriva
jusqu'à environ 14 000 arrestations d'insurgés supposés et, parmi eux, nombre de gardes nationaux.
Pour ce qui était de réhabiliter la Garde à ses
propres yeux, on crut y parvenir en redéfinissant
ses missions dans une nouvelle loi organique dont
le contenu fut débattu du 9 avril au 13 juin 1851
pour aboutir à un texte de 120 articles très proche
de celui de mars 1831 mais qui ne fut jamais
appliqué, car le coup d'État du prince-président,
en décembre 1851, remit tout en cause notamment
en ce qui regardait la Garde nationale.

La rigueur de la répression, depuis les exécutions sommaires jusqu'à ces milliers d'arrestations, suivies de milliers de procès devant des
cours d'exception et de déportations massives en
Algérie indisposa toute une partie de la population
parisienne qui n'avait pas lutté du côté des « anarchistes » mais supportait mal un tel acharnement
dans la vengeance. Dans l'*Éducation sentimentale*,
Flaubert a cru nécessaire de mentionner cet état
d'âme de bien des républicains au lendemain de
l'insurrection. Un de ses personnages, un garde
national, qui combattait du côté de l'ordre avait
été blessé en s'interposant entre son détachement

et un gavroche qui, drapé dans un drapeau tricolore, du haut de sa barricade, leur demandait s'ils
allaient tirer contre «leurs frères» et qu'il avait
sauvé d'une mort certaine en le jetant à terre d'un
coup de savate bien appliqué. On exalta son geste
héroïque, mais lui s'interrogeait sur le bien-fondé
de son engagement :

> «Il avoua même à Frédéric l'embarras de sa cons-
> cience. Peut-être qu'il aurait dû se mettre de l'autre
> bord, avec les blouses; car enfin, on leur avait promis
> un tas de choses qu'on n'avait pas tenues. Leurs
> vainqueurs détestaient la République; et puis, on
> s'était montré bien dur pour eux! Ils avaient tort, sans
> doute, sans doute, pas tout à fait cependant; et le brave
> garçon était torturé par cette idée qu'il pouvait avoir
> combattu la justice[17].»

L'excès de la répression pouvait, en effet, engendrer de tels dilemmes, ce qui ne prédisposait guère
à participer à un coup d'État. Le prince-président
réduisit donc le rôle de la Garde nationale dès
janvier 1852 — un rôle réduit au minimum.

Chapitre XVI

27 JUILLET 1872 :
LA DISPARITION DÉFINITIVE
DE LA GARDE NATIONALE

(du Second Empire à l'apocalypse de la Commune)

Le 2 décembre 1851, les bataillons des légions conservatrices de l'ouest de la capitale étaient prêts à intervenir sous les ordres de leur commandant en chef Vieyra, entièrement acquis au prince-président et aux ordres du général Lawoestine, spécialement affecté par le nouveau ministre de la Guerre, Saint-Arnaud, au contrôle des agissements de la Garde nationale pour Paris et ses banlieues. Vieyra reçut, à six heures du matin, l'ordre de se mettre à la disposition de la préfecture de Police. Il semblerait que des gardes nationaux aient participé aux arrestations préventives de personnalités que l'on savait *a priori* hostiles au coup d'État et qui furent effectuées entre six heures et sept heures du matin. En revanche, lorsque 218 députés se réunirent à la mairie du dizième arrondissement (le 7ᵉ aujourd'hui) pour condamner la forfaiture du président, ils purent délibérer sous la protection d'un bataillon « loyaliste » de la Garde nationale qui aurait obéi à Baze, l'un des questeurs de l'Assemblée législative, personnalité particulièrement influente et républicain convaincu.

C'était bien la preuve que la division de la Garde subsistait, et cela confirma la méfiance de Maupas, le préfet de Police et de Saint-Arnaud, qui supervisait le déroulement du coup d'État et ne fit plus appel, par la suite, à la Garde nationale. C'est le 3 décembre que la résistance au coup d'État s'amplifia et sembla s'organiser. Des barricades apparurent d'abord dans le faubourg Saint-Antoine, puis au faubourg du Temple, près de l'École de médecine, dans la rue Rambuteau, à proximité des Halles, et aussi rive gauche, sur les pentes de la Montagne-Sainte-Geneviève. Dans l'après-midi, le sang coula, car l'armée attaqua les barricades et fusilla ceux qui les défendaient et même ceux qui furent pris en train de les construire. La cavalerie balaya les grands boulevards et, quand des manifestants s'obstinèrent à y paraître, un fusil à la main, l'artillerie les dispersa sans ménagement tout comme elle détruisit les étages des maisons d'où partaient des coups de feu. La guérilla continua le 4 décembre, surtout de la part des militants républicains qui venaient d'apprendre que la résistance s'amplifiait dans certaines grandes villes et dans les départements méridionaux. Il fallait donc tenir et tout attendre de la solidarité révolutionnaire du Midi.

Pendant tout ce temps, la guerre des affiches continuait mais jamais elles ne concernaient la Garde nationale. À gauche, on appelait le peuple à se lever pour sauver la République et on exhortait les soldats à ne plus obéir au président parjure, la plupart des légions ne remettaient pas en cause l'autorité de Vieyra, ni celle du général Lawoestine.

Les dernières barricades tombèrent sous les coups de l'armée et de la garde mobile, le 6 décembre, mais on continua à multiplier les arrestations pendant encore une quinzaine de jours. Au total, entre 200 et 250 tués pour l'armée et les autres formations armées en charge de la répression contre près de 400 du côté des combattants sur les barricades mais aussi en comptant les manifestants et les simples curieux tués sur les boulevards lors des deux premiers jours, en tout peut-être 1 200 victimes, tués et blessés, pour les deux camps d'après le correspondant du *Time*, apparemment bien informé. Et parmi toutes ces victimes, peu ou pas de gardes nationaux[1] !

Mais, une fois la victoire définitivement assurée et toutes les oppositions muselées, vint, à partir du mois de janvier 1852, le temps des récompenses et la Garde nationale ne fut pas oubliée : une pluie de légions d'honneur vint remercier colonels et chefs de bataillon pour leur contribution au salut de l'État, c'est-à-dire pour leur abstention raisonnable et prolongée. Récompenses qui n'étaient que le prélude destiné à rendre plus acceptable une mise en veilleuse indéniablement imitée de la léthargie imposée par le Premier Empire.

Le nouveau régime qui venait de se définir dans les proclamations successives du prince-président, depuis le 2 décembre 1851, comme le dépositaire affirmé d'un double héritage, celui des grands principes de juillet 1789 et celui de l'institutionnalisation juridique et administrative des conquêtes de 1789 par le Consulat et l'Empire, ne pouvait supprimer la Garde nationale, l'un des symboles

encore vivants et prestigieux des premiers moments
de la Révolution. On la conserva donc, du moins
sa dénomination, couvrant désormais une réalité
sans grand rapport avec ce qu'elle venait d'accomplir en juillet 1830 et en février 1848.

Le décret du 11 janvier 1852 réaffirma son existence mais en déterminant strictement sa composition car, en armant tout le monde, « on n'avait
fait que préparer la guerre civile ». Or il était
évident qu'une « composition de la Garde nationale,
faite avec discernement, assurait l'ordre public et
le salut du pays ».

Pour l'« ordre public », il fallait la recomposer
avec prudence et efficacité et donc n'en organiser
que dans les « localités où leur concours serait jugé
nécessaire ». Il fallait également n'y accepter que
les seuls Français âgés de 25 à 50 ans, et possédant
ou susceptibles de posséder l'uniforme et le fourniment. Leur nombre, dans chaque commune,
était établi par le gouvernement et ses représentants. C'était donc revenir à l'ordre censitaire que
l'on croyait avoir été aboli en février 1848. C'était
tourner le dos au principe d'universalité, sacré en
1789, c'est-à-dire le droit imprescriptible de chaque
citoyen, sur tout le territoire national, d'intervenir
pour défendre l'intérêt général et le transformer
en un devoir des seuls citoyens aisés, appelés à
contribuer au maintien de l'ordre intérieur, à la
seule initiative du pouvoir et sous les ordres de ses
commissaires et généraux.

Pour le « salut du pays », c'est-à-dire la défense
de son territoire en cas d'invasion, il était évident
que la Garde nationale, là encore réorganisée,

pouvait fournir les effectifs d'une armée de réserve que ni les Bourbons ni Louis-Philippe n'avaient tenté de créer véritablement. Cette question inquiétait visiblement le prince-président qui, dès 1843, lui avait consacré un article dans lequel il soutenait qu'il fallait prendre exemple sur la Landwehr prussienne[2] pour résoudre, dans les meilleurs délais et au moindre prix, ce problème essentiel de salut public[3].

En définitive, il n'y eut plus de Garde nationale effective qu'à Paris, où l'on profita de la restructuration de la ville, en 1860 — par l'annexion de onze communes périphériques et d'une partie de treize autres communes, faisant passer de 12 à 20 le nombre des arrondissements de la capitale — pour noyer les «mauvais bataillons» dans des subdivisions nouvelles qui permettaient de les neutraliser. Les légions furent supprimées, chaque arrondissement devait fournir 1 800 hommes, ce qui limitait l'effectif global à environ 36 000 hommes.

Cet effectif relativement réduit, compte tenu de la croissance de la ville en surface et en population, ramenait la Garde à ses dimensions de la Monarchie de Juillet mais sans l'impact social et symbolique acquis sous un régime qui l'avait étroitement associée, du moins pendant une quinzaine d'années, à sa destinée politique. Certes elle demeurait un lieu de promotion sociale pour les strates moyennes et plus modestes de la bourgeoisie parisienne, certes il y avait toujours des revues pour la Saint-Napoléon au moment du 15 août, certes elle participait au *Te Deum* célébrant la prise de Sébastopol ou la victoire de Magenta, certes elle continuait à donner l'aubade au souverain pour le Jour de l'An et ses officiers étaient invités à cette occasion aux Tuileries, mais son service effectif fut réduit au minimum. Elle n'assurait plus que trois gardes par an, à la plus grande satisfaction des intéressés, mais cela signifiait qu'elle n'était plus chargée du maintien de l'ordre dans Paris. L'Empereur préférait s'en remettre aux 3 000 gendarmes à pied et aux 600 cavaliers de la garde républicaine rebaptisée Garde de Paris, aux 2 bataillons de la gendarmerie d'élite de la garde impériale, affectés aux missions les plus délicates, et surtout aux 3 600 sergents de ville qui arpentaient la capitale de jour comme de nuit. Aux yeux du baron Haussmann, elle était devenue une relique qui coûtait cher aux Parisiens, ne servait plus à rien et n'avait plus sa place dans la capitale rénovée d'un Empire voulant incarner, en Europe, la modernité[4].

Le mimétisme révérenciel qui incitait le régime de Napoléon III à réutiliser les solutions politiques du Premier Empire pouvait expliquer la survie symbolique de la Garde nationale, essentiellement parisienne, car elle avait pratiquement disparu dans les départements, ou plutôt ne s'y maintenait plus que sous la forme de compagnies, étroitement spécialisées, de sapeurs-pompiers volontaires qui prolongeaient efficacement une de ses fonctions traditionnelles, particulièrement utile aux yeux des populations. Elle contribuait également, mais désormais uniquement à Paris, à cette remilitarisation patriotique de la société française, souhaitée par le régime et confiée essentiellement à l'armée, accompagnant et légitimant une politique étrangère en rupture avec celle de paix à outrance, d'abdication permanente, reprochée aux deux monarchies qui s'étaient succédé depuis 1815. Enfin et surtout, elle pouvait être le cadre, en la réactivant avec prudence, d'une Landwehr à la française, pour constituer enfin une armée de réserve efficace sans être trop onéreuse et dont la nécessaire organisation se faisait de plus en plus impérative au fil des guerres extérieures entreprises par le régime. Chaque fois, que ce soit lors de l'expédition de Crimée (1854-1856) ou de la campagne d'Italie (1859), le départ d'une portion majeure de l'armée d'active hors des frontières, laissait la France en position de faiblesse sur le Rhin, face à la Prusse, ou au travers d'une Belgique trop vulnérable face aux États de l'Allemagne du Nord. La France de Napoléon III n'était pas capable de mobiliser une force de réserve suffisante pour dissuader le reste de l'Europe de tenter une manœuvre d'intimidation sur ses frontières du Nord et du Nord-Est.

Mais comme la fameuse Landwehr n'avait pas particulièrement brillé durant les années 1840, l'opinion française et les spécialistes de l'état-major restaient persuadés que le système français d'un service militaire long, de sept ans, avec tirage au sort du contingent mobilisé et possibilité de remplacement, restait le meilleur. Il ménageait les intérêts des élites et fournissait des ressources aux fils des catégories les plus modestes. De plus, les conscrits ayant tiré un mauvais numéro et sans remplaçant ne faisaient pas l'intégralité de leur service mais regagnaient leurs foyers au bout de quatre années, tout en devant s'engager à rester à la totale disposition de l'armée pendant trois ans, constituant une réserve d'environ 200 000 hommes, jeunes et théoriquement bien entraînés. Mais ce système n'épuisait pas la totalité des ressources démographiques du pays et les «bons numéros» ainsi que les remplacés échappaient également au service de la réserve. En revanche le système de la Garde nationale, avec obligation pour tous les citoyens imposés ainsi que leur progéniture mâle et majeure de figurer sur ses contrôles, permettait de disposer de la totalité de la population masculine mobilisable dans les tranches d'âge légalement définies. Certes, elle avait l'inconvénient, pour les responsables militaires, d'avoir un encadrement élu et de tolérer le remplacement à prix d'argent.

Le coup de tonnerre de la victoire écrasante, à Sadowa en Bohême (4 juillet 1866), de l'armée prussienne sur les troupes aguerries de l'armée autrichienne, relança, en France, le débat sur l'organisation nécessaire d'une armée de réserve capable de doubler, sinon plus, les effectifs de l'armée d'active. Du coup la Garde nationale revint sur le devant de la scène d'autant que l'Empereur s'impliqua personnellement dans le projet de réforme militaire défendu devant le Corps légis-latif par le maréchal Niel, ministre de la Guerre, en décembre 1867 et janvier 1868. Une première mouture de la réforme concoctée aux Tuileries dès la fin de 1866 prévoyait d'étoffer les contin-gents de l'armée d'active et de créer une Garde nationale mobile englobant tous ceux qui n'étaient pas enrégimentés lors du tirage au sort, en leur imposant des périodes de formation nombreuses et relativement longues et sans possibilité de remplacement. Ce projet souleva un tel tollé dans tous les milieux que l'Empereur crut plus prudent d'y renoncer provisoirement par un article dans *Le Moniteur* tout en se réservant la possibilité d'augmenter «l'effectif des hommes exercés[5]».

Obstiné comme à l'accoutumée, il confia au maréchal Niel, nommé ministre de la Guerre à cet effet, de reprendre le projet en accord avec le Corps législatif qui en discuta pendant près d'un mois — jusqu'au 14 janvier 1868 — qui vit l'adoption d'un projet fortement édulcoré. Il aboutissait à la création d'une Garde nationale mobile mais qui n'avait de la Garde nationale que le nom. Elle résultait de l'obligation faite à tous ceux qui n'étaient pas enrégimentés dans le contingent annuel de recrutement de l'armée et se trouvaient de ce fait libres de toute obligation militaire entre leur vingtième et leur vingt-cinquième année, d'en faire désormais partie, avec comme seule obligation, celle d'assister à quinze exercices annuels dont la durée ne devait pas excéder une journée et durant lesquels ils bénéficiaient du statut disciplinaire de la Garde nationale. Mais les remplacements devaient être exceptionnels et accordés aux seuls soutiens de famille. Enfin elle ne donnait droit à une indemnité que pendant la durée des exercices obligatoires. Donc, elle n'englobait pas la totalité des citoyens jusqu'à 50 ans, ne dépendait que du seul pouvoir militaire et non plus des municipalités et surtout n'élisait plus son encadrement : les officiers étaient nommés par l'Empereur et les sous-officiers par l'autorité militaire. Ce n'était donc pas la Garde nationale qui ressuscitait mais une organisation visant à accroître les effectifs de la conscription, permettant de contourner la prérogative du Corps législatif de fixer chaque année le chiffre du contingent imposé à la Nation.

La loi fut très mal accueillie dans toutes les classes de la société, d'autant qu'elle fut promulguée avec effet rétroactif pour 1866, 1867 et 1868 et donc concernait plusieurs centaines de milliers d'individus qui se croyaient libérés de toute obligation militaire. Il y eut des manifestations violentes en Lozère, dans la Drôme et dans le Cher ainsi que dans plusieurs villes importantes comme Bordeaux, Toulouse, Tours et dans des chefs-lieux plus modestes comme Mâcon, Arles, Montauban, Béziers. On disait qu'il n'y avait plus de « bons numéros », que tous les conscrits allaient devoir partir. Puis l'agitation retomba quand on s'aperçut que l'argent manquait pour organiser les journées de formation prévues et recruter les officiers nécessaires. D'autant qu'une majorité de politiques restait persuadée qu'il valait mieux consacrer les crédits disponibles à équiper l'armée d'active plutôt que de réactiver, sous une forme ou sous une autre, feu la Garde nationale. En définitive, la nouvelle Garde nationale mobile ne fut organisée que dans quelques départements de l'Est et du Nord de la France, traditionnellement favorables à toutes les mesures accroissant leurs moyens de défense.

Le projet resta en l'état, l'actualité étant momentanément dominée, de juillet 1869 à mai 1870, par le virage libéral du régime après les élections législatives de mai 1869, marquées, en milieu urbain et notamment à Paris, par l'échec cuisant des candidats officiels du gouvernement. Napoléon III, pour sauver le régime et sa dynastie, fit le choix du parlementarisme et partagea avec le Corps législatif l'initiative des lois. Émile Ollivier, qui venait de la gauche quarante-huitarde, devint président du Conseil en janvier 1870 et l'Empereur décida de faire entériner cette mutation politique par un plébiscite populaire qui fut un incontestable succès grâce au vote positif massif des trois quarts de la France rurale (8 mai 1870)[6]. Constatons, pour ce qui nous regarde, que la remise en cause brutale de l'Empire autoritaire ne fit pas ressurgir dans l'immédiat la question de la Garde nationale : on peut y voir un indice flagrant du discrédit dont elle était frappée, pour des raisons souvent contradictoires, dans tous les secteurs de l'opinion publique.

La menace prussienne n'en avait pas pour autant disparu, les conséquences prévisibles de Sadowa, à savoir l'unité allemande, par étapes, au bénéfice des Hohenzollern, semblait devoir se réaliser dans des délais relativement brefs, sous l'impulsion vigoureuse de Bismarck.

Sa politique de provocations successives pour exaspérer l'opinion française ne pouvait que conduire à une guerre que Napoléon III serait dans l'obligation de déclarer à la Prusse sous peine de perdre la face. Le piège était d'autant plus efficace que l'Empereur, tout comme Émile Ollivier, devait prouver au pays que l'Empire libéral se devait d'être aussi ambitieux et intransigeant en matière de politique étrangère que l'Empire autoritaire.

L'échec de la « politique des pourboires », la question du mariage espagnol apparurent comme un crescendo intolérable de l'impudence prussienne et la dépêche d'Ems fut la provocation ultime qui permit à Bismarck d'obtenir sa guerre[7] et d'apparaître comme la victime du bellicisme français.

Le 19 juillet 1870, la guerre fut donc déclarée à la Prusse mais l'euphorie initiale fit rapidement place à une colère populaire à l'annonce des défaites des 4 et 6 août, à Wissembourg, Forbach et Woerth-Froeschwiller. On était ramené près de quatre-vingts ans en arrière, quand l'armée du duc de Brunswick avait pénétré en Lorraine et en Champagne. À partir du 7 août, jusqu'au 13, des manifestations éclatèrent à Paris, Marseille et Lyon. On réclamait des armes pour marcher aux frontières, certains exigeaient la déchéance de l'Empereur et la proclamation de la République, d'autres se contentaient de réclamer la réorganisation immédiate de la Garde nationale. Le gouvernement de l'Impératrice-régente répliqua par l'état de siège et l'interdiction des journaux qui proclamaient l'armement immédiat de tous les citoyens et l'institution d'un comité de défense muni de tous les pouvoirs. Émile Ollivier, pour calmer une agitation croissante tout en utilisant cet accès de fièvre patriotique, ne s'en tint pas à la seule répression : dès le 8 août, un décret parut annonçant l'incorporation dans la Garde nationale sédentaire de tous les citoyens âgés de 30 à 40 ans, suivi deux jours plus tard par un autre sur l'incorporation dans la Garde nationale mobile de tous les citoyens de moins de 30 ans libérés de leur service militaire.

La Garde nationale sédentaire était réactivée et la Garde nationale mobile effectivement organisée sur l'ensemble du territoire. On recommença les distributions d'armes mais en favorisant prioritairement les bataillons de la moitié ouest de Paris.

Au Corps législatif, les députés de gauche protestent contre cet armement sélectif, réclament la levée en masse et un autre commandant en chef à la place de l'Empereur. Le 9 août, une coalition des bonapartistes autoritaires et de la droite monarchiste, toutes nuances confondues, trouvant Émile Ollivier trop timoré, le mettent en minorité et le remplacent par le général Cousin-Montauban, comte de Palikao, qui a l'appui de l'Impératrice.

Le 18 août, le général Trochu est nommé gouverneur de Paris et accélère aussitôt l'armement de la Garde nationale, y compris les bataillons des quartiers les plus populaires, soit plus de 70 000 hommes qui s'ajoutent aux 18 000 gardes mobiles parisiens revenus du camp de Châlons où on les avait dirigés jusque-là. Mais au même moment, cédant à l'inquiétude née de l'invasion et d'une attaque possible de la capitale par les Prussiens, mais aussi paniquées par les accents révolutionnaires des manifestations patriotiques et le souvenir des excès de l'été 1792, des milliers de familles bourgeoises abandonnent la capitale pour leurs maisons des champs en province. Ce départ massif accélère de ce fait même la radicalisation de la Garde nationale parisienne, accentuée encore par l'arrivée dans la capitale de milliers d'habitants issus de la grande banlieue et qui redoutent l'arrivée prochaine de la guerre et de son cortège de malheurs et d'exactions.

Le maréchal de Mac-Mahon qui, à partir du camp de Châlons, se proposait de couvrir Paris avec son armée de 100 000 hommes, a reçu l'ordre du comte de Palikao de marcher sur Metz pour libérer Bazaine qui s'y trouvait assiégé. La lenteur de ses déplacements laisse le temps à l'état-major allemand de regrouper deux armées pour le poursuivre et l'encercler à Sedan où l'Empereur, terrassé par la maladie, bouleversé par l'hécatombe de ses soldats, se résout à capituler, le 2 septembre 1870[8].

Le 3 septembre, Eugène Schneider, son président, convoque le Corps législatif pour minuit. Dès le début de la séance, Jules Favre, au nom des 27 députés républicains, lit une déclaration proclamant la déchéance de Napoléon III, la désignation d'une commission gouvernementale chargée de « résister à outrance à l'invasion et de chasser l'ennemi du territoire », tout en maintenant le général Trochu à son poste de gouverneur militaire de Paris. Mais la majorité conservatrice ne veut pas céder à la panique et se donne rendez-vous pour le lendemain à 15 heures.

Le 4 septembre au matin, des milliers de manifestants se rassemblent devant le Palais-Bourbon pour imposer la déchéance de l'Empereur et de son régime. Le palais est protégé par environ 5 000 hommes, cavaliers et fantassins de la Garde de Paris, des sergents de ville et quelques bataillons « conservateurs » de la Garde nationale parisienne. Tous ces soldats sont démoralisés par la capitulation de l'Empereur et ne sont pas prêts à tirer sur des manifestants républicains pour sauvegarder les intérêts dynastiques du prince impérial. Vers midi, ils laissent pénétrer sur la place de la Concorde, noire de monde, plusieurs bataillons de la Garde nationale qui, vers trois heures de l'après-midi, forcent les portes de la salle des séances et imposent aux députés une délibération sur le devenir du régime. La foule des émeutiers s'impatiente devant l'incapacité du Corps législatif à composer un ministère provisoire, le président Schneider lève la séance, les députés républicains, restés dans l'hémicycle, s'efforcent de calmer l'assistance et finalement Gambetta, dans un silence relatif, proclame la déchéance de Napoléon III et de sa famille. La foule applaudit et impose aussitôt une autre proclamation, celle de la République à l'Hôtel de Ville. Gambetta et Jules Favre parviennent à garder le contrôle politique de la situation et, pour se concilier l'armée, s'adjoignent Trochu qui accepte de les rejoindre pour « faire le Lamartine » si l'on respecte « la religion, la famille et la propriété »[9].

Il ne s'agit pas ici de faire l'histoire complexe des deux sièges successifs de la capitale, des tentatives infructueuses du gouvernement de Défense nationale pour briser cet encerclement et enfin de suivre les étapes, au jour le jour, de la radicalisation de la population parisienne jusqu'à l'insurrection du 18 mars 1871 et à l'élection de la Commune de Paris, huit jours plus tard, pour en arriver à l'offensive de l'armée versaillaise et aux massacres expiatoires de la « Semaine sanglante ».

D'excellents travaux l'ont fait pour nous, depuis
le plaidoyer passionné de Jacques Rougerie[10] jusqu'à la somme de William Serman, à la fois plus
exhaustive et préoccupée par une approche, quasi
ethnologique, de cette tragédie ou encore l'ouvrage
récent de Robert Tombs, plus particulièrement
consacré aux deux armées en présence, celle de la
Commune et celle des Versaillais. Nous les utili-
serons pour voir, toujours dans notre perspective
à moyen terme, à travers la continuité des thématiques symboliques, de l'argumentaire des discours
et de la prégnance des références, comment se
manifestaient et pouvaient s'expliquer, à la fois, la
résurrection spectaculaire de la Garde nationale
parisienne puis sa disparition entre liquidation
haineuse et suicide apocalyptique.

La Révolution du 4 septembre n'avait pas versé
une goutte de sang mais insuffla à l'ardeur patriotique de la population un regain d'énergie ; dès le
5 et le 6 septembre, les exilés politiques rentraient
de Belgique ou des Îles anglo-normandes avec une
ardeur contestataire stimulée par l'urgence de la
situation militaire. À Paris, la presse militante
ressurgit, clubs et sociétés politiques proliférèrent
à nouveau. Pour se faire l'écho des débats qui s'y
déroulaient, se constitua, dès le 11 septembre, un
comité central républicain des vingt arrondissements de Paris qui prenait la succession d'un comité
provisoire, siégeant jusque-là dans les locaux de
l'Internationale des travailleurs et des chambres
syndicales, place de la Corderie. Le 15 septembre,
le nouveau comité fit placarder, sur les murs de
Paris, une affiche rouge qui se voulait l'expression

et le résumé de toutes les exigences émises dans les réunions publiques : en premier lieu, transfert des compétences du préfet de Police aux différentes municipalités, suppression des sergents de ville, des inspecteurs et commissaires de la Sûreté et dissolution de la Garde de Paris, ensuite des mesures urgentes pour les subsistances et le logement des plus déshérités. Enfin cette même affiche se préoccupait de la défense de Paris en exigeant l'élection des officiers et sous-officiers de la Garde nationale mobile, la distribution à tous les gardes nationaux, non plus d'antiques fusils à pompe mais de chassepots, avec un nombre suffisant de cartouches. Le Comité revendiquait, naturellement, pour chaque comité d'arrondissement, l'attribution des moyens et du personnel nécessaires « à la défense spéciale de chaque quartier » et, de façon plus générale, « le contrôle populaire de toutes les mesures prises pour la défense ». L'affiche se terminait en exigeant la préparation immédiate de « tous les engins de destruction susceptibles d'être employés contre l'ennemi, même par les femmes et les enfants, Paris républicain étant résolu plutôt que de se rendre, à s'ensevelir sous les ruines ».

On retrouve dans ce texte les leitmotive du discours politique de la plèbe parisienne depuis son émergence dans les sections de 1792. Il reposait sur le sentiment profond que le peuple de Paris, ayant fait la Révolution, continuait de disposer d'une sorte de pouvoir constituant lui donnant le droit d'intervenir dans l'élaboration des lois le concernant. À partir de ce postulat, le degré d'au-

thenticité républicaine de toute décision politique
pouvait se mesurer à la part qu'y prenait le peuple
s'exprimant à l'échelon des quartiers, c'est-à-dire,
en 1792-1795, celui des sections et des districts. Il
en résultait que la Garde nationale devait veiller
au respect et à l'application de la volonté populaire, la «journée» du 2 juin 1793 étant l'expression
emblématique de ce devoir de vigilance. Et les
nouvelles générations se devaient de manifester
le même degré d'énergie que leurs aînées, quitte
à s'ensevelir sous les décombres d'une capitale
devenue celle de la Révolution et ne pouvant donc
plus tolérer que les hordes des despotes et des
aristocrates viennent y parader, à nouveau, comme
en 1815! Et la menace était proférée, dès septembre
1870.

Préoccupé par l'agitation fédéraliste dans le
Sud-Est, par le mauvais accueil réservé à ses
préfets dans plusieurs départements qui faisaient
craindre pour l'unité territoriale du pays, le Gouvernement provisoire accueillit plutôt fraîchement
ces injonctions du Comité central républicain. Il
ne saurait lui reconnaître un quelconque pouvoir
interférant avec le sien car de telles prétentions ne
pourraient que justifier celles qui se manifestaient,
au même moment, à Lyon et Marseille. Il y répondit
donc, le 17 septembre, en accroissant les attributions de la délégation gouvernementale installée à
Tours depuis le 9 septembre, pour conserver la
cohésion gouvernementale et administrative du
pays en cas de blocus systématique de la capitale.
Quant à l'armement des citoyens, dès le 6 septembre,
Gambetta avait décidé de former 60 nouveaux

bataillons de gardes nationaux qui s'ajoutaient aux 60 levés précédemment et dont on allait revoir l'encadrement et la composition.

Le 12 septembre, la conjoncture économique dans Paris dictait à Gambetta une autre mesure qui allait être déterminante dans la dernière phase de l'histoire de la Garde nationale : il décida d'attribuer aux gardes nationaux une solde journalière de 1,50 franc par jour, à laquelle s'ajoutaient 75 centimes quand le garde était marié et 25 centimes par enfant à charge. Les pauvres et les chômeurs provisoires coururent s'inscrire sur les rôles de la Garde en nombre croissant car toujours plus de commerçants et d'artisans aisés quittaient la capitale en fermant provisoirement boutiques et ateliers, augmentant ainsi la misère ambiante et la colère des ouvriers et employés contre les bourgeois, ces déserteurs, ces « francs-fileurs », comme ils les appelaient par dérision, en les opposant aux héroïques francs-tireurs qui s'opposaient à l'envahisseur.

Les effectifs de la Garde nationale, transformée en institution d'entraide sociale, quadruplèrent ou presque en quelques semaines. Les 60 bataillons prévus, soit 90 000 hommes, se muèrent, fin septembre en 190 bataillons regroupant plus de 300 000 individus et ce sont 280 000 fusils qui leur furent distribués, nous précise William Serman[11]. Donc explosion des effectifs mais qui ne signifiait pas qu'on avait recruté autant de soldats aguerris et déterminés. Certes, le 13 septembre, une revue de la Garde nationale par le général Trochu, sur la place de la Concorde et les Champs-Élysées, avait provoqué l'enthousiasme des bataillons et des spectateurs. Mais, à la fin du mois, lorsque l'on demanda des volontaires pour empêcher les Allemands d'achever l'encerclement de la ville, le résultat fut nettement moins glorieux : moins de 7 000 volontaires se présentèrent pour combattre. L'essentiel des effectifs utilisés fut donc fourni par les quelque 70 000 hommes de troupe, marins, lignards et anciens de la Garde de Paris, dont beaucoup étaient démoralisés par les défaites qu'ils avaient vécues et ne croyaient guère à un possible redressement de la situation.

Trochu disposait encore des 115 000 hommes de la Garde nationale mobile recrutés à Paris et dans le département de la Seine, mais il les jugeait plus aptes à protéger les bâtiments publics des possibles manifestations d'une partie de la Garde nationale qu'à affronter l'artillerie allemande en rase campagne. Quant aux 300 000 gardes nationaux recensés dans Paris, ils inquiétaient plus Trochu et son état-major qu'ils ne les rassuraient. On pouvait les diviser en trois ensembles. Il y avait, nous le savons déjà, les bataillons conservateurs de l'Ouest parisien, entre 20 000 et 30 000 hommes, puis la masse des bataillons recrutés dans les quartiers centraux de la ville mais aussi dans les faubourgs est et ouest de la capitale et qui conservaient leur confiance à Trochu et à Gambetta. Enfin il y avait ceux que l'on savait perméables, par leur ancrage dans la géographie sociale de la ville et leur passé politique, à la propagande des socialistes révolutionnaires, eux-mêmes persuadés que le rapport des forces dans Paris leur devenait inéluctablement toujours plus favorable. Les frontières entre la masse modérée et les contestataires étaient fluctuantes, poreuses, de sorte que Trochu ne comptait véritablement que sur les bataillons conservateurs de l'Ouest, sur les volontaires qui s'étaient manifestés fin septembre, sur les corps francs organisés à l'initiative d'officiers populaires dans leur quartier, en tout un maximum de 50 000 hommes. En tout, il estimait n'avoir à sa disposition que 150 000 hommes fiables sur les 450 000 qu'il était censé pouvoir opposer aux 180 000 puis 250 000 Allemands qui encerclèrent Paris après la reddition de Metz.

Une telle arithmétique ne poussait guère à l'offensive et dans les clubs on affirmait que Trochu craignait plus la Garde nationale que les Prussiens, que finalement il ne valait pas mieux que les généraux défaitistes de l'ex-Empereur. Or si la Garde nationale parisienne l'inquiétait, il lui fallait aussi se préoccuper de celles de Lyon, de Marseille, d'incidents à Brest, Grenoble et surtout à Toulouse, dont certains menaçaient, avons-nous dit, l'intégrité territoriale de la République. Des leaders révolutionnaires locaux, mais aussi Bakounine à Lyon, avaient confirmé leur popularité à l'occasion de l'écroulement du Second Empire, avaient même proclamé la République un jour avant Paris et ressuscité localement les gardes nationales. Se développe ainsi, durant le mois de septembre, dans la vallée du Rhône et les départements du Sud-Est, un courant « fédéraliste », non plus inspiré par des notables locaux comme en 1793, mais animé par des militants républicains radicaux qui, au prétexte que le gouvernement provisoire ne manifestait pas suffisamment d'énergie, dénonçaient l'insuffisante épuration des fonctionnaires et des officiers généraux hérités du régime impérial et créaient des instances de pouvoir qui anticipaient les décisions parisiennes ou en détournaient les priorités. Parfois ce furent même les commissaires envoyés par Gambetta pour faire office de préfet, tel Esquiros à Marseille, qui s'attribuaient une marge d'autonomie excessive, se faisaient révoquer par Gambetta mais se maintenaient en place avec l'appui d'une partie des gardes nationaux locaux jusqu'au moment où un autre commissaire-préfet, s'appuyant sur d'autres bataillons, retournait la situation et rétablissait l'autorité de Paris. Mais ces initiatives locales faisaient perdre du temps. Ce ne fut qu'à la mi-novembre que les conscrits et gardes mobiles méridionaux regagnèrent les camps de formation qui les attendaient et cela retarda d'autant l'organisation des armées de secours voulues par Gambetta. Il croyait pouvoir compter sur 650 000 hommes en novembre, mais n'en obtint, fin novembre, que 133 000 et seulement 250 000 en janvier.

Le 20 septembre 1870, on avait appris à la fois que les Allemands avaient achevé l'encerclement de Paris et que les pourparlers de Jules Favre et Bismarck à Ferrières n'avaient rien donné du fait des exigences prussiennes jugées inacceptables du côté français. L'existence de ces négociations tenues secrètes indigna l'extrême gauche révolutionnaire et renforça l'idée que Trochu ne faisait rien parce que déjà résigné à la défaite et que ses promesses ne servaient qu'à gagner du temps et endormir l'ardeur des vrais patriotes. Mais le gouvernement affirma que l'échec de l'entrevue prouvait que le gouvernement refusait le diktat prussien et avait renforcé sa détermination. Le gouvernement harcelé par les pétitions quotidiennes des clubs les écoutait et faisait état de ses propres priorités, notamment l'organisation des élections législatives et municipales et incitaient les protestataires à s'en emparer pour faire prévaloir leurs thèses. Le 22 septembre, une manifestation de gardes nationaux demanda le report, jusqu'à la paix, des élections législatives : on craignait une victoire des monarchistes. Le gouvernement accepta puis annonça, le 25, le report de toutes les élections, y compris les municipales, ce qui scandalisa radicaux et sociaux-révolutionnaires qui espéraient imposer l'idée d'une Commune de Paris maîtrisant ses finances, ses approvisionnements, et définissant sa stratégie militaire.

Ce qui permettait au gouvernement provisoire d'éconduire poliment les pétitionnaires était la certitude de bénéficier de l'appui de la majorité des bataillons de la Garde nationale, soit parce qu'ils continuaient à lui faire effectivement confiance, soit par résignation et intérêt personnel mêlés, n'oublions pas que des milliers de gardes n'avaient que leur solde pour subsister. Ainsi, le 8 octobre, quelque 7 000 manifestants voulurent pénétrer dans l'Hôtel de Ville aux cris de «Vive la Commune!» «À bas Trochu! À bas les capitulards!» «À bas les traîtres!». Mais plusieurs bataillons de la Garde nationale les tinrent à distance de 14 à 17 heures et finalement les manifestants retournèrent dans leurs quartiers respectifs.

Le 27 octobre, on apprenait la capitulation de Bazaine à Metz avec une armée de 170 000 hommes qui n'avaient jamais véritablement combattu. Reddition qui libérait, en revanche, une armée allemande pour venir renforcer celle qui combattait autour d'Orléans, mettant fin ainsi à l'espoir de Chanzy de faire une percée vers Paris. Le lendemain, une sortie tentée du côté du Bourget aboutissait à un massacre : 1 200 combattants avaient péri sur les 2 600 engagés ! Trochu n'avait pas bougé, aucun renfort n'était venu soulager les détachements en difficulté. Enfin, le gouvernement révélait que de nouvelles négociations étaient entamées avec l'ennemi pour obtenir un armistice permettant l'élection d'une Assemblée nationale ayant seule l'autorité légitime pour se prononcer sur les conditions de paix imposées par les Allemands. Aussitôt des cortèges se formèrent pour dénoncer cette suite de trahisons et d'impuissances calculées. Commencèrent des manifestations et des concertations aboutissant à une «journée» prévue pour le 31 octobre. En fin de matinée, une foule considérable s'était portée sur l'Hôtel de Ville défendu par des «mobiles» de l'Indre, en nombre insuffisant. À 15 heures survenaient plusieurs bataillons de gardes nationaux affiliés au Comité central des vingt arrondissements et qui donc penchaient à gauche. Le maire de Paris, Arago, pour éviter une effusion de sang, retira les «mobiles». La foule se précipita à l'intérieur du bâtiment et le gouvernement fut bousculé. Flourens, au nom du

Comité central, indiqua aux ministres qu'ils étaient prisonniers, mais certains d'entre eux, dont Trochu et Ferry, au bout de quelques heures parvinrent à s'éclipser discrètement. Arago et les maires des arrondissements firent face à l'émeute qui exigeait la proclamation de la Commune tout en étant divisée sur ce que signifiait ce mot : nouvelle municipalité ou nouveau gouvernement ? On discutait dans un brouhaha qui ne facilitait guère la clarté du débat, les heures passaient ; d'autres, Flourens et surtout Blanqui, ne perdaient pas de temps, nommaient des préfets et même des ministres, proposaient des noms pour un Comité de Salut public, décrétaient des arrestations. Vers 11 heures du soir, la plupart des manifestants étaient rentrés chez eux pour y publier la bonne nouvelle, persuadés que la Commune était proclamée. Mais vers minuit, survint un brutal rebondissement dans le scénario avec l'arrivée de plusieurs des bataillons conservateurs de l'Ouest parisien, rameutés par Trochu et Ferry et appuyés par des « mobiles » bretons qui pénétrèrent dans la place en utilisant caves et souterrains. Les deux camps se trouvèrent face à face, les armes à la main, mais le sang ne coula pas. Après de longues négociations, les révolutionnaires se retirèrent sans être poursuivis mais en ayant perdu la partie.

Le gouvernement, immédiatement, tira la leçon de l'événement : malgré la parole donnée, on donna l'ordre d'arrêter plusieurs des chefs de file révolutionnaires obligeant Blanqui et Flourens à entrer en clandestinité. On s'efforça également de mieux contrôler la Garde nationale : Tamisier, trop falot, démissionna et fut remplacé, comme commandant en chef, par Clément Thomas qui l'avait déjà été lors des événements tragiques de juin 1848. Des chefs de bataillon furent traduits devant des conseils de guerre. Mais ce qui fut le plus efficace pour calmer l'agitation chronique de certains bataillons, ce fut le plébiscite du 3 novembre, précédant les élections municipales organisées deux jours plus tard. La question posée était claire, à l'unisson des réquisitoires permanents de l'extrême gauche révolutionnaire : « La population maintient-elle, oui ou non, les pouvoirs du Gouvernement de la Défense nationale ? »

Les républicains modérés remportèrent un succès inespéré car les Parisiens se prononcèrent positivement, en faveur du Gouvernement, par 321 000 oui contre seulement 52 000 non. Du côté des militaires, car l'armée n'était pas encore la « grande muette » et participait à la consultation, la garnison se prononça dans des proportions encore plus nettes en faveur du Gouvernement : 236 000 oui contre 9 000 non. Certes, cet instantané d'une opinion politique locale avait l'inconvénient de figer une réalité, par essence plutôt instable, mais les deux scrutins, le civil et le militaire, se confortaient l'un l'autre et disaient la même chose : la majeure partie de la population refusait toujours, malgré les épreuves et les privations, de s'en remettre aux solutions prônées par la Gauche révolutionnaire. Tout cela permet à l'historien d'échapper à la lancinante litanie des protestations et des certitudes incantatoires de la presse et des différents communiqués révolutionnaires concernant l'efficacité évidente d'une Commune munie de tous les pouvoirs et décidant la fameuse sortie en masse qui ne pouvait que balayer des forces allemandes deux fois moins nombreuses que celles qu'elles encerclaient.

Scrutin qui expliquait *a posteriori* le renversement de situation dans la soirée du 31 octobre. Ce n'est évidemment pas une baisse soudaine de la capacité persuasive des arguments de Blanqui ou de Flourens qui a fait échouer la «journée» mais bien plutôt la mobilisation soudaine des bataillons modérés de la Garde nationale face aux initiatives des révolutionnaires. Problème de minorités agissantes évidemment mais aussi des interférences entre ces minorités et les composantes d'une opinion publique rendue particulièrement instable par un contexte proprement obsidional où tout peut se jouer par le ralliement d'une compagnie influente faisant basculer un bataillon dans un camp ou dans l'autre et où le fait de délibérer un fusil à la main radicalise automatiquement les décisions.

Au lendemain du plébiscite, la situation dans Paris ne changea guère dans la mesure où le Gouvernement de Défense nationale attendait des armées de secours, notamment celle de la Loire commandée par Chanzy, qu'elles débloquent la capitale. Mais à mesure que le temps passait, la confiance dans le gouvernement s'amenuisait et les orateurs des clubs se faisaient applaudir en invoquant une Commune qui tiendrait à la fois de la Commune de 1792, mais aussi de la Convention et du Comité de Salut public. Le 5 janvier 1871, les Blanquistes parviennent à convaincre la délégation des vingt arrondissements de soulever Paris pour imposer l'installation de la Commune. Le 6 janvier, apparaissait sur les murs de Paris une seconde «affiche rouge» condamnant l'impuissance et les échecs d'un gouvernement qui n'était que le prolongement de l'Empire et dont la seule obsession était le maintien de l'ordre! «Le peuple de Paris doit prendre lui-même le soin de sa délivrance», affirmait-on, et l'affiche se terminait par ce qui devait être les mots d'ordre de l'insurrection : «Réquisitionnement général, Rationnement gratuit, Attaque en masse, Place au Peuple! Place à la Commune»!

Personne ne bougea! Aucune adhésion de la Garde nationale! Pourtant la situation continuait d'empirer et les chances de débloquer la ville s'évanouissaient les unes après les autres. Chanzy qui avait remporté quelques succès en décembre fut battu à plusieurs reprises aux abords du Mans et dut se replier sur Laval ; Faidherbe et Bourbaki ne firent pas mieux et ces échecs renforçaient les partisans d'un armistice immédiat dont la perspective exaspérait une opinion qui, faute de mieux, surtout dans les quartiers populaires travaillés par la propagande de la Gauche révolutionnaire, se convertissait à la sortie en masse. Dans l'entourage de Trochu, plusieurs généraux, cyniquement, insinuaient que pour faire accepter la négociation, il fallait «une saignée» et donc il suffisait d'ordonner la fameuse sortie. Elle fut décidée pour le 19 janvier, 90 000 hommes dont 40 000 gardes nationaux sortirent de Paris en direction de Versailles via Buzenval, Montretout et Saint-Cloud ; ils furent stoppés par la puissance de feu des Allemands et perdirent 5 000 tués et blessés sans plus pouvoir avancer. À 19 heures, Trochu donna l'ordre de se replier, l'échec était cuisant ; tout le monde se retourna contre lui, il abandonna son commandement, laissa la place à Vinoy, mais conserva la présidence du Gouvernement. Le 22 janvier, une nouvelle « journée » fut organisée contre le Gouvernement, les bataillons modérés de l'Ouest parisien l'avertirent qu'il ne fallait plus compter sur eux pour s'opposer aux bataillons révolutionnaires. Le général Vinoy fit alors intervenir l'armée. La foule des protestataires se massait devant l'Hôtel de Ville. Un coup de feu partit des manifestants en direction de la façade, des tireurs se démasquèrent dans chaque embrasure de fenêtre et déchargèrent leurs armes, faisant cinq morts et une vingtaine de blessés. Les manifestants se dispersèrent sans plus insister. La presse révolutionnaire se déchaîna contre la couardise de ces prétendus militants, Belleville s'était déshonoré ! Vinoy fit arrêter 83 personnes dont Delescluze. Nouvel échec des révolutionnaires qui confirmait leur isolement mais annonçait un malaise chez les modérés : ils s'interrogeaient sur la compétence du gouvernement provisoire et sur sa volonté de vaincre.

Le Gouvernement, quant à lui, voulut utiliser cet « étiage » révolutionnaire pour renouer les négociations avec Bismarck, en lui suggérant d'en profiter avant que la Gauche révolutionnaire ne se ressaisisse pour imposer une résistance à outrance. La négociation reprit avec les conditions que l'on sait

concernant la perte de l'Alsace et de la Lorraine,
l'indemnité de 5 milliards de francs or et l'occupation éclair d'un arrondissement parisien. La
garnison militaire fut désarmée mais ne fut pas
réduite en captivité et 12 000 hommes furent laissés
à Trochu pour maintenir l'ordre dans la capitale.
Paradoxalement, les quelque 250 000 hommes de
la Garde nationale ne furent pas désarmés et
restèrent à la disposition du gouvernement. C'est
que Bismarck savait que la Garde nationale ne
livrerait pas ses armes, qu'il faudrait aller les
chercher, immeuble par immeuble dans beaucoup
de quartiers et transformer la ville en une nouvelle
Saragosse. De plus laisser dans Paris une telle
quantité d'hommes armés et qui échappaient au
contrôle du gouvernement, c'était y laisser une
bombe à retardement et donc affaiblissait les autorités françaises pour la suite de la négociation,
comme le confirma rapidement le cours des événements.

La négociation avait abouti, en priorité, à un
armistice de trois semaines permettant l'élection
d'une Assemblée nationale pour se prononcer
sur les conditions de la paix. Le processus ainsi
enclenché recréa une situation proche de celle de
juin 1848. À Paris, l'appareil d'État se désagré-
geait, le Gouvernement provisoire était en sursis,
les ministres démissionnaient, le préfet de Police
également, Gambetta qui voulait continuer la guerre
fut mis en minorité et démissionna, lui aussi, le
6 février. Jules Favre obtint des Allemands une
prolongation de l'armistice pour permettre à la
nouvelle Assemblée de former un ministère. Mais

pendant près d'un mois, il n'y eut plus vraiment d'État, et le général Vinoy, avec ses 12 000 hommes, ne pesait pas lourd, face à la Garde nationale. D'autant qu'au même moment sa composition sociale évoluait brutalement.

La fin du blocus de Paris, le retour progressif des approvisionnements engendrèrent de multiples incidents : les Halles, des boucheries et des boulangeries furent littéralement pillées par des foules affamées et sans le sou et personne ne semblait pouvoir s'y opposer. Désordres qui en laissaient présager d'autres et qui incitèrent, dès la fin janvier, quelque 150 000 personnes, essentiellement issues des quartiers chics de l'Ouest, à fuir la capitale et ses menaces d'émeute. L'exode affecta brutalement les bataillons conservateurs de la Garde nationale réduits à néant par le départ d'environ 50 000 hommes. La bourgeoisie aisée de Paris avait anticipé spontanément la stratégie d'Adolphe Thiers. Les seules autorités qui subsistaient étaient les municipalités d'arrondissement sous le contrôle du maire, Jules Ferry, et les différents comités liés aux conseils de famille de la Garde nationale — et l'élection de la nouvelle Assemblée nationale, réunie à Bordeaux du fait de l'occupation allemande, aggrava encore cette propension à l'autarcie. Comme en juin 1848, c'est une assemblée monarchiste qui était sortie des profondeurs rurales du pays avec 400 députés légitimistes ou orléanistes et 30 bonapartistes contre seulement 200 républicains issus des grandes villes et de quelques départements méridionaux. Ainsi, à Paris, 36 élus sur 40 étaient républicains et profondément hostiles à

une paix immédiate, la majeure partie d'entre
eux radicaux, réformistes quarante-huitards plutôt
que collectivistes révolutionnaires. En analysant
le scrutin dans chaque arrondissement on pouvait
constater que ces derniers bénéficiaient d'un élec-
torat d'environ 60 000 individus en continuité
avec les chiffres du plébiscite de novembre 1870.

Ainsi se mettaient en place, dans le pays et dans
sa capitale, les éléments d'une tragédie entraînant
la proclamation puis la liquidation sanglante de
la Commune qui scella, du même coup, le destin
d'une Garde nationale qui avait fini par s'identifier et être identifiée à la minorité révolutionnaire qui aurait subjugué Paris.

Courant février et mars 1871, le processus de
radicalisation de la garde parisienne s'accéléra, il
résultait de la convergence des accusations de l'Assemblée de Bordeaux à l'encontre de la ville de
Paris considérée comme la nouvelle Babylone
vivant aux crochets de la Nation, mais aussi de
l'humiliation ressentie par les Parisiens à l'énoncé
des clauses de l'armistice imposées par les Allemands, enfin de l'initiative brutale de Thiers pour
récupérer les canons hérités du siège et confiés à la
surveillance de certains bataillons — sans oublier,
de façon plus insidieuse et permanente, le contrôle
croissant exercé, de fait, par la Garde nationale sur
la gestion globale et quotidienne de la capitale.

Ce dernier point, moins connu, est sans doute le
plus lourd de conséquences et résulte des attributions que revendiquaient les comités de bataillons
hérités des conseils de famille qui avaient prospéré
sous la Monarchie de Juillet. Les conseils de famille

géraient habituellement les fonds de solidarité dus à la générosité des bataillons ; plus récemment s'ajoutaient ceux issus de la solde touchée par les gardes. Désormais, les comités s'occupaient des marchés passés pour l'habillement et la nourriture de chaque unité, surveillaient les distributions d'armes et de munitions et prétendaient avoir un pouvoir de contrôle sur les décisions des sergents-majors et même du commandement. De plus ils se fédérèrent et finirent par constituer un comité central qui se réunissait régulièrement dans la salle du Tivoli-Vauxhall et qui devint, fin février, le gouvernement de fait de la capitale, imposant son contrôle aux maires des arrondissements, les pouvoirs du gouvernement et de Vinoy n'étaient plus que nominaux. Ce comité central regroupait surtout des républicains radicaux et s'efforçait d'échapper à l'influence des socialistes révolution-naires. Le 3 mars, une assemblée générale des délégués des 200 bataillons de la Garde adopta les statuts d'une Fédération républicaine de la Garde nationale qui furent ratifiés le 10 mars et qui orga-nisaient les trois niveaux du nouveau pouvoir : bataillon, légion et comité central.

De son côté, l'Assemblée de Bordeaux était scan-dalisée par ce qui se passait à Paris et ne pensait pouvoir s'y installer que lorsque l'ordre y serait rétabli et donc lorsque la Garde nationale y aurait été désarmée et ramenée à l'obéissance. Le 10 mars, elle mit fin au moratoire des dettes et des loyers et surtout elle supprima la solde des gardes nationaux à moins de présenter un certificat d'indigence, enfin elle décida de décapitaliser Paris et de s'installer à Versailles. Le lendemain elle votait son ajournement jusqu'au 20 mars et s'en remit à Thiers pour rétablir, dans Paris, l'autorité de la République. Elle désigna trois hommes à poigne pour le seconder dans cette mission : Vinoy, déjà en place, pour commander les forces armées, d'Aurelle de Paladines nommé à la tête de la Garde nationale, et un colonel de gendarmerie comme préfet de Police. Les 3 000 sergents de ville du préfet n'osaient plus arpenter les rues de la capitale que leur disputaient les gardes nationaux. Vinoy devait disposer de 30 000 hommes à la mi-mars, il n'en obtint que 18 000, dont beaucoup de conscrits à peine dégrossis. Quant à d'Aurelle de Paladines, il fut ignoré par la plupart des bataillons qui lui firent savoir qu'ils estimaient devoir élire tous leurs officiers, y compris le commandant en chef. Le général ne pouvait compter sur les « bons bataillons » de l'Ouest parisien, la plupart n'avaient plus que des effectifs squelettiques ; quant à ceux, politiquement plus mêlés, des arrondissements du centre de Paris, ils lui firent savoir que s'ils ne s'associaient pas à une insurrection des arrondissements populaires, ils refusaient de tirer sur d'autres gardes nationaux.

Dans ces conditions, Vinoy et les autres généraux refusaient toujours de s'engager, mais les politiques s'impatientaient : il fallait avoir désarmé la Garde nationale parisienne avant le 20 mars, lui enlever au moins les quelque 400 canons et mitrailleuses utilisés durant le siège et qu'elle avait rassemblés dans les arrondissements qui lui étaient acquis, notamment à Montmartre et Belleville, pour mieux les surveiller. Le 17 mars, se tint, en présence des généraux d'Aurelle de Palatines et Vinoy, un conseil des ministres consacré à la récupération desdits canons. Les politiques étaient convaincus que l'affaire était jouable et qu'il fallait agir promptement. Les militaires demeuraient réticents : avec des soldats inexpérimentés et une Garde nationale qui se dérobait, il était préférable d'attendre d'avoir repris en main des forces plus nombreuses pour agir efficacement. Thiers et les autres ministres estimèrent n'avoir plus rien à perdre et finalement imposèrent la décision : on agirait dès l'aube et la matinée suivante. L'armée entre dix heures et midi reprendrait mitrailleuses et canons et les « bons bataillons » de la Garde nationale l'aideraient à contrôler la ville en occupant les endroits stratégiques, en protégeant les bâtiments publics et leurs quartiers d'une possible contagion de l'émeute tandis que la police arrêterait les meneurs les plus influents.

L'opération allait échouer car trop complexe dans ses phases successives, et notamment, si à deux heures du matin, la plupart des objectifs semblaient atteints, l'armée ayant récupéré les canons, il fallait encore les évacuer vers le Champ-de-Mars. Les équipages prévus avaient pris du retard et, faisant énormément de bruit sur le pavé parisien, ils réveillèrent le bon peuple qui mit un certain temps à comprendre de quoi il s'agissait d'autant que, vers 6 heures, on battait le rappel pour obéir aux ordres de d'Aurelle de Palatines tandis que d'autres le faisaient pour mobiliser les bataillons favorables à la Fédération républicaine

récemment constituée, les «fédérés», et s'opposer
à l'enlèvement des canons. Les rues furent progressivement envahies par la population qui se mit à
dételer les chevaux, à couper sangles et bricoles,
adjurant les soldats de ne pas s'emparer des canons
du peuple pour les livrer aux royalistes de Bordeaux.
Les officiers qui voulaient faire mettre la baïonnette au canon ne furent plus obéis, conscrits et
vieux briscards commencèrent à fraterniser avec
l'habitant. Parfois des incidents éclatèrent, à Montmartre, des gendarmes à cheval voulurent sabrer
la foule pour s'ouvrir une issue, la Garde nationale
de l'arrondissement leur tira dessus : 5 furent blessés,
les autres faits prisonniers. En fin de matinée, la
plus grande partie des canons était récupérée par
les Parisiens, partout on fraternisait, les soldats
mettaient la crosse en l'air et trinquaient avec les
gardes nationaux «fédérés».

Une nouvelle révolution semblait en marche et
une partie des soldats la rejoignait. Des officiers
supérieurs dont les détachements étaient cernés
par la foule durent négocier leur retraite en aban-
donnant les canons dont ils s'étaient emparés.
Entre dix heures et midi, il devint évident que
l'armée échappait à ses officiers, que ce soit à la
Bastille, à l'Hôtel de Ville ou sur la rive gauche,
notamment au Luxembourg. Vers midi, le général
Vinoy donnait l'ordre de regrouper toutes les
troupes aux Invalides. À treize heures, Thiers réunissait ses ministres au ministère des Affaires
étrangères et proposait immédiatement, comme il
l'avait fait à Louis-Philippe, le 24 février 1848,
d'évacuer la ville pour la reconquérir ensuite avec

une armée reconstituée et disciplinée. Malgré les protestations de Jules Favre, de Simon, de Picard, il s'obstina et regagna Versailles pour organiser l'évacuation. Vers 16 heures, le ministre de la Guerre donnait l'ordre aux forces armées de se retirer de la capitale à partir de 18 heures et durant la nuit. Tandis que l'armée obéissait et que les bataillons de «fédérés» prenaient possession des bâtiments publics, Paris se couvrait à nouveau de barricades car on craignait un retour offensif des militaires. Au même moment, on apprenait l'assassinat, à Montmartre, par une foule en furie, des généraux Lecomte et Clément Thomas, ce dernier ayant été, par deux fois, commandant en chef de la Garde nationale. Les maires d'arrondissement — dont Clemenceau, maire du dix-huitième arrondissement, c'est-à-dire de Montmartre, en première ligne depuis les premières heures de cette terrible journée — multiplièrent les tentatives pour renouer le dialogue, mais la mort des généraux n'arrangeait rien.

À minuit, une vingtaine de membres du Comité central de la Garde nationale s'installèrent à l'Hôtel de Ville, embarrassés par l'ampleur d'une victoire qui les prenait au dépourvu. Beaucoup étaient prêts à se retirer mais finalement tous se décidèrent à assumer un pouvoir provisoire jusqu'à l'élection d'une nouvelle municipalité parisienne, la fameuse Commune tant attendue!

Simple pouvoir administratif et non de gouvernement, les délégués en précisèrent aussitôt les attributions: «faire des élections dans le plus bref délai, pourvoir aux services publics, préserver la ville d'une surprise». L'un des premiers actes, révélateur, de cette administration minimaliste, fut de trouver l'argent nécessaire pour verser la solde des quelque 200 000 gardes nationaux qui continuaient d'en bénéficier. Préposés aux finances, Jourde et Varlin savaient que le précédent gouvernement disposait de 4 600 000 francs de fonds immédiatement disponibles, mais ils n'en avaient pas l'accès et, dans l'urgence, se bornèrent à solliciter auprès de la banque Rothschild un prêt de 500 000 francs pour distribuer, sans plus tarder, une journée de solde à tous les gardes nationaux et les aides prévues aux indigents. Le lendemain, une délégation du Comité se rendit à la Banque de France, gardée par ses propres employés constituant trois compagnies du 12e bataillon de la Garde nationale, et demanda à son directeur 1 million de francs à prélever sur le compte crédité de la Ville de Paris. Et, par la suite, une série de prélèvements avec reçus, sur le même fonds, permirent d'assurer la solde de la Garde nationale et les secours aux indigents. Autrement dit, bien des gardes nationaux parisiens, pour ne pas dire la plupart, avaient intérêt à ce que perdure le Comité central, condition nécessaire au paiement de leur solde, et donc les raisons de leur ralliement à la cause des fédérés n'étaient pas purement idéologiques, même si l'existence de cette solde était en soi un principe éminemment démocratique et républicain.

Le Comité central ne voulait pas être un gouvernement, de sorte qu'il émit, à peine constitué, la proposition d'organiser des élections municipales pour créer une commune qui était le moyen d'instituer cette autonomie libératrice permettant aux individus la plénitude de leur épanouissement. La proposition fit tache d'huile et la plupart des organisations politiques de la Gauche révolutionnaire s'y rallièrent entre le 21 et le 24 mars, discutant les modalités de la consultation prévue, après un accord avec les maires d'arrondissement, pour le dimanche 26 mars. Sur 484 569 inscrits, ne s'exprimèrent que 229 167 votants, soit un pourcentage d'abstention supérieur à 52 % et plus élevé que ceux observés lors des scrutins précédents. À mettre en relation avec l'exode massif de la population bourgeoise de l'Ouest parisien constaté depuis le début du mois de février, soit entre 60 000 et 80 000 personnes. Ont dû également jouer les consignes d'abstention diffusées dans ce même secteur de la capitale.

Sur les 92 sièges de conseillers à pourvoir, 13 seulement allèrent à des membres du Comité central de la Garde nationale, 50 étaient parrainés par le Comité central des vingt arrondissements, 19 représentaient la gauche radicale modérée des maires des arrondissements, tandis que 60 élus se réclamaient de la Gauche révolutionnaire. Le 28 mars, une foule énorme, entre 100 000 et 200 000 personnes, envahissait la place de l'Hôtel de Ville pour proclamer, dans la liesse générale, la Commune de Paris. Sur une estrade dressée devant l'Hôtel de Ville prirent place, à seize heures, les membres du Comité central de la Garde nationale et, derrière eux, au second plan, les nouveaux conseillers municipaux. Une série de discours, rendus inaudibles par le brouhaha ambiant, se termina par la formule consacrant la nouvelle *vox populi* : « Au nom du peuple, la Commune de Paris est proclamée ! » L'artillerie tonna, la « Marseillaise » fut reprise par la foule et d'innombrables musiques tandis que les bataillons de la Garde nationale défilaient devant l'estrade avant de repartir pour leurs arrondissements respectifs et y continuaient danses et libations.

L'ordonnancement même de la cérémonie, devant l'Hôtel de Ville, révélait la contradiction profonde du régime qui allait se révéler, outre la détermination haineuse de Thiers et de l'Assemblée de Versailles, une des causes majeures de l'anéantissement de la Commune. Le Comité central de la Garde nationale avait poussé à la naissance triomphale de la Commune, mais ne pouvait pas se résoudre à lui laisser la place. C'était la Garde nationale qui, par sa résistance héroïque, lors du siège imposé par les Prussiens, les avait obligés de ne pas tenter de la désarmer, assurant ainsi la consolidation de la République menacée, à son tour, politiquement, dans le pays, par la défaite militaire du gouvernement de la Défense nationale. Le Comité central revendiquait ce droit d'aînesse révolutionnaire pour maintenir son réseau de comités de bataillons et de légions et la Fédération qui les regroupait. Le vieil antagonisme qui avait opposé, en 1793-1794, Hébertistes et Robespierristes avait ressurgi. Au nom du principe sacré de la démocratie directe, le Comité central refusait la dictature de Salut public que la Commune voulait imposer pour faire triompher sa Révolution. Le

Comité central voulait être le « conseil de famille »
de la Garde nationale et comme tel, il n'était pas
contre la Commune, mais avec elle, tout en se
réservant le droit permanent de la critiquer, s'il y
avait lieu. Le comité central dénonçait le « capora-
lisme » des délégués à la guerre successifs de la
Commune, Cluseret puis Rossel, et finit par exiger
la suppression de cette fonction. Rossel accepta de
partager son pouvoir avec le Comité mais cela
empêcha la création d'un véritable « exécutif » militaire face à l'état-major versaillais. Chaque légion,
chaque bataillon même, continuait à vouloir juger
de la pertinence de la mission qu'on lui confiait et
traîna les pieds quand Cluseret voulut créer des
« compagnies de guerre » regroupant tous les gardes
de 19 à 40 ans et brisant les solidarités traditionnelles des unités de la Garde nationale.

William Serman ne peut que constater « l'impossible militarisation[12] » de la Garde nationale
qui ne parvenait pas même à utiliser à fond son
potentiel militaire, ce qui entraîna les démissions
successives des deux délégués à la guerre. Sur les
726 pièces d'artillerie dont elle disposait après le
blocus des Prussiens, elle n'en utilisa que 331, faute
de personnel compétent. Sur les 200 000 gardes
nationaux soldés par la Commune, l'effectif des
véritables combattants fut d'environ 50 000 en
avril et d'environ 40 000 au début du mois de juin,
une hémorragie insidieuse et continue affaiblissait
le camp des Fédérés et seuls les plus déterminés
restèrent mobilisés mais sans plus pouvoir com-
penser leurs pertes et ne pouvant donc que désespérer de l'issue des combats. De leur côté les

officiers versaillais exhortaient leurs hommes à en finir avec des fauteurs de désordre opposés à l'union nécessaire de tous les Français face à l'envahisseur et qui donc trahissaient leur patrie. On assistait, soit par désespoir, soit par détestation politique, à la radicalisation des comportements dans les deux armées. Ainsi ces mêmes officiers versaillais prirent l'habitude de faire fusiller des prisonniers qui n'étaient pas, à leurs yeux, des soldats réguliers et qui avaient, de surcroît, tué des soldats réguliers. Devant ces exécutions sommaires, les fédérés arrêtèrent tout spécialement, ou désignèrent parmi tous ceux qu'ils détenaient, des centaines d'otages, des prêtres surtout, dont l'archevêque de Paris, Mgr d'Arbois, mais aussi des juges, des gendarmes, des sergents de ville et des soldats faits prisonniers. Du 24 au 26 mai, 106 de ces otages furent fusillés, dont Mgr d'Arbois, souvent à l'initiative des chefs de bataillon ou même de simples particuliers exaspérés par la mort de proches tués par les Versaillais...

Autre manifestation spectaculaire de la radicalisation extrême des comportements : les incendies qui ravagèrent la capitale et détruisirent, en totalité ou en partie, une part importante de ses édifices les plus prestigieux, mais aussi de nombreuses maisons particulières et immeubles dans le centre de Paris et dans les beaux quartiers du nord-ouest. Les premiers incendies, notamment celui du ministère des Finances, furent le résultat des bombardements des Versaillais préludant à leur offensive finale. Puis, il y eut ceux allumés dans les beaux quartiers par les fédérés se repliant sur l'est de la capitale. S'y ajoutèrent ensuite ceux, toujours dus aux fédérés, tentant de s'opposer à la stratégie de contournement ou de surplomb des barricades qui amenait les Versaillais à occuper les étages supérieurs des bâtiments bordant les barricades et poussait les «communeux» à y mettre le feu. Dans la nuit du 23 au 24 mai, des responsables de la Commune passèrent à l'acte et ordonnèrent d'incendier les Tuileries, le Louvre, le palais de la Légion d'honneur, le Palais-Royal, la Cour des comptes et le Conseil d'État, puis, dans la journée du 24, l'Hôtel de Ville, la préfecture de Police, le Palais de Justice et même des théâtres. Des trésors d'archives, des bibliothèques entières, soit plusieurs centaines de milliers d'ouvrages, partirent en fumée. La journée du 24 fut un véritable enfer, plongeant les combattants dans une atmosphère de fin du monde et les enfermant dans la surenchère impitoyable des exécutions sommaires et des représailles immédiates.

Un tel paroxysme impose à tout historien de se demander si l'on peut encore parler de Garde nationale pour évoquer les combattants des derniers jours de la Commune. Les intéressés eux-mêmes se considéraient toujours comme des gardes nationaux et les ultimes proclamations et procès-verbaux des autorités militaires communalistes étaient toujours pris au nom de la Garde nationale de Paris. Mais, si les officiers et responsables politiques étaient massivement des militants révolutionnaires, qu'en était-il des «fédérés» de base? On peut rétorquer qu'une telle question n'a pas à être posée car le propre de la Garde nationale, c'était justement de permettre la cohabitation d'un fédéré «moyennement» politisé avec un militant actif, prosélyte déclaré d'une mouvance politique révolutionnaire. Mais il est évident que le départ massif, hors de Paris, de 80 000 gardes nationaux «conservateurs», avait modifié la donne politique dans la capitale et considérablement réduit la marge de manœuvre de Thiers. On peut donc estimer qu'en avril et en mai, conséquence logique de cet exode, on a assisté à une sorte de processus d'exaspération passionnée de l'attitude politique des ultimes combattants de la Commune qu'on peut identifier à un noyau dur de militants révolutionnaires que l'offensive des Versaillais acculait soit à renoncer à un combat perdu d'avance en tentant de se fondre dans l'anonymat de la foule parisienne, soit à le poursuivre sans autre issue qu'une mort quasi inéluctable. Pour la plupart des contemporains, notamment hors de la capitale, la cause était entendue : la Garde nationale, à Paris, signifiait à nouveau violence terroriste, vandalisme destructeur et folie suicidaire.

Le lendemain même de la reddition du dernier carré des «communards», le 29 mai 1871, Adolphe Thiers signa l'arrêté qui supprimait la Garde nationale de Paris et celle du département de la Seine.

Épilogue

Au moment de l'assaut final contre la Commune, plusieurs députés de l'Assemblée nationale, siégeant désormais à Versailles, proposèrent que chaque département envoyât un ou plusieurs bataillons de gardes nationaux volontaires pour participer à l'ultime affrontement et prouver ainsi que la majorité de la Garde nationale n'était pas du côté de Paris. C'était renouer avec la fonction légitimatrice de la Garde nationale désignant à l'armée le rebelle hors la loi, c'était surtout mettre fin, définitivement, au monopole de cette fonction revendiqué depuis près d'un siècle par la milice parisienne. Mais l'hostilité au principe même de la Garde était telle que ce projet fut rejeté quand bien même des amendements successifs l'avaient réduit à ne constituer dans chaque département qu'un bataillon d'une sorte de Garde mobile formée de volontaires ayant déjà servi dans l'armée, la Garde mobile ou les « bons » bataillons de la Garde nationale mais dont l'encadrement serait nommé par le gouvernement et la discipline strictement militaire. Thiers surtout s'y opposa, il voulait que ce

soit l'armée seule qui fût chargée de réduire une
insurrection qui menaçait la République en présence de l'ennemi et tentait de provoquer d'autres
soulèvements à Marseille, Lyon, Limoges ou Toulouse. Tous les soulèvements de province furent
dispersés, la plupart des instigateurs, parfois venus
de Paris, arrêtés, certains comme Crémieux à
Marseille furent jugés militairement et fusillés.
L'armée n'hésita pas à utiliser l'artillerie pour s'emparer des mairies ou des préfectures tenues par les
partisans de Paris ou pour détruire les quelques
barricades qu'ils avaient édifiées.

La Garde nationale avait perdu toute crédibilité
comme force de l'ordre, car ses «bons bataillons»,
ou supposés tels, n'étaient jamais à l'abri d'une
contagion de fraternisation. À Paris notamment,
la protestation ne prenait corps qu'après plusieurs
jours de débats entre sections voisines, cela signifiait que les avis étaient partagés et que l'option la
plus radicale, à la limite l'insurrection, bénéficiait
d'un *a priori* favorable comme expression de l'intérêt véritable du peuple. Le modérantisme impliquait une sorte de compromission avec un *statu
quo* toujours favorable aux intérêts en place et
depuis juillet et octobre 1789, l'acte proprement
révolutionnaire impliquait le triomphe de la radicalité. C'est ce type d'argumentation dont avaient
abusé, nous l'avons vu, les partisans de la Commune et il était désormais honni. Tout au plus la
Garde nationale conservait-elle une possible utilité
comme réserve générale où pouvait puiser l'armée
en cas de besoin, rôle auquel on l'avait réduite
sous les deux Empires, mais la mise en activité de

cette réserve au lendemain de Sedan n'avait guère été concluante. Allait-on la mettre en sommeil pendant plusieurs années comme durant les deux épisodes impériaux ? Ce n'était guère envisageable, car la terrible défaite que la France venait de subir entraînait la nécessité immédiate de réformer profondément son armée et, comme toujours après ce type de traumatisme collectif, on était convaincu qu'il fallait s'inspirer du modèle militaire adopté par le vainqueur : c'est la Landwehr prussienne qui nous avait battus, qui avait permis à l'ennemi de nous accabler avec des effectifs largement supérieurs de soldats véritables, bien préparés et bien encadrés. Ce n'était donc pas la Garde nationale qui répugnait à un service militaire effectif, abusait du remplacement et ne tolérait finalement, surtout à Paris, que des défilés de parades et quelques heures de garde par an, devant ou dans les palais officiels, qui pouvait fournir les réserves nombreuses, immédiatement efficaces, dont on avait besoin.

L'urgence est telle que dès le 19 août 1871, moins de deux mois après l'écrasement de la Commune, les députés prenaient connaissance du rapport déposé par Chasseloup-Laubat, ancien ministre de la Marine de l'Empereur, au nom de la Commission qu'ils avaient désignée pour préparer la réorganisation militaire que tout le monde attendait.

Il s'agissait d'abord de définir sur quel principe fondamental on allait reconstruire l'armée nouvelle pour lui permettre de se relever plus forte de la terrible épreuve qu'elle venait de subir et ce principe c'était le service militaire personnel effectivement dû par chaque Français :

«C'est l'obligation pour lui, depuis l'âge de 20 ans jusqu'à celui de 40 ans, de se rendre à l'appel de la patrie lorsqu'il s'agit de sa défense et de sa sécurité intérieure; c'est l'impossibilité pour lui de rejeter sur d'autres la part de sacrifice qu'il lui doit (…). L'article premier «Tout Français doit le service militaire personnel» est la base sur laquelle doit reposer tout l'édifice que nous voulons élever. Il faut que chacun sache, et cela dès son enfance, qu'il se doit à la défense de son pays; il faut qu'il s'y prépare, et qu'il n'imagine pas pouvoir se soustraire à la part du fardeau qui lui revient. Dans quelque situation qu'il soit, la société le protège: il faut qu'à son tour, dans quelque situation qu'il soit, il l'aide et la défende dans la mesure de ses facultés et de ses forces. C'est donc le service militaire personnel que nous entendons prescrire[1].»

Dès le lendemain, le général Chanzy, intervenant après Chasseloup-Laubat, tira la conséquence immédiate de l'obligation personnelle du service militaire pour tous les Français en état de l'accomplir: la Garde nationale n'avait plus «ni place, ni raison d'être». Pour étayer ce constat sommaire condamnant sans appel une institution pourtant célébrée à maintes reprises depuis un siècle, il entreprit un historique partiel et partial pour légitimer le verdict de la commission. D'emblée, ce militaire souligne une sorte d'incompatibilité de principe entre armée et Garde nationale, cette dernière qui «date du commencement de la Révolution (…) est née de la nécessité d'assurer l'ordre intérieur, cela est vrai mais aussi d'une pensée de suspicion à l'égard de l'armée». Au passage, il fait l'éloge de la loi de 1831, c'est-à-dire de la Garde telle que l'avait réorganisée la Monarchie de Juillet sans courir « le danger d'armer la Nation ». Puis il fait de la Révolution de 1848 le moment où la Garde nationale avait déjà perdu toute raison d'être du fait de l'adoption du suffrage universel. Il fallait désormais que les lois adoptées par les représentants de la Nation soient sous la sauvegarde d'une force publique obéissant sans réserve au gouvernement que le pays entendait se donner[2]. Et si le prince-président avait en quelque sorte suspendu la Garde nationale, c'est que le maintien du suffrage universel rendait caduque l'institution, mais l'Empire commit la faute de la réorganiser en créant, à Paris, 60 bataillons. Puis sans rien dire de la loi Niel, Chanzy accablait pour finir le gouvernement provisoire de septembre 1870 :

> « On arma tout le monde ; les garanties que les diverses lois avaient mis tant de soin à établir, disparurent successivement et quand la lutte avec l'étranger cessa, on se trouva en présence de la nation en armes et du danger qu'à toutes les époques on avait voulu éviter. Les conséquences ne tardèrent pas à se produire. (C'est vrai ! C'est vrai !)
>
> Dans cette foule armée qu'aucun frein, qu'aucune organisation sérieuse ne maintenaient, bien des gens aigris par le malheur et la souffrance, accueillant avidement les théories séduisantes mais subversives et décevantes des sociétés secrètes, qui avaient profité de la situation malheureuse de la nation pour poursuivre la réalisation de leurs coupables desseins, devinrent les soldats de l'insurrection (Très bien ! Très bien !)[3]. »

Chanzy termina son réquisitoire en constatant que la mobilisation de la Garde nationale, à la veille de Sedan et après, n'avait été d'aucun secours pour améliorer la situation militaire. Étant demeurée sous l'autorité du ministre de l'Intérieur, sa mobilisation entraîna une confusion accrue dans l'organisation de la résistance à l'invasion. Enfin et surtout, Chanzy le répéta à nouveau en achevant son intervention, le suffrage universel ne saurait tolérer le droit au fusil :

> « Il est essentiel, alors que le suffrage universel donne à tout citoyen le droit d'émettre, par son bulletin de vote, son opinion sur les affaires du pays, de supprimer une institution qui devient inutile et ne pas lui laisser sous la main un fusil auquel il sera tenté de recourir pour la faire triompher si elle n'était pas celle de la majorité.
>
> Le nouveau projet de loi militaire vous demande d'ôter le vote à l'armée d'active, ne donnons pas dès lors, des armes aux électeurs, et arrivons par la persuasion et l'habitude à faire comprendre à tous que la force armée ne doit servir qu'à garantir au pays la tranquillité à l'intérieur, le respect au-dehors, et que le strict devoir de tout bon citoyen est d'exécuter fidèlement les lois que le pays s'est librement données (Vive approbation et applaudissements prolongés sur un grand nombre de bancs)[4]. »

Dans la discussion qui suivit, quelques députés républicains, dont le général Faidherbe, prirent la défense de la Garde nationale contre un projet qui aboutissait à créer deux entités séparées, l'armée et la Nation. Et parmi les plus ardents défenseurs des « citoyens-soldats », se manifesta, de façon assez inattendue, Adolphe Thiers, qui alla jusqu'à menacer de démissionner si l'on supprimait la Garde

nationale ! Mais son plaidoyer fut celui d'un nostalgique de la Monarchie de Juillet, régime qui, à ses
yeux, avait su trouver le juste équilibre entre
système censitaire et tolérance démocratique au
travers de l'élection des cadres. Il estimait que
l'armée ne pouvait pas à la fois assurer la protection
militaire du pays et la police préventive permanente et gratuite qu'assurait de fait la Garde
nationale. Mais la Commune était passée par là et
les députés de la majorité conservatrice désormais
au pouvoir, voulaient en finir avec la guerre civile
et n'avaient que faire des nostalgies de son chef de
gouvernement. La suppression pure et simple fut
votée le 25 août 1871, par 502 voix contre 127[5].

Comme éloge funèbre, nous dit Louis Girard[6],
Les Débats se bornèrent à citer un extrait de
la longue note que Mirabeau avait adressée à
Louis XVI, le 23 décembre 1790, pour inciter le
roi à enlever à La Fayette le commandement de la
Garde nationale parisienne et s'en constituer une
particulière, recrutée dans les départements :

> « Cette troupe est trop nombreuse pour prendre un
> esprit de corps ; trop unie aux citoyens pour oser
> jamais leur résister ; trop forte pour laisser la moindre
> latitude au pouvoir royal ; trop faible pour s'opposer à
> une grande insurrection ; trop facile à corrompre non
> en masse, mais individuellement, pour n'être pas un
> instrument toujours prêt à servir les factieux. »

Mirabeau entendait prouver que la milice voulue
par les patriotes parisiens durant l'été de 1789
n'était pas née viable. Mais son argumentation peut
se retourner : bien que condamnée par Mirabeau,

cette même milice allait lui survivre et s'identifier à la Révolution même, ajoutant à la prudence héritée des milices bourgeoises l'ardeur d'une jeunesse impatiente de s'identifier à la souveraineté nationale pour émanciper le tiers état, tout en se réclamant d'une forte dose d'idéalisme politique puisée chez les philosophes et dans l'expérience américaine. C'est sans doute aucun l'épuisement de cet exaltant programme avec sa première et terrible conséquence, les déchaînements de la Commune, qui explique, plus que le diagnostic réducteur de Mirabeau, l'inéluctable mort de la Garde nationale.

Conclusion

Au terme d'une histoire que la Commune achève
si tragiquement, on peut s'interroger sur la nature
profonde de notre sujet : qu'avons-nous écrit sinon
une histoire, à la fois, des moments et des formes
d'insurrections, notamment à Paris, depuis juillet
1789 jusqu'à la Commune de 1871 et des modalités et contraintes permanentes du maintien de
l'ordre constitutionnel, de La Fayette jusqu'à Thiers
via Barras, le comte d'Artois et Bugeaud. La Garde
nationale nous est donc apparue fondamentalement
ambivalente, empêchant de l'assimiler définitivement et de la réduire à l'une ou l'autre de ses
manifestations apparemment contradictoires. Y
aurait-il deux Gardes nationales coexistant, notamment dans Paris, et correspondant à la géographie
sociale de la capitale et s'imposant successivement
au fil des décennies en fonction d'une conjoncture
plus ou moins favorable ? Ce serait oublier les
grands moments d'unanimité exaltante, les fameuses
« fédérations », celles du printemps et de l'été 1790
mais aussi celles qui ont suivi les « Trois Glorieuses »
et la Révolution de février 1848 ! Bien mieux, nous

avons pu constater, au fil de nos analyses, que le
«mythe» de l'Unité était une obsession permanente de la plupart des gardes nationaux, c'est
bien sûr la preuve que la chose n'allait pas de soi
mais aussi que son maintien incarnait à leurs yeux
la nature profonde de la Garde nationale, symbole
de l'unité victorieuse du tiers état, en juillet 1789.

L'origine même de la Garde nationale, nous
l'avons rappelé, à Paris comme en province, n'est
d'abord que la réactivation des milices bourgeoises traditionnelles. Elles étaient chargées de
protéger les biens et propriétés des couches les
plus aisées des populations urbaines, de les mettre
à l'abri des possibles exactions et pillages d'un
populaire exaspéré par un accroissement brutal
de sa misère habituelle, ou encore perpétrés par
les régiments du roi habitués à vivre sur le pays,
surtout quand ils réprimaient une rébellion. Ce
furent les représentants des électeurs des soixante
districts de la ville de Paris qui, à la nouvelle du
renvoi de Necker et de l'arrivée de plusieurs régiments à proximité de Versailles, inquiets des réactions possibles de toute la population de la capitale,
dans un contexte de difficultés frumentaires croissantes, décidèrent de réorganiser, dans l'urgence,
une milice bourgeoise. La Fayette en devint le
commandant en chef, la baptisa Garde nationale
et accrut ses effectifs et donc son poids politique
dans Paris. Autrement dit, indéniablement, la Garde
nationale était une formation armée issue de la
bourgeoisie et consacrée à la protection de ses intérêts matériels les plus immédiats mais La Fayette,
en modifiant son appellation, laissait entendre

que son recrutement pourrait ne pas être exclusivement bourgeois. Et de fait, au lendemain de la prise de la Bastille, des détachements d'hommes armés, dont beaucoup issus des milieux populaires, se réclamèrent du rôle qu'ils avaient joué dans la prise de la forteresse et exigèrent en tant que « vainqueurs de la Bastille » la possibilité d'être associés à la Garde nationale. Et dans les semaines qui suivirent, la nouvelle municipalité accepta que des citoyens, qui avaient pris part aux différents épisodes de cette « journée », eussent la possibilité d'en intégrer les bataillons.

Donc, dès ses premiers moments, la Garde nationale s'est trouvée confrontée au problème de son ouverture en direction des classes populaires et La Fayette ne s'y est pas opposé, dans la mesure où les effectifs concernés restaient modestes. Or, nous l'avons vu, que ce soit lors de l'affaire Réveillon, ou lors des émeutes parisiennes qui annoncent le 10 août 1792, tout comme la mobilisation des 31 mai et 2 juin 93, ou encore lors des révolutions du premier XIXe siècle, l'insurrection ou la quasi-insurrection est précédée par les cris de la misère populaire, l'intervention de certaines couches de la bourgeoisie venant prolonger, légitimer la protestation des classes miséreuses.

Il n'en reste pas moins vrai que la Garde nationale est, d'emblée, une force de maintien de l'ordre qui s'organise au lendemain de la prise de la Bastille. Tout se passe comme si les phases insurrectionnelles et les phases répressives de l'activité de la Garde nationale n'étaient que les deux visages d'une même réalité politique et stratégique

et cela dès le début de notre histoire. De juin à
août 1789, il fallait que la Nation prenne le pouvoir,
puis le conserve pour l'exploiter. Pour déclencher
l'insurrection contre l'aristocratie et l'absolutisme
puis neutraliser les forces qui s'y opposaient, les
classes moyennes avaient besoin de l'appui populaire, mais une fois la victoire remportée, il fallait
obliger l'allié plébéien à limiter ses exigences, à
renoncer à imposer ses propres objectifs et donc
passer à une phase de limitation de l'initiative
insurrectionnelle par la persuasion ou la force ou
les deux à la fois.

Un premier acquis de notre travail serait donc
qu'analyser les agissements de la Garde nationale
permettrait d'approcher le comportement politique des classes moyennes, de ce que l'on appelle
habituellement la bourgeoisie avec toutes les
nuances et les ambiguïtés que présuppose un
concept qui a alimenté bien des polémiques depuis
plus d'un demi-siècle dans le champ clos de l'historiographie révolutionnaire. Notamment les strates
moyennes et inférieures de la bourgeoisie, à la
limite de la définition fiscale que vont en donner
les Constituants par la notion de citoyen actif,
c'est-à-dire acquittant une imposition directe égale
à trois journées de salaire d'un manœuvre non
qualifié, soit entre une livre et demie et trois livres
selon les lieux. Car le paradoxe, c'est que l'historiographie de cette Révolution que tout le monde
s'accorde à proclamer bourgeoise ne s'est guère
penchée globalement sur les modalités concrètes
de l'appropriation politique, au quotidien, de la
Révolution par les différentes strates de cette même

bourgeoisie — sinon au cas par cas, en fonction d'études prosopographiques qui ne permettent pas toujours d'apprécier la représentativité des personnages choisis[1] et en mettant l'accent sur le monde relativement étroit des états généraux devenus Assemblée constituante.

L'étude des choix politiques successifs de plusieurs bataillons de la Garde nationale, notamment à Paris, si les archives disponibles le permettent, comme l'a fait Haim Burstin pour le faubourg Saint-Marcel, révélerait l'évolution ou la stabilité «idéologique» de leur encadrement majoritairement bourgeois ou «petit-bourgeois» en fonction des impératifs de la conjoncture politique et militaire du moment. On saisirait ainsi par le détail ce que notre reconstitution considère plus globalement et laisse seulement entrevoir. L'important étant qu'il faut étudier, tout particulièrement, la strate bourgeoise à la frontière de la sans-culotterie tout en étant conscient que ce qui fait problème, c'est que cette frontière est politiquement mouvante et que ce sont ses variations qui rendraient compte du phénomène essentiel de la radicalisation et de ce qu'Albert Soboul et Michel Vovelle ont appelé la «victoire» des sans-culottes en 1791, après l'adoption de la Constitution et le démembrement de la Garde nationale de La Fayette, et naturellement en 1792.

Faire de la Garde nationale l'outil majeur de la lutte des «patriotes» contre le complot aristocratique sous toutes ses formes, notamment armées, pose à terme la question du sens à donner au déclin de cette même Garde nationale, dès la phase robespierriste du gouvernement des Comités et de l'hégémonie montagnarde, puis sous le Directoire et *a fortiori* sous le Consulat et l'Empire. Est-ce à dire que la bourgeoisie n'en a plus besoin, que le combat contre le despotisme monarchique et le complot aristocratique est achevé? Ou n'est-ce pas plutôt lié à l'ambivalence fondamentale de ce qui était devenu une institution, quand les inconvénients de cette force armée l'emportent sur ses avantages, notamment en période de guerre, c'est-à-dire au moment où l'appareil d'État ne peut guère tolérer la contestation armée qu'elle facilite sous forme d'une surenchère démagogique, devenue «factieuse» et qui mine l'unité nécessaire des patriotes devant l'ennemi. Unité que réalise de fait, à sa place, l'armée dont l'efficacité militaire bénéficie de l'expérience acquise par une guerre qui s'éternise et met sur le marché des compétences politiques un nombre croissant d'officiers généraux, avec leurs états-majors respectifs, souvent prêts à exercer un pouvoir dont ils ont fait l'apprentissage dans les territoires conquis par la «Grande Nation», où ils ont acquis un savoir-faire que les cadres d'une Garde nationale moribonde ne sauraient plus leur disputer. D'autant que les éléments les plus actifs de ladite Garde, les plus prometteurs et les plus ambitieux, les fameux «jeunes gens» de ses premières manifestations en province, ont le plus souvent rejoint l'armée en 1792 et 1793 via les bataillons de volontaires et l'amalgame de Carnot.

Et cette substitution progressive de l'armée à la Garde nationale apparaît donc comme une sorte de revanche de la phase initiale (1789-1792) durant laquelle la Garde nationale, dans le prolongement de la déclaration de La Fayette à Louis XVI, le 17 juillet 1789, et surtout après la fête de la Fédération du 14 juillet 1790, était apparue comme le substitut que la Nation ne pouvait que souhaiter à une armée de mercenaires faisant totale allégeance au souverain, et ne pouvant donc que l'inciter à l'utiliser pour imposer tous les excès du despotisme. D'autant que la Garde nationale n'était pas qu'une milice bourgeoise réactivée, héritière d'un passé municipal parfois médiéval, elle était également, nous l'avons dit, promesse d'avenir pour de jeunes bourgeois, exclus, sous l'Ancien Régime, de toute carrière militaire effective du fait du monopole nobiliaire et qui se mirent à rêver d'une armée de citoyens-soldats, à l'antique. Poussée démographique et élévation globale du niveau d'instruction dans la bourgeoisie, même modeste, convergèrent pour engendrer ces compagnies de «jeunes gens» qui à Rennes, Rouen, dans la plupart des villes parlementaires, et naturellement à Paris, vinrent se mettre au service des élites «patriotes», formèrent certaines des premières compagnies de la Garde nationale puis contribuèrent ensuite, sous les ordres de quelques aristocrates libéraux, à l'encadrement des bataillons suivants.

Un premier bilan pour la période révolutionnaire, c'est que la Garde nationale nous renseigne sur les comportements politiques des classes moyennes et permet donc de compléter les travaux d'Albert Soboul, Michel Vovelle et leurs disciples sur la sans-culotterie, en reconsidérant, par exemple, le problème de la radicalisation supposée des couches

moyennes de la population parisienne au début de
la Législative. En la relativisant, on souligne le
poids du modérantisme dans Paris et l'on comprend
mieux, semble-t-il, la politique de Robespierre
attachée à le réduire, pour mieux combattre l'hébertisme et éviter également une dérive dangereuse vers le royalisme.

Après un quasi-effacement de près de vingt ans,
la Garde ressuscitait avec l'invasion du territoire
national en 1814 et les défaites de 1815 et nous
avons vu comment le comte d'Artois, arborant, à
son tour, l'uniforme aux trois couleurs, parvint à
obtenir le ralliement paradoxal, mais qui ne dura
pas, d'une partie de la Garde parisienne, non pas à
l'ultracisme mais à un légitimisme de la tradition,
du bon vieux temps, en réaction contre l'impasse
belliciste du bonapartisme. Tout se passa comme
si la Garde pouvait ressurgir de par la volonté
d'une partie des citoyens qui la composaient si
l'un des trois modes majeurs de ses manifestations
était intensément sollicité par la conjoncture. Notre
rétrospective nous permet en effet de constater
que la Garde nationale présentait non pas deux
mais trois visages possibles. Elle s'est manifestée,
à la fois, comme une force insurrectionnelle au
service de la plénitude de la souveraineté nationale
et des droits de l'homme (juillet 1789, 14 juillet
1790, juillet 1830, février 1848, et dans une certaine
mesure juin 1847 et mars-mai 1871) et comme une
force de stabilisation imposant le respect d'un
ordre constitutionnel à venir ou effectif auquel tous
devaient désormais se soumettre (duumvirat La
Fayette-Bailly en 1789-1791, Monarchie de Juillet,

Seconde République de février 1848 à décembre 1851). À ce diptyque fondamental s'ajoute la fonction proprement militaire que La Fayette avait revendiquée dès le 17 juillet 1789, la Garde nationale s'identifiait à la Nation armée qui se levait pour défendre l'intégrité menacée de son territoire ou, dans une version moins lyrique, quand elle constituait une réserve d'effectifs supposée intarissable, où le gouvernement pouvait puiser pour alimenter les besoins et les sursauts de la défense nationale (volontaires nationaux de 1791 et 1792, levée en masse d'août 1793, Consulat, les deux Empires, l'invasion et les deux sièges de Paris en 1871).

Il va de soi que distinguer ses modalités majeures d'expression ne remet pas en cause leur unicité profonde mais révèle seulement la triple origine de l'émergence politique de la Garde nationale. Elle est à la fois un héritage, celui des anciennes milices bourgeoises, mais montre aussi une double volonté de changement en tirant deux conséquences majeures et immédiates du principe de souveraineté nationale : respecter les droits du tiers état qui ne sont pas autre chose que les « droits de l'homme » et imposer ce respect à tous les aristocrates et à tous les despotes de la vieille Europe ; et pour cela créer une armée citoyenne, la Garde nationale. Et cette nouvelle donne, politique et militaire, La Fayette en a immédiatement perçu la portée, la cohérence et la nécessité.

Et c'est évidemment un autre apport de notre enquête rétrospective que de nous interroger sur le personnage de La Fayette qui nous a semblé plutôt maltraité par l'historiographie révolution-

naire récente. François Furet, dans le livre majeur
qu'il a intitulé *La Révolution (1770-1880)*[2], va à
l'essentiel de son sujet, compte tenu de son ampleur
et n'accorde à notre personnage, pour les débuts
de la Révolution, que deux mentions plutôt brèves
à propos des journées d'octobre 1789 qui voient le
transfert du couple royal de Versailles à Paris, et
à propos de la fête de la Fédération, le 14 juillet
suivant. Peu de chose non plus sur la Garde nationale, mentionnée par intermittence sans lui consacrer, pour 1789-1791, le moindre paragraphe
interprétatif. En revanche, si la Garde nationale
n'a pas eu droit à un article, La Fayette a droit à
une entrée du *Dictionnaire critique de la Révolution française* et qui est due à l'érudition acérée
de Patrice Gueniffey[3]. La condamnation y est sans
appel : l'homme est un médiocre avéré et l'on
s'appuie, pour cette exécution sommaire, sur la
plupart de ses contemporains, notamment Mirabeau,
Brissot et Danton, verdict corroboré par le jugement de Michelet. Seule Mme de Staël est citée à
la barre pour défendre la fixité inébranlable de ses
engagements mais c'est justement ce que les autres
lui reprochent en n'y voyant qu'une forme évidente
de quasi-stupidité[4]. Enfin, ce ne serait pas un
penseur, il a peu écrit et s'est borné à ressasser
des poncifs du parti « patriote » sans vraiment tirer
parti de ses expériences personnelles. Mais on ne
dit rien de sa correspondance prolongée avec
Washington, avec plusieurs ministres de Louis XVI,
avec Dumouriez, Mirabeau et bien d'autres. Enfin
et surtout on passe sous silence tout ce qui
concerne l'organisation de la Garde nationale, la

création des « compagnies du centre », celle d'un réseau innombrable d'informateurs, l'appui qu'il reçoit d'une partie de la presse, autant de mesures qui font que cette popularité est entretenue, durable et finalement explique peut-être l'agacement général que le personnage a suscité dans le microcosme politique parisien.

De son côté Michel Vovelle dans l'excellent ouvrage qui constitue le tome premier de la *Nouvelle histoire de la France contemporaine* au Seuil, condescend, nous l'avons déjà souligné, à considérer que notre général n'est peut-être pas « la nullité prétentieuse qu'on a dit[5] », mais l'accuse néanmoins de vouloir avant tout sauver la monarchie sans pouvoir, étant donné sa fortune personnelle, lui reprocher d'avoir été corrompu par la Liste civile. Et si, en 1790, ses rapports se tendent avec l'aile gauche du parti patriote, Michel Vovelle doit concéder qu'il « garde une autorité qui reste grande ». Et naturellement popularité et autorité s'accroissent encore avec l'apothéose de la Fédération mais ne dureraient guère, car « l'affaire de Nancy » dévoilerait la nature réelle de la politique du général. Michel Vovelle, pour son réquisitoire, s'appuie essentiellement sur le témoignage de Marat qui a eu évidemment à souffrir de la politique de vigilance du général, sanctionnant l'Ami du peuple pour ses appels permanents à la violence. Mais, de là, vouloir laisser entendre, comme le prétend le pamphlétaire, que le général serait effectivement le chef d'orchestre de la Contre-Révolution, peut paraître pour le moins excessif[6]. Il nous semble plus pertinent de voir dans l'achar-

nement des accusations de Marat la preuve de
l'efficacité du système de contrôle de l'espace
public parisien mis en place par La Fayette et son
état-major, non pas au service de la Contre-Révolution ou d'une quelconque ambition personnelle
— comme le suggère un des sous-titres retenus
par Michel Vovelle : « la tentation du césarisme »
— mais avec la volonté de créer les conditions
permettant à l'Assemblée nationale d'élaborer,
dans des délais décents, la Constitution qui devait
assurer le bonheur de la Nation. Ce mandat, il se
l'était fixé lui-même, démissionnant volontairement de son commandement après l'adoption
des derniers articles de la Constitution et non pas,
comme le suggère Patrice Gueniffey, sous la poussée
d'une impopularité croissante. C'est que peut-être
ni Patrice Gueniffey ni Michel Vovelle ne s'interrogent vraiment sur les raisons de cette année de
calme relatif que connaît Paris en 1790, et ne se
demandent jamais si l'efficacité de la Garde
nationale n'y serait pas pour quelque chose. Pas
plus qu'ils ne se préoccupent véritablement de la
clientèle politique de La Fayette, c'est-à-dire les
classes moyennes qui lui conservent leur confiance
malgré un incident aussi sanglant que le « massacre »
du Champ-de-Mars et donc juger de l'efficience de
la politique de La Fayette et Bailly à travers la
presse démocrate, de Brissot à Marat, n'est peut-
être pas vraiment équitable. Concédons néanmoins qu'à partir de la fin de 1791 il semblerait
que les couches les plus modestes de la bourgeoisie
parisienne entameraient un processus apparent

de radicalisation tout en s'interrogeant sur ce qu'il signifiait : intimidation autant que conversion.

Pour ce qui est du personnage de La Fayette, il faut quand même revenir sur les « Trois Glorieuses » et comment ce prétendu niais a vu se réaliser ce qu'il avait prédit trente-huit années plus tôt ! Comment cette Garde nationale sur laquelle il avait construit un certain modèle de gouvernance, dirions-nous aujourd'hui, était toujours là et lui permettait d'élaborer un nouveau compromis sous la forme d'une monarchie constitutionnelle qui lui paraissait le seul régime viable après l'expérience révolutionnaire et bonapartiste que la France venait de vivre. Compromis que souhaitait la majeure partie de ces mêmes classes moyennes, avec un souverain dont on pouvait espérer qu'il allait respecter la nouvelle règle du jeu. Une fois encore la Garde nationale était garante du contrat tacite qui liait le nouveau régime et la majeure partie des différentes strates de la population parisienne.

La Garde nationale avait bien été au centre de la série d'enchaînements qui provoquèrent la chute brutale et, pour beaucoup, inattendue, en février 1848, d'une monarchie qui s'était pourtant affichée comme bourgeoise et avait bénéficié, lors des deux premières années de son existence de l'appui effectif et efficace de cette même Garde nationale. Ce qu'il advint à Louis-Philippe prouvait, une fois de plus, que le danger pour le pouvoir en place n'était pas seulement une opposition ouverte et agressive de la Garde mais bien des formes plus ou moins larvées d'abstention, de lassitude, de

mauvaise humeur que nous avons tenté de relever
dans nos analyses, car ce malaise était invaria-
blement exploité et si possible amplifié par l'opposition républicaine et pouvait aboutir à une quasi-
abstention de la Garde nationale face aux initiatives des insurgés, du moins au début du processus
insurrectionnel. Ensuite, beaucoup de bataillons
se décidaient en fonction de la tournure des événements et de leur issue prévisible.

Le problème, c'est que l'insurrection à ses débuts
est surtout une protestation populaire contre la
faim et le chômage, la Garde nationale lui est rarement associée, ce qui n'empêche pas les insurgés
et ceux qui les encadrent de se proclamer en état
d'insurrection et donc d'affirmer que le peuple
venait de se lever car son sort n'était plus suppor-
table. Inévitablement quelques compagnies ou
bataillons des faubourgs ou du centre populeux de
Paris se trouvaient associés, mêlés à l'insurrection
et un des objectifs immédiats des insurgés était
d'en accroître le nombre pour augmenter leur
légitimité. On comprend alors que l'arme absolue
des insurgés était la « fraternisation ». Et que, même
sous la Monarchie de Juillet, la barricade est
d'abord symbolique, elle sert surtout à jalonner le
territoire de l'insurrection, elle permet de freiner
la progression des forces de la répression et de les
mettre en condition pour amorcer un dialogue
préliminaire, notamment avec l'armée de ligne
qui n'est pas haïe comme la Garde royale, les
gendarmes ou la Garde municipale. Ce n'est que
lorsque la fraternisation a échoué que la barricade
retrouve sa fonction militaire pour user les capa-

cités de la répression à liquider ces témoins et bastions de l'insurrection.

La «fraternisation» n'est donc pas une ruse destinée à tromper un adversaire politique en lui racontant Dieu sait quoi. Elle est la conséquence logique d'une conviction profonde qu'on veut faire partager; l'insurrection est nécessaire et sa nécessité a été constatée par un vote à main levée d'une assemblée de section à l'autre, de bataillon en bataillon. La fraternisation, c'est d'abord cette unanimité croissante qui conforte les insurgés d'une rue à l'autre, d'un quartier à un autre. Et pour ce qui est de la Garde nationale, la fraternisation concerne en particulier les officiers qu'il faut convaincre d'une nécessité qu'ils ne partagent pas toujours d'emblée, compte tenu de leur condition sociale. Mais convaincre les officiers, nous l'avons vu, c'est reconstituer l'unité symbolique du parti «patriote», c'est favoriser surtout le ralliement ultérieur de bataillons plus tièdes. Ensuite, la fraternisation s'étend aux forces de la répression qu'il faut convaincre de ne pas s'opposer au vœu unanime du peuple qui s'est levé pour défendre les intérêts de la Nation comme il a toujours su le faire depuis 1789! Et l'on s'adresse surtout à l'armée de ligne dont les soldats, issus du peuple, ne peuvent le combattre et qui, au service de la Nation, ne doivent pas accepter de mourir pour un gouvernement qui en trahit les intérêts véritables et qui a, lui-même, provoqué l'insurrection que les soldats doivent réprimer.

La fraternisation a une longue histoire, celle même de la Révolution, elle permit aux sans-

culottes, à partir de la fin de 1791, de chasser des
assemblées de section les modérés et d'asseoir
leur autorité sur des bataillons de la Garde nationale jusque-là favorables à La Fayette, elle explique
la fameuse radicalisation qui suit la déclaration de
guerre et les difficultés de l'armée royale aux frontières nord du royaume[7]. Sous Charles X et Louis-
Philippe le contexte est moins tragique, mais le
souvenir demeure de cette fraternisation issue
de la souveraineté même du peuple et dont les
«Trois Glorieuses» ont manifesté la toute-puissance retrouvée, même s'il a dû consentir à un
nouveau roi qui, de son côté, a dû reconnaître
qu'il devait son trône à la Révolution, car la République faisait encore peur au peuple lui-même.
Quant à l'illusion lyrique de février 1848, n'est-ce
pas une fraternisation assumée par le bourgeois
au nom de la liberté? Mais elle ne faisait pas
baisser le prix du pain et ne donnait guère de
travail à l'ouvrier. Et c'est encore la fraternisation
qui empêche les généraux de Thiers de récupérer
les canons dont disposaient les gardes nationaux
parisiens, le 18 mars 1871.

La fraternisation, c'est convaincre, de façon
plus ou moins instante, les modérés de la justesse,
pour eux-mêmes, des options défendues par le
peuple. Elle devait permettre de ne pas faire couler
inutilement le sang français en rendant immédiatement souhaitables et donc exigibles les revendications du peuple. Elle est donc une manifestation
persuasive de la démocratie directe alors que le
droit à l'insurrection en serait la version irascible;
au temps de Marat, on parlait de la nécessité

d'«encolérer» le peuple pour obtenir une bonne journée révolutionnaire.

Autrement dit, la Garde nationale, tout en étant par sa vocation initiale un instrument de conservation sociale au bénéfice de la bourgeoisie, était en même temps une machine de guerre contre l'aristocratie et l'armée royale que les nobles commandaient. Par le biais du droit à l'insurrection si elle s'estimait menacée, elle apparaissait comme un ferment permanent de démocratie directe, ce que confirmait sa prétention à élire ses officiers et sous-officiers tout comme le droit de manifester lors des revues son adhésion au régime ou sa détestation des ministres ou du roi lui-même si elle le jugeait bon. Certes son ambivalence permettait de masquer sa nature profonde et de laisser croire aux ministres qu'ils pourraient la domestiquer mais la matrice révolutionnaire avait laissé son empreinte et février 1848 le prouva !

Tant que le régime s'appuyait sur une Assemblée nationale élue au suffrage censitaire et une Chambre des pairs nommés et héréditaires, la prétention de la Garde nationale à incarner une légitimité authentiquement révolutionnaire l'autorisait, à ses yeux, à contester un pouvoir qui ignorait totalement ou partiellement la souveraineté nationale et justifiait, de ce fait, le recours à l'insurrection. Mais à partir de février 1848 et l'adoption du suffrage universel, la légitimité révolutionnaire de la Garde nationale n'existe plus, comme nous l'avons dit, la Garde a accompli sa mission historique de liquidation de la prérogative dynastique. La démocratie directe ne se justifie plus, sinon au nom d'une prétendue trahison des mandataires du Peuple qui est d'autant plus difficile à démontrer que la totalité des départements, en juin 1848, se refuse à suivre Paris. Le droit à l'insurrection prétend à son tour ignorer la souveraineté nationale et du coup les classes moyennes le condamnent, la Garde nationale est déchirée et perd en partie sa raison d'être. En juin 1848, c'est l'armée qui rétablit l'ordre et contribue, avec les gardes nationaux des départements, à pourchasser les insurgés. Mais on n'éradique pas facilement un demi-siècle d'engagement passionné d'autant que le coup d'État bonapartiste a brouillé les cartes.

Quand la défaite contre la Prusse ressuscite 1792, militants républicains, gardes nationaux et quartiers populaires imposent, en septembre 1870, un nouveau recours à la démocratie directe mais sans insurrection et l'on rétablit une république parlementaire. L'impuissance du gouvernement provisoire à rétablir la situation militaire exaspère les Parisiens assiégés et le scénario de juin 1848 se renouvelle : à nouveau le peuple de Paris s'estime trahi par une «Assemblée de ruraux», celle sortie des urnes en février 1871, et par Adolphe Thiers, le président du Conseil, qu'elle se donne pour éviter Gambetta, chef de file des partisans de la lutte à outrance. Thiers et ses ministres négocient la paix avec Bismarck et doivent accepter que les Prussiens entrent dans Paris. La Garde nationale parisienne, qui se veut invaincue, conteste la légitimité d'une assemblée composée de royalistes, conserve ses canons le 18 mars et, au nom de la démocratie directe, seule expression acceptable de la souveraineté nationale, élit une Commune de Paris qui se dresse contre un gouvernement de défaitistes, de surcroît hostile à la République.

Thiers et la droite conservatrice veulent en finir avec l'extrême gauche parisienne qui, de son côté, rejoue la carte de la fraternisation pour provoquer dans la plupart des grandes villes la formation d'autres communes. Quant aux républicains, de Clemenceau à Gambetta et Jules Ferry, faute d'un compromis acceptable par les deux camps, ils se résignèrent à laisser faire la droite. Contester, en présence de l'ennemi, une assemblée élue par le suffrage universel, leur apparaissait un crime intolérable. L'élimination de la Commune pour éviter le recours permanent à la démocratie directe, était devenue inéluctable pour consolider la République et, du même coup, la Garde nationale, elle aussi, était condamnée car l'insurrection n'était plus nécessaire pour imposer la liberté d'expression, pas plus qu'une garde spéciale pour protéger contre l'autoritarisme du souverain les citoyens d'autant que même sa fonction de réserve suprême de la Défense nationale ne s'imposait plus aux spécialistes de l'état-major.

Condamnation sans appel, entérinée par la mémoire collective dans la mesure où l'appellation même de Garde nationale a disparu de notre langage politique et que les deux mots qui la composent ont pris des acceptions plutôt négatives qui ne permettent guère de ressusciter ce que signifiait leur association il y a seulement une centaine d'années et *a fortiori* sous la Révolution. Le mot garde a perduré à travers l'appellation de garde

mobile, de garde républicain et plus modestement
de garde champêtre et se trouve donc indéfecti-
blement contaminé par une notion de maintien de
l'ordre associée aux fastes de la République mais
sans que l'on puisse en inférer que c'était chaque
citoyen, du moins après 1792 et 1848, qui était
préposé au maintien de l'ordre et à participer en
personne aux festivités officielles. Quant à l'adjectif national, il a pris, à la fin du XIXᵉ siècle et
dans l'entre-deux-guerres, une connotation l'assi-
gnant à une extrême droite pour laquelle institutions et individus devaient être étroitement soumis
aux exigences de l'État-Nation et qui devaient
aboutir à des régimes de type fasciste, aux anti-
podes de la Garde nationale de La Fayette. Lorsque
le contexte politique de la Résistance, en 1944, a
semblé réunir les conditions d'une résurrection de
la Garde nationale — résistance à l'invasion, volonté
de substituer à une élite de notables réactionnaires
des responsables «patriotes» associant classes
populaires et bourgeoisie progressiste, préparation
pour certains d'un soulèvement massif des populations en faveur des communistes — nul ne chercha
à utiliser cet adjectif confisqué par le régime de
Vichy. Seul, le parti communiste tenta de le réactiver sous la forme d'un Front national contribuant ainsi à son rejet par les autres formations
sociales-démocrates et centristes.

Puissent ces quelques pages contribuer à relancer
l'intérêt pour un acteur collectif majeur de notre
histoire dont le comportement, en partie issu de
ce que nous avons cru devoir appeler, par ailleurs,
la «politique du peuple[8]», a eu le mérite de

chercher à encadrer cette politique tout en lui permettant de s'exprimer. Le «droit au fusil» demeurait une invite permanente à s'en servir, s'il y avait lieu, et les bataillons en décidaient! Et cette façon de faire a marqué, de façon spécifique, notre culture politique via l'hégémonie parisienne. Elle était considérée comme l'expression véritable, directe de la souveraineté nationale. La Garde nationale était implicitement chargée d'assumer cette expression tout en évitant ses excès liés aux pulsations d'une révolte populaire.

Comment perpétuer l'unité de la Nation symbolisée par celle, mythique, du tiers état en 1789. Grâce à un roi constitutionnel espérait La Fayette; en faisant confiance au peuple prétendait la gauche jacobine, divisée entre Marat, Hébert et Robespierre; en confirmant le choix d'une armée désormais toute-puissante, conclut Napoléon Ier. La démesure du nouvel Empereur entraîna sa défaite et la Nation retrouva ses divisions; les sortilèges poussiéreux de la monarchie de droit divin ne purent faire oublier l'ivresse de juillet 1789 que juillet 1830 ressuscita. Mais une Garde nationale censitaire ne pouvait qu'être transitoire et le suffrage universel s'imposa en février 1848, condamnant la Garde nationale à s'opposer désormais à toute remise en cause du verdict des urnes. Paris ne pourra plus contester le vœu de la Nation tout entière, que ce soit en juin 1848 ou en mars 1871 et l'armée devra tirer sur certains des gardes nationaux parisiens. Le droit au fusil ne voulait pas s'effacer devant la légitimité issue du suffrage universel, faisant jouer une sorte de droit d'aînesse patriotique! Cette impasse politique facilita l'apparition d'un nouveau César avec sa promesse de gloire militaire. Puis la Commune vint prouver qu'entre légitimité du pouvoir et défense légitime du territoire, il n'était guère facile de trancher. Ne valait-il pas mieux alors en finir avec la Garde nationale plutôt que de s'exposer à pérenniser l'affrontement constant des deux légitimités? La gauche modérée s'y résigna. Mais avec une mauvaise conscience telle qu'elle entraîna un déni de mémoire que nous avons voulu, après quelques autres, réparer par ces pages qui nous paraissaient nécessaires.

APPENDICES

APPENDICES

REMERCIEMENTS

Je me dois de remercier, en premier lieu, Serge Bianchi et tous ceux qui l'ont aidé à mettre au point le volume des Actes du colloque de l'université de Rennes 2 qui a ranimé mon intérêt pour la Garde nationale, sujet de ma thèse de troisième cycle! Retour aux sources donc qui m'incite à remercier l'université de Rennes 2, ses étudiants, mes collègues et tous les personnels qui ont constitué le cadre et la substance d'une vie professionnelle qui fut, me semble-t-il, très positive pour les jeunes gens qui nous firent confiance, quelle que soit la place que nous attribuent aujourd'hui ceux qui dispensent l'excellence! Remerciements, enfin et surtout, à Martine Allaire, à l'origine du présent ouvrage et qui en accompagna chaleureusement l'élaboration.

NOTES

INTRODUCTION

1. Concernant la bibliographie sur la Garde nationale, dans la perspective régionale que nous venons d'évoquer, on peut consulter celle, particulièrement copieuse et érudite, due à Serge Bianchi et Jean-Luc Laffont dans Serge Bianchi et Roger Dupuy (sous la dir. de), *La Garde nationale entre nation et peuple en armes, Mythes et réalités (1789-1871)*, Rennes, PUR, 2006, p. 541-551. Rendons un hommage particulier à Pierre Arches pour tous ses articles pionniers, depuis 1956, notamment dans les AHRF, les *Annales du Midi* et les *Actes des congrès du CTHS*, concernant l'émergence des gardes nationales et le mouvement des fédérations, notamment dans le quart sud-ouest du royaume.

2. Louis Girard, *La Garde nationale (1814-1871)*, Paris, Plon, 1954.

3. Georges Carrot, *La Garde nationale (1789-1871), une force publique ambiguë*, Paris, L'Harmattan, 2001.

4. Georges Carrot, *La Garde nationale de Grasse, 1789-1871*, thèse d'histoire, Nice, 1975.

5. Alain Corbin et Jean-Marie Mayeur (sous la dir. de), *La Barricade. Actes du Colloque de Paris, 17-19 mai 1995*, Paris, Publications de la Sorbonne, 1997.

6. Louis Hincker, *Citoyens-combattants à Paris, 1848-1851*, Villeneuve-d'Ascq, Presses universitaires du Septentrion, 2008.

7. Maurice Genty, « Controverses autour de la Garde nationale parisienne », dans *AHRF*, 1993, n° 291, p. 61-68 ; « Les débuts de la Garde nationale parisienne (1789-1791) », dans Serge Bianchi et Roger Dupuy (sous la dir. de), *La Garde nationale entre nation et peuple en armes, Mythes et réalités (1789-1871)*, *op. cit.*, p. 151-163. Raymonde Monnier, « La garde citoyenne, élément de la démocratie parisienne », dans Michel Vovelle (sous la dir. de), *Paris et la Révolution*, Paris, Publications de la Sorbonne, 1989, p. 147- 159. Haim Burstin, *Une Révolution à l'œuvre, le faubourg Saint-Marcel, 1789-1794*, Paris, Champ-Vallon, 2005.

I

L'INCARNATION DU MYTHE UNITAIRE
DE L'INSURRECTION VICTORIEUSE

1. Pour le rappel global des conditions qui ont déclenché le 14 juillet 1789 et la naissance de la Garde nationale, on peut se référer à toutes les histoires classiques de la Révolution française et notamment à celle de Michel Vovelle : *La Chute de la Monarchie, 1787-1792*, Paris, Éditions du Seuil, 1972, coll. Points Histoire, *Nouvelle histoire de la France contemporaine*, vol. 1.

2. Sur cette affaire, l'étude de Jacques Godechot reste une des plus concises et des plus complètes : *14 juillet 1789, La Prise de la Bastille*, Paris, Gallimard, 1965, coll. Trente journées qui ont fait la France, p. 170-191.

3. Là encore la somme de Jacques Godechot sur le 14 juillet nous a fourni l'essentiel de notre information sur les journées qui ont précédé la prise de la Bastille.

4. Jacques Godechot, *op. cit.*, p. 225, p. 241.

5. *Ibid.*, pp. 241-252.

6. Sur Paris et la population parisienne en 1789, voir le chapitre 3 de l'ouvrage de Jacques Godechot (pp. 74-91). L'auteur y rappelle qu'un recensement de 1792 faisait état d'une population de 635 504 habitants. La précision du chiffre ne doit pas faire illusion sur la fiabilité effective d'un tel décompte, néanmoins il fournit un ordre de gran-

deur confirmé par les évaluations ultérieures plus techniquement crédibles. L'existence d'une population flottante difficile à évaluer, mais de plusieurs dizaines de milliers d'individus, surtout en période de difficulté économique, inciterait à proposer un chiffre oscillant entre 650 000 et 670 000 habitants, ce qui faisait de Paris la plus grande ville de France — Lyon, 150 000 et Marseille, environ 110 000 — et la seconde ville d'Europe derrière Londres qui atteignait et dépassait déjà le million d'habitants.

Jacques Godechot estime qu'environ 20 % de cette population, soit 130 000 individus, constitueraient son élite sociale, soit 5 000 nobles, 10 000 membres du clergé et environ 115 000 «bourgeois» englobant toute la stratification complexe et subtile des strates moyennes et supérieures du tiers état. Il en résulte que la masse des pauvres, des «futurs sans-culottes», ajoute-t-il, dépasserait les 500 000 individus. Il est évident qu'une telle stratigraphie fait problème et que notamment la couche des «sans-culottes», qui fournit en 1792-1793 l'essentiel des effectifs de la Garde nationale, recouvre toute une population à la frontière de la pauvreté et d'une modeste aisance, ce qui laisse présager ses hésitations, ses colères et ses remords politiques successifs au fil d'une conjoncture économique qui, de ce fait, reste déterminante en ce qui regarde le «maintien de l'ordre».

II

LA GARDE NATIONALE DE PARIS
(juillet 1789 - octobre 1790)

1. Sur les débuts de la Garde nationale parisienne, voir essentiellement les travaux de Maurice Genty: «Les débuts de la Garde nationale parisienne», in *La Garde nationale entre nation et peuple en armes, Mythes et réalités (1789-1871)*, sous la direction de Serge Bianchi et Roger Dupuy, Actes du colloque de l'université de Rennes 2 (24-25 mars 2005), Rennes, PUR, 2006. pp. 151-163.

2. C'est La Fayette qui rapporte cette phrase fameuse dans ses *Mémoires* et elle est citée par Étienne Taillemite, *La Fayette*, Paris, 2006, Fayard, p. 178.

3. *Ibid.*, p. 179.

4. Jules Michelet, *Histoire de la Révolution française*, Paris, NRF, Bibliothèque de la Pléiade, 1952, vol. I, pp. 187-190.

5. Étienne Taillemite, *op. cit.*, p. 181.

6. *Ibid.*, p. 182.

7. Maurice Genty, « Controverses autour de la Garde nationale parisienne », *AHRF*, 1993, pp. 76-77.

8. *Ibid.*, p. 77.

9. Georges Carrot, *op. cit.*, p. 78.

10. Maurice Genty, « Les débuts de la Garde nationale parisienne », *op. cit.*, pp. 161-162.

11. Étienne Taillemite, *op. cit.*, p. 189.

12. Jules Michelet, *op. cit.*, vol. 1, p. 253.

13. *Ibid.*, pp. 265-280.

14. Michel Vovelle, *La Chute de la Monarchie*, *op. cit.*, pp. 142-144.

15. *Ibid.*, p. 149.

16. Cité in *ibid.*, p. 149.

III

LA GARDE NATIONALE EN PROVINCE
(juillet 1789-juin 1790)

1. On appelait « bricoles », les lanières de cuir ajustées à l'épaule qui servaient au transport des seaux ou à tirer un charreton. Le terme symbolise donc la partie la plus modeste du petit peuple de Rennes.

2. Brochure anonyme contemporaine des événements : *Relation des événements qui se sont passés en Bretagne*, 24 p. in-8°, A.D. I.-et-V., C.4941.

3. Pierre Arches, « le premier projet de fédération nationale », in *AHRF*, 1956, p. 260, n. 26.

4. Georges Carrot, *op. cit.*, p. 63.

5. René Toujas, « La genèse de l'idée de fédération natio-

nale», in *AHRF*, 1955, pp. 213 et suiv. ; cité par Georges Carrot, *op. cit.*, p. 64.

6. Louis Trénard, *La Révolution française dans la région Rhône-Alpes*, Paris, Perrin, 1992, pp. 215-217.

7. Claude Perrout, *Les Lettres de Madame Rolland*, Paris, Imprimerie nationale, 1900-1915, 4 vol., tome 2, p. 97.

8. Roger Dupuy, *La Bretagne sous la Révolution et l'Empire (1789-1815)*, Rennes, Éditions Ouest-France, 2004, pp. 43-46.

9. Jean Nicolas (sous la dir. de), *Mouvements populaires et conscience sociale, XVIᵉ-XIXᵉ siècles*, Actes du colloque de Paris (24-26 mai 1984), Paris, Maloine S.A. éditeur, 1985, et tout particulièrement la communication de Colin Lucas — «Résistances populaires dans le Sud-Est», pp. 473-485 — qui soulignait l'hostilité des populations rurales à l'encontre des raids de gardes nationaux citadins venus au secours des prêtres constitutionnels et des notables «patriotes» menacés par les partisans des prêtres réfractaires ; et François Lebrun et Roger Dupuy (sous la dir. de), *Les Résistances à la Révolution*, Actes du colloque de Rennes (17-21 septembre 1985), Paris, Éditions Imago, 1987.

10. Pour une présentation globale du Midi languedocien sous la Révolution, on dispose de l'ouvrage de Robert Laurent et Geneviève Gavignaud, *La Révolution française dans le Languedoc méditerranéen*, Toulouse, Privat, 1987. Concernant les camps de Jalès, voir pp. 86-101, 128-133.

Sur les conflits interconfessionnels dans le sud du Massif central, on bénéficie de la thèse passionnante de Valérie Sottocasa : *Mémoires affrontées, protestants et catholiques face à la Révolution dans les montagnes du Languedoc*, Rennes, PUR, 2004, pp. 38-41 (sur la bagarre de Nîmes) ; pp. 86-99 (sur les trois camps de Jalès).

11. Sur Mathieu Jouve, dit Jourdan «Coupe-Têtes», voir la notice d'Anne-Marie Duport *in* Albert Soboul (sous la dir. de), *Dictionnaire historique de la Révolution française*, *op. cit.*, p. 602.

12. Sur les événements évoqués dans ce paragraphe, on pourra se reporter à l'ouvrage collectif publié sous la direction de Michel Vovelle, aux Éditions de la Découverte,

Paris, 1988 : *L'État de la France pendant la Révolution (1789-1799)* ; consulter notamment l'étude régionale (pp. 336-414) qui présente un panorama très synthétique rédigé par les meilleurs spécialistes pour chacun des ensembles provinciaux du royaume. Une fois encore on n'a pas insisté suffisamment sur l'omniprésence active de la Garde nationale mais le rapide survol que permet cette étude souligne que, presque partout, la Garde nationale a joué un rôle de premier plan (seule exception, les provinces frontières où l'armée est présente et impose sa primauté).

Pour une approche plus fouillée de certains contextes, rappelons le titre de quelques ouvrages plus spécialisés : Claude Petitfrère, *Les Bleus d'Anjou (1789-1792)*, Paris, CTHS, 1985 ; Jacques Godechot, *La Révolution française dans le Midi toulousain*, Paris, Privat, 1986 ; Robert Laurent, Geneviève Gavignaud, *La Révolution française dans le Languedoc méditerranéen, op. cit.* ; Anne-Marie Duport, *Journées révolutionnaires à Nîmes*, Nîmes, Éditions Jacqueline Chambon, 1988 ; Roger Dupuy, *De la Révolution à la Chouannerie*, Paris, Flammarion, 1988 ; Paul d'Hollander, Pierre Pageot, *La Révolution française dans le Limousin et la Marche*, Paris, Privat, 1989 ; Jean Bart, *La Révolution française en Bourgogne*, Clermont-Ferrand, La Française d'édition et d'imprimerie, 1996.

IV

DE LA FÊTE DE LA FÉDÉRATION
À LA PROCLAMATION DE LA CONSTITUTION
(14 juillet 1790 - septembre 1791)

1. Michel Vovelle, *La Chute de la Monarchie, op. cit.*, p. 138-144.

2. Marcel Reinhard, *Nouvelle histoire de Paris, La Révolution 1789-1799*, Paris, Hachette, 1971, p. 173-174.

3. Mona Ozouf, *La Fête révolutionnaire, 1789-1799*, Paris, Gallimard, 1976, pp. 44-74 ; article « Fédération » dans *Dictionnaire critique de la Révolution française*, Paris, Flammarion, 1988, pp. 96-104.

4. Georges Lefebvre, *La Révolution française*, Paris, PUF, 1963, p. 155.

5. Haim Burstin, *Une révolution à l'œuvre, le faubourg Saint-Marcel (1789-1794)*, Paris, Champ-Vallon, 2005, pp. 161-168.

6. Étienne Taillemite, *La Fayette*, Paris, Fayard, 1989, p. 241.

7. Marcel Reinhard, *op. cit.*, pp. 181-185.

8. Étienne Taillemite, *op. cit.*, pp. 245-246.

9. Georges Carrot, *op. cit.*, p. 88.

10. André Chénier, *Œuvres en prose*, Becq de Fouquières édit., 1872, p. 18, cité par Étienne Taillemite, *op. cit.*, p. 247.

11. La Fayette, *Mémoires, correspondance et manuscrits du général La Fayette, 1837-1838*, Paris, Fournier Aîné, t. III, pp. 137-140.

12. Jules Michelet, *Histoire de la Révolution française*, Paris, Gallimard, Bibl. de la Pléiade, 1952, tome 1, pp. 443-456.

13. Jean Egret, *Necker, ministre de Louis XVI*, Paris, Honoré Champion, 1975, p. 439.

14. Étienne Taillemite, *op. cit.*, pp. 258-259.

15. Georges Carrot, *op. cit.*, p. 94.

16. Charles Élie, marquis de Ferrières, *Mémoires pour servir à l'histoire de l'Assemblée constituante et de la Révolution de 1789*, 3 vol., Paris, Beaudoin Frères, Libraires-éditeurs, 1822, vol. 2, pp. 241-242.

17. Jules Michelet, *op. cit.*, tome 1, p. 532.

18. Michel Vovelle, *La Chute de la Monarchie, op. cit.*, pp. 151-152 et pp. 183-185.

19. La Fayette, *op. cit.*, tome 3, pp. 66 et 173 ; tome 4, pp. 159 et 263, cité par Étienne Taillemite, *op. cit.*, pp. 175-176

20. *Ibid.*, tome 3, pp. 175-176.

21. Sur l'épisode déterminant de Varennes, se référer évidemment à la mise au point à la fois ample, précise et subtile de Mona Ozouf, *Varennes, la mort de la royauté*, Paris, Gallimard, coll. Les journées qui ont fait la France, 2005. La Garde nationale n'est pas au centre du livre, La

Fayette y apparaît comme un personnage sur l'envergure duquel l'auteur s'interroge sans jamais en faire un protagoniste vraiment majeur de la situation. Mais la restitution du contexte politique mouvant de cette période de dramatisation progressive des enjeux, Varennes en étant une étape démonstrative, fournit un tel foisonnement d'informations et d'hypothèses qu'elle ne peut que nous inviter à réfléchir sur le rôle effectif de la Garde nationale et la survie politique de son chef.

22. Mathieu Dumas, *Souvenirs du lieutenant général comte Mathieu Dumas de 1770 à 1836, publiés par son fils*, 3 vol., Paris, C. Gosselin, 1839, tome 1, pp. 486 et suiv.

23. Mona Ozouf, *Varennes, op. cit.*, pp. 268-278.

24. Étienne Taillemite, *op. cit.*, pp. 286-290.

25. Condorcet (marquis de), *Mémoires sur la Révolution française extraits de sa correspondance et celle de ses amis*, 2 vol., Paris, 1824, tome II, p. 54.

26. Sigismond Lacroix et R. Farge, *Actes de la Commune de Paris*, 16 vol., Paris, 1894-1942, 2e série, tome III p. 67.

27. Marcel Dorigny, «Champ-de-mars (fusillade du), 17 juillet 1791», in *Dictionnaire historique de la Révolution française, op. cit.*, p. 202.

28. Pour toute cette affaire, outre la mise au point de Marcel Dorigny, on bénéficie de la synthèse de Timothy Tackett : *Le Roi s'en fut, Varennes et l'origine de la Terreur*, Paris, La Découverte, 2004, pp. 172-180, et de celle de Mona Ozouf, *op. cit.*, pp. 278-299.

On peut également consulter les documents de presse collationnés par P.-J.-B. Buchez et P.-C. Roux *Histoire parlementaire de la Révolution française*, Paris, Paulin libraire-éditeur, 1835, tome 11, pp. 99-191.

29. Abbé de Salamon, *Correspondance secrète de l'abbé de Salamon avec le cardinal de Zelada (1791-1792)*, publiée par le vicomte de Richemont, Paris, Éd. Plon, Nourrit et Cie, 1898, pp. 52-53.

30. Marat, *L'Ami du peuple*, no du 14 octobre 1791, cité dans Buchez et Roux, *op. cit.*, tome 12, p. 311.

V

LA GARDE NATIONALE
ET LA CONSTITUTION DE 1791
(octobre 1791 - août 1792)

1. Jacques Godechot, *Les Constitutions de la France depuis 1789*, Paris, Garnier-Flammarion, 1995, pp. 63-64.

2. *Ibid.*, p. 63.

3. Michel Vovelle, *La Chute de la Monarchie, op. cit.*, pp. 240-263.

4. Marcel Reinhard, *Dix août 1792, La Chute de la monarchie*, Paris, Gallimard, 1969, pp. 142-143.

5. Haim Burstin, *op. cit.* ; Marcel Reinhard, *La Chute de la Monarchie, op. cit.* ; *Nouvelle histoire de Paris, op. cit.*

6. Étienne Taillemite, *op. cit.*, p. 307.

7. Haim Burstin, *op. cit.*, pp. 332-334.

8. *Ibid.*, pp. 350-351. Voir aussi, Marcel Reinhard, *La Chute de la monarchie, op. cit.*, pp. 274-275 : on y étudie les deux fêtes opposées, celle que David orchestra en l'honneur des Suisses de Châteauvieux et celle à la mémoire de Simoneau. Marcel Reinhard en fait le commentaire suivant, après avoir évoqué les 200 000 ou 300 000 spectateurs de la cérémonie organisée par David qui réutilisa le char construit pour la panthéonisation de Voltaire : «Au contraire une contre-manifestation fut officiellement préparée pour exalter Simoneau, victime des taxateurs, et accessoirement Desilles, officier victime des soldats insurgés. On constata que, cette fois encore, la foule fut énorme, de toute évidence la division était profonde, une partie des sections et de la Garde nationale avait manifesté pour Simoneau. Pétion lui-même avait patronné la fête, portant ainsi l'ambiguïté à son comble. Entre ces deux fêtes la guerre avait été déclarée et servit de dérivatif provisoire.»

9. Haim Burstin, *op. cit.*, p. 348.

10. *Ibid.*, p. 347.

11. *Ibid.*, p. 351.

12. Marcel Reinhard, *La Chute de la monarchie, op. cit.*,

pp. 315-330. Pour la journée du 20 juin, telle qu'elle a été vécue dans le faubourg Saint-Marcel, lire Haim Burstin, *op. cit.*, pp. 358-372.

13. Marcel Reinhard, *La Chute de la monarchie, op. cit.*, pp. 374-388.

14. *Ibid.*, pp. 389-410, soit ce que l'auteur a appelé « la bataille du 10 août ».

VI

LE 10 AOÛT 1792
OU LA « RADICALISATION » IMPOSÉE

1. Marcel Reinhard, *La Chute de la monarchie, op. cit.*, p. 395. L'auteur, de la p. 391 à la p. 400, fait la somme des informations dont l'historien peut disposer sur la géographie urbaine de l'insurrection et sa chronologie dans la nuit du 9 au 10 août 1792.

2. *Ibid.*, p. 576. Il s'agit d'un extrait d'un document exceptionnel, le journal de marche du bataillon des fédérés finistériens, tenu par P. Desbouillons et adressé aux administrateurs du département du Finistère. Il décrit en détail les étapes de la marche de ces volontaires de Brest à Paris, via Rennes et Alençon, mais aussi les phases successives de la bataille du 10 août et notamment la salve des Suisses sur les patriotes, qui avaient non seulement pénétré dans la cour du château comme l'affirment la plupart de témoignages, mais qui avaient défoncé la porte même du château, pénétré dans le vestibule et s'efforçaient de rallier les gardes nationaux qui s'y trouvaient. P. Desbouillons décrit ainsi la scène : « (...) Les commandants des Suisses et d'autres généraux persistèrent à dire que sans ordre du Roi ils n'abandonneraient pas leurs postes. Vous voulez donc tous périr, leur dit-on ! Oui, répondirent-ils, nous périrons tous plutôt que de les abandonner sans un ordre du Roi. Le bas de l'escalier était rempli de citoyens dont la plupart n'avaient que des sabres ; un des chefs des Suisses reçut, dans le mouvement, un léger coup et aussitôt une décharge générale écrasa ses concitoyens. L'affaire s'engage de toutes parts,

et des scènes d'horreur se multiplient de tous côtés. Malheureusement tous les bataillons de la Garde nationale n'étaient pas de notre côté : plusieurs sont restés dans l'inaction pendant le commencement de l'affaire, on assure même qu'il y en a qui ont fait feu sur leurs concitoyens. »

3. Baron de Frénilly, *Mémoires 1768-1848, Souvenirs d'un ultraroyaliste*, Paris, Perrin, 1987, pp. 123-127.

4. *Ibid.*, p. 127.

5. Haim Burstin, *op. cit.*, pp. 415-422.

6. *Ibid.*, p. 431.

VII

LE DIVORCE ENTRE PARIS
ET LES DÉPARTEMENTS
(printemps - automne 1793)

1. Albert Soboul, *Les Sans-culottes parisiens en l'an II. Mouvement populaire et gouvernement révolutionnaire (2 juin 1793-9 thermidor an II)*, Paris, Le Seuil, 1968.

2. Sur l'élection et la composition de la Convention, on bénéficie d'une excellente synthèse sur les scrutins successifs de la période révolutionnaire, les débats théoriques qui les ont précédés, le déroulement concret des opérations électorales et leur conséquence politique sur le destin de la Révolution : Patrice Gueniffey, *Le Nombre et la Raison*, Paris, EHESS, 1993. Sur le contexte politique global de la période 1792-1794, on peut se référer à Roger Dupuy, *La République jacobine, Terreur, guerre et gouvernement révolutionnaire, 1792-1794*, Paris, Le Seuil, coll. Nouvelle histoire de la France contemporaine, tome 2, 2005.

3. Frédéric Braesch, *La Commune du Dix-Août 1792. Étude sur l'histoire de Paris du 20 juin au 2 décembre 1792*, Paris, 1911 ; réimpression, Genève, Mégariotis Reprint, 1978, pp. 161-166. Liste des sections les plus « démocrates » à la veille du dix août : Tuileries, Mauconseil, Lombards, Montreuil, Quinze-Vingts, Gravilliers, Théâtre-Français, Croix-Rouge et Gobelins, soit 9 sections auxquelles s'ajoutent 23 sections plutôt « démocrates ».

4. Liste des sections réputées les plus «conservatrices»
à la veille du 10 août: Champs-Élysées, Bibliothèque, Place
Louis XIV, Temple, Arsenal, Henri IV et Jardin des Plantes,
soit 7 sections auxquelles s'ajoutent 9 sections plutôt
«conservatrices».

5. Alphonse Aulard, *Histoire politique de la Révolution
française*, Paris, Librairie Armand Colin, 1901, p. 402.
L'auteur cite *Le Moniteur*, réimpression, t. XIV, p. 41.

6. *Ibid.*, p. 428.

7. Armand Meillan, *Mémoires*, Paris, an III; réimpression
en 1823, p. 58.

8. Bruno Ciotti, «Servir dans la Garde nationale de
Lyon en 1792», *La Garde nationale entre nation et peuple
en armes, Mythes et réalités, 1789-1871*, Rennes, PUR, 2006,
pp. 329-330.

9. Jacques Godechot, *Les Constitutions de la France*,
op. cit., pp. 90-91.

VIII

GARDE NATIONALE
ET GOUVERNEMENT RÉVOLUTIONNAIRE
(septembre 1793-juillet 1794)

1. Pour ce qui regarde l'évocation des faits concernant
la période allant de l'été 1793 à l'été 1794, nous avons
utilisé: Jules Michelet, *Histoire de la Révolution française*,
Paris, N.R.F., Bibliothèque de la Pléiade, 1952, tome 2;
Roger Dupuy, *La République jacobine, Terreur, guerre et
gouvernement révolutionnaire, 1792-1794*, Paris, Le Seuil,
coll. Nouvelle histoire de la France contemporaine, 2009;
Claude Mazauric, «Robespierre Maximilien François Isi-
dore», dans Albert Soboul (sous la dir.) *Dictionnaire historique de la Révolution française*, Paris, PUF, 1989, p. 914-
921.

Françoise Brunel, «Thermidor (neuf)», dans *ibid.*, p. 1030-
1032.

2. Jules Michelet, *op. cit.*, p. 1092.

3. Jacques Guilhaumou, article «Vincent», dans *Diction-*

naire historique de la Révolution française, op. cit., p. 1092.
Vincent, secrétaire du club des Cordeliers, membre de la
Commune de Paris en 1792, chef de bureau provisoire au
ministère de la Guerre. Bouchotte, devenu ministre de la
Guerre, le choisit pour occuper le poste clé de secrétaire
général du département de la Guerre (avril 1793). Il en
profite pour peupler son ministère de Cordeliers favorables
aux thèses hébertistes donc à la démocratie directe, accusant Robespierre d'aspirer à la dictature. Arrêté dès
décembre 1793, il sera destitué. Libéré en février 1794, il
sera impliqué dans le procès intenté aux Hébertistes et
exécuté le 25 mars 1794.

4. Roland Gotlib, article «Momoro», *ibid.*, p. 752-753.
Imprimeur, membre du club des Cordeliers, Momoro est
impliqué dans l'affaire de la pétition du Champ-de-Mars du
17 juillet 1791. Arrêté le 10 août suivant, il bénéficie de
l'amnistie votée par la Constituante. Il est nommé commissaire de la Commune pour lever des volontaires dans l'Eure
et le Calvados. Il se radicalise et soutient des opinions favorables au partage des propriétés pour favoriser l'égalité des
fortunes. Il est chargé, en mai 1793, d'une mission en
Vendée, au côté du général Ronsin, pour y écraser l'insurrection royaliste. Revenu à Paris, il proteste contre l'arrestation de Vincent en décembre 1793. Arrêté avec les autres
dirigeants cordeliers, il sera finalement condamné à mort
le 24 mars et guillotiné le lendemain avec Hébert, Ronsin
et Vincent.

5. Ducroquet. Albert Mathiez l'évoque dans *La Vie chère
et le Mouvement social sous la Terreur*, Paris, Payot, 1927,
p. 555-558. Il en fait le modèle de ces commissaires aux
accaparements désignés par la Commune et qui abusaient
de leurs pleins pouvoirs pour confisquer ce que les paysans
apportaient sur les marchés pour le redistribuer en fonction
des besoins supposés des sans-culottes du quartier. Ce qui
provoquait la désertion des marchés par les paysans et
permit de les accuser d'organiser la pénurie pour créer
sciemment le mécontentement populaire. Ducroquet aurait
fait saisir 36 œufs achetés par un particulier qui affirmait
avoir une famille de 7 personnes à nourrir et les aurait
partagés entre 36 consommateurs différents.

IX

THERMIDOR ET LA GARDE NATIONALE
(1795)

1. Raymonde Monnier, «Le tournant de Brumaire: dépopulariser la Révolution parisienne», in *Le Tournant de l'an III, Réaction et Terreur blanche dans la France révolutionnaire*, Paris, Éditions du CTHS, 1997, p. 190. Voir également du même auteur: *L'Espace public démocratique, Essai sur l'opinion à Paris de la Révolution au Directoire*, Paris, Éditions KIME, 1994.

2. Haim Burstin, *op. cit.*, p. 874. L'auteur cite comme référence *Le Moniteur*, n° 180, 30 ventôse an III.

3. Kare D. Tonnesson, *La Défaite des sans-culottes, Mouvement populaire et réaction bourgeoise en l'an III*, Oslo-Paris, Presses universitaires d'Oslo et Librairie R. Clavreuil, 1959.

4. Alphonse Aulard, *Paris sous la réaction thermidorienne et sous le Directoire*, tome I, Paris, 1898, p. 676 et 680; cité par K.D. Tonnesson, *op. cit.*, p. 229.

5. K.D. Tonnesson, *op. cit.* p. 169.

6. *Ibid.*, p. 230.

7. *Ibid.*, p. 248.

8. *Ibid.*, p. 251.

9. *Ibid.*, pp. 330-331.

X

LE DÉCLIN DE LA GARDE NATIONALE

1. Fréron (1754-1802), propriétaire aisé d'un journal fondé par son père rendu célèbre et ridiculisé à jamais par un distique venimeux de Voltaire, condisciple de Camille Desmoulins à Louis-le-Grand, devenu un des journalistes les plus véhéments de l'extrême gauche démocrate, fut élu député de Paris à la Convention grâce à l'appui de Robespierre qui l'envoya comme représentant en mission pour combattre le fédéralisme dans les départements du Sud-Est. Il s'y fit une réputation d'un proconsul violent et prévaricateur. Rappelé à Paris par Robespierre, il se savait condamné par l'Incorruptible et fut un des instigateurs du 9 thermidor. Devenu un réactionnaire frénétique, il s'entoura d'une bande de jeunes nervis armés de cannes et de gourdins qui s'en prenaient à tous ceux que leur mise et leur coiffure désignaient comme de possibles Jacobins et se nommaient eux-mêmes «Jeunesse dorée de Fréron».

2. Jacques Godechot, *Les Constitutions de la France depuis 1789*, Paris, Garnier-Flammarion, 1995, pp. 106, 108, 140.

3. Sur les élections faisant suite au décret des deux tiers, voir Marcel Reinhard, *La Révolution*, in *Nouvelle Histoire de Paris*, Paris, Association pour la publication d'une histoire de Paris, 1971, Diffusion Hachette, pp. 347-349.

4. Sur le 13 vendémiaire an IV, nous bénéficions de l'excellente mise au point d'Émile Ducoudray : «Vendémiaire (journée du 13), in Albert Soboul (sous la dir. de), *Dictionnaire historique de la Révolution française, op. cit.*, pp. 1076-1079.

5. Paul Barras, *Mémoires de Barras*, Paris, Mercure de France, coll. Le Temps retrouvé, 2005, p. 177.

6. Françoise Brunel, «Terreur blanche», in Albert Soboul (sous la dir. de), *Dictionnaire historique de la Révolution française, op. cit.*, pp. 1025-1026.

7. René Moulinas, «Le département du Vaucluse en 1795 : la contre-révolution en marche ?», in Michel Vovelle (sous la dir. de), *Le Tournant de l'an III, Réaction et Terreur blanche dans la France révolutionnaire*, Paris, Éditions du CTHS, 1997, p. 538.

8. Michel Vovelle, «Massacreurs et massacrés. Aspects sociaux de la Contre-Révolution en Provence, après Thermidor», in François Lebrun, Roger Dupuy (sous la dir. de), *Les Résistances à la Révolution*, Paris, Imago, 1987, pp. 150-151.

9. Colin Lucas, «Themes in southern violence after Thermidor», in Gwenne Lewis and Colin Lucas, *Beyond the Terror. Essays in French Regional and Social History, 1794-1815*, Oxford, 1983, pp. 152-194 ; Colin Lucas, «Résistances

populaires à la Révolution dans le Sud-Est», in Jean Nicolas (sous la dir. de), *Mouvements populaires et conscience de classe, XVIᵉ-XIXᵉ siècles*, Paris, Maloine S.A. éditeur, 1985, pp. 473-485.

10. Jacques Godechot, *La Révolution française dans le Midi toulousain*, Toulouse, Éditions Privat, 1986, pp. 276-301.

11. Serge Bianchi, *La Révolution et la Première République au village. Pouvoirs, votes et politisation dans les campagnes de l'Île-de-France, 1787-1800*, Paris, CTHS, 2003 ; Jean Bart, *La Révolution française en Bourgogne*, Clermont-Ferrand, La Française d'édition et d'imprimerie, 1996 ; Allan Forest, *Society and Politics in Revolutionary Bordeaux*, Londres, Oxford University Press, 1975.

12. Jean Bart, *op. cit.*, pp. 283-290.

13. Sur la guerre civile dans l'Ouest, Émile Gabory, «La révolution et la Vendée», Nantes, 1925-1926, in *Les Guerres de Vendée*, Paris, Robert Laffont, coll. Bouquins, 1989 ; Roger Dupuy, *Les Chouans*, Paris, Hachette Littérature, coll. La vie quotidienne Pluriel, 2008.

14. Jacques Godechot, *Les Constitutions de la France depuis 1789*, Paris, Garnier-Flammarion, 1995, p. 156.

XI

LA GARDE NATIONALE
ET L'ARMÉE DE LA «GRANDE NATION»
(1795-1815)

1. Les thermidoriens choisirent un alexandrin de Marie-Joseph Chénier dans son poème «Pour la mort du général Hoche» afin d'exalter les succès militaires du Directoire : «La Grande Nation à vaincre accoutumée». Albert Mathiez, «Origine de l'expression la *Grande Nation*», *AHRF*, 1929, p. 290.

2. Philippe Catros, «Les militaires patriotes, la nation en armes et la question des milices nationales (1789-1792)», Serge Bianchi et Roger Dupuy (sous la dir. de), *La Garde nationale entre nation et peuple en armes, Mythes et réalités*

(1789-1871), Actes du colloque de l'université de Rennes 2, (24-25 mars 2005), Rennes, PUR, 2006, pp. 267-279.

3. Jean Chagniot, «Projets et réformes en dissonance»; «Une armée idéaliste et désœuvrée», in André Corvisier (sous la dir. de), *Histoire militaire de la France de 1705 à 1871*, Paris, PUF, 1992, pp. 110-128.

4. Jean-Paul Bertaud, article «Conscription», in Albert Soboul (sous la dir. de), *Dictionnaire historique de la Révolution française*, Paris, PUF, 1989, pp. 277-278.

5. Georges Carrot, *op. cit.*, pp. 168-169.

6. *Ibid.*, pp. 183-187.

7. Duc de Castries, *La Fayette*, Paris, Tallandier, 2006, p. 306.

8. *Ibid.*, p. 307.

9. Étienne Taillemite, *op. cit.*, p. 419.

10. Cité par Duc de Castries, *op. cit.*, p. 341.

11. Louis Girard, cf. le titre du premier chapitre de l'ouvrage qu'il consacra à la Garde nationale : «La Barrière de Clichy», *op. cit.*, pp. 7-19.

12. *Ibid.*, pp. 24-25.

13. Correspondance de La Fayette, citée par Étienne Taillemite, *op. cit.*, p. 421.

14. Georges Carrot, *op. cit.*, p. 224.

15. La Fayette, *Mémoires*, t. V, p. 303 ; cité par Duc de Castries, *op. cit.*, p. 356.

16. Extrait du *Mémorial de Sainte-Hélène* cité par Duc de Castries, *op. cit.*, pp. 358-359.

XII

DE LA RESTAURATION ULTRA AUX «TROIS GLORIEUSES» (juin 1815 - juillet 1830)

1. Pour ce qui concerne la période de la Restauration et de la révolution de Juillet 1830, on pourra consulter : G. de Berthier de Sauvigny, *La Restauration*, Paris, Flammarion, 1955 ; *id.*, *Nouvelle histoire de Paris. La Restauration*, Paris, Hachette, 1977.

2. Georges Carrot, *op. cit.*, p. 233.

3. Louis Girard, *op. cit.*, p. 113.

4. *Ibid.*, pp. 130-131.

5. *Ibid.*, pp. 132-134.

6. G. de Berthier de Sauvigny, *La Restauration*, nouvelle édition, Paris, Flammarion, coll. Champs, 1974, pp. 189-192.

7. Jean-Louis Bory, *La Révolution de Juillet*, Paris, Gallimard, 1972, p. 176.

8. Cité par L. Girard, *op. cit.*, p. 149.

9. *Ibid.*, p. 151.

10. Jean-Louis Bory, *op. cit.*, p. 179.

11. Cité par Louis Girard, *op. cit.*, p. 000.

XIII

ENTRE LOUIS-PHILIPPE ET LA FAYETTE
(juillet 1830-décembre 1830)

1. Louis Girard, *La Garde nationale, op. cit.*, p. 15.

2. Mathilde Larrère, *La Garde nationale de Paris sous la monarchie de juillet. Le pouvoir au bout du fusil?*, thèse sous la direction du professeur Corbin, Université Paris I, 2000.

3. Sur les péripéties des Trois Glorieuses, voir essentiellement : Guillaume de Berthier de Sauvigny, *La Révolution de 1830 en France*, Paris, Armand Colin, coll. U2, 1970, et aussi, David H. Pinkney, *La Révolution de 1830 en France*, PUF, Paris, 1988.

4. Louis Girard, *op. cit.*, pp. 160-161.

5. Duc de Castries, *La Fayette*, Paris, Tallandier, 2006, pp. 424-425.

6. Ordre du jour de La Fayette cité par Guillaume de Berthier de Sauvigny, *La Révolution de 1830 en France*, Paris, Armand Colin, 1970, pp. 157-158.

7. *Ibid.*, pp. 254-256.

8. Chateaubriand, *Mémoires d'outre-tombe*, livre 33, chapitre 14, Paris, Livre de poche, tome 3, 1951, p. 145.

9. *Ibid.*, p. 147.

10. Cité par Guillaume de Berthier de Sauvigny, *op. cit.*, p. 225.

11. Mathilde Larrère, *op. cit.*, p. 71.

12. Louis Girard, *op. cit.*, pp. 168-169.

13. Mathilde Larrère, *op. cit.*, pp. 170-171.

14. Cité par Étienne Taillemite, *op. cit.*, p. 495.

15. Louis Girard, *op. cit.*, pp. 186-187.

16. Chateaubriand, *op. cit.*, pp. 614-615.

XIV

LA GARDE NATIONALE SOUTIEN ACTIF DE LA MONARCHIE
(1831-juillet 1835)

1. Nathalie Jacobowicz, *1830, Le Peuple de Paris, Révolution et représentations sociales*, Rennes, PUR, 2009.

2. Louis Chevalier, *Classes laborieuses et classes dangereuses à Paris pendant la première moitié du XIXᵉ siècle*, Paris, Plon, 1958, rééd. 1969 — c'est l'édition utilisée dans le présent ouvrage.

3. *Ibid.*, p. 213.

4. *Ibid.*, p. 318.

5. Rapport du préfet de Police cité par Louis Chevalier, in *ibid.*, p. 318.

6. *Ibid.*, p. 319.

7. *Ibid.*, p. 320.

8. Nathalie Jacobowicz, *op. cit.*, p. 206.

9. *Ibid.*, pp. 206-207.

10. *Ibid.*, p. 207.

11. Louis Girard, *op. cit.*, p. 243.

12. *Ibid.*, p. 272.

13. Charles de Rémusat, *Mémoires de ma vie*, Paris, Librairie Plon, 1962, vol. IV, pp. 3, 4.

14. *Ibid.*, p. 184.

XV

D'UNE RÉVOLUTION À L'AUTRE
(février et juin 1848)

1. Cité par Louis Girard, *op. cit.*, p. 289.

2. *Ibid.*, p. 293.

3. *Ibid.*, p. 294.

4. Gaston Bouniols, *op. cit.*, pp. 132-133.

5. Maurice Agulhon, *1848 ou l'apprentissage de la République, 1848-1852*, Paris, Éditions du Seuil, coll. Points Histoire, 1973, p. 33.

6. *Ibid.*, pp. 56-57.

7. Gaston Bouniols, *op. cit.*, pp. 158-164.

8. *Ibid.*, p. 225-276 ; Maurice Agulhon, *op. cit.*, pp. 64-72.

9. Louis Girard, *op. cit.*, p. 318.

10. Louis Hincker, *Citoyens-combattants à Paris, 1848-1851*, Villeneuve-d'Ascq, Presses universitaires du Septentrion, 2008. Et aussi : Hincker Louis, « Officiers porte-parole des barricades : Paris 1848 », dans Serge Bianchi, Roger Dupuy (sous la dir. de), *La Garde nationale entre nation et peuple en armes, mythes et réalités*, Actes du colloque des 24-25 mars 2005 à l'université de Rennes 2, Rennes, PUR, 2006, pp. 475-488.

11. Charles de Rémusat, *op. cit.*, tome IV, pp. 326-327.

12. Karl Marx, *Les Luttes de classes en France, 1848-1850*, Paris, Éditions sociales, 1967, p. 65.

13. Pierre Caspard, « Aspects de la lutte des classes en 1848 : le recrutement de la Garde nationale mobile », *Revue historique*, juillet 1974, n° 511, pp. 81-106 ; Mark Traugott, *Armies of the Poor. Determinants of Working Class Participation in the Parisian Insurrection of June 1848*, Princeton, Princeton University Press, 1985 ; « Une étude critique des facteurs déterminants des choix politiques lors des insurrections de février et juin 1848 », *Revue française de sociologie*, juillet-décembre 1989, pp. 638-652 ; Laurent Clavier, Louis Hincker, Jacques Rougerie, « Juin 1848. L'insurrection », dans Jean-Luc Mayaud (dir.), *1848. Actes du Colloque*

international du cent cinquantenaire tenu à l'Assemblée nationale à Paris les 23-25 février 1998, Paris, Créaphis, 2002, pp. 123-140.

14. Fabien Cardoni, *La Garde républicaine, d'une République à l'autre (1848-1871)*, Rennes, PUR, 2008, p. 105.

15. Georges Carrot, *La Garde nationale...*, *op. cit.*, pp. 281-282.

16. Robert Tombs, *La Guerre contre Paris, 1871*, Paris, Aubier, 2009.

17. Gustave Flaubert, *L'Éducation sentimentale*, Paris, Gallimard, coll. Folio, p. 376. L'épisode est également cité dans Maurice Agulhon, *op. cit.*, p. 70.

XVI

27 JUILLET 1872 :
LA DISPARITION DÉFINITIVE
DE LA GARDE NATIONALE

(du Second Empire à l'apocalypse de la Commune)

1. Jean de Pins, article «Deux décembre» dans Jean Tulard (sous la dir. de), *Dictionnaire du Second Empire*, Paris, Librairie Arthème Fayard, 1995, pp. 418-428.

2. La Prusse, écrasée en 1807 par Napoléon qui la priva de l'essentiel de son armée, en prépara la résurrection en se dotant d'une première réserve constituée des jeunes soldats venant d'achever leur service militaire de 3 ans et qui restaient à la disposition des autorités militaires, immédiatement mobilisables pendant encore deux ans. S'ajoutait à cette force la «Landwehr», formée par ces mêmes réservistes qui pendant les 7 années suivantes étaient enrégimentés sur leur lieu de résidence dans des unités qui se réunissaient entre 15 jours et 1 mois par an dans les chefs-lieux de district. On y découvrait les officiers à qui, désormais, il fallait obéir, les autres réservistes qu'on allait côtoyer dans des unités affectées à chaque subdivision territoriale et l'on manœuvrait pour ne pas perdre ce qu'on avait appris, durant son service, sur le maniement des armes et la façon de se déplacer. La Prusse pouvait de cette

manière pratiquement doubler les effectifs de son armée d'active dans les meilleurs délais, ce qui lui permit d'écraser l'armée autrichienne à Sadowa, en 1866, sans lui laisser le temps d'achever sa mobilisation et ce qui donna à réfléchir à Louis-Napoléon et à son état-major.

3. Georges Carrot, *op. cit.*, pp. 291 et 294-302.

4. Georges Carrot, *op. cit.*, pp. 292-294. Louis Girard, *La Garde nationale...*, *op. cit.*, pp. 341-344 ; Jean Delmas, chap. XXIII, «Armée, Garde nationale et maintien de l'ordre» dans André Corvisier (sous la dir. de), *Histoire militaire de la France*, tome 2, de 1715 à 1871, Paris, PUF, 1992, pp. 545-548.

5. Georges Carrot, *op. cit.*, pp. 301-306.

6. Louis Girard, *Napoléon III*, Paris, Fayard, 1986, pp. 451-469.

7. À la veille de déclarer la guerre à l'Autriche pour la chasser définitivement de l'espace politique allemand, Bismarck avait rencontré Napoléon III à Biarritz (octobre 1865) en vue d'obtenir un blanc-seing de la France moyennant la promesse de «compensations» territoriales dont on n'avait pas vraiment défini la nature. Après Sadowa, la diplomatie française s'échina à obtenir ces fameuses «compensations» sous la forme de cessions territoriales englobant le Luxembourg et la rive gauche du Rhin, ou sous la forme d'un agrandissement de la Belgique portant sur ces mêmes territoires, la France recevant en échange une substantielle rectification de sa frontière avec la Belgique. Bismarck s'opposa à toutes ces compensations en mobilisant à leur encontre l'opinion allemande et la diplomatie britannique. Il accrut l'irritation de Napoléon III en qualifiant les propositions françaises de «politique de pourboires». À ces humiliations répétées s'ajouta, en février 1869, la candidature de Léopold de Hohenzollern, d'une branche catholique de la famille prussienne, au trône d'Espagne laissé vide par l'éviction, par les Cortès, de la reine Isabelle réfugiée en France sans avoir abdiqué. Napoléon III s'y opposa, la presse parisienne parla de la reconstitution de la menace de Charles Quint. On parla ouvertement de guerre et finalement Léopold renonça. Mais le gouver-

nement français exigea du roi de Prusse un engagement à ne plus mettre la France devant un fait accompli. Bismarck se permit de présenter la réponse de son roi sous une forme désinvolte très proche d'une fin de non-recevoir : ce fut la fameuse dépêche d'Ems qui précipita la France dans la guerre.

8. Louis Girard, *op. cit.*, pp. 473-487

9. William Serman, *La Commune de Paris*, Paris, Fayard, 1986, pp. 109-113.

10. Jacques Rougerie, *Paris libre 1871*, Le Seuil, 1971.

11. William Serman, *op. cit.* pp. 117-118.

12. *Ibid.*

ÉPILOGUE

1. *Rapport fait au nom de la commission chargée de présenter à l'Assemblée nationale, un ensemble de dispositions législatives sur le recrutement et l'organisation des armées de terre et de mer (Titre 1er de la loi de recrutement, présentée par M. le marquis de Chasseloup-Laubat, membre de l'Assemblée nationale,* Journal officiel de la République française du 20 août 1871, pp. 2819 et 2823. Cité par Philippe Catros, dans sa thèse non encore publiée, « Des citoyens et des soldats, Histoire politique de l'obligation militaire en France de la Révolution au début de la Troisième République (1789-1872) », sous la dir. de Roger Dupuy, Univ. de Rennes 2, vol. 3, p. 782.

2. Journal officiel de la République française du 20 août 1871, p. 2805, cité par Philippe Catros, *op. cit.*, pp. 810-811.

3. *Ibid.*, p. 2805, cité par Philippe Catros, *op. cit.*, p. 811.

4. *Ibid.*, p. 2806, cité par Philippe Catros, *op. cit.*, p. 812.

5. Journal officiel de la République française du 26 août 1871, Assemblée nationale, séance du 25 août 1871, p. 2972, cité par Philippe Catros, *op. cit.*, p. 812.

6. Louis Girard, *La Garde nationale, op. cit.*, p. 360.

CONCLUSION

1. Ainsi que l'ont fait encore, faute de mieux, certains des intervenants au symposium international de Villeneuve-d'Ascq par l'IRHIS, la MSH Érasme, l'IFRESI-CNRS et le soutien des universités de Lille-III et Valenciennes.

Nos considérations sur la signification globale de l'histoire de la Garde nationale recoupent, en particulier, celles que développe Haim Burstin dans son intervention «Bourgeois et peuple dans les luttes révolutionnaires parisiennes», sans pouvoir éviter le caractère monographique des exemples qu'il utilise mais desquels il ressort néanmoins un modérantisme généralisé à l'image de ce que nous avons nous-mêmes constaté.

2. François Furet, *La Révolution (1770-1880)*, Paris, Hachette, 1988.

3. Patrice Gueniffey, «La Fayette», dans François Furet, Mona Ozouf, *Dictionnaire critique de la Révolution française*, Paris, Flammarion, 1988, pp. 258-266.

4. Patrice Gueniffey fait allusion au portrait en pied de La Fayette que dessine Mme de Staël dans ses *Considérations sur la Révolution française*, présenté et annoté par Jacques Godechot, Paris, Tallandier, 1983, p. 181, où elle écrit: «Dans les prisons d'Olmütz comme au pinacle du crédit, il a été également inébranlable dans son attachement aux mêmes principes. C'est un homme dont la façon de voir et de se conduire est parfaitement directe. Qui l'a observé peut savoir d'avance avec certitude ce qu'il fera dans toute occasion.»

Mais trois lignes plus bas, le portrait devient plus nuancé et plus favorable: «(...) Mais aussi rien n'a jamais modifié ses opinions, et sa confiance dans le triomphe de la liberté est la même que celle d'un homme pieux dans la vie à venir. Ces sentiments, si contraires aux calculs égoïstes de la plupart des hommes qui ont joué un rôle en France, pourraient bien paraître à quelques-uns assez dignes de pitié: il est si niais pensent-ils, de préférer son pays à soi; de ne pas changer de parti quand ce parti est battu; enfin

de considérer la race humaine, non comme des cartes à
jouer qu'il faut faire servir à son profit, mais comme l'objet
sacré d'un dévouement absolu. Néanmoins, si c'est ainsi
qu'on peut encourir le reproche de niaiserie, puissent nos
hommes d'esprit le mériter une fois!»

5. Michel Vovelle, *La Chute de la Monarchie (1787-1792)*,
op. cit., p. 149.

6. *Ibid.*

7. Claude Mazauric, article «Sans-culottes/Sans-culot-
terie/Sans-culottisme, dans Albert Soboul (dir. de), *Dictionnaire historique de la Révolution française*, Paris, PUF,
1989, p. 962.

8. Roger Dupuy, *La Politique du Peuple. Racines, permanences et ambiguïtés du populisme*, Paris, Albin Michel,
2002.

INDEX

APPENDICES

DU MÊME AUTEUR

LA GARDE NATIONALE ET LES DÉBUTS DE LA RÉVOLUTION EN ILLE-ET-VILAINE (1789-MARS 1793), Paris, Klincksieck, 1972.

LA CHOUANNERIE, Rennes, Éditions Ouest-France, 1982; nouvelle édition, 1995.

LA NOBLESSE ENTRE L'EXIL ET LA MORT, Rennes, Éditions Ouest-France, 1988.

DE LA RÉVOLUTION À LA CHOUANNERIE, Paris, Flammarion, coll. Nouvelle bibliothèque scientifique, 1988.

LA VIE QUOTIDIENNE DES CHOUANS, Paris, Hachette Littératures, coll. La Vie quotidienne, 1997; Paris, Hachette Littérature, coll. Pluriel, 2008.

LA POLITIQUE DU PEUPLE, RACINES, PERMANENCES ET AMBIGUÏTÉS DU POPULISME, Paris, Albin Michel, coll. Bibliothèque Histoire, 2002.

LA BRETAGNE SOUS LA RÉVOLUTION ET L'EMPIRE (1789-1815), Rennes, Éditions Ouest-France, coll. Université, 2004.

LA RÉPUBLIQUE JACOBINE, TERREUR, GUERRE ET GOUVERNEMENT RÉVOLUTIONNAIRE (1792-1794), Paris, Éditions du Seuil, coll. Points Histoire, *Nouvelle histoire de la France contemporaine*, 2, 2005.

Préface et présentation

CAMBRY, VOYAGE DANS LE FINISTÈRE, Paris-Genève, Slatkine Reprints, 1979. p. I-XIV.

PRÉCIS HISTORIQUE DES ÉVÉNEMENTS DE RENNES, 26 ET 27 JANVIER 1789, Rennes, Bibliothèque municipale de Rennes, 1989.

AUX ORIGINES IDÉOLOGIQUES DE LA RÉVOLU-

TION, JOURNAUX et PAMPHLETS À RENNES (1788-1789), textes présentés par Roger Dupuy, Rennes, PUR, 2000.

FRANÇOIS CADIC, HISTOIRE POPULAIRE DE LA CHOUANNERIE, 2 vol., Rennes, Terres de Brume Éditions-PUR, 2003.

Direction d'ouvrages collectifs

LES PAYSANS ET LA POLITIQUE (1750-1850), n° spécial des *Annales de Bretagne et des Pays de l'Ouest*, tome 89, numéro 2, Rennes, A.B.P.O., 1982.

LES RÉSISTANCES À LA RÉVOLUTION, ACTES DU COLLOQUE DE RENNES (17-21 septembre 1985), Paris, Éditions Imago, 1987 ; en collaboration avec François Lebrun.

Composition Interligne.
Impression CPI Bussière
à Saint-Amand (Cher), le 7 octobre 2010.
Dépôt légal : octobre 2010.
Numéro d'imprimeur : 102848/1.
ISBN 978-2-07-034716-2./Imprimé en France.